# 西北村镇综合节水降耗工程案例集

狄彦强　石宝友　刘建国　陈来军　苏　醒　廉雪丽　主编

中国建筑工业出版社

**图书在版编目（CIP）数据**

西北村镇综合节水降耗工程案例集 / 狄彦强等主编. 北京 ：中国建筑工业出版社，2024. 8. -- ISBN 978-7-112-30225-3

Ⅰ. TU991.64

中国国家版本馆 CIP 数据核字第 20249MT840 号

责任编辑：张文胜
文字编辑：赵欧凡
责任校对：赵　力

**西北村镇综合节水降耗工程案例集**

狄彦强　石宝友　刘建国　陈来军　苏　醒　廉雪丽　主编

*

中国建筑工业出版社出版、发行（北京海淀三里河路 9 号）
各地新华书店、建筑书店经销
北京科地亚盟排版公司制版
廊坊市金虹宇印务有限公司印刷

*

开本：787 毫米×1092 毫米　1/16　印张：19¼　字数：480 千字
2024 年 8 月第一版　　2024 年 8 月第一次印刷
定价：**78.00** 元

ISBN 978-7-112-30225-3
（42829）

# 编写委员会


**中国建筑科学研究院有限公司：**

狄彦强　廉雪丽　李颜颐　赵　晨　刘寿松　冷　娟　张志杰　狄海燕
张秋蕾　曹思雨　李小娜　龙　鹤　鲁子琛　刘　芳　李小龙　李梦莹
陈晓梅　苏　栋

**青海大学：**

陈来军　王　晓　陈晓弢　司　杨　马恒瑞　苏小玲

**中国科学院生态环境研究中心：**

石宝友　郑天龙　郝昊天　梁　峰　韩云平　孟　颖　李鹏宇　王天玉
王海波　黄　鑫　袁庆科　杨鼎盛

**内蒙古工业大学：**

刘建国　曹英楠　马广兴　王　娟　朱　颖　杨晓霞

**同济大学：**

苏　醒　邓慧萍　史　俊　田少宸　聂祎宁

**中国建筑技术集团有限公司：**

张　颖　修宝营　孙士坤　吴前飞　贾　霁　申　迪　朱　阔　李忠辉
杨　迪

**西安交通大学：**

马英群

**中国建筑设计研究院有限公司：**

高　峰

**兰州科技大市场管理有限责任公司：**

张　鹏

**内蒙古自治区固体废物与土壤生态环境技术中心：**

王海燕　苑宏超　刘丽丛

**内蒙古蒙创环保有限公司：**

崔　嵬　赵波波

**陕西建工第十二建设集团有限公司：**

李文凯

# 前言

村镇建筑与环境设施是建设生态宜居美丽乡村工作的关键环节，也是实施乡村振兴战略的重要组成部分，对提高农民生活质量发挥着至关重要的作用。截至 2022 年末，西北村镇户籍人口 9188 万人，建筑面积 32.36 亿 $m^2$，西北地区土地总面积约占全国土地总面积的 32%，而人口不到全国人口的 8%，其中 70%以上人口居住在农村地区。该地区大多数村镇经济欠发达，非传统水源利用率、清洁能源利用率等指标远低于全国平均水平，综合节水降耗需求空间巨大。

2019 年 4 月，国家发展改革委、水利部印发《国家节水行动方案》，指出加快推进农村生活节水，在实施农村集中供水、污水处理工程和保障饮用水安全基础上，加强农村生活用水设施改造。2020 年 1 月，中共中央、国务院印发《中共中央　国务院关于抓好“三农”领域重点工作确保如期实现全面小康的意见》，提出提高农村供水保障水平，中央财政加大支持力度，补助中西部地区，原中央苏区农村饮水安全工程维修养护，加强农村饮用水水源保护，做好水质监测。2023 年 2 月，中央一号文件《中共中央　国务院关于做好2023 年全面推进乡村振兴重点工作的意见》明确提出，推进农村电网巩固提升，发展农村可再生能源，开展现代宜居农房建设示范。

在此背景下，科学技术部于 2020 年 10 月正式立项国家重点研发计划项目“西北村镇综合节水降耗技术示范”（项目编号：2020YFD1100500）。项目紧密围绕绿色宜居村镇综合节水降耗的共性及重大科学问题，重点在西北村镇非常规饮用水源收集净化、污废水收集处理及资源化利用、面向终端需求侧的分布式多能互补集成优化、分布式压缩空气储能及微网安全供能、生物质及地热能高效利用等方向形成关键技术突破与设备产品创新，并应用于工程示范，为下一步规模化推广应用提供科技引领和典型模式。

为宣传科研成果，加强技术交流，项目组决定组织出版西北村镇综合节水降耗系列标准及书籍，本书为其中一册。由于内蒙古自治区西部和山西省西部的村镇气候特征与西北地区相似，因此本书所指的西北村镇包括青海省、甘肃省、宁夏回族自治区、新疆维吾尔自治区、陕西省、内蒙古自治区西部、山西省西部等地的西北村镇。

本书分为综合节水与饮水安全篇和多能互补与高效供能篇，主要从项目概况、现场调研与建设目标、技术及设备应用、跟踪监测与数据分析、项目创新点、推广价值及效益分析等方面进行分析。案例覆盖了 14 个村镇，客观反映了当前西北村镇综合节水降耗典型技术及产品的应用情况，为下一步指导绿色宜居村镇规模化建设提供了有益的借鉴。

本书中的案例可为从事村镇人居环境建设的相关管理、咨询、设计、施工等技术人员提供重要参考和指导。书中难免存在疏忽遗漏及不足之处，恳请广大读者朋友不吝赐教，斧正批评。

狄彦强

“西北村镇综合节水降耗技术示范”项目负责人

2023 年 12 月 6 日

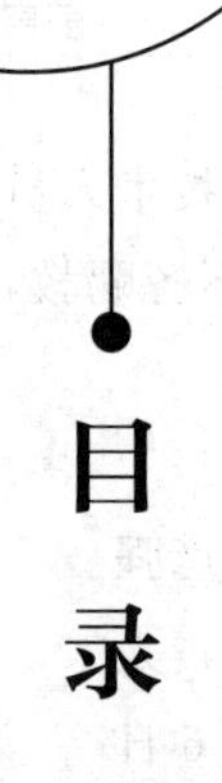

# 目录

## 综合节水与饮水安全篇

## 多能互补与高效供能篇

# 综合节水与饮水安全篇

# 第1章

# 甘肃省庆阳市环县环城镇北郭塬村

## 1.1 项目概况

北郭塬村位于甘肃省庆阳市环县环城镇境内，地处黄土高原丘陵沟壑区，平均海拔1440m，土层厚度在60～240m之间，年平均气温9.2℃，无霜期200d，气候常年干旱，年均降雨量300mm，降雨时空分布不均，降雨集中在7～9月，年蒸发量2000mm。该村下设5个村民小组，共计284户，1283人（2022年）。该地气候利于各种特色小杂粮和多种经济作物的生长，目前全村以草畜产业为主导产业，并且该村是环城镇东部主要的良种羊繁育村和羊畜集散地，粮食作物则以小麦、玉米为主。全村梯田面积7035亩，人均5.5亩。北郭塬村村落地貌如图1-1所示。

图1-1 北郭塬村村落地貌

## 1.2 现场调研与建设目标

### 1.2.1 现场调研

甘肃省庆阳市环县环城镇北郭塬村为典型的黄土高原沟壑区村落，降水量年际差异大，为农牧过渡地带，以农业为主。村落海拔 1000m 以上，年降水量 350～450mm，地区年蒸发量远大于降雨量。

北郭塬村住户之间距离较远，居民居住极其分散，常存在一座山头一家住户的情况。村落的居民分散居住情况如图 1-2 所示。

图 1-2　北郭塬村居民分散居住情况

北郭塬村周边无稳定水源，家用水窖是村民唯一的水源获取途径，村民院落中的集雨场和水窖如图 1-3 所示。村民节水意识非常强，人均用水量为 20～30L/d，村落和用水具有以下特征：

（1）典型山区村落，村落居民居住极其分散，窖水是唯一饮用水源；

（2）每户基本配置 $100m^2$ 的集雨场和 $30m^3$ 的水泥水窖；

（3）窖水水质易受周边卫生条件和天气气候影响，存在浊度、色度、微生物超标等问题。

图 1-3　北郭塬村村民院落中的集雨场和水窖

## 1.2.2　存在问题与改造目标

（1）存在问题

目前村中水窖一般设置于农户院内，主要收集屋面和地面雨水，地面为水泥硬化地面，雨水收集口位于水窖附近，水窖一般为瓶形，向上收缩，由混凝土材质构成，深度 5～7m，体积 $30m^3$，水窖基本情况如图 1-4 所示。

图 1-4　水窖基本情况

屋面雨水由屋面流至硬化地面后汇集到收水口处，水窖雨水收集面如图 1-5 所示。水窖收集口多采用方形结构，连接有排水管和水窖进水管，地面汇集的雨水流入到收集口中，利用人工方式将初期雨水通过排水管弃流。雨季时水窖收集满雨水后供家庭使用，除特别缺水季节，冬季降雪一般不收集到水窖中，但窖水储水时间一般较长，水质无保障。

(a)

(b)

图 1-5　水窖雨水收集面

(a) 只收集屋面雨水情况；(b) 屋面地面均收集情况

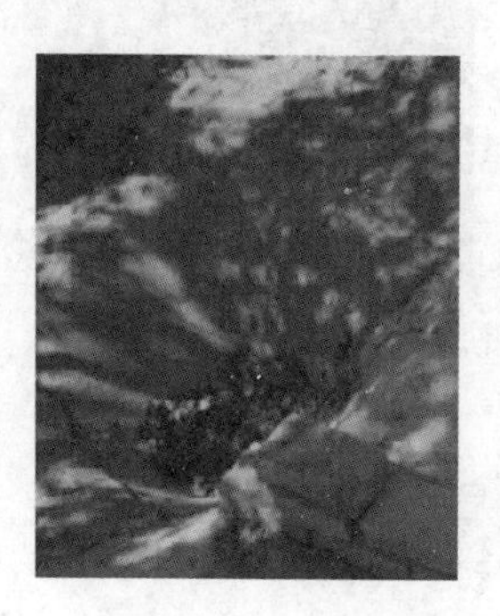

图 1-6　水窖雨水收集口

雨水收集管道多采用 UPVC 排水塑料管，管径为 $De75 \sim De110$，也有部分农户采用两半瓦片相扣组成类似管道使雨水流入水窖，水窖雨水收集口如图 1-6 所示。

窖水储存周期长，一般为 3～6 个月，甚至更久。水温随季节变化较大。农户使用水窖水时，采用水桶手提或者安装潜水泵、自吸泵的方式，将窖水输送到地面水缸中，随用随取。选取数个水窖进行水质分析，冬季6个水窖的窖水样品常规指标检测结果如表1-1所示，窖水水温5.4～8.5℃，浊度1.79～29.5NTU，pH 8.02～9.65，溶解氧（DO）4.9～8.8mg/L，总溶解固体（TDS）59.6～110.0mg/L，总有机碳（TOC）0.58～2.61mg/L，总氮（TN）0.64～2.25mg/L。窖水的pH均大于8，最高达到9.65。不同窖水浊度差异较大，只有1个采样点窖水浊度低于《生活饮用水卫生标准》GB 5749—2022中规定的限值，其他均超过了标准中规定的限值。此外，菌落总数的检测结果表明，窖水存在着细菌超标的风险。

夏季10个水窖的窖水样品常规指标检测结果如表1-2所示，窖水水温12.5～21.9℃，浊度4.7～58.5NTU，pH 8.2～9.4，DO 2.9～7.6mg/L，TDS 46.4～238.0mg/L，TOC 0.78～3.18mg/L，TN 0.80～3.27mg/L，10个窖水样品pH均大于8，最高达到9.4。由于此次采样是在该地夏季雨期，收集到的10个窖水样品浊度均较高，所有水窖样品浊度均超过《生活饮用水卫生标准》GB 5749—2022中规定的限值。与冬季窖水样品检测结果类似的是，相同采样点的水窖浊度依然处于较高水平，尤其是2号水窖夏季雨期浊度高达58.5NTU，TDS也显著高于除8号水窖外的其他水窖，表明窖水易受周围环境的影响。现场调研可知，2号水窖存在渗漏情况，且位于道路旁，易受到周围禽畜粪便及生活污水污染。

**冬季6个水窖的窖水常规指标检测结果　　表1-1**

| 水窖序号 | 温度（℃） | 浊度（NTU） | pH | DO（mg/L） | TDS（mg/L） | TOC（mg/L） | TN（mg/L） | 菌落总数（CFU/mL） |
|---|---|---|---|---|---|---|---|---|
| 1 | 8.5 | 11.7 | 9.65 | 6.9 | 61.4 | 0.69 | 0.99 | 140 |
| 2 | 7.8 | 29.5 | 8.02 | 7.7 | 92.4 | 2.61 | 2.25 | 130 |
| 3 | 7.9 | 4.18 | 8.77 | 6.2 | 67.7 | 1.02 | 0.78 | 9000 |
| 4 | 6.1 | 1.79 | 8.96 | 4.9 | 59.6 | 0.58 | 1.00 | 400 |
| 5 | 5.4 | 6.01 | 8.59 | 8.8 | 110.0 | 1.62 | 0.64 | 160 |
| 6 | 7.2 | 5.27 | 8.32 | 5.9 | 68.0 | 0.98 | 0.68 | 130 |

**夏季10个水窖的窖水常规指标检测结果　　表1-2**

| 水窖序号 | 温度（℃） | 浊度（NTU） | pH | DO（mg/L） | TDS（mg/L） | TOC（mg/L） | TN（mg/L） | 菌落总数（CFU/mL） |
|---|---|---|---|---|---|---|---|---|
| 1 | 18.8 | 30.6 | 8.8 | 5.9 | 51.3 | 1.91 | 2.07 | 193 |
| 2 | 21.3 | 58.5 | 9.4 | 6.3 | 223.0 | 3.18 | 3.27 | 155 |
| 3 | 12.5 | 4.7 | 9.0 | 7.6 | 62.9 | 0.78 | 1.38 | 5 |
| 4 | 17.0 | 18.8 | 8.5 | 6.0 | 60.0 | 1.39 | 0.98 | 170 |
| 5 | 21.9 | 14.1 | 8.5 | 4.8 | 68.7 | 1.19 | 0.80 | 567 |
| 6 | 20.2 | 11.8 | 8.4 | 6.5 | 61.6 | 1.18 | 1.97 | 162 |
| 7 | 19.3 | 15.1 | 8.6 | 5.1 | 51.7 | 1.34 | 0.99 | 93 |
| 8 | 21.6 | 19.6 | 8.5 | 4.3 | 238.0 | 1.56 | 2.45 | 428 |
| 9 | 19.5 | 8.8 | 8.3 | 2.9 | 46.4 | 1.22 | 2.05 | 170 |
| 10 | 18.2 | 19.0 | 8.2 | 5.6 | 53.7 | 1.51 | 1.68 | 37 |

表1-3是冬季6个水窖的窖水样品阴离子质量浓度检测结果，可以看到各水窖均未检

测出 $F^-$，$SO_4^{2-}$ 是各水窖中阴离子中质量浓度最高的组分，但远低于相应标准的限值。

冬季 6 个水窖的窖水阴离子质量浓度检测结果　表 1-3

| 水窖序号 | $F^-$ 质量浓度 (mg/L) | $Cl^-$ 质量浓度 (mg/L) | $SO_4^{2-}$ 质量浓度 (mg/L) | $NO_3^-$ 质量浓度 (mg/L) | $PO_4^{3-}$ 质量浓度 (mg/L) |
|---|---|---|---|---|---|
| 1 | 未检出 | 1.36 | 8.91 | 4.02 | 0.15 |
| 2 | 未检出 | 1.10 | 10.02 | 7.39 | 0.21 |
| 3 | 未检出 | 1.66 | 5.06 | 3.20 | 0.22 |
| 4 | 未检出 | 0.02 | 8.64 | 4.35 | 0.21 |
| 5 | 未检出 | 8.04 | 23.65 | 2.58 | 0.19 |
| 6 | 未检出 | 0.25 | 4.12 | 3.24 | 0.22 |

经过 0.45μm 滤膜过滤和未过膜两种处理方式后，用 ICP-MS 测定窖水样品中的重金属质量浓度。根据测定结果可知，相比于过膜后再测量，未过膜窖水检测出了 Tl、Cd 两种重金属元素。过膜对各水窖中 Fe、Al 质量浓度影响较大，且未过膜的 Al 质量浓度大幅超过《生活饮用水卫生标准》GB 5749—2022 中的限值。因此，通过控制窖水中的颗粒物，可实现对 Fe、Al 的控制。

冬季 6 个水窖的窖水元素质量浓度检测结果如表 1-4 所示，各水窖元素质量浓度均处于较低水平，未出现超标情况。表 1-5 是夏季 10 个水窖的窖水样品阴离子质量浓度的检测结果，与冬季类似，未发现有阴离子超标情况。表 1-6 是夏季 10 个水窖的窖水样品元素质量浓度的检测结果，可以看到各水窖元素质量浓度均处于较低水平，未出现超标情况。

通过水窖水质检测与分析可知，水质超标的指标为浊度、菌落总数，因此，对于窖水净化，主要控制指标为浊度和微生物。

冬季 6 个水窖的窖水元素质量浓度检测结果　表 1-4

| 元素 | 在水窖 1 中的质量浓度（μg/L） | 在水窖 2 中的质量浓度（μg/L） | 在水窖 3 中的质量浓度（μg/L） | 在水窖 4 中的质量浓度（μg/L） | 在水窖 5 中的质量浓度（μg/L） | 在水窖 6 中的质量浓度（μg/L） |
|---|---|---|---|---|---|---|
| B | 31.3 | 36.6 | 35.9 | 32.2 | 13.7 | 18.1 |
| Al | 35.0 | 138.2 | 42.2 | 353.9 | 31.5 | 21.9 |
| Cr | 0.3 | 1.8 | 1.6 | 1.3 | 0.7 | 0.1 |
| Mn | 0.2 | 1.6 | 19.4 | 4.5 | 1.1 | 4.1 |
| Fe | 7.5 | 46.6 | 37.0 | 186.1 | 4.2 | 24.1 |
| Cu | 1.3 | 2.0 | 1.6 | 1.1 | 0.8 | 0.6 |
| Zn | 8.4 | 4.2 | 353.6 | 5.5 | 10.8 | 7.1 |
| As | 2.0 | 1.9 | 1.6 | 1.9 | 2.8 | 0.9 |
| Cd | 0 | 0 | 0 | 0 | 0 | 0 |
| Sb | 0.2 | 0.9 | 0.4 | 0.3 | 0.2 | 0.1 |
| Ba | 51.6 | 41.2 | 81.5 | 14.8 | 40.1 | 20.6 |
| Tl | 2.6 | 1.4 | 0.2 | 0.1 | 0.1 | 0.1 |
| Pb | 0.2 | 0.3 | 1.0 | 0.5 | 0.1 | 0.1 |

**夏季 10 个窖水的窖水阴离子质量浓度检测结果**　　**表 1-5**

| 阴离子 | 在水窖 1 中的质量浓度 (mg/L) | 在水窖 2 中的质量浓度 (mg/L) | 在水窖 3 中的质量浓度 (mg/L) | 在水窖 4 中的质量浓度 (mg/L) | 在水窖 5 中的质量浓度 (mg/L) | 在水窖 6 中的质量浓度 (mg/L) | 在水窖 7 中的质量浓度 (mg/L) | 在水窖 8 中的质量浓度 (mg/L) | 在水窖 9 中的质量浓度 (mg/L) | 在水窖 10 中的质量浓度 (mg/L) |
|---|---|---|---|---|---|---|---|---|---|---|
| $Cl^-$ | 0.78 | 2.75 | 3.15 | 3.02 | 0.88 | 1.43 | 34.58 | 1.54 | 1.63 | 0.46 |
| $NO_3^-$ | 6.27 | 7.50 | 10.08 | 8.85 | 6.38 | 6.98 | 11.63 | 4.97 | 8.48 | 3.01 |
| $SO_4^{2-}$ | 3.85 | 7.34 | 12.62 | 7.74 | 3.19 | 5.01 | 71.49 | 6.10 | 3.36 | 1.03 |
| $F^-$ | 未检出 | 未检出 | 未检出 | 未检出 | 未检出 | 未检出 | 未检出 | 未检出 | 未检出 | 未检出 |

**夏季 10 个水窖的窖水元素质量浓度检测结果**　　**表 1-6**

| 元素 | 在水窖 1 中的质量浓度 (μg/L) | 在水窖 2 中的质量浓度 (μg/L) | 在水窖 3 中的质量浓度 (μg/L) | 在水窖 4 中的质量浓度 (μg/L) | 在水窖 5 中的质量浓度 (μg/L) | 在水窖 6 中的质量浓度 (μg/L) | 在水窖 7 中的质量浓度 (μg/L) | 在水窖 8 中的质量浓度 (μg/L) | 在水窖 9 中的质量浓度 (μg/L) | 在水窖 10 中的质量浓度 (μg/L) |
|---|---|---|---|---|---|---|---|---|---|---|
| Be | 0.2 | 0.1 | 0.1 | 0.1 | 0.1 | 0 | 0.1 | 0 | 0 | 0 |
| B | 22.6 | 17.5 | 23.8 | 31.6 | 19.4 | 19.0 | 75.9 | 22.6 | 11.7 | 5.2 |
| Al | 18.1 | 34.6 | 30.3 | 14.4 | 24.8 | 65.5 | 56.3 | 67.8 | 66.7 | 169.6 |
| Cr | 0.2 | 2.8 | 2.3 | 1.9 | 0.3 | 0.4 | 17.4 | 0.6 | 0.4 | 1.9 |
| Mn | 2.3 | 0.4 | 0.4 | 0.4 | 2.0 | 2.3 | 14.4 | 6.8 | 5.0 | 14.9 |
| Fe | 2.4 | 3.3 | 4.0 | 3.9 | 6.5 | 61.1 | 24.8 | 16.3 | 17.3 | 66.8 |
| Co | 0.1 | 0.1 | 0.1 | 0.1 | 0.1 | 0.1 | 0.1 | 0.1 | 0.1 | 0.1 |
| Ni | 0.4 | 0.3 | 0.4 | 0.3 | 0.6 | 0.4 | 0.6 | 0.6 | 0.4 | 0.4 |
| Zn | 25.1 | 17.9 | 16.7 | 22.2 | 23.0 | 24.1 | 51.1 | 15.9 | 17.6 | 99.6 |
| As | 3.2 | 1.6 | 1.6 | 1.5 | 1.1 | 1.3 | 2.9 | 1.4 | 2.1 | 0.8 |
| Cd | 0.1 | 0.1 | 0.1 | 0.1 | 0 | 0.1 | 0 | 0 | 0 | 0.1 |
| Ba | 63.0 | 30.5 | 53.3 | 37.6 | 13.1 | 49.5 | 38.2 | 16.4 | 37.7 | 71.7 |
| Tl | 0.2 | 0.1 | 0.1 | 0.1 | 0 | 0 | 0 | 0 | 0 | 0 |
| Pb | 0.3 | 0.4 | 0.4 | 0.3 | 0.3 | 0.7 | 0.7 | 0.9 | 0.7 | 9.9 |

目前，当地村民多数无净水设施，部分村民有政府发放的自流式过滤设备，但操作繁琐，净化出水速度较慢，使用率较低。少数居民购买商品净水器，多采用反渗透、活性炭等多级过滤工艺，设备成本高，维护代价大，技术适用性较低。水窖水利用和净化情况如图 1-7 所示。

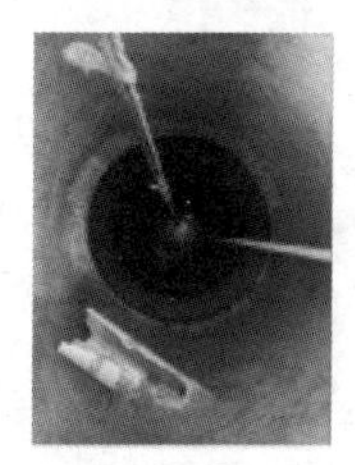

图 1-7　水窖水利用和净化情况

（2）改造目标

1）在雨水收集环节，实现可视化、便捷化的同时，增加收集过程中的污染拦截装置，提高雨水收集效率的同时，改善雨水收集水质；

2）在窖水使用环节，在单户农户家中安装小型化、一体化净水设备，在不改变用户用水模式、不增加额外建设成本的条件下，保证窖水水质安全达标，出水满足《生活饮用水卫生标准》GB 5749—2022 中的相关要求。

## 1.3 技术及设备应用

### 1.3.1 窖水收集过程中的雨水初期弃流及污染拦截设备

考虑西北村镇地区的使用人群特征、经济发展水平、使用习惯和操作能力等多方面因素，基于对集流性能和污染拦截性能的研究，研发基于初期弃流与多级污染拦截功能的集约化收集设备，并在此基础上研发适用于较大公共汇水面积且可实现智能化控制的集约化设备。

（1）弃流与污染拦截功能方案选择

目前，保障雨水水质的主要措施是对初期雨水进行弃流，确保收集雨水水质，并对收集后的雨水再处理。针对弃流这一核心功能，设备研发采用两种弃流形式：控制装置弃流和容积式弃流。控制装置弃流主要是通过电动或手动方式控制弃流端口，控制初期雨水弃流量，达到设定弃流量或降雨量后，关闭弃流阀门，实现对雨水的收集；而容积式弃流方式则是根据使用需求固定弃流容积，达到设定值后通过溢流方式实现雨水收集，降雨后，再开启放空管将初期雨水放空。两种弃流方式的工作原理图如图 1-8 所示。

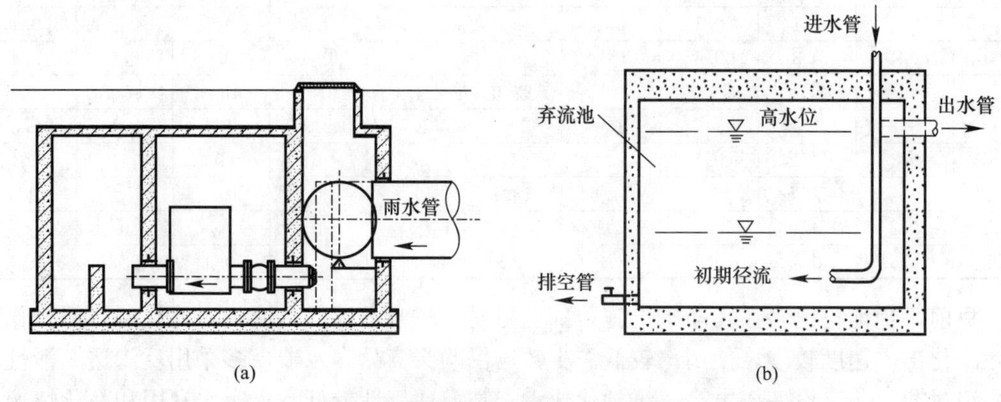


图 1-8 两种弃流方式的工作原理图

（a）控制装置弃流；（b）容积式弃流

考虑农村地区的使用特点与习惯，采用便于操作的分散式弃流设备，不采用电动机械设备，以减少故障率，且易于拆卸维护。

设备采用分散重力式弃流原理，通过低端口弃流、高端口收集，并设置过滤沉淀功能。于进水端处设置漂浮物拦截框，拦截地面较大杂质。腔室内构建三级拦污措施，逐级拦截颗粒污染物；设置互锁式弃流和收集切换口，可确保弃流和收集的通道唯一性；弃流后的雨水，再次经过过滤和沉淀进入集雨水窖。基于弃流与拦截功能的收集装置工作原理图如图 1-9 所示。

（2）设备应用场景

设备应用场景分两种类型：住户（含院落）及公共场所。

1）住户（含院落）

据前期调研资料，西北村镇的住户多为一层平屋顶建筑，水泥或砖瓦屋面，设有集雨水窖的住户庭院使用水泥硬化地面。屋面加地面总汇水面积按不小于 100m² 计，水窖容积按 30m³ 考虑。调研户型的村镇农户雨水收集系统平面布置图如图 1-10 所示。

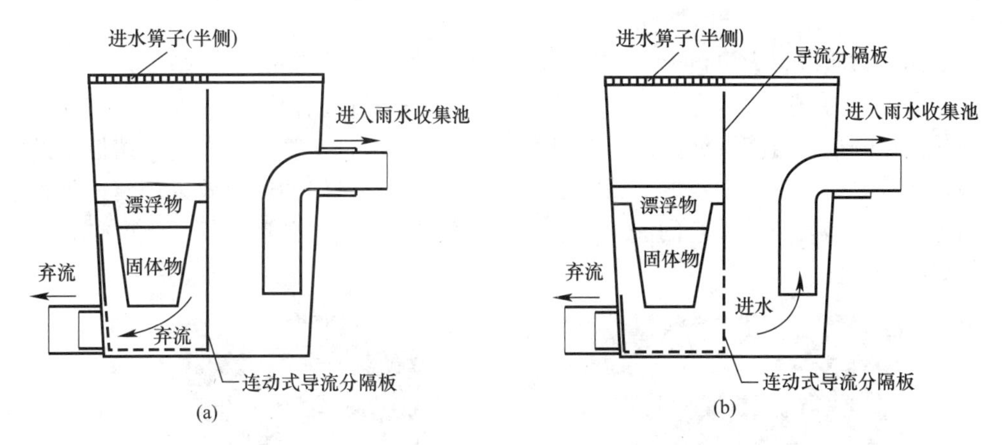


图 1-9　基于弃流与拦截功能的收集装置工作原理图
（a）弃流工况；（b）收集工况

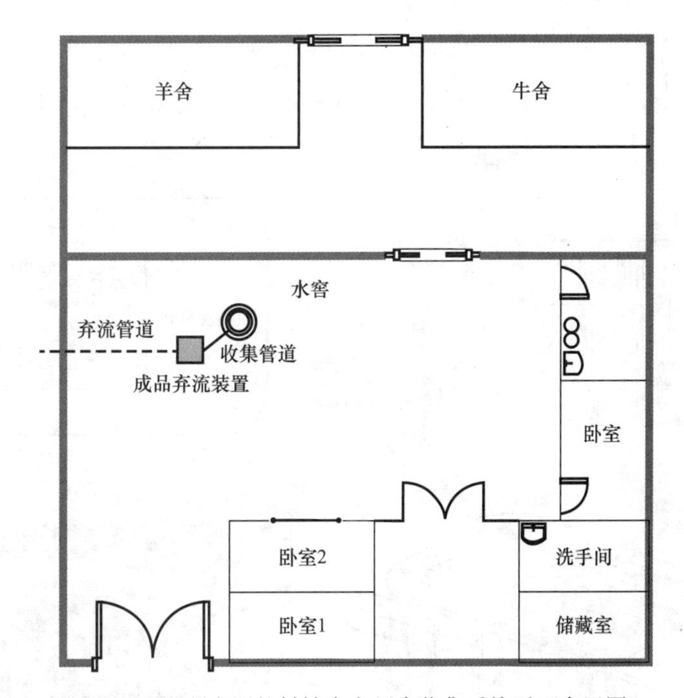


图 1-10　调研户型的村镇农户雨水收集系统平面布置图

2）公共场所

这类应用场景的雨雪水收集面积较大，并且都配套了较大规模的雨水收集水池，可提供周边用户用水，由于储存时间较长，需要保证收集雨水的水质。此类收集可实现操作智能化，通过雨量、雨水浊度等实现自动弃流，并实现数据的远距离传输。

（3）西北村镇雨雪水集约化收集设备

设备采用 304 不锈钢及透明亚克力玻璃制成，定制了不同高度的弃流限位挡板和三级过滤挡板，以测试过滤精度和过滤速率，并通过搭建模拟降雨集水试验台，设定不同降雨条件下集水装置的水深参数，对弃流收集装置的收集量、弃流效果、操作切换的稳定性等进行测试，优化各级过滤滤径，以达到最优效果，并对设备样品进行改进后定型。主要改进内容包括：

将不锈钢材质调整为黑色 PP（聚丙烯）材料，整体壁厚 3mm，注塑工艺成型。顶部左、右部分分别为收集区和弃流区，各设置一块透明有机玻璃视窗；内部孔间可根据现场情况承插浮渣隔板和溢流沉淀挡板；四周可开孔连接现有排水管道。弃流口挡板增设橡胶密封垫，在收集模式下根据水位升高给予挡板水压，提供良好的密封效果。集约化收集设备（图 1-11）在减轻整体重量的前提下，优化水力条件，施工预埋方便，强度较高，同时具有很高的经济性。

图 1-11　集约化收集设备

设备的三级过滤（图 1-12）孔径分别为 10mm、5mm 和 3mm，此外，一级过滤盖板孔隙可替换至 12mm，用来增加 15%的整体孔隙率，以减少弃流时间，快速切换至收集模式。

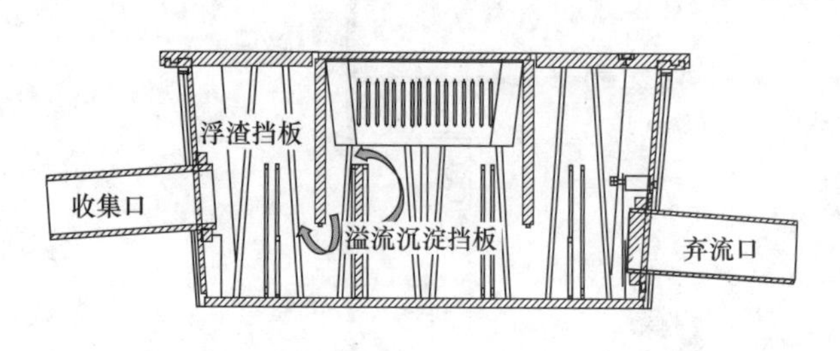


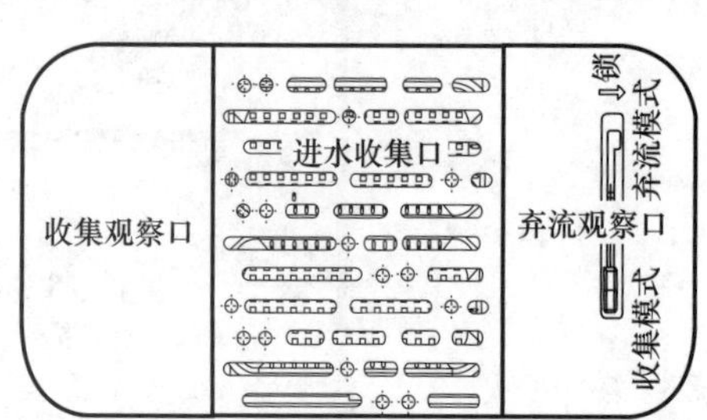


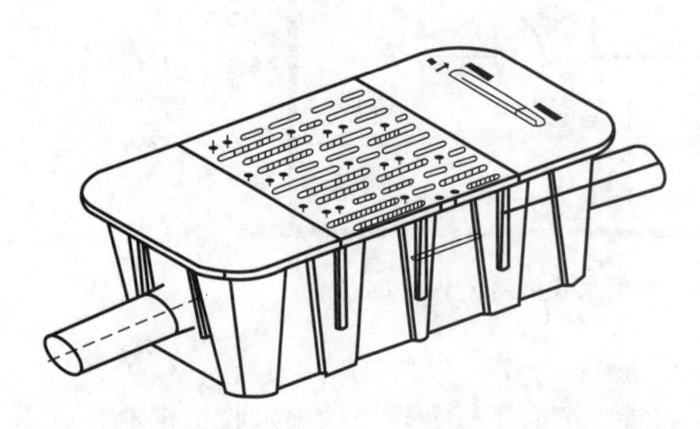
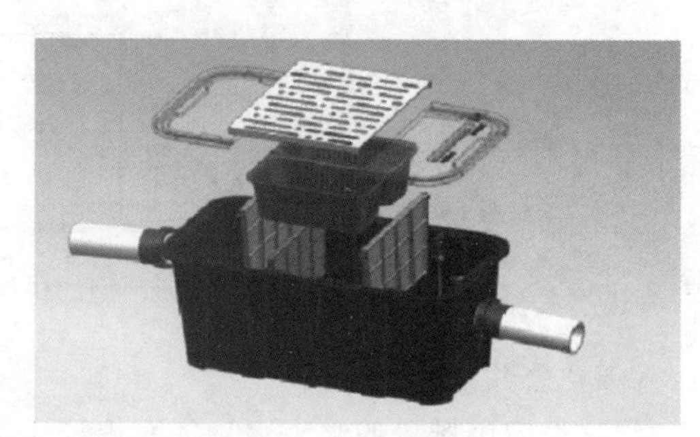

图 1-12　集约化设备三级过滤设计图

优化排水挡板高度为 150mm，降雨初期为强降雨时，可避免雨水越过挡板直接进入到收集端。为避免三级过滤后期的复杂维护，对漂浮物的拦截效果不佳，增加了溢流沉淀挡板和浮渣挡板，在保证良好的进水效果同时，起到拦截漂浮物的作用。

为便于住户切换操作时对集水端内雨水进行水质观察，增设玻璃观察视窗，可清晰观测到雨水水质、弃流和收集状态。对于有照明需求的场所，预留设置了低功耗照明灯带（12V，5W）。

对于集雪需求的场景，可扩展为冬季装置。装置箅子下方设置了低功耗自限温防爆伴热带（12V，15W），最短可在 5min 内使传导箅子温度升高并维持至 35℃左右，配置了蓄电池（12V，40AH）及太阳能板，电蓄满情况下可维持伴热带和照明 24h 不断电，如图 1-13 所示。

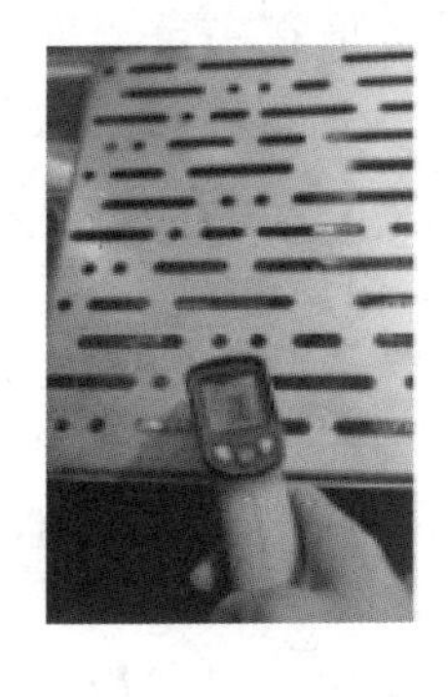

图 1-13　集约化收集设备太阳能维持伴热与照明

（4）智能化收集设备功能要求

针对学校等村镇的公共场所，以研发的集约化设备为基础，集成水质型智能控制设备，通过对降雨过程水质的在线监测，实现智能化收集、弃流，降低人员干预程度。

雨雪水智能化收集设备（图 1-14）的工作原理是在集约型收集设备的基础上，增加智能控制模块及光伏供电模块，具备自动弃流、自动采集分析数据、自动接入气象信息、远程控制等功能。该设备设置在雨水收集池前段，通过实时降雨量、水质（浊度）监测，可有效控制降水的弃流与收集，提高雨水收集水质。同时该设备还可以根据当地降雨间隔、地面受污染程度等因素，设置不同的弃流延时场景，以便更高效地收集雨水。

图 1-14　雨雪水智能化收集设备

该设备设置了数据采集及控制平台，可采集每一场降雨过程中水质的变化情况，分析不同降雨量、不同降雨历时以及不同季节雨水变化规律。该设备系统平台还可接入气象预报信息，根据未来降雨量及目前雨水水窖内储存水量、水质情况，提醒使用方使用或更换水窖内雨水。在一定的雨雪水汇集条件下，降雨量数值在一定程度上可以反映初期雨水弃流量，针对不同的适用场合可以设定不同的值。同时降雨量数值还是闸阀启闭的先决条件，避免系统误操作。

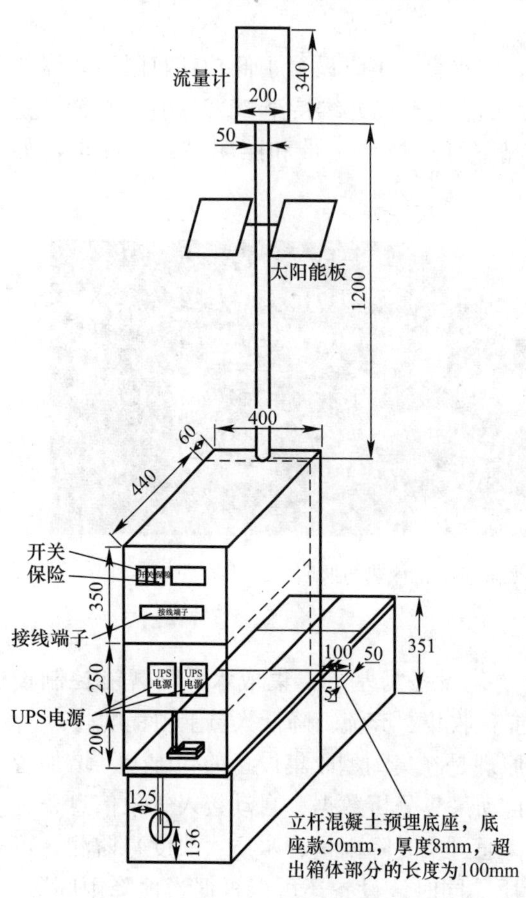


图 1-15　自控型弃流收集设备

该设备系统可以单独使用也可以接入项目整体系统，接受系统平台统一管理。在控制过程中，经过多次检测及系统优化确定标准值，根据实际使用情况进行优化调整，最终确定的降雨量数字即为进水管闸阀开启的条件，当降雨完成后便可关闭闸阀，从而实现智能化雨水收集弃流。整个系统可采用低压太阳能供电，减少市电使用，节约电耗。

智能化收集设备是在简易型的基础上增加机械装置、控制系统、蓄电系统、仪表等部分。自控型弃流收集设备见图 1-15。电气控制系统由传感单元、触摸屏、控制器、执行机构、网关组成。蓄电系统由储能电池及光伏发电单元构成。自控型弃流收集设备清单见表 1-7。

**自控型弃流收集设备清单**　　表 1-7

| 序号 | 装置名称 | 规格 | 型号 | 数量 |
|---|---|---|---|---|
| 1 | 直流稳压器 | 10～36V 转 24V，5A | LDU-120-24-2 | 1 |
| 2 | PLC | S7-200 SMART ST20 | 6ES7288-1ST20-0AA0 | 1 |
| 3 | 触摸屏 | TPC7062Ti，带网口 | TPC7022Ex | 1 |
| 4 | 继电器 | 双触点带底座，10A | RXM2CB2BD＋RXZE1M2C | 2 |
| 5 | 电动阀门（不锈钢） | 电动蝶阀，DC24V，额定功率 25W | *DN*100 | 1 |
| 6 | 浊度仪 | 量程 0～4000NTU，精度 5%，自清洗，DC24V | SIN-PTU200＋SIN-PTU-8010 | 1 |
| 7 | 液位计 | 4.5～30V，RS485，modbus-RTU，引线 5m | SIN-P260 | 1 |
| 8 | 双翻斗雨量计 | 不锈钢，24V，RS485，modbus-RTU，引线 3m | RS-YL-N01-4-02 | 1 |
| 9 | 电池 | 24V，60AH（配 5A 充电器） | 6-CNJ-60 | 1 |
| 10 | 太阳能光伏 | 80W×2（单块尺寸 670mm×770mm×25mm） | — | 1 |

续表

| 序号 | 装置名称 | 规格 | 型号 | 数量 |
|---|---|---|---|---|
| 11 | 电压变送器 | 0～50V，4～20mA | SIN-SDZU-50V | 1 |
| 12 | 太阳能电池充电器 | 24V，8A | TS-48V04A | 1 |
| 13 | 万用表 | 多功能 | VC890C+ | 1 |

## 1.3.2　窖水净化技术筛选与产品设计

对于村镇分散用户而言，雨水的收集和储存，主要靠用户的经验，雨水进入水窖之前，缺乏必要的污染拦截措施。窖水作为饮用水，更是普遍存在着浊度和微生物超标风险。由于窖水净化是单户净化，因此，家用式净水器由于其体积小、使用方便、维护简单，且无规模化集中供水对于水源地的选取和供水管网的建设要求，是农村窖水处理的一个良好选择。然而，目前市面上的家用式净水器，处理工艺复杂，价格较高，其中部分种类的净水器由于其工艺类型原因，在产水过程会伴随着废水的产生，而西北村镇水资源较为短缺，这类净水器无法高效地利用当地水资源。

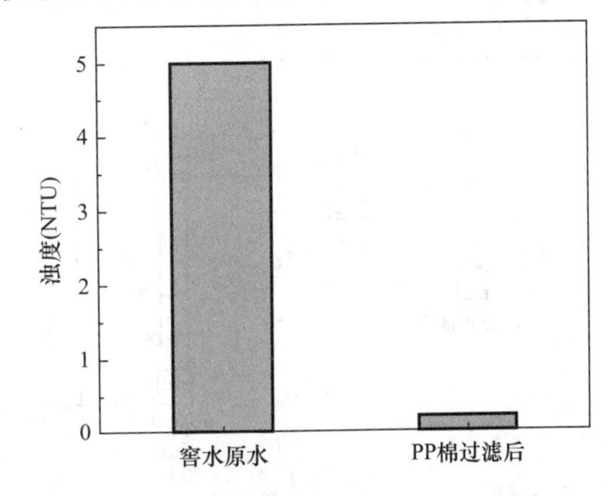

图 1-16　PP 棉过滤前后的浊度变化图

浊度是衡量水中微小颗粒物含量的指标，降低水体浊度的直接方法是去除水中颗粒物。对采集的数个农户家中水窖的水样品进行浊度分析，发现水窖水中颗粒物的粒度分布在 5～100μm，属于较大的颗粒物范畴，采用 5μm 级别 PP 棉过滤技术即可去除 95%以上的浊度，PP 棉过滤前后的浊度变化如图 1-16 所示。

但是 PP 棉对于微生物无法做到稳定去除，且随着使用时间的延长，还存在着微生物在 PP 棉上富集和生长的情况。因此，引入过滤精度更高的超滤技术十分必要，超滤技术能够稳定有效地去除水中的悬浮颗粒、病原菌等。由于窖水不存在离子超标，价格较超滤更高、维护更加复杂的纳滤和反渗透技术对窖水净化并不适用。

超滤过程中截留的微生物及其分泌的胞外多聚物（EPS）容易导致生物污染，长时间使用后，同样存在微生物风险超标。因此，在超滤后需要增加消毒工艺，如氯消毒、臭氧消毒和紫外线消毒。针对单户小型净水设备，紫外线消毒无疑是最佳选择，紫外线可以灭活大多数细菌、病毒、孢子，且不产生副产物，操作简单，安装方便，易于自动化控制。

基于以上考虑，采用“PP 棉过滤＋超滤＋紫外线”工艺组合，同步去除窖水中颗粒物、细菌等污染物，实现安全饮用水的制备。超滤膜、紫外线等工艺优势互补，可使出水水质达到《生活饮用水卫生标准》GB 5749—2022 的要求。

因此，确定了以超滤-紫外线为核心的工艺，且该工艺具有以下特点：

(1) PP 棉过滤可除掉水窖水中大部分颗粒物，使窖水浊度明显下降，保护后续超滤膜，延长超滤膜的使用寿命；

（2）超滤可以显著降低窖水的浊度，截留微生物；

（3）增加紫外线装置后可明显降低超滤膜出水的菌落总数，保证出水稳定达标。

经技术筛选后，农村窖水超滤净化设备的进出水设计参数见表 1-8，设备设计流程图如图 1-17 所示，进水泵前设前置过滤器避免杂物进入，保护进水泵。为延长超滤膜使用时间，采用两组并联 PP 滤芯过滤，去除大部分 5～100μm 粒径的颗粒物。超滤膜对微生物等进行去除处理后，通过后置的紫外线装置杀菌，保证出水各项指标达标。最后经由高压开关到水龙头出水。

**农村窖水超滤净化设备的进出水设计参数** **表 1-8**

| 水质指标 | 浊度（NTU） | 菌落总数（CFU/mL） | 总大肠菌群（CFU/mL） |
|---|---|---|---|
| 进水水质 | 20 | 20000 | 1500 |
| 出水水质 | 1 | 100 | 不得检出 |

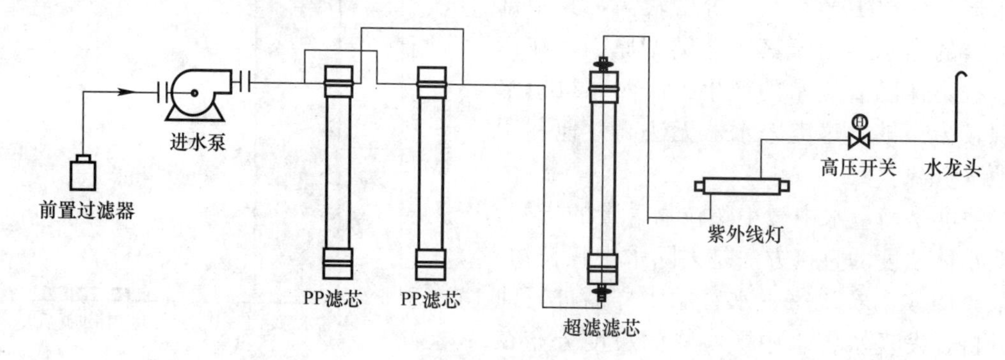


图 1-17 农村窖水超滤净化设备设计流程图

根据当地用水情况确定产品具体设计参数，其中设计水量为 1～2L/min，紫外线消毒选用管道式消毒紫外线灯，设备整体材质选用 304 食品级不锈钢加 ABS 塑料。农村窖水超滤净化设备配件如表 1-9 所示，设计图如图 1-18 所示，该样机采用模块化设计，设备水管连接处使用快接式接头，可自由拆卸安装，便于工艺调试和维修。

**农村窖水超滤净化设备配件** **表 1-9**

| 序号 | 配件名称 | 规格、型号 | 单位 | 数量 |
|---|---|---|---|---|
| 1 | 前置滤头 | 二分接头，100 目 | 个 | 1 |
| 2 | 自吸增压泵 | ZS-DRO-L400G-A | 台 | 1 |
| 3 | 适配器 | 24V，5A | 个 | 1 |
| 4 | 时间继电器 | 24V | 个 | 1 |
| 5 | 前置膜壳 | 25.4cm，二分接口 | 个 | 2 |
| 6 | PP 棉滤芯 | 5μm PP 棉 | 支 | 2 |
| 7 | UF 膜壳 | 1812 | 个 | 1 |
| 8 | UF 滤芯 | 25.4cm | 支 | 1 |

续表

| 序号 | 配件名称 | 规格、型号 | 单位 | 数量 |
|---|---|---|---|---|
| 9 | 紫外线灯 | VTWP-OT50G4 | 个 | 1 |
| 10 | 压力开关 | HPS-1，DC24V，二分接口 | 个 | 1 |
| 11 | 水龙头 | *DN*15 | 个 | 1 |
| 12 | 关键接头 | — | 批 | 1 |
| 13 | 金属框架 | — | 个 | 1 |

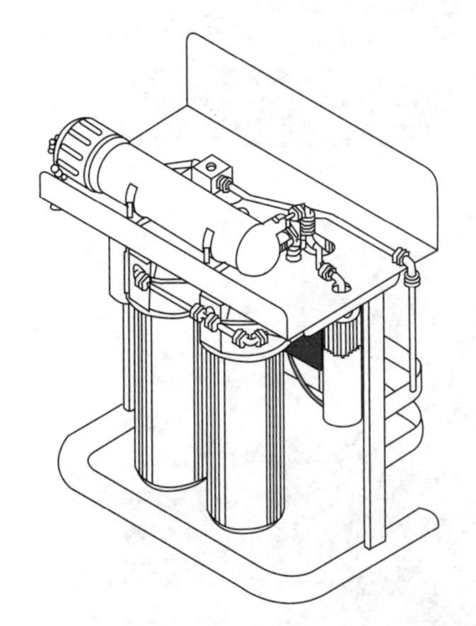
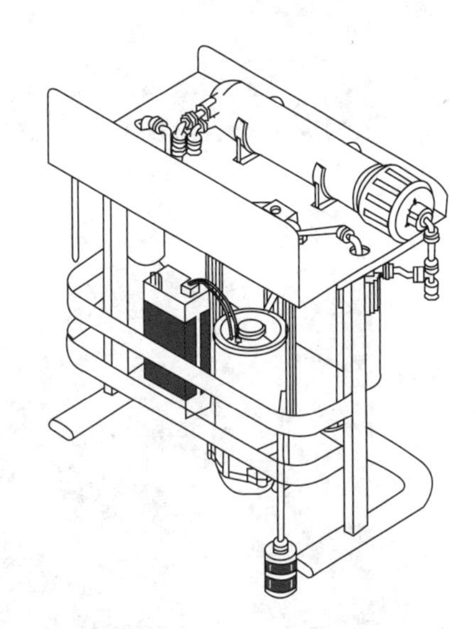

图 1-18　农村窖水超滤净化设备设计图

设备的实物图如图 1-19 所示，具体细节和结构如下所述：

农村窖水超滤净化设备，包括金属框架和顶座，顶座下方设有适配器、前置过滤器、自吸增压泵、PP 棉滤芯、后置管式紫外线消毒器，顶座上方设有超滤滤芯和出水管。设备工作时，原水从前置过滤器进入，经过自吸增压泵进入 PP 棉滤芯对水中颗粒物进行过滤，经过超滤膜进一步降低浊度和菌落总数后，经过后置管式紫外线消毒器进一步杀菌后到达出水口，出水水质符合《生活饮用水卫生标准》GB 5749—2022 的相关要求。该设备结构简单，体积较小，各处理单元为单独的处理模块，且与管件连接处均使用管件快接头，方便拆卸更换部件。

### 1.3.3　设备操作与维护

（1）雨水初期弃流及污染拦截设备

雨水集约化收集设备，在雨水初期弃流时需要手动操作，当下雨时将设备面板上的开关置于弃流端，待地面雨水经肉眼判断无浑浊后，将开关置于收集端。雨水收集完毕后，需要检查拦截箅子与截污篮筐，手动清理掉固体垃圾即可。雨雪水智能化收集装置在雨水收集过程无需人为操作，但需要在雨水收集后进行设备内部固体垃圾清理。

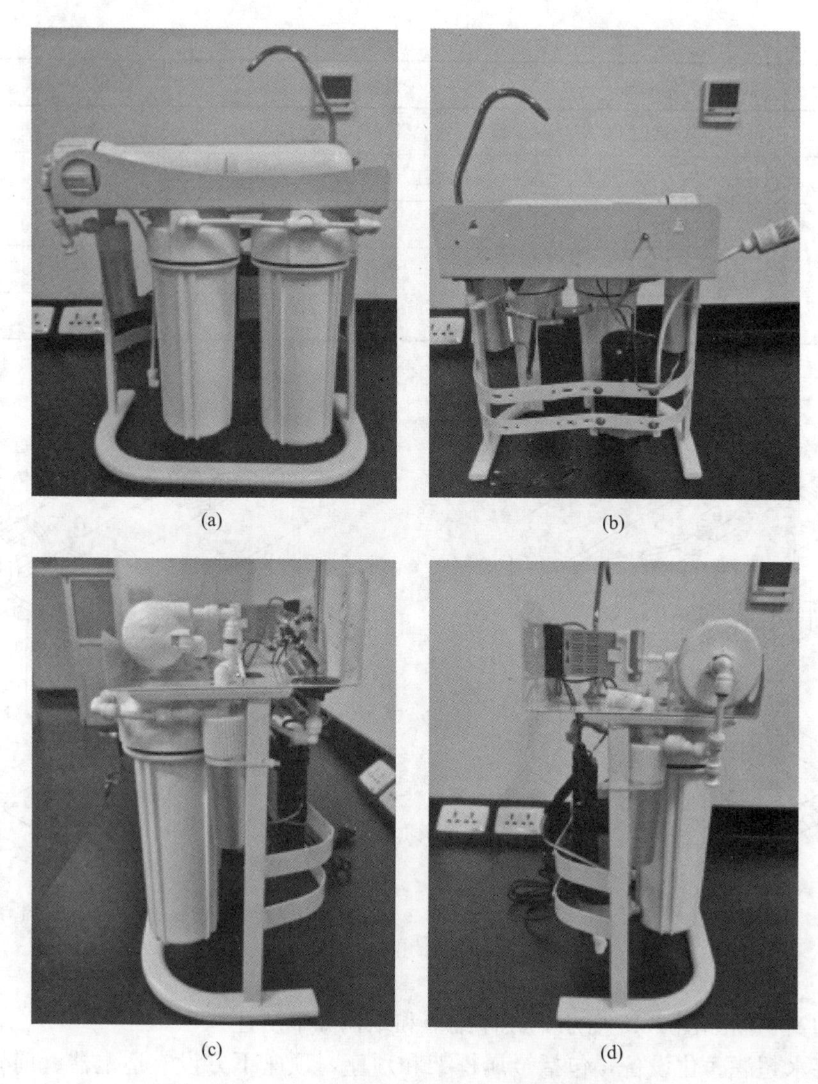

(a) (b) (c) (d)

图 1-19　农村窖水超滤净化设备实物图

(a) 设备正面；(b) 设备背面；(c) 设备右侧面；(d) 设备左侧面

(2) 窖水净化设备

窖水净化设备采用“傻瓜”式操作，设备使用时，需要将带有前置过滤器的进水口放于用户的水缸中，接通电源，打开电源开关，水龙头打开即可出水，水龙头关闭取水停止。该设备中 PP 棉的更换周期宜为 90～180d，超滤膜的更换周期宜为 1～2a，紫外线灯的更换周期宜为 1～4a，自吸泵的更换周期宜为 1～4a，设备不同组件间均采用快接头连接，需要更换时按压快接头释放圈，卸下对应部件后，更换新部件，并检测密封性即可。

### 1.3.4　工艺流程

(1) 雨水初期弃流及污染拦截设备

地面收集的雨水在汇入收集设备之前，通过手动切换为弃流模式，初期污染严重的雨水经弃流口排放，待目视地面雨水干净后，再次手动切换为收集模式，雨水经过三级过滤后，进入水窖。智能款集约化收集设备则是通过雨水浊度和信号，自动打开弃流和收集模式，进而保证入窖雨水水质（图 1-20）。

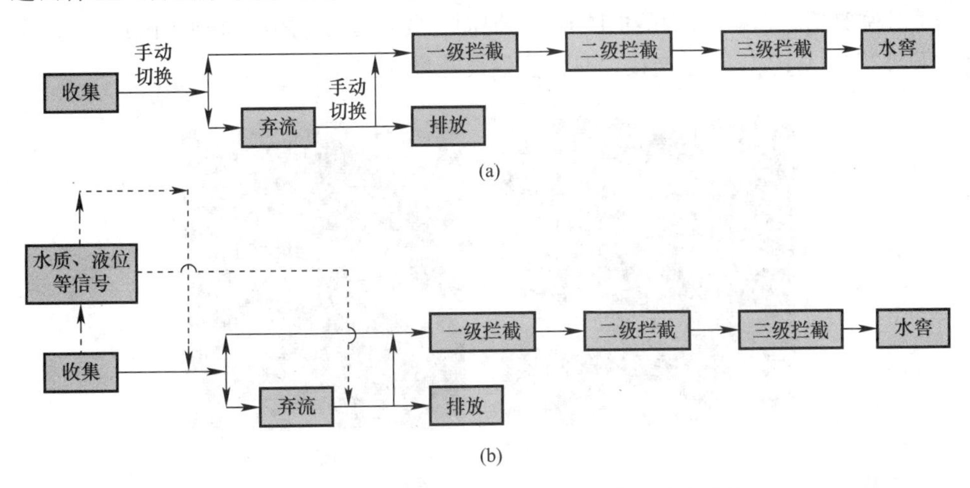


图 1-20　雨水初期弃流及污染拦截设备工艺流程图

（a）手动款集约化收集设备；（b）智能款集约化收集设备

（2）窖水净化设备

窖水依次经过安保过滤器、超滤和紫外线消毒，分别去除悬浮颗粒、有害病菌，并进一步经紫外线杀灭有害病原体后，产水达到《生活饮用水卫生标准》GB 5749—2022 要求，具体工艺流程如图 1-21 所示。

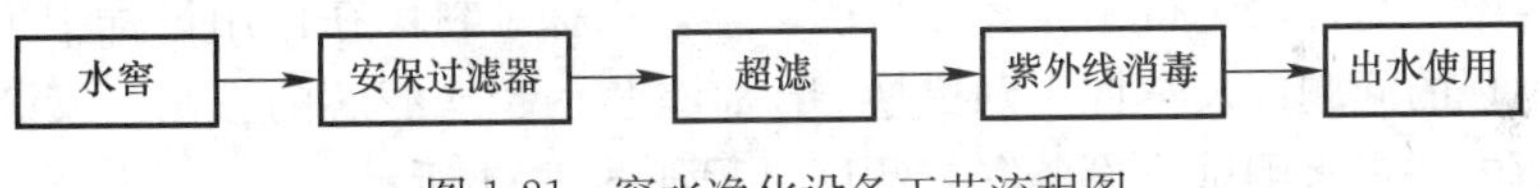


图 1-21　窖水净化设备工艺流程图

### 1.3.5　设备应用

（1）雨水初期弃流及污染拦截设备安装

选取 7 户住户开展集约化收集设备安装，设备设置于农户院内，在庭院内人工挖掘约 40cm×80cm 的设备基坑，找平后，将设备安放到位，并采用 UPVC 排水塑料管分别与水窖和弃流口连接，设备安装见图 1-22。

图 1-22　集约化收集设备安装图

选取村中公用大型水窖进行智能化收集设备安装，具体位置位于甘肃省环县北郭塬村华掌小学门口左侧30m处，主干道路右侧。周边地面为红砖砌筑，主干道为沥青路面，村内主干道路有照明设施。现有水窖为集中使用水窖，混凝土材质，水窖尺寸4m×4m×10m，容积为160m$^3$，集水面积约150m$^2$，地面主要为硬化土地面和沥青道路。设备与水窖使用*De*125的UPVC管道连接，具体安装图见图1-23。

(a)

(b)

图1-23　智能化收集设备安装图

（a）安装前；（b）安装后

（2）窖水超滤净化设备安装

选取25户住户进行窖水净化设备安装，由于该设备采用一体化、集约化设计，安装时只需要将设备组装好，将进水口置于村民水缸等取水处，通电后打开水龙头即可出水。

安装过程中，对村民进行了安装方法的教学，以保证村民在使用过程中可以排查设备运行中可能出现的问题以及掌握正确更换PP棉滤芯和超滤滤芯的方法。安装结束后，每户设备进行通电和走水测试，设备安装测试过程如图1-24所示。

(a)

(b)

(c)

(d)

(e)

图1-24　窖水超滤净化设备安装测试过程

（a）设备拆封；（b）超滤膜安装；（c）PP棉安装；（d）管路电源安装；（e）走水测试

选取其中1户安装在线浊度检测探头装置，进行出水浊度和温度的实时监测。浊度监测设备采用激光浊度智慧传感器，内部是一个IR958与PT958封装的红外线对管，通过光电信号接收转换，计算出水的污浊程度（激光浊度电极见图1-25）。选择4G DTU通信设备，可以实时将浊度监测设备监测到的数据实时上传至网络并保存监测记录。

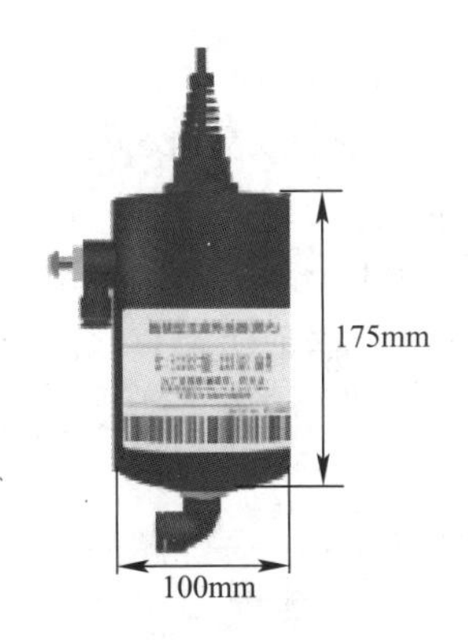

图 1-25　激光浊度电极

## 1.4　跟踪监测与数据分析

### 1.4.1　监测目的

考察窖水净化情况，检测出水水质是否稳定符合《生活饮用水卫生标准》GB 5749—2022 的相关要求。

### 1.4.2　监测内容

（1）日常监测

1）监测户数

选择北郭塬村 5 户居民进行监测。

2）监测指标

浊度、菌落总数。

3）采样位置

窖水原水、PP 棉过滤后、超滤后、紫外线消毒后。

（2）第三方监测

1）监测户数

选择 5 户居民进行监测。

2）监测指标

菌落总数、砷、氟化物、硝酸盐、色度、浊度、pH、溶解性固体总量、总硬度、耗氧量、铁、锰、溶解氧、氯化物和硫酸盐。

3）采样位置

紫外线消毒后。

### 1.4.3　监测结果分析

设备安装完成后，运行 3 个月，选取 5 户，测试了每户使用的窖水原水、设备处理后 PP 棉滤芯出水、超滤滤芯出水和作为设备最终出水的紫外线灯出水（以下称 UV 出水）这几个点位的浊度和菌落总数，结果见表 1-10 和表 1-11。

从表1-10中可以看出，5户的设备使用频率各有不同，有相对使用比较频繁的（每天用），也有使用间隔较久的（10d用一次），且作为原水的窖水浊度分布较宽，为0.80～24.60NTU，经过PP棉滤芯的处理，浊度下降至原水的53.75%～71.22%，再经过超滤滤芯处理后，浊度进一步降低至原水的0.93%～17.50%，均低于0.4NTU，由于紫外线灯对于浊度无去除效果，所以UV出水浊度基本未发生改变。数据证明，窖水净化设备对于浊度具有良好的去除效果。在使用频率较低或者较高的情况下，或原水浊度较低或者较高的情况下，均可以经过处理使出水浊度达到要求。

从表1-11中可以看出，窖水原水菌落总数为160～2500CFU/mL，经超滤后，菌落总数明显下降，但仍未达到国家标准中100CFU/mL的要求，再经过紫外线杀菌后，出水菌落总数均低于100CFU/mL。此外，从最终出水结果来看，使用频率越高的用户，其最终菌落总数越低。

测试是在设备安装使用超过3个月后进行的，可见经过了长时间的使用，设备出水浊度和菌落总数可稳定满足《生活饮用水卫生标准》GB 5749—2022的相关要求，表明本窖水净化设备具有高适用性、低维护的特点。

**农村窖水超滤净化设备各工艺单元出水浊度　　表1-10**

| 编号 | 使用频率 | 浊度（NTU） | | | |
|---|---|---|---|---|---|
| | | 窖水原水 | PP棉滤芯出水 | 超滤滤芯出水 | UV出水 |
| 1 | 每天用 | 2.71 | 1.93 | 0.36 | 0.24 |
| 2 | 10d用一次 | 4.50 | 2.81 | 0.30 | 0.32 |
| 3 | 每天用 | 0.80 | 0.43 | 0.14 | 0.15 |
| 4 | 2～3d用一次 | 0.99 | 0.62 | 0.12 | 0.12 |
| 5 | 2～3d用一次 | 24.60 | 13.90 | 0.23 | 0.20 |

**农村窖水超滤净化设备各工艺单元出水菌落总数　　表1-11**

| 编号 | 使用频率 | 菌落总数（CFU/mL） | | | |
|---|---|---|---|---|---|
| | | 窖水原水 | PP棉滤芯出水 | 超滤滤芯出水 | UV出水 |
| 1 | 每天用 | 278 | — | 233 | 10 |
| 2 | 10d用一次 | 2500 | — | 330 | 11 |
| 3 | 每天用 | 160 | — | 33 | 3 |
| 4 | 2～3d用一次 | 220 | — | 190 | 20 |
| 5 | 2～3d用一次 | 575 | — | 550 | 26 |

选取4户设备处理后的出水送至第三方检测机构，按照《生活饮用水卫生标准》GB 5749—2022中集中式供水和分散式供水水质指标进行了14个指标的检测，以进一步检验出水水质，结果见表1-12。

**出水水质检测结果　　表1-12**

| 编号 | 检测指标 | 检测结果 | | | |
|---|---|---|---|---|---|
| | | 1 | 2 | 3 | 4 |
| 1 | 菌落总数（CFU/mL） | 未检出 | 53 | 35 | 1 |
| 2 | 总大肠菌群（CFU/mL） | 未检出 | 未检出 | 未检出 | 未检出 |

续表

| 编号 | 检测指标 | 检测结果 | | | |
|---|---|---|---|---|---|
| | | 1 | 2 | 3 | 4 |
| 3 | 硝酸盐（以N计）(mg/L) | 0.80 | 0.92 | 1.29 | 0.90 |
| 4 | 色度（度） | <5 | <5 | <5 | <5 |
| 5 | 浊度（NTU） | <0.5 | <0.5 | <0.5 | <0.5 |
| 6 | 溶解性固体总量（mg/L） | 99 | 94 | 114 | 95 |
| 7 | 总硬度（mg/L） | 49.1 | 68.7 | 70.7 | 62.9 |
| 8 | 耗氧量（mg/L） | 2.83 | 4.18 | 2.33 | 2.55 |
| 9 | 铁（mg/L） | <0.05 | <0.05 | <0.05 | <0.05 |
| 10 | 锰（mg/L） | 0.00008 | 0.0131 | 0.00691 | 0.0120 |
| 11 | 氯化物（mg/L） | 7.76 | 8.27 | 8.45 | 7.75 |
| 12 | 硫酸盐（mg/L） | 15.84 | 15.35 | 15.27 | 14.72 |
| 13 | 砷（mg/L） | 0.0010 | 0.0018 | 0.0032 | 0.0019 |
| 14 | 氟化物（mg/L） | 0.16 | 0.24 | 0.17 | 0.13 |

由表1-12中数据可知，经过设备处理后，窖水菌落总数、总大肠杆菌群、硝酸盐、色度、浊度、溶解性固体总量、总硬度、耗氧量、铁、锰、氯化物、硫酸盐、砷、氟化物等指标均可满足标准要求。对于PP棉、超滤、紫外线消毒等工艺的主要去除目标：菌落总数、总大肠菌群、浊度，均下降到较低水平，菌落总数下降到未检出至53CFU/mL，4组样品中均未检出总大肠菌群，4组样品浊度均小于0.5NTU。由此可见，窖水净化设备的出水水质完全满足标准要求。

## 1.5　项目创新点、推广价值及效益分析

### 1.5.1　创新点

甘肃省庆阳市环县环城镇北郭塬村地处西北地区典型高原腹地，地形复杂，雨雪水被收集并储存于水窖中用作村民日常用水，收集效率低，初期污染物拦截效果差。收集进水窖的水存储时间长，浊度、色度、微生物超标，现有水质净化技术上缺乏针对性设计，设备适用性较差。

针对北郭塬村雨雪水产流特征及污染物特征，开发了基于典型集流面特点的雨雪水集约化智能收集技术、短流程深度净水技术，开发智能化的雨水初期弃流和污染拦截设备，通过降雨信息智能化分析、重力错流自动化弃流、三级分级过滤，充分减少窖水中污染物的汇入；开发低能耗、低维护一体化的农村窖水超滤净化设备，高效除浊、除菌、操作简便，技术成本下降70%，制水成本为0.24元/$m^3$，实现了节水节能和水质稳定达标的多重目标。该技术集成模式充分考虑了西北村镇地区的共性和个性特征，在现有理念和技术集成模式方面开拓创新，极大提升了西北地区村镇居民饮用水安全保障水平。

### 1.5.2　推广价值

不同净水设备能耗分析见表1-13，由表可知，本设备连续使用1h时的能耗为

0.055kWh，根据现场使用情况，设备每天使用时间为 5～10min，每天设备耗电量为 0.005～0.009kWh，年耗电量为 1.642～3.286kWh，能耗极低。

不同净水设备能耗对比结果 表 1-13

| 设备 | 功率（W） | 用电量（kWh/h） | 设备图 |
|---|---|---|---|
| 农村窖水超滤净化设备 | 55 | 0.055 | |
| 家用反渗透净水设备 | 100 | 0.1 | |
| 加热式反渗透净水设备 | 550 | 0.55 | |

农村窖水超滤净化设备总机及耗材的价格和寿命如表 1-14 所示，设备总机价格为 800 元，相比于目前市面上常见的同等流量反渗透净水器（2000～5000 元），本设备价格较低，在经济不发达的西北村镇地区具有更好的适用性。净水器耗材更换按照保守估计，每年更换 2 次 PP 棉，0.5 次超滤膜和紫外线灯，每年设备维护成本 76 元，也处于当地居民可以接受的水平。

农村窖水超滤净化设备总机及耗材的价格和寿命 表 1-14

| 类型 | 价格（元） | 寿命（月） |
|---|---|---|
| 设备总机 | 800 | — |
| PP 棉 | 4 | 6 |
| 超滤膜 | 20 | 12～24 |
| 紫外线灯 | 100 | 12～48 |

因此，智能化的雨水初期弃流和污染拦截设备以及低能耗、低维护一体化的农村窖水超滤净化设备，解决了北郭塬村利用非常规水源制备饮用水存在的技术适应性差、设备运行维护困难等问题，在研究不同类型地区雨雪水污染物特征的基础上，研发了雨雪水的高效收集和水质净化控制技术，改变了传统高能耗、高药耗的长流程工艺模式，实现了低维

护条件下的饮用水水质达标，成果创新性和适用性强，具有较强的市场竞争力和广阔的应用前景。

### 1.5.3 效益分析

（1）经济效益

1）通过安装集约化、智能化成套雨水收集弃流装置，提高西北村镇雨水收集效率，改善雨水收集水质，可实现全年雨水收集量 500 余立方米；

2）通过智能化弃流装置管理平台，分析每场降雨过程的水质变化，形成不同降雨月份的西北村镇雨水弃流、收集的情景库，进一步提高雨水收集效率，并有效指导农户操作弃流装置；

3）通过农村窖水超滤净化设备的安装和用水净化测试，降低饮用水成本，拓宽新技术和新产品的应用市场，具有一定的经济效益。

（2）社会效益

1）通过对雨水弃流、收集装置的有效管理，提高农户对初期雨水弃流及雨水过滤的认识，改善西北村镇用水水质；

2）通过集中公共场地智能化雨水收集弃流装置，提高较大雨水收集设施的管理水平，作为应急保障用水，提高农村水资源承载能力；

3）通过对水窖水的安全净化，有效保障西北村镇居民的饮水安全，改善农村生活品质，支撑西北村镇乡村振兴发展。

# 第2章

# 陕西省安康市紫阳县城关镇双坪村

## 2.1 项目概况

双坪村位于陕西省安康市紫阳县北部，属于典型山区村落（图 2-1）。全村现有茶园5200 亩，橘园 1200 亩。新建标准化茶园 550 亩，猕猴桃种植基地 70 亩，大棚食用菌 1.5 万袋；养鸡示范大棚 5 个，占地面积 1000m$^2$ 以上，年出栏 12000 羽；有茶叶、柑橘、科技、养殖等专业合作社及农业公司 7 家，茶叶加工厂 13 家；村集体股份经济合作社市场经营主体 4 家，有劳动能力贫困户全部参加合作经济组织。

图 2-1　双坪村村落照片

## 2.2 现场调研与建设目标

### 2.2.1 现场调研

双坪村属于典型山区村落，包含 7 个自然村落，村落分散，常住人口 538 户、1841 人。双坪村存在着季节性地下水氟超标问题。

通过对前期电渗析净水机安装使用后的回访发现了一些问题，并总结了需要改造的需求。主要问题如下：

（1）多数使用者为老人，文化程度较低且子女长期外出务工，目前的操作界面对于这些老人来说比较复杂，当设备达到运行周期需要反洗膜组件时，老人们无法独自完成整个反洗操作；

（2）设备成本过高，无法大批量投放使用；

（3）设备在运输过程中，内部阀门会因为颠簸导致开度不统一，需优化内部结构。

改造需求如下：

（1）简化操作界面，只留下需要操作的选项；

（2）降低设备的成本；

（3）优化内部结构，加强设备内部结构强度。

### 2.2.2　建设目标

针对地下水的特点，研发适于双坪村环境的地下水除氟脱盐处理系统，通过优化膜组件排列、自动化控制等构建整套高效率电渗析处理系统，达到节能降耗、降低成本的目的。针对净水装置处理高氟/高盐等污染特征的地下水时不可逆的膜污染问题，开展多目标策略优化研究；研发高效且低能耗的脱盐除氟自动化膜处理系统和相应设备，做出广大农村群众都用得起的净水机。

## 2.3　技术及设备应用

### 2.3.1　技术及设备适用性分析

就目前来说，苦咸水淡化是电渗析技术最广泛的应用，电渗析淡化厂的规模一般为 100～20000$m^3$/d。然而，电渗析法对不带电荷的物质没有去除效果，而且随着进水浓度的增加，苦咸水中盐分去除率不断下降。电渗析器进水要求为：浊度≤0.3mg/L、耗氧量<2mg/L、游离氯质量浓度<0.2mg/L、铁的质量浓度<0.3mg/L、锰的质量浓度<0.1mg/L、水温为 5～40℃、硬度<900mg/L。

（1）水处理设备的选择与研发

1）需解决的关键问题

通过研发直供型饮用水导向性电渗析设备，可有效解决我国村镇饮用水水质不达标和水质污染等问题，保障当地饮用水安全，提升水资源利用率，缓解水环境与社会经济发展之间的矛盾，促进水生态系统的良性循环，具有良好的社会效益。

2）水处理技术的选择

地下水源饮用水氟超标是饮用水安全的典型问题。因为氟离子具有半径小、电负性大、水合效应强、离子质量浓度低（多为 1.0～5.0mg/L）等特点，饮用水除氟始终是水处理技术的难点之一。现有的吸附法、离子交换法、化学沉淀法、电絮凝法、反渗透和纳滤等饮用水除氟技术多存在针对性差、成本高、操作复杂等问题。而电渗析除氟凭借电流效率高（大于 97%）、产水率高、成本低等优点，已成为具有发展前景的饮用水除氟技术之一。

（2）技术主要内容

1）技术基本原理及过程

电渗析技术是以电场力为推动力，利用离子交换膜的选择透过性使原液中的含盐量降低的一种分离方法。在外加直流电场的驱动下，利用离子交换膜的选择透过性，阴、阳离子分别向阳极和阴极移动。离子交换膜是电渗析膜堆的核心部件，电渗析过程就是基于离子交换膜的选择透过性实现淡化室中阴、阳离子定向迁移。电渗析脱盐原理如图 2-2 所示，苦咸水中阳离子可透过阳离子交换膜向阴极迁移，阴离子可透过阴离子交换膜向阳极迁移。频繁倒极电渗析（简称 EDR）是在直流脉冲电源电渗析和倒极电渗析的基础上发展起来的新型电渗析技术，具有操作电流高、原水回收率高、稳定运行周期长等优点。

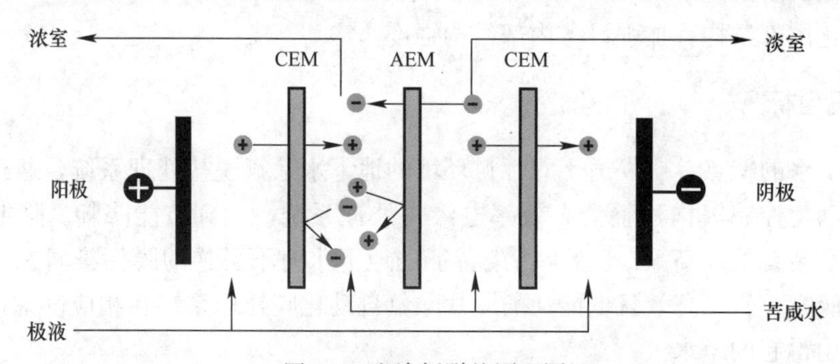


图 2-2　电渗析脱盐原理图

CEM—阳离子交换膜；AEM—阴离子交换膜

2）设备研发情况

电渗析技术用于处理低浓度苦咸水和自来水脱盐时，与反渗透技术和离子交换相比，具有回收率高、产水水质好、工艺过程洁净的优势。但电渗析技术也有很大劣势，由于其只能除去水中的带电离子而不能去除有机物质和细菌等，使得其在实际应用中受到了很大限制。电渗析技术的效率主要取决于所使用的离子交换膜的性能和进料的盐浓度，由于电极和离子交换膜的高成本，电渗析的应用仍然受到限制。电渗析过程能耗与溶液中的含盐量有关，含盐量越高，能耗越高，所以电渗析技术更适用于苦咸水脱盐。对于我国来说，电渗析技术的研究相对一些其他国家较晚但发展却非常快。

## 2.3.2　EDR 设备操作及维护

（1）系统操作使用说明

1）使用前的检查工作

① 通电前的检查

a. 泵的检查

转轴转动灵活，无异常声响；泵的地脚螺栓固定牢靠，无松动现象；长期停用后的泵，有必要测量其绝缘电阻，要求电阻≥0.5MΩ。

b. 管线的检查

所有 UPVC 管线无损坏之处，连接法兰的螺栓紧固，活接无松动现象。

c. EDR 设备的检查

膜堆铺装整齐，无变形错位现象；接线安装牢固无松动；附属管线完好无损。

d. 其他检查

各手动阀开关灵活；仪表安装牢固，接线无松动；各水箱排空阀关闭；电源柜内各空气开关处于断开状态。

② 通电后的检查

a. 电源柜的检查

合上 EDR 设备电源空气开关，柜面上的三相电源指示灯全部明亮，无缺相现象。合上 EDR 设备电源柜内总电源开关，观察操作屏显示有无异常现象。

b. 设备的单机试车

点动水泵启动控制按钮，查看泵的转向是否正确（电机的风扇是顺时针旋转）；若是反转，需断开电源，将任意两根相线进行倒换安装即可。

电源正确无误后，重新送电，每台泵进行短时间（不超过 3min）的启动运转，确保每台泵转向正确，且无异常声音。

2）初次启动的准备工作

① 深井泵的补水

直接开启深井泵给设备供水。

② 浓水箱的补水

给浓水箱注水，待浓水箱高液位后，停止向浓水箱补水。

EDR 设备如图 2-3 所示。

3）系统停止运行步骤

在电源上，点击“停止”按钮，待电源风扇停止后关闭电源左侧空开，然后点击原水泵、浓水泵的停止按钮，使系统停止运行。

（2）设备分单元的操作

1）原水泵

该泵为工频离心泵，泵的进水为原水箱的水，出水至 EDR 设备中进一步处理。原水泵的启停控制：在电控箱上按绿色启动按钮启动，按红色停止按钮关闭。

图 2-3　EDR 设备示意图

2）浓水泵

该泵为工频离心泵，泵的进水为浓水箱的水，出水至 EDR 设备中进行循环。浓水泵的启停控制：在电控箱上按绿色启动按钮启动，按红色停止按钮关闭。

（3）EDR 设备维护说明

1）离心泵

离心泵的泵体部分由叶轮和泵壳所组成，叶轮由电动机带动高速旋转时，充满在泵体中的液体被带着转动，由于离心力的作用，液体离开叶轮时具有一定的压强，并以较大的速度被抛向泵壳。与此同时，在叶轮的中心形成低压，使液体不断被吸入。如此，液体源源不断地吸入泵内并产生一定的压强而排至压出管，输送到需要的地方。

离心泵启动前需进行以下操作：电气检查，包括绝缘、转向等方面，然后送电备用；泵体检查，检查水泵地脚螺栓及各部分是否齐全、紧固，装好安全罩；阀门检查，检查泵的出口、入口阀是否灵活好用；手动转动，转动 2～3 圈，检查是否有卡阻现象，有卡阻现象应进行检修，不得继续开泵操作。

① 泵启动

当确认泵内水充满时，可按泵的启动按钮，启动离心泵。

② 启动后检查

泵运转平稳后，检查泵电流、压力、并注意有无振动和杂音。遇电机反转、剧烈振动、声音异常、电机冒烟（泵即将损坏）、机械密封漏水、泵抽空、轴承和电机温升超过允许值、发生人身或设备事故时，立即停泵处理。

离心泵正常运行时，电机电流不得超过额定值，且指示稳定。泵出口压力、流量均在指定范围内；轴承温度不超过70℃；电机、水泵运转声音正常，电机温升不超过35℃；水泵各部件要求齐全完整，螺丝紧固，振动符合要求；保持水泵清洁卫生，做好设备运行记录。

离心泵一般故障包括：性能故障，如流量、扬程等达不到规定的要求；磨损腐蚀故障，由于水对泵的腐蚀或水中夹带固体造成的磨损；密封损坏故障，由于机械密封损坏造成的故障；其他机械故障，由于其他各种机械损坏所造成的故障。

离心泵常见故障原因及处理方法见表2-1。

**离心泵常见故障原因及处理方法** **表2-1**

| 序号 | 故障名称 | 原因 | 处理方法 |
|---|---|---|---|
| 1 | 泵不上量 | 启动前泵未充满水、有空气 | 停泵，排净空气 |
| | | 叶轮装反或损坏 | 重新安装或更换叶轮 |
| | | 泵入口阀门未开或入口堵塞 | 打开泵入口阀或清理堵塞物 |
| | | 电机反转 | 请电工处理 |
| | | 叶轮被杂物堵塞 | 拆泵清理 |
| 2 | 泵轴承温度超高 | 泵轴瓦压得过紧 | 调节轴瓦间隙 |
| | | 轴承损坏 | 更换轴承 |
| | | 偏心旋转 | 重新找正 |
| 3 | | 调节阀开度过小 | 加大开度 |
| | | 泵进出口止回阀因磨损关闭不严 | 修理或更换阀件 |
| | | 转速不足 | 检查电动机或电压 |

2）隔膜计量泵

隔膜计量泵是电磁推杆带动隔膜在泵头内做往复运动，引起泵头膛腔体积和压力的变化，进而引起吸液阀门和排液阀门的开启和关闭，实现液体的定量吸入和排出。

隔膜计量泵启动前需进行以下操作：电气检查，包括绝缘、转向等方面，然后送电备用；泵体检查，检查各连接处的螺栓是否拧紧，螺母是否有松动现象。检查完毕后，当药箱内的液位在泵的吸入管上部时，可按泵的启动按钮，启动加药泵。启动的泵运转平稳后，检查泵电流、并注意有无振动和杂音。如遇泵剧烈振动、声音异常、电机冒烟（泵即将损坏）、泵抽空、发生人身或设备事故时，立即停泵处理。

隔膜计量泵常见故障原因及处理方法见表2-2。

**隔膜计量泵常见故障原因及处理方法** **表2-2**

| 故　障 | 原　因 | 处理方法 |
|---|---|---|
| 完全不出液 | 药箱液位过低 | 补充液位 |
| | 吸入管道阻塞 | 清洗疏通吸入管道 |
| | 吸入管道漏气 | 更换吸入管道 |

续表

| 故　障 | 原　因 | 处理方法 |
| --- | --- | --- |
| 出液量不够 | 吸入管道局部堵塞 | 疏通吸入管道 |
| | 调节阀开度过小 | 加大开度 |
| | 泵进出口止回阀磨损关闭不严 | 修理或更换阀件 |
| | 转速不足 | 检查电动机或电压 |

（4）常见故障及解决办法

1）进水中带有气泡。这是由于水泵或泵前吸水管漏水、漏气导致，应及时检修水泵，修补漏水管路。

2）设备漏水，水量下降。日常中最易出现设备变形造成漏水。运行过程中若出现局部严重漏水，通常是设备因结垢引起的变形造成的。严重结垢会引起水流受阻，设备内局部压力升高，从而导致设备变形、漏水，这时可从漏水的部位看见有盐析出。解决办法包括：渗漏点修复，更换密封件，清洁电极，更换过滤器、电极或膜等。

3）设备变形。EDR设备易发生膜堆变形，主要表现为膜堆内凹或隔板外鼓。主要原因是结垢、负压、压紧不平衡。为避免膜堆变形，应采取以下措施：运行时进水阀门的调节应平缓，浓水、淡水和极液的流量调节应同步。如发现膜堆变形应及时调整，否则膜和隔板会因永久变形而无法修复。

4）水流阻力上升。EDR设备的水流阻力会随着运行时间缓慢增长，属正常现象。引起阻力增长的原因是在运行过程中EDR设备内有异物，如原水中悬浮物的沉积、预处理设备滤料的泄漏、结垢等。为了控制阻力的增长速度，可采取如下措施：极液定时加酸，设备定期清洗。

5）淡水质量下降。淡水质量下降的原因很多，主要有：供电系统故障；膜破裂或进出水阀门泄漏；膜堆严重极化，膜表面结垢，电阻增加，工作电流下降；膜老化；预处理故障，进水不合格。在运行过程中如发现水质急剧下降，或在一段时间内下降幅度较大，应及时查找原因，尽快处理解决。

6）膜的污染、中毒和老化。膜的污染物主要有有机物、铁、锰、胶体硅和微生物等，因此必须全面分析原水中上述物质的含量，并采取相应的预处理措施。

（5）EDR设备的停用维护措施

1）短期停用（不超过一个月）：应使膜堆内充满水，防止膜干燥变形，收缩破裂。

2）长期停用（一个月以上）：需配置保护液进行保护，具体操作如下：

① 准备1.5kg的NaCl和20kg的$NaHSO_3$；

② 给清洗桶配水、倒换阀门、启动清洗泵；

③ 待水循环起来后，将准备的药剂倒入清洗桶中；

④ 循环20min，使EDR设备内充满药液，然后关闭清洗泵，放空清洗桶即可；

⑤ 以后每隔一个月进行一次药液的置换。

（6）阀门的使用注意事项

1）开关阀门前，先注意阀柄上的指示，根据指示进行转动，以防损坏阀门；

2）当阀柄与管道平行时，表明阀门在全开启位置；当阀柄与管道垂直时，表明阀门在全关闭位置；

3）阀门开关操作时，需缓慢用力，切忌用力过度，造成阀门损坏。

### 2.3.3 工艺流程

原水依次经过石英砂过滤器、活性炭过滤器和精密过滤器，最后进入饮用水电渗析器。经电渗析净化后，产水达到《生活饮用水卫生标准》GB 5749—2022 的要求（图 2-4）。

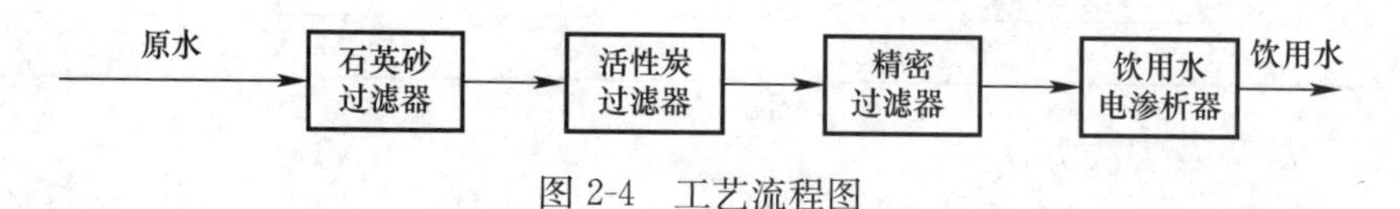


图 2-4　工艺流程图

### 2.3.4 设备应用

在双坪村投放 15 台设备（图 2-5），设备覆盖住户面积约为 800m$^2$。可针对苦咸地下水进行选择性除氟除盐，系统除氟用电成本小于 0.1 元/t。设备使用周期长，实现了太阳能、低压储能电池和常规电源多能源分散利用，节能节水。

图 2-5　设备实物图

在 15 户村民家中安装了电渗析设备，发放说明书且指导村民进行使用，并开始正式运行（图 2-6）。后续和当地村民签订委托代管协议，由委托的村民代为管理设备并定期取样邮寄至第三方检测。

图 2-6　设备安装图

## 2.4 跟踪监测与数据分析

### 2.4.1 监测目的

确保经过整个工艺流程处理后的水质均达到设计的出水水质要求，满足双坪村村民饮用水需求。

### 2.4.2 监测内容

监测14项指标，包括菌落总数、砷、氟化物、硝酸盐、色度、浊度、pH、溶解性固体总量、总硬度、耗氧量、铁、锰、氯化物和硫酸盐。

采样位置：设备出水。

### 2.4.3 监测结果分析

经过对74d的监测数据统计分析，整个工艺流程均达到和超过设计要求，出水水质稳定且氟离子低于设计出水指标，如图2-7所示。

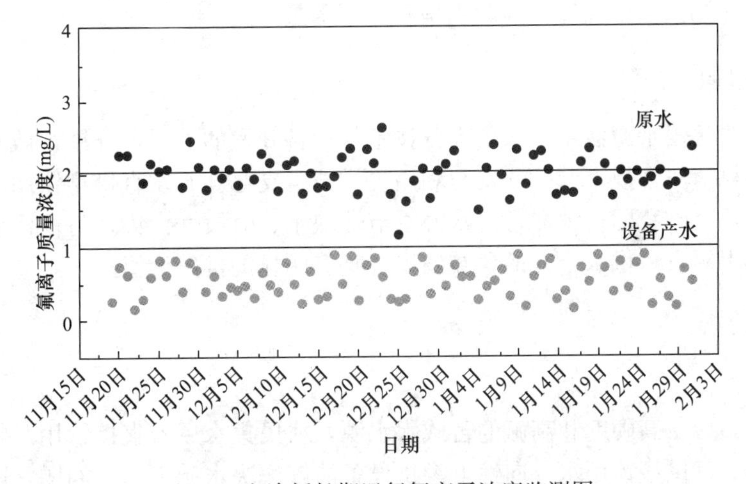


图2-7 电渗析长期运行氟离子浓度监测图

对设备的出水进行采样送检，设备的出水指标完全满足《生活饮用水卫生标准》GB 5749—2022的要求（检测环境条件：温度10～30℃，相对湿度20%～80%），检测仪器如表2-3所示。

**出水水质检测仪器** **表2-3**

| 仪器编号 | 设备名称 | 规格型号 |
|---|---|---|
| BJ-G-2018-2006 | 酸度计 | FE28 |
| BJ-J-2018-0002 | 电导率仪 | DDS-307A |
| YC-G-2019-0010 | 电热鼓风干燥箱 | GXZ-9070MBE |
| BJ-J-2019-0004 | 电感耦合等离子体发射光谱仪 | ICPE-9820 |

续表

| 仪器编号 | 设备名称 | 规格型号 |
|---|---|---|
| BJ-J-2018-0003 | 原子吸收光谱仪（石墨炉） | AA7000 |
| BJ-J-2019-0002 | 气相色谱仪 | GC-2030 |
| BJ-J-2018-0005 | 离子色谱仪 | ICS-2100 |
| YC-G-2020-0002 | 原子荧光光度计 | AFS-9730 |
| BJ-J-2018-0002 | 紫外可见分光光度计 | UV2600 |
| BJ-J-2021-0004 | 低本底 αβ 测量仪 | PAB-6000 Ⅱ |

## 2.5 项目创新点、推广价值及效益分析

### 2.5.1 创新点

设计了直供型饮用水导向性电渗析设备，包含选择性脱硬除氟等关键技术，与传统电渗析技术相比，有以下优点：可高效、低成本、选择性去除目标离子；解决了高选择性去除成垢离子形成的膜污染问题；通过系统结构（膜、室、极、段、级及操作条件等）设计，提高了选择性去除率并保持高产水率和高产水量。

### 2.5.2 推广价值

面向村镇非常规水源饮用水水质提升技术与设备开发的需要，开展苦咸水处理技术与设备研究，为村镇非常规水源的开发与利用提供技术支撑。研发直供型饮用水导向性电渗析技术与设备，突破我国村镇非常规水源季节性缺水、时段性污染、特征污染物多变等问题的同时，亦引领农村供水企业的科技发展，具有明显的推广价值。

### 2.5.3 效益分析

（1）经济效益

针对我国高盐、高硬度和高氟的苦咸水水源，村民集水后若直接饮用，将对人体健康造成严重威胁。直供型饮用水导向性电渗析设备能够解决水质不达标问题，防止公共卫生事件的发生，降低经济损失。

（2）社会效益

通过直供型饮用水导向性电渗析的推广应用，可有效解决我国村镇饮用水水质不达标和水质污染等问题，实现水资源的高效利用，提升农村居民的生活水平，具有良好的社会效益。

（3）生态效益

设备的推广应用，提升了水资源利用率，缓解了水环境与社会经济发展之间的矛盾，促进了水生态系统的良性循环。

第3章

# 甘肃省庆阳市宁县早胜镇/米桥镇

## 3.1 项目概况

（1）宁县早胜镇

早胜镇隶属于甘肃省庆阳市宁县（图 3-1），地处宁县南部，东接良平乡，南邻中村乡，西连和盛镇，北靠春荣乡，行政区域总面积 107.67km$^2$。境内最大的河流为马莲河，长 5.8km，流域面积 6.2km$^2$，年径流总量 7.8 亿 m$^3$。

图 3-1 早胜镇全貌

早胜镇地势由东北向西南微斜，多为平原，平均海拔 1200m，多年平均气温 8.9℃；无霜期年平均 161d，最长达 286d，最短为 260d；年平均日照时数 2374.6h，年平均降水量 527.7mm；粮食作物以小麦、玉米为主，主要经济作物为瓜果、油菜，畜牧业以饲养生猪、羊、牛、家禽为主，早胜镇村落面貌见图 3-2，早胜供水站见图 3-3。

图 3-2 早胜镇村落面貌

（2）宁县米桥镇

米桥镇地处宁县东南部，东、南接正宁县，西接平子镇，北靠九岘乡、春荣乡，行政区域总面积 98.87km$^2$（图 3-4）。户籍人口为 26200 人，下辖 14 个行政村，工业企业 7 个。

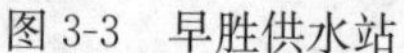
图 3-3　早胜供水站

图 3-4　米桥镇全景

当地地势东高西低，平均海拔 1280m，多年平均气温 9℃，无霜期年平均 160d，年平均日照数 2425h，年平均降水量 500mm。米桥供水站如图 3-5 所示。

图 3-5　米桥供水站

## 3.2　现场调研与建设目标

从村镇水厂规模、覆盖人口、用水特点等影响水处理工艺在实际工程中的应用情况、处理效能与经济效能的指标入手，对早胜镇和米桥镇开展了实地考察，记录相关数据资料，以制定适配性工艺技术。

### 3.2.1　现场调研

本项目为宁县农村苦咸水改水工程，具体包括九岘、金村、瓦斜、南义、石鼓、宇村南仓 6 个乡镇供水站的苦咸水淡化设备改造以及九岘、金村供水站各增加一套 20m$^3$/h 反渗透主机设备和宇村南仓供水站新增一套 30m$^3$/h 纳滤脱盐处理系统。新增加的反渗透设备处理回收率为 70%；纳滤设备处理回收率为 80%。

### 3.2.2　建设目标

由于经济条件落后，当地供水面临多重挑战，包括不均匀的水资源分布、低平均降水量以及季节性的气温波动，这些因素可能导致供水困难，尤其在高海拔地区。与此同时，周边居民不断向镇中心集中，人口数量不断增长，增加了供水压力。而现有的供水设施十分简陋，未对原水进行相应的处理。对当地的雨雪水和地下水等非常规饮用水水源的水质特征、特征污染物类别及质量浓度水平、水质季节性变化因素、储水现状、水质净化设施设备等现状进行实地调查研究，采集代表性样品进行检测识别，进一步明确目前饮用水从源头到水龙头的水质安全保障现状，进而更加精准地开展西北村镇非常规水源水质净化关键技术与配套产品研发工作。

水质检测指标主要包括温度、浊度、pH、碱度、硬度、氨氮、总氮、TOC、氟化物、硝酸盐、亚硝酸盐、钙离子、镁离子、常规阴离子（硫酸根、磷酸根、氯离子等）、铁离子、锰离子、溶解氧和菌落总数等（表3-1）。

**检测指标**　　**表3-1**

| 项目 | 检测指标 |
| --- | --- |
| 现场检测 | 浊度、pH、温度、电导率、溶解性固体总量、氧化还原电位（ORP）等 |
| 实验室分析 | 常规指标：$COD_{Mn}$、氨氮、硝酸盐氮、碱度、硬度等<br>金属：$Mn^{2+}$、$Fe^{3+}$等<br>非金属：$F^-$、$Cl^-$、$Br^-$、$SO_4^{2-}$、$NO_3^-$、$NO_2^-$、$PO_4^{3-}$ 等<br>有机物：TOC<br>微生物：菌落总数、大肠杆菌 |

原水水质部分检测结果如表3-2所示。

**原水水质部分检测结果**　　**表3-2**

| 指标 | 早胜镇原水 | 米桥镇原水 | 标准规定值 |
| --- | --- | --- | --- |
| 溶解性固体总量（mg/L） | 2850 | 2572 | 1000 |
| 总硬度（mg/L） | 930 | 461 | 450 |
| 色度（度） | 7 | 9 | 15 |
| 氯化物（mg/L） | 630 | 512 | 250 |
| 氟化物（mg/L） | 0.87 | 0.635 | 1 |
| 硫酸盐（mg/L） | 1050 | 1010 | 250 |
| 硝酸盐（mg/L） | 52.9 | 0.453 | 20 |
| 六价铬（mg/L） | 0.004 | 0.004 | 0.05 |
| 大肠菌群（CFU/mL） | 20 | 13 | 不得检出 |

前期调研和水质指标检测结果显示，当地水源溶解性固体总量超标，受氟、硝酸盐等污染问题较为严重。综合考虑投资、运行费用、运行管理的复杂程度、环境污染等因素，选择反渗透水处理工艺，由预处理系统和反渗透系统两部分组成。新增加的反渗透设备处理回收率为70%；预处理系统产水40m³/h，反渗透系统产水30m³/h（12℃，每天运行10h），产水水质达到《生活饮用水卫生标准》GB 5749—2022的要求。供水水塔如图3-6所示。集中供水站与地下管网如图3-7所示。

图 3-6　供水水塔

目前常见的地下水处理工艺以反渗透工艺为主，由于浓差极化影响，设计最高回收率为75%。对于极度缺水的西北地区来说，水资源浪费较大。虽然有加阻垢剂法、加酸调 pH 值法、大流量冲洗法、淡水置换膜管浓水等传统方法，但这些方法也无法提高反渗透回收率，能耗、运维、投资和维护成本均较高，每吨水水费高达 5～6 元。因此本项目将致力于开发低能耗、低维护、低成本的水质净化关键技术，补充建设供水设施、提高供水效率，并制定应急预案，以确保持续供水，满足居民的基本需求。

图 3-7　集中供水站与地下管网

## 3.3　技术及设备应用

### 3.3.1　技术及设备适宜性分析

低压反渗透技术是反渗透技术的一种，其所需的工作压力仅为正常反渗透装置的 1/3～1/2，操作压力仅为 0.7～1.5MPa，可节约能源，符合低碳经济的要求。低压反渗透技术在分离机理、膜材料、优缺点、影响因素和浓水处理方面与反渗透技术相似。

反渗透技术又称逆渗透，其原理是利用压力使水分子克服膜两侧的渗透压和传质阻力，通过半透膜向浓溶液一侧流动，而其他杂质（包括水力半径极小的离子）都被截留下来，从而实现污染离子与饮用水分离。

目前所应用的反渗透膜主要分为两类：一类是复合膜，主要是有机含氮芳香族化合物制作的膜材料；另一类是非对称膜，主要制作材料是醋酸纤维素和芳香聚酰胺，此外还有无机材料和磺化聚醚砜等材料。反渗透膜的制备工艺主要有等离子聚合法、稀溶液涂层法、热诱导转化法、界面聚合法、相转化法、化学改性法、溶液-凝胶法等。反渗透膜按照几何形状分类可分为板框式、管式、卷式和中空纤维式，其特点各异：(1) 板框式膜结构简单，耐高压，膜片清洗更便捷，但相同的通量下设备占用面积大，基础投资成本高，故一般用于测试膜性能；(2) 管式膜压降小，可处理悬浊液，但填充密度较小，密封性要求极高，适合小规模应用；(3) 卷式膜结构紧凑，填充密度高，但进水流道狭窄，对水质要求较高，需配备预处理技术，已应用于工业；(4) 中空纤维式膜有效面积最大，填充密度高，但易堵塞，抗污染能力差，只在环境、医药等领域有大规模的工业化应用。

反渗透过程的优点为：一般无需加热，无相变化，控制操作简单，应用广泛。但反渗透技术也有相应的缺点和亟需解决的问题：(1) 反渗透技术无选择性，在去除目标污染物的同时也去除了其他离子，甚至包括对人体有益的离子。故只需处理一部分水，将处理水与未处理水混合，一方面保证出水安全，另一方面兼顾人体健康。(2) 在反渗透过程中，污染物被浓缩于废液中，没有被彻底除去，易对环境造成二次污染，因此在反渗透工艺流程中，还需包括反渗透浓水的处理。目前，国内外处理反渗透浓水的手段主要有三类：排入污水处理系统；排入河湖和海洋，或通过深井重新注入地下；进行资源化利用。由于反渗透浓水中各离子富集，水质极差，目前用于降低反渗透浓水中污染物浓度的主要方法大多为污水处理技术，如Fenton法、臭氧氧化法、膜蒸馏法、电化学法、超声波法和生物法等。(3) 反渗透膜容易被污染，使用寿命有限。膜分离过程中，地下水中的有机物、无机物、悬浮物等与膜接触反应，沉积、粘附在膜表面，使得膜孔堵塞，最终会导致膜通量及截留率下降。膜污染可分为无机物污染、有机物污染和微生物污染等，为了延长使用寿命，需对进水进行预处理以减少矿物质、有机物在膜上的沉积结垢，也需探究最佳运行条件以减小温度、pH、氧化还原电位等波动对膜的伤害。膜污染的去除技术主要包括机械清洗、化学清洗、组合清洗。机械清洗包括超声清洗、正向渗透、空气喷射、高速水清洗等；化学清洗主要使用螯合剂、表面活性剂、酸碱、酶等；组合清洗是机械清洗与化学清洗相结合的方式。

反渗透技术在当地供水中具有多重优势。首先，反渗透技术能有效去除水中的溶解性固体、微生物和有机物质，提高水质，从而确保居民饮用水的安全性。其次，这种技术相对环保，减少了对化学物质的依赖，有助于维护水资源的可持续性。最后，反渗透设备相对紧凑，占地面积小。最重要的是，反渗透技术能够适应不同水质和需求，提供可靠的供水解决方案，有助于解决村镇供水问题，提高居民的生活质量。

### 3.3.2　设备设计参数

(1) 系统进水水质特性

设计水源：地下水。

设计水温：11℃。

设计进水水质：

早胜供水站：进水电导率按照4100μS/cm设计；

米桥供水站：进水电导率按照6500μS/cm设计。

(2) 系统产水水量

早胜供水站：预处理系统，28.5$m^3$/h；

米桥供水站：预处理系统，28.5$m^3$/h；

早胜供水站：反渗透系统，30$m^3$/h；

米桥供水站：反渗透系统，30$m^3$/h。

（3）电源条件：控制柜的电源引自主体工程配电房，用来控制净化水房的用电，电源采用三相四线制（380/220V）。

（4）取水方式：早胜供水站新打深800m机井1眼；配套安装200QJ32-533/41型潜水泵1台；米桥供水站新建300$m^3$地下原水池1座，配套安装200QJ40-26/2型潜水泵1台。

（5）操作方式：系统自动化。

（6）技术体系：针对典型高盐、高氟离子污染特征地下水的反渗透技术。

### 3.3.3 工艺流程

设计反渗透工艺流程需要综合考虑多个因素。在进行全面水质分析的基础上，了解水源的污染物种类和质量浓度，确定适当的预处理步骤和反渗透膜的选择。根据原水水质情况，设计的预处理部分主要包括：原水池、原水泵、多介质过滤器、阻垢剂投加装置、精密过滤器。预处理产水量为40$m^3$/h。

设计反渗透单元，选择合适的反渗透膜和膜容器，以满足水质和处理量的要求，配置反渗透系统，确定工作压力和流量。反渗透脱盐部分淡水产量为30$m^3$/h，回收率为75%。反渗透单元主要包括：高压泵、反渗透膜元件、反渗透膜壳、化学清洗装置及显示仪表等。选取具有面积大、水通量大、运行压力小、稳定性好等优点的反渗透膜组件，设计自动化控制系统以监测和调整反渗透系统的性能，包括水质、压力和流量。

制定定期清洗和维护计划，以防止膜污染和延长系统寿命。考虑废水处理以减少废水排放并回收水资源，以及确保反渗透系统的设计符合安全和环境法规。反渗透系统建成后，定期监测系统性能，记录运行数据，进行必要的调整和维护，以保持系统的高效运行。后处理系统包括消毒系统、淡水池、浓水池。消毒系统采用次氯酸钠发生器，用于消毒、灭菌，保证产水水质符合《生活饮用水卫生标准》GB 5749—2022的相关要求；淡水池收集反渗透产水，池内配置液位控制器；浓水池收集反渗透浓水，定期抽吸外排，另行处理。

综合这些步骤，设计反渗透工艺流程需要综合考虑水质、处理目标、系统规模和特定要求，确保可靠、高效的供水系统。相应工艺流程图如图3-8所示。

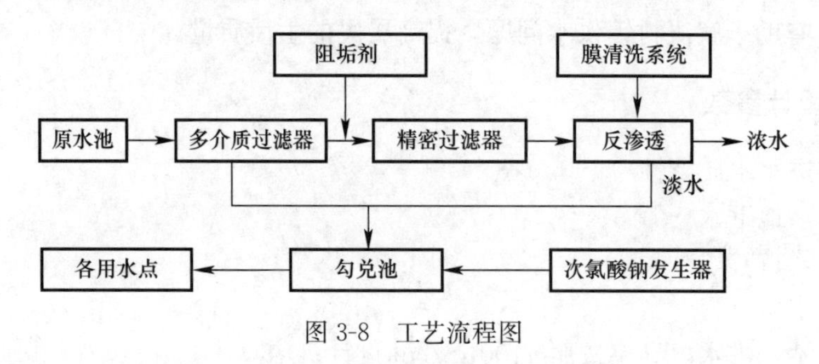


图3-8 工艺流程图

（1）预处理系统

反渗透工艺中的预处理是指在水进入反渗透膜系统之前，对原水进行一系列处理，去除水中的杂质和污染物，使进水符合反渗透膜的要求。预处理的主要作用包括：去除水中的悬浮物、泥沙和大颗粒杂质等固体颗粒，这些颗粒物会在反渗透膜表面沉积，导致反渗透膜的堵塞和磨损，通过去除这些颗粒物，预处理有助于延长反渗透膜的使用寿命；降低水中微生物污染，原水中可能存在细菌、藻类和病原体等生物污染物，预处理过程可以有效杀灭或去除这些微生物，确保反渗透系统的出水达到卫生标准；去除有机物和胶体物质，有机物和胶体物质可能导致反渗透膜的胶结和污染，从而降低反渗透系统的效率；调整水质，通过预处理来调整或去除铁、锰、硫化物等原水中的特定成分，以确保反渗透系统正常运行并提供所需的水质；降低水的硬度，避免碳酸钙和碳酸镁在反渗透膜表面结垢以降低膜的通透性；减少氯和氯胺等对膜的寿命和性能的影响。

1）多介质过滤器

多介质过滤器是反渗透工艺中常见的前处理设备，其结构包括过滤介质床、过滤器容器以及进出口管道。其主要作用是去除水中的悬浮物、泥沙和大颗粒杂质等固体颗粒，通过介质床的排列和层次，水流经过过滤器时这些颗粒物被有效截留，从而提高水的清澈度和透明度。多介质过滤器能够延长反渗透膜的使用寿命，减少反渗透膜的堵塞和磨损，提高反渗透系统的效率。包含活性炭的多介质过滤器还能去除水中的颜色和异味，改善水的口感。多介质过滤器在反渗透工艺中扮演着关键的角色，通过去除颗粒物、改善水质、提高水处理效率以及保护反渗透系统，确保了供水系统高效运行。本工程中设计的多介质过滤器由一个玻璃钢过滤罐体、无烟煤、石英砂滤料、进出口压力表及 UPVC 管阀系统组成。

2）精密过滤器

精密过滤器设计用来去除水中微小的颗粒物质，如悬浮物、胶体等。这些微小颗粒物质如果进入反渗透膜系统，可能会导致反渗透膜堵塞和污染，降低反渗透系统的效率。通过去除微小颗粒物质延长膜的使用寿命。保持膜表面的清洁和无颗粒物质状态，可以减少结垢和磨损风险，从而延长反渗透系统的寿命并有助于改善供水质量，提供更清澈、透明和纯净的水。为了防止细小悬浮物和胶体进入反渗透系统，反渗透设备前安装不锈钢精密过滤器，内置 5μm 聚丙烯滤芯，防止各种微粒进入膜元件。精密过滤器前后分别安装压力表测量过滤器前后的压力，其压差可以表明过滤器的工作状况。

3）阻垢剂加药及 pH 调节系统

在反渗透工艺中，阻垢剂加药和 pH 调节系统起着关键的作用，有助于维护反渗透系统的性能、提高水质和延长设备寿命。阻垢剂加药能够防止反渗透系统中发生结垢。结垢是指在反渗透膜表面形成的硬水垢或其他颗粒物质的沉积。由于反渗透过程为溶解固形物浓缩排放和淡水的利用，当浓水浓度达到饱和时会有无机盐结晶析出，形成碳酸盐水垢（$CaCO_3$、$MgCO_3$）和硫酸盐水垢。特别是硫酸盐晶体（如 $BaSO_4$、$SrSO_4$），因为它的晶体往往带有锋利的尖角，会刺穿半透膜，造成浓水漏过膜表面，无法达到脱盐的目的。这些垢积聚在反渗透膜上，降低了水的通透性，从而减少了反渗透系统的工作效率。通过加入阻垢剂，可以减轻或阻止结垢的发生，保持反渗透膜表面的清洁，从而确保反渗透系统能够维持高水通透性和提供高质量的水。pH 调节系统用于维持水的酸碱度在适当范围内。反渗透膜对水的 pH 非常敏感，如果水的酸碱度超出一定范围，会损害反渗透膜的稳定性。通过 pH 调节系统，可以监测和调整进入反渗透系统的水的 pH，确保它在适宜的范围内，通常在 7～8 之间。维持适当的 pH 范围有助于延长反渗透膜的寿命，提高反渗透系统的效率，减少维护成本。此外，阻垢剂加药和 pH 调节系统也可以用来应对原水中的特定成分，如硫化物、铁、锰等。这些成分可能会对反渗透系统产生不利影响，预处理过程中的化学加药可以中和它们，从而保护反渗透膜和确保反渗透系统的正常运行。阻垢剂和 pH 调节系统在反渗透工艺中有助于提供更稳定、更高质量的供水，它们共同保护了反渗透系统，降低了维护和操作成本，确保反渗透系统的可靠性和效率。

(2) 反渗透淡化系统

1) 系统配置情况

反渗透淡化系统的主要配置包括反渗透膜、压力容器、膜模块等关键组件。反渗透膜单元是系统的核心部分，选择合适类型和规格的反渗透膜单元非常重要，通常要考虑膜的孔径、通量和抗污染性能。反渗透膜单元通常放置在压力容器内，这些容器通常由耐高压和腐蚀的材料制成，以容纳反渗透膜并维持高压状态。

根据本工程的水质情况，反渗透膜元件采用聚酰胺复合膜，操作压力为 0.07～4.14MPa，有效膜面积为 37.2m$^2$。该膜组件的稳定脱盐率为 99.7%，具有在长期运行中保持稳定，可以在较低运行压力下获得高脱盐率的优点。配置 30 根 8in(英寸)×40in（进口）的膜组件，分别安装在 5 根 FRP6 芯压力容器内，成 3∶2 排列，实现回收率 70%以上和低工作压力的理想组合。

2) 反渗透清洗系统

反渗透膜在水处理中不断运行，会逐渐积聚各种污染物，如悬浮物、微生物、有机物和无机盐等，这些污染物会附着在反渗透膜表面，导致膜的污染和阻塞。清洗系统定期对反渗透膜进行物理和化学清洗，以去除这些污染物，维持反渗透膜的通透性和性能。定期的反渗透膜清洗还有助于延长反渗透膜的使用寿命，通过去除附着在反渗透膜表面的污染物，可以防止反渗透膜的早期磨损和损害，降低替换成本。当反渗透膜表面清洁时，水通透性更好，所需的压力较小、时间较少，保障了反渗透系统提供的水质，从而提高了反渗透系统的产水率和能源效率。

该系统设置了一套完善的在线清洗系统，当由于污染造成系统性能下降超过 10%～15%时，可采用系统清洗以恢复系统性能。适当的清洗，可充分保证系统的良好运行状态。清洗装置由清洗泵（流量为 12m$^3$/h，扬程为 29.5m）、清洗箱以及相关的压力表、精密过滤器、阀门、管路系统等组成。此外，由于原水含盐量高，为了防止结垢，增加了膜清水置换工艺，即平时在清洗水箱中存入一定量的产水，当膜暂时不运行时，充满反渗透产水，延长膜使用寿命。

3) 反渗透控制系统

反渗透控制系统在反渗透水处理过程中的主要作用包括监测和调整反渗透系统的性能参数、自动化操作、提高水质、节约能源和资源、确保安全、提供远程监控和数据记录功能，以及管理维护。通过实时监测水质、压力、流量和温度等参数，控制系统可以自动调整工作条件，以确保反渗透系统在最佳状态下运行。自动化操作减少了人工干预的需求，提高了系统的稳定性和可靠性。反渗透控制系统还可以优化反渗透系统的工作条件，以减少能源和水资源的消耗，有助于提高资源效率。控制系统还能提供安全保障，发出警报以避免潜在的危险情况发生。它还允许远程监控和数据记录，使操作人员能够远程访问系统的运行数据，进行远程调整，以确保反渗透系统在不同地点的高效运行，并提供历史数据用于分析和报告。反渗透控制系统记录系统的运行历史，有助于制定维护计划，确保反渗透系统在良好条件下运行，并延长设备寿命。反渗透控制系统是确保反渗透系统高效、可靠地运行、提供高质量水的不可或缺的组成部分，有助于降低运营和维护成本，提高反渗透系统的性能。

整个系统配置一套过程控制器，能实现运行、备用、冲洗等自动和手动操作功能。反渗透装置设置仪表盘和控制箱，在仪表盘上可读出反渗透的有关工艺参数，如流量、电导率、压力等。通过过程控制器控制反渗透装置的运行，而且能在控制箱上启停反渗透进水高压泵和相关的进水阀门。同时反渗透装置还设有自动泄压保护等功能。

为了控制、监测反渗透系统正常运行，该装置配有一系列在线测试仪器、仪表，包括产水电导率仪、产水和浓水流量计、系统各段压力表、高低压保护开关。当因其他原因误操作使高压泵的出口压力超过设定值时，高压泵出口高压保护开关会自动延时切断供电，保护高压泵的运行安全。

（3）后处理系统

1）消毒系统

采用性能优越的次氯酸钠发生器，有效氯产量为100g/h，用于消毒、灭菌，保证产水水质符合《生活饮用水卫生标准》GB 5749—2022的相关要求。次氯酸钠发生器优势有如下几条：

① 节能环保，电极间距≤0.8mm，比同类产品节能超过15%；

② 系统全封闭运行，无二次泄漏，无二次污染，从电解到投加全过程全封闭设计，无需担心次氯酸钠、氢气泄漏，安全可靠；

③ 特殊的电极布置方式，电解产氢在电极表面迅速逸出，减小电解液电阻，降低能耗，提高电解效率；

④ 现场制备次氯酸钠即时投加，解决次氯酸钠不能储存的问题；

⑤ 全自动运行，平时只需定期加盐即可；

⑥ 全电脑程序，通过PLC、余氯在线监测，精准调配药剂比例，既保证达标又不浪费一点多余的药剂；

⑦ 可远程控制，操作简便；

⑧ 容易掌握的操作，工作人员经简单培训即可上岗操作。

2）淡水池

收集反渗透产水，池内配置液位控制器。

3）浓水池

收集反渗透浓水，定期抽吸外排，另行处理。

（4）电气控制系统

1）控制原理

电气控制部分包括控制与保护电路，主机设备具备手动运行和自动运行两种运行方式。自动运行方式下，由水池水位控制相关系统的工作状态。

所有电机均具有过载保护。

主机系统设有缺水和超压保护。当供水压力低于允许值时，反渗透设备自动停机，避免由于给水压力过低造成对高压泵的损害；当高压泵出口压力高于最高允许值时，反渗透设备自动停机，操作人员解决问题后重新启动，避免由于操作压力过高造成对高压泵、膜及压力容器造成的损害。

高压泵和阻垢剂加药泵联动：当反渗透设备开机时，自动加药；当反渗透设备停机时，加药泵自动关闭。

2）控制方式

系统采用集中控制方式。

高压泵进口设低压保护器，当高压泵进水压力小时，高压泵自动停止工作；出口设高压传感器，当工作压力大于设定值，泵停止运行，以防损坏后级管道及膜元件。

设有电动慢开阀，在高压泵启动时，电动慢开阀超前启动，以防止反渗透装置的管道及膜元件受高压的瞬时冲击而受损。

进水、浓水、产水阀：主要调节膜装置的进水量、产水量、进水压力、浓水压力及回收率。

高压泵：增压满足膜元件进水压力要求。

止回阀：主要用于停机后，防止压力管中的回压而损坏高压泵及泵前低压管道件。

液位自控：主要用于防止泵在缺水情况下干转，另一作用是在产水池满时可停止制水，防止溢流。

控制柜的电源引自主体工程配电房，用来控制净化水房的用电，电源采用三相四线制(380/220V)。

### 3.3.4 设备应用

对旱胜镇和米桥镇的苦咸水淡化设备改造，各设置一套 30m$^3$/h 反渗透处理系统。

膜组件、全套反渗透设备和监测设备分别如图 3-9、图 3-10 和图 3-11 所示。

图 3-9 膜组件

图 3-10　全套反渗透设备

图 3-11　监测设备

## 3.4　跟踪监测与数据分析

### 3.4.1　监测目的

通过监测数据，优化管理和设备运行，并对水源、水厂、泵站等统一监控，保障供水安全。考察水质净化情况，判断出水水质是否满足《生活饮用水卫生标准》GB 5749—2022 的相关要求。

### 3.4.2　监测内容

庆阳宁县地区饮水多为苦咸水，在水质方面主要监测溶解性固体总量、总硬度、色度、氯化物、氟化物、硫酸盐、硝酸盐、六价铬、大肠菌群；设备运行方面主要监测进水量、产水量、进水压力、浓水压力及回收率。

### 3.4.3　监测结果分析

（1）原水水质及设计产水指标

原水水质指标见表 3-2。

产水水质：达到《生活饮用水卫生标准》GB 5749—2022 的要求。

反渗透系统回收率≥70%。

反渗透系统脱盐率≥98%。

（2）产水水量、回收率及产水水质

该设备在运行期间，系统产水量一直保持在 30m³/h 以上，水回收率保持在 75%以上。

取进水压力为 1.4～1.5MPa、回收率在 75%以上时反渗透产水的水样，对其水质进行分析，结果如表 3-3 所示。

产水水质指标 表 3-3

| 指标 | 早胜供水站产水 | 米桥供水站产水 | 标准规定值 |
|---|---|---|---|
| 溶解性固体总量（mg/L） | 57 | 8 | 1000 |
| 总硬度（mg/L） | 2.9 | 1.08 | 450 |
| 色度（度） | 5 | 5 | 15 |
| 氯化物（mg/L） | 0.715 | 0.818 | 250 |
| 氟化物（mg/L） | 0.1 | 0.246 | 1 |
| 硫酸盐（mg/L） | 0.597 | 0.683 | 250 |
| 硝酸盐（mg/L） | 0.15 | 0.616 | 10 |
| 六价铬（mg/L） | 0.004 | 0.004 | 0.05 |
| 总大肠菌群（CFU/mL） | ＜2 | ＜2 | 不得检出 |

从表 3-3 可以看出，原水在经过设备处理过后，总大肠菌群、溶解性固体总量、总硬度、色度、氯化物、硫酸盐、硝酸盐、氟化物等指标均可满足标准要求。

（3）运行稳定性

在工程验收完成后，半年内开展两次水质检测，结果显示，水质水量均能满足设计要求，具有较好的运行稳定性。

## 3.5 项目创新点、推广价值及效益分析

### 3.5.1 创新点

该项目采用低压反渗透膜淡化苦咸水，其能耗与成本比蒸馏法要低，很大程度上提升了后续工艺的回收率，并有效解决了传统苦咸水淡化中所存在的污染、结垢等难题，可以使高浓度的苦咸水脱盐率大于 85%以上，有效改善浊度、色度、氟化物、氯化物、溶解性固体总量、硝酸盐、氨氮、砷、铁、锰、耗氧量等不同指标，同时见效快、处理效果好，使用寿命长、运行质量可靠、清洗方便、维护更换方便，出水水质可达到《生活饮用水卫生标准》GB 5749—2022 的相关要求，很好地解决了农村安全饮水的问题。

### 3.5.2 推广价值

该套反渗透装置产水量为 30m³/h，日运行时间按 10h 计，产水量为 300m³/d，如果饮用水量按 5L/(人·d) 计算，该工程可为 60000 人解决饮水问题。出水水量和水质完全

满足设计要求，达到预期效果，设备可实现自动控制，监控设备性能良好。

项目实现供水 4819 户，提高了农村饮水卫生条件，减少了由饮用水传播的疾病发病率，改善了群众的生活环境，大大提升了农村居民生活质量，在我国缺水的苦咸水地区具有很高的推广价值。

### 3.5.3　效益分析

（1）经济效益

根据该装置运行情况进行产水成本核算（土建费、打井费和提水费未计入）。该装置生产能力为 $30m^3/h$，反渗透膜为 32.6 万元，耗电功率为 45.1kW，反渗透膜元件平均使用寿命 5a，膜更换费用 326000÷5÷360÷10÷30≈0.60 元/$m^3$，电费 45.1×0.515÷30≈0.77 元/$m^3$，试剂与耗材 0.08 元/$m^3$，制水成本合计 0.60＋0.77＋0.08＝1.45 元/$m^3$。本项目的实施节约了建设资金，减轻了当地财政负担。

（2）社会效益

本项目的实施，解决了当地居民饮用水水质不达标问题，有效防止了公共卫生事件的发生，降低经济损失，为当地居民获得更安全、更优质和更健康的饮用水保驾护航，进而为乡村振兴发展提供保障。

# 第4章

# 山西省交城县覃村

## 4.1 项目概况

交城县位于太原盆地西部边缘，吕梁山东侧，全县总耕地面积 1.47 万 $hm^2$，其中水地面积 0.77 万 $hm^2$，多年平均降水量 545.8mm，多年平均水资源量 19157.1 万 $m^3$，水资源可利用量 11972.6 万 $m^3$，其中地表水可利用量 10274.6 万 $m^3$，地下水可开采量 4403.8 万 $m^3$，人均水资源占有量 $320m^3$，占全省人均水资源占有量 $381m^3$ 的 84%、全国人均水资源占有量 $2241m^3$ 的 14%，属严重缺水县份之一。目前，水资源严重短缺已成为制约交城县经济社会发展、人民生活水平提高、生态环境改善的瓶颈。

图 4-1　山西省交城县覃村

该工程位于交城县覃村，隶属于山西省交城县的夏家营镇，地处山西省交城县城东，位于国道 307 北 500m，云梦山脚下，东邻夏家营村，西与奈林村相邻，如图 4-1 所示。覃村位于山西省中部，吕梁山东麓，晋中盆地西缘。村落属于暖温带大陆干旱性气候，多年平均最高气温为 37℃，最低气温为－12℃，标准冻土层深度为 0.73m。年平均日照时数为 2743h，年平均降水量为 440～700mm，年平均相对湿度为 62%，无霜期为 100～161d。全村共有 1682 户，4672 人。经济以村办工业企业为主，主要为玻璃器皿制造，被誉为“玻璃之乡”，有玻璃（瓶）厂 20 余家。养殖业、种植业及其他相关收入占全村经济收入的 20%以上。村集体经济收入 200 余万元，人均收入达 8500 元。

## 4.2 现场调研与建设目标

### 4.2.1 现场调研

（1）用水情况

对吕梁市两个县 8 个村的用排水情况进行实地调研，发现本区域居民用水来源由地下水与河水两部分组成，供水方式为自来水供水，自来水通常用于饮用以及家庭用水。人均日用水量为30～35L，平均值为33.78L。居民夏季用水量大，但用水量整体偏小。

(2) 排水情况

根据全国第二次污染物普查数据可知，覃村人均生活污水排放量为21.6L/(人·d)，通过实地调研，当地人均生活污水排放为20.5～28L/(人·d)，与全国第二次污染物普查数据相差不大。当地生活污水水量小，为间歇排放，排水量日变化系数大。

覃村生活污水主要以灰水及黑灰混合污水为主，包括三类：1) 厨房污水。洗碗水、刷锅水等；2) 生活洗涤污水。生活洗涤污水中成分有洗洁精、洗衣粉等；3) 冲厕污水。冲厕污水中含有大量的有机物等，氮磷浓度相对较高，可生化性强。覃村生活污水污染物质量浓度参照全国第二次污染物普查数据，COD、氨氮、TN、TP质量浓度分别为840.28mg/L、12.04mg/L、26.39mg/L和3.24mg/L，具体信息见表4-1。

**覃村人均生活污水排放量及污染物质量浓度**　　　　表4-1

| 人均生活污水排放量(L/人·d) | COD质量浓度(mg/L) | 氨氮质量浓度(mg/L) | TN质量浓度(mg/L) | TP质量浓度(mg/L) |
| --- | --- | --- | --- | --- |
| 21.60 | 840.28 | 12.04 | 26.39 | 3.24 |

(3) 收集情况

覃村的户内污水收集分为以下三类：1) 农户使用旱厕的，旱厕进行不定期清掏，灰水用于庭院泼洒，基本无有效收集；2) 家庭使用水厕的，水厕黑水排入自建化粪池，灰水经由户管排入街道；3) 另有一部分使用水厕的农户，黑水和灰水均排入化粪池，化粪池出水经由户管排入街道。覃村的户外污水收集基本处于无组织排水状态，当地仅设有户管和主干管，缺少街道排水支管，经由户管流出的污水散排到街面及其水沟中，经由路面排水箅子流入主干管，如图4-2所示。

图4-2　村民排水情况图

(4) 资源化情况

覃村农户污水大多通过路面泼洒排放，部分污水通过巷子路面沟渠排放至干管，污水没有进行有效收集，因此没有实现规模化的资源利用。

(5) 潜在风险特征

由于覃村未建支管，户管建设也不完善，农户污水通过泼洒排放，导致巷道路面污水横流，夏季异味明显，蚊蝇滋生，如图 4-3 所示。为探究覃村潜在致病菌的浓度特征以及粒径分布和物种组成情况，进行了实地调研。

图 4-3 西北农村地区污水收集过程现状图

源头处采集到细菌菌落总数高达 20778CFU/$m^3$±514CFU/$m^3$，在流经明渠时，空气流通，光照强度增加导致细菌浓度急剧降低。在明渠流向地沟收集处时，环境条件变得阴暗潮湿，且地沟处有一些固体菜叶、果皮等长期经过空气氧化，滋生大量微生物，导致地沟处细菌、真菌和肠杆菌菌落总数分别为 11002CFU/$m^3$±2709CFU/$m^3$、2088CFU/$m^3$±423CFU/$m^3$ 和 1148CFU/$m^3$±2CFU/$m^3$。分析粒径分布时发现，生物气溶胶粒径分布主要集中在 2.1～4.7μm。长期无防护暴露于这种条件下会导致村民对病原微生物的敏感性增高、抵抗力下降。分析在源头、途中以及收集处共有的细菌物种组成时发现，其中有 78 种共有细菌属和 42 种真菌属。共有菌属中，占比较高的潜在致病菌属有鞘脂单胞菌属（Sphingomonas）、不动杆菌属（Acinetobacter）、链格孢属（Alternaria）、枝孢属（Cladosporium）和附球菌（Epicoccum）。

上述检测到的共有菌属中，链格孢属产生的真菌毒素是重要的致癌因素，有些还会侵染人和动物，引起皮癣、甲癣、颚骨髓炎等疾病。枝孢属是极重要的过敏原，会引起哮喘病人哮喘发作或有类似呼吸系统疾病患者的过敏反应，长期暴露于其中可能会导致免疫系统退化。不动杆菌属则极易造成肺部感染以及伤口和皮肤的感染、泌尿生殖系统感染，严重还可能造成菌血症以及脑膜炎。

总之，在对污水不进行任何处理的情况下，通过明渠直排的方式进行污水排放，极易对周围居住的村民的健康造成潜在的风险，应该引起人们的高度重视，及时做好相应的健康防护，避免感染事件的发生。

### 4.2.2 存在问题

(1) 农村污水管道建设不完善

由于前期建设资金短缺的问题，覃村前期管网建设只有干管管道的铺设，干管采用城市建设标准，选取 $De300$ 的管道，支管管道和部分户管管道未进行铺设。由于管道建设不完善，导致村民们将厨房、洗漱、清洁等产生的废水从自家墙体排入人行道中，废水流经人行道通过水箅子进入干管，路面污水横流，夏季异味明显等问题较为突出，如图 4-4 所示。

（2）居民排水习惯有待提高

部分村民排水习惯有待提高，在污水管道实际运行过程中，部分村民为了提高排水速度，私自拆除下水管滤网，使得大量的菜叶、泥沙、头发等异物进入管道，这造成了管道出现淤积堵塞的问题。异物在水箅子上方堆积使得水箅子堵塞，水箅子堵塞使得农户排放污水无法沿着路面低洼处流入干管内，这使得路面污水横流的问题更为突出（图 4-5）。一旦有大规模降水，村内难免会出现道路淤堵、低洼倒灌、大量积水无法排泄等现象，前排人家把污水排到后排人家，成为危害农村群众生命和财产安全的巨大隐患。污水蓄积在夏季会滋生许多蚊蝇，臭气熏天，严重污染了环境，危害村民身体健康。冬季由于人行道污水积蓄，会出现结冰现象，增大了行人滑倒的风险。

图 4-4　路面污水横流

图 4-5　水箅子堵塞

（3）管网运维情况不良

覃村污水管道的维护管理工作存在明显不足，管网管理工作滞后。由于相应经费和管理意识的不足，覃村排水设施的运营维护主要由村镇派人兼职管理，管理人员技术水平不足，对于管道淤积堵塞问题（图 4-6 为检查井清淤）缺少有效的处理方案。

图 4-6　检查井清淤

## 4.2.3　建设需求

目前西北地区农村污水排放现状为分散且不连续，无排水期间不同位置处管道内充满度不同，并且农村环境为管道灰黑水混排和灰水单排提供了有利条件，对于西北农村，小管径重力式排水管道对排水状况不仅具有较好的适用性，而且可降低管网建设成本。通过对不同管道的水力学特性、管道内不同粒径大小的颗粒物的沉积情况以及不同管道内有害气体的分布情况展开研究，为农村小管径重力式排水管道的构建和设计计算理论提供支撑，同时也有助于优化排水管道的设计，确保其安全运行，具有实用价值。

不同农村地区的排水情况、水质特征及地形地势存在差异，通过对不同类型农村的排水管道中的水力学特性、颗粒物的沉积情况以及有害气体分布情况展开研究，为农村小管径重力式排水系统在不同农村地区的设计提供参考依据，同时通过西北地区实际的地下温度，构建可行的防冻小管径重力流系统，也为小管径重力式排水系统的冻结风险预测提供理论支撑。在安全稳定运行的前提下，探索小管径重力流收集系统用于西北村镇污水收集的技术优化策略，研发具有工程可行性的排水系统方案。

覃村目前管网设施不完善，目前有已建好的干管和部分户管，无支管收纳农户生活污水，户管排出污水通过明渠、泼洒等方式排放，易造成污水横流、蚊蝇滋生的现象。管网建设的不健全导致污水不能有效收集，进而影响了后续污水处理设备的正常运行。

目前，需要在已有收集系统的基础上，开展区域工程，通过对区域内村户户管及巷道支管进行重力流小管径高效收集技术的应用，实现工程区域户管和支管与已有干管有效衔接、低成本技术应用，保障村落污水收集系统安全稳定运行。

### 4.2.4 建设目标

开展山西省交城县覃村污废水收集技术建设工程 1 处，开展工程区域内重力流小管径高效收集技术应用，涉及工程区域面积不少于 5000m$^2$，村民户数为 24 户，其中，16 户为旱厕型，8 户为水冲厕所型，工程管道坡度、充满度和埋深等参数满足《城乡排水工程项目规范》GB 55027—2022 要求的相关数值，分别为大于等于 5‰、小于 0.55 和大于 0.7m。

工程区域内村户户管及巷道支管采用重力流小管径高效收集技术，不盲目参照城市管网建设标准，重力流小管径排水技术支管管径为 160mm、管道为高密度聚乙烯（HDPE）双壁波纹管；户管管径为 50～110mm、管道采用硬聚氯乙烯（UPVC）管，小管径选取可使总成本降低 15%左右，小管径系统内污水流经时具有更大的充满度和管壁剪切力，可有效防止管内淤泥堵塞问题的发生。

## 4.3 技术及设备应用

### 4.3.1 技术适宜性分析

（1）技术特点

重力流小管径排水系统是指管网系统的管径均不大于 200mm 的重力流排水系统，一般是由接户管、排水支管、排水干管以及附属设施（化粪池、隔油池、清扫口和检查井等）组成（图 4-7）。小管径排水干管的管径通常可在 75～200mm 之间选择，一般以管径为 110～200mm 的硬聚氯乙烯（UPVC）或高密度聚乙烯（HDPE）污水干管居多。小管径排水系统适合人口总数较少、人口密度相对较低的农村地区，相比于传统排水系统，既能显著降低管网建设成本，又能降低管道淤积堵塞频率。常规小管径技术参数如表 4-2 所示。

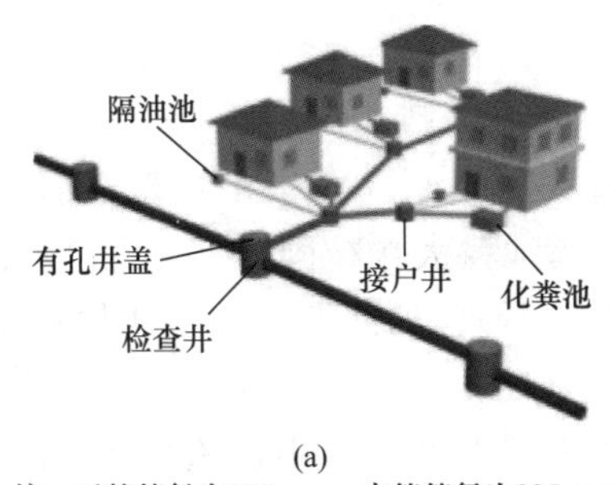


(a)

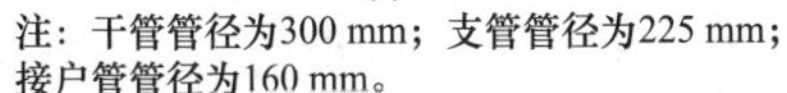
注：干管管径为300 mm；支管管径为225 mm；接户管管径为160 mm。

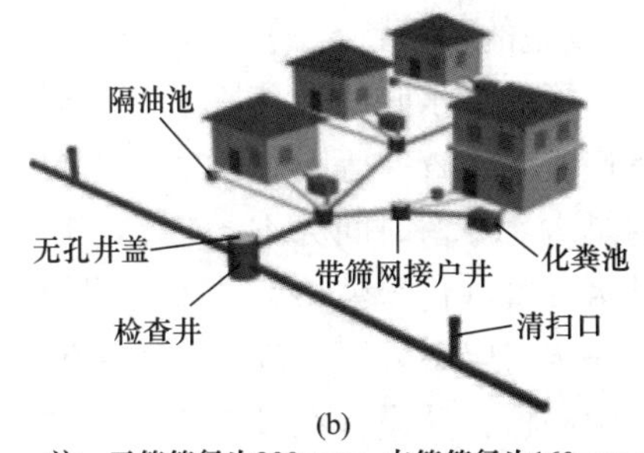


(b)

注：干管管径为200 mm；支管管径为160 mm；接户管管径为110 mm。

图 4-7　常规农村污水管道与小管径农村污水管道示意图

(a) 常规农村污水管道；(b) 小管径农村污水管道

**常规小管径技术参数**　　**表 4-2**

| 指标 | 参数 |
|---|---|
| 管材 | UPVC 或 HDPE |
| 干管管径 | 110～200mm |
| 支管管径 | 75～160mm |
| 管道坡度 | ＞3‰，在确保净水力梯度存在的前提下，可随地形敷设 |
| 干管流速 | ＜1.25m/s，无最小流速限制 |
| 清扫口位置 | 管网终点，管道交汇处，管道方向变化处，管道相对高点，管道沿程 150～200m；尽量少设检查井；在管道相对高点应设清扫口 |
| 管道埋深 | 一般区域 0.3m，公路下方 1m，穿越公路 1.2m |

1）污水管道的技术特点

重力流小管径的污水管网与传统污水管网相似，都是由接户管、排水支管、排水干管组成。

污水管道对于户管选择 50～110mm 管径的 UPVC 管材，直径为 50mm 的管道，管道设计坡度为 12‰～25‰，设计最大充满度为 0.6，当流量为 0.52L/s 时，流速为 0.62m/s，此种管道用于收集卫生间洗漱、洗浴用水，收集的污水经户管直接排入支管；直径为 70mm 的管道，管道设计坡度为 7‰～15‰，设计最大充满度为 0.6，当流量为 1.22L/s 时，流速为 0.63m/s，此种管道用于收集厨房用水，污水经隔油池直接排入排水支管；直径为 110mm 的管道，管道设计坡度为 4‰～12‰，设计最大充满度为 0.5，当流量为 2.59L/s，流速为 0.62m/s，此种管道用于收集卫生间产生的冲厕黑水，产生的废水直接排入户用化粪池。污水管道在设计结构方面对于排水支管选择 160mm 管径的 UPVC 管材，设计坡度为 3‰～7‰，设计最大充满度为 0.6，当流量为 8.39L/s 时，流速为 0.74m/s。排水户管收集的污水，经排水支管、排水干管进入集中式污水处理设施，从而达到污水完全收集的状态。具体设计参数见表 4-3。

**重力流小管径设计参数**　　**表 4-3**

| 管径 | 坡度 | 充满度 | 流量（L/s） | 流速（m/s） |
|---|---|---|---|---|
| *De*50 | 12‰～25‰ | **0.6** | 0.52 | 0.62 |
| *De*75 | 7‰～15‰ | **0.6** | 1.22 | 0.63 |
| *De*110 | 4‰～12‰ | **0.5** | 2.59 | 0.62 |
| *De*160 | 3‰～7‰ | **0.6** | 8.39 | 0.74 |

2）附属设施的技术特点

重力流小管径污水收集系统除了接户管、排水支管、排水干管以外，还包括化粪池、隔油池、清扫口和检查井等附属设施。化粪池设计为 $1.2m^3$，其材质为玻璃钢，用来收集农户产生的黑水，停留时间为12～24h，黑水经化粪池将大颗粒固体进行沉降后，黑水悬浮液进入排水支管（化粪池检查井施工图如图4-8所示）；隔油池设计尺寸为 $0.05m^3$，用于过滤产生的厨房废水，厨房废水经隔油池进入排水户管、排水支管、排水干管进入污水处理设施。预制检查井设置在排水户管和排水支管的连接处，预制检查井为PE材质。当直管距离大于40m时，设置预制检查井。预制检查井井口一般为315mm。清扫口是安装在排水直管上用于单向清通排水管道的排水附件，也可以用带清扫口的弯头配件或在排水管道起点设置堵头来替代。对于直径为50～75mm的直管段上，8～10m设置清扫口；对于直径为110～160mm的直管段上，10～15m设置清扫口。当管径小于100mm时，其尺寸与管径相同；当管径大于100mm，排水管道应设置100mm直径的清扫口。

图4-8　化粪池检查井施工图

（2）适用范围

1）适用于经济欠发达、管网建设资金短缺的西北农村地区。与传统重力流收集系统相比较，土建费用比传统重力流成本降低约22%，设备费用比传统降低约29%，管材费用比传统重力流成本降低约1.8%，建设总造价降低约23.6%，将运维费用的差异纳入总费用计算可知，本技术的总费用预计比传统重力流成本降低15%。

2）适用于街道狭窄、地表开挖不便的农村地区。对覃村调研发现，覃村街道相对狭窄，约2.5m。对于大管径管道，土方挖掘宽度较大，一般大于1m，而安装小管径管道，需要挖掘土方的宽度小于0.8m，可以灵活施工。

3）适用于排水分散、排水量小的农村地区。根据实地调研结果，西北地区人均用水量为1.8～77.5L/(人·d)，人均排水量为1.1～65.4L/(人·d)，当单户排水量为200L/d左右时，重力流小管径技术既可以承受污水排放量，又可以达到不淤积的效果。

4）适用于排水系统运维管护资金、人员不足的农村地区。重力流小管径排水技术在防堵、防臭、防冻方面具有优势，能够降低管网运维强度。

### 4.3.2　工程设计方案

（1）小管径排水系统总体设计思路

1）覃村村落整体布局

覃村房屋布局坐北朝南，从覃村村口进入，顺着主路向北走约 800m，进入覃村社区服务中心，覃村社区服务中心在整个村子的背面，在村委会的东边，建设两栋楼房，楼房采用集中式化粪池收集污水，污水后期经过拉运运送至当地污水处理厂，除此之外，覃村全部房屋为平房。整个村子东高西低，整个村子的院落面积相对平均，对于该村的工程场地选在村内主干道西侧的 24 户人家，该处 24 户人家居住相对集中，对于工程展示更具有代表性。

2）工程区域设计

覃村已建主干管为实线标记部分，虚线标记部分为工程支管改造示意线，矩形框选区域为本工程实施区域，示意点代表后期监测点位，工程区域共涉及 24 户村民，占地面积约 5000m$^2$，如图 4-9 所示。采用小管径排水技术，对工程区域进行户管改造，支管建设需满足工程区域内 24 户的排水收纳需求。

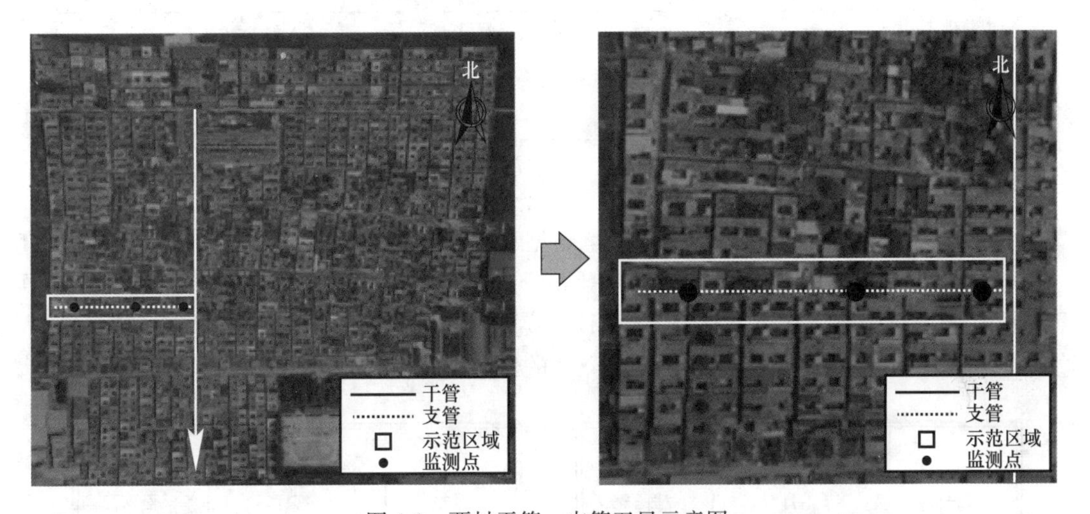


图 4-9　覃村干管、支管卫星示意图

3）工程改造示意图

支管污水收纳户数共 24 户，支管改造平面示意图和高程示意图分别如图 4-10、图 4-11 所示。支管污水承接 24 户，其中 16 户为旱厕型，8 户为水冲厕所型，检查井约 40m 设置一座（即长度 $L=40$m）。在地面坡度为 3‰情况下，支管铺设总长度为 230m，管道铺设坡度为 7‰，支管起始段管道上壁最不利点埋深为 1.7m。

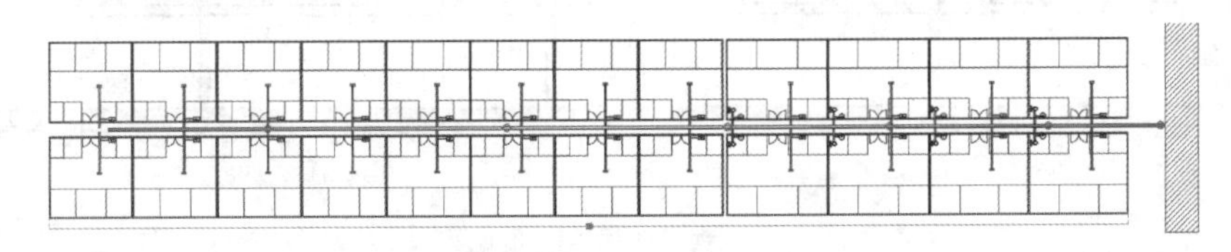

图 4-10　支管改造平面示意图

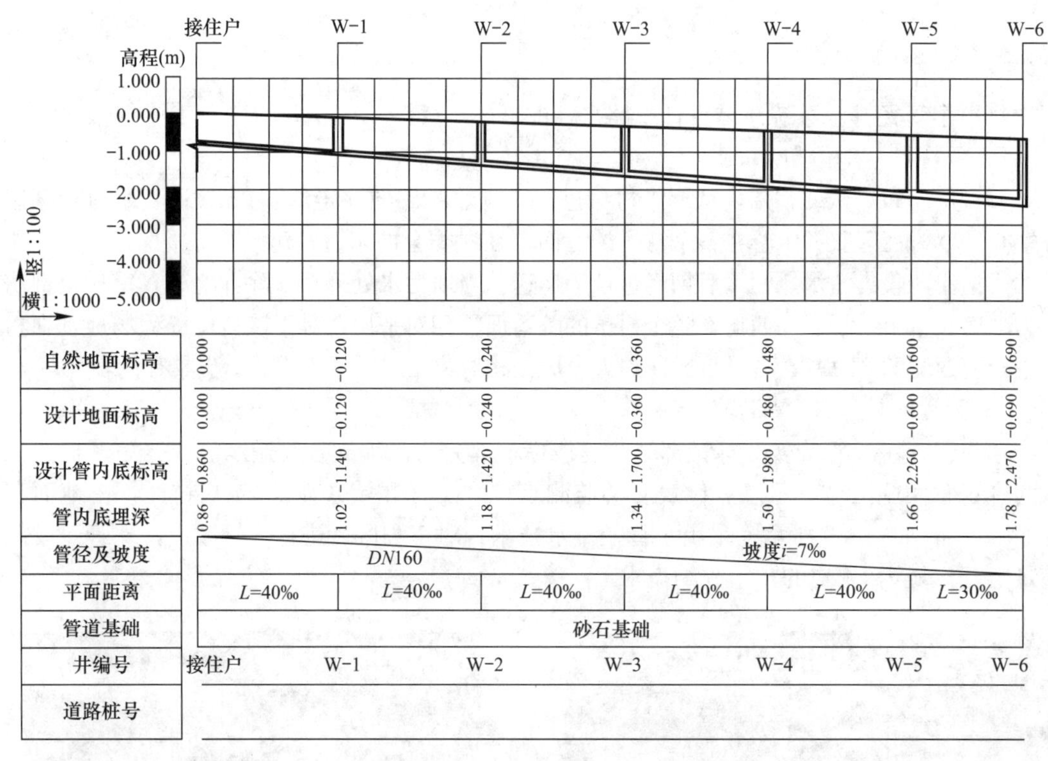


图 4-11　支管改造高程示意图

户管重力流小管径技术的应用分为旱厕型和水冲厕所型，户管改造平面示意图和高程示意图分别如图 4-12、图 4-13 所示。旱厕型与水冲厕所型户管改造存在区别。旱厕型户管改造，旱厕产生黑水排入化粪池不连接支管管道。水冲厕所型改造，卫生间污水直接连入支管管道，包括马桶、洗漱台产生的污水。

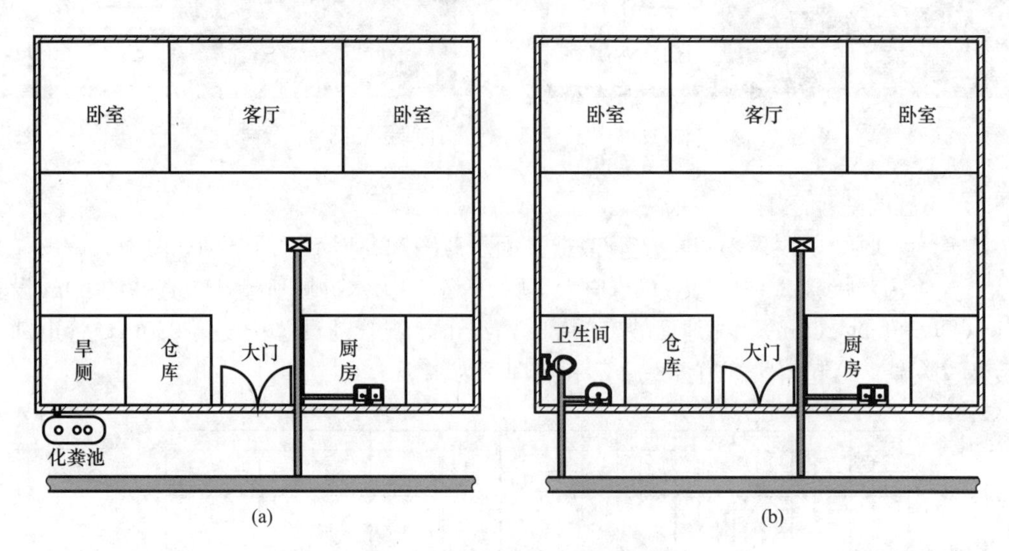


图 4-12　户管改造平面示意图

（a）旱厕型；（b）水冲厕所型

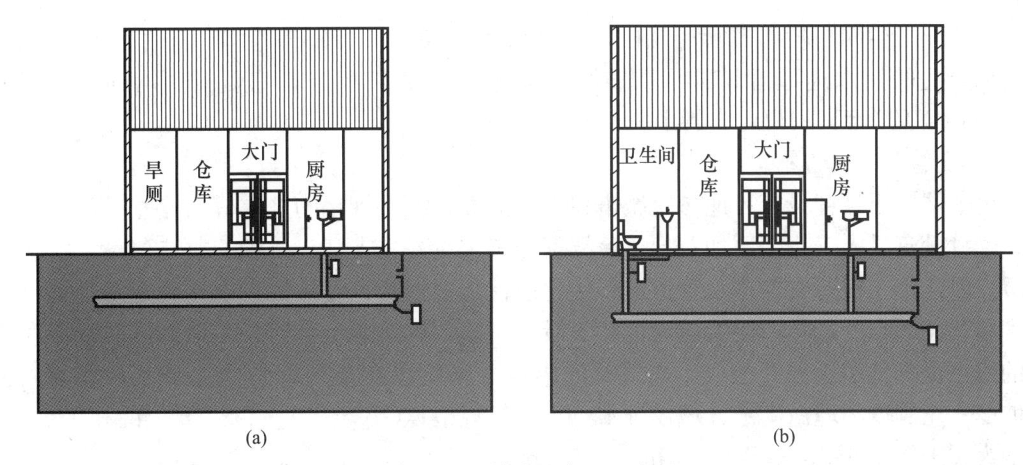


图4-13　户管改造高程示意图

(a) 旱厕型；(b) 水冲厕所型

(2) 小管径排水系统管道设计

1) 户管

本工程重力流小管径应用的24户农户中，16户为旱厕型农户，8户为水冲厕所型农户。户管改造分为旱厕型与水冲厕所型两种类型进行改造，旱厕型与水冲厕所型家庭户管改造最大差别是在卫生间的户管改造，旱厕型农户卫生间无管网布设，卫生间污水直接排入化粪池中，支管与旱厕间无管路衔接。水冲厕所型卫生间接入管为 *De*110 的 UPVC 管，卫生间排水通过管路排入户外支管中。旱厕型与水冲厕所型农户的厨房灰水与庭院雨水均通过 *De*50、*De*75 的 UPVC 管排入户外支管中。

室内管道宜采用厕所污水和生活污水分流的排水系统。户内管道布置应遵循接管短、弯头少、排水通畅、便于维护、外观整洁的原则。

户内管道设计可按《建筑给水排水设计标准》GB 50015—2019 的有关规定执行，宜采用建筑排水塑料管。

室内排水器具应设置室内存水弯，水封高度不应小于50mm。

农户厨房洗涤池排水管管径不应小于 *De*50，农家乐、民宿、餐厅厨房洗涤池排水管管径不应小于 *De*75，卫生间粪便排水管管径不应小于 *De*110。化粪池、隔油池排水管管径不应小于 *De*110，坡度不宜小于1%。

普通农户接户井前的室外管道在交汇、转弯、跌落、管径改变及直线管段大于20m时，应设置检查井或检查口。

室外裸露的塑料管应采取防冻、防晒、防撞等防护措施，并应符合周边环境及景观的要求。

① 旱厕型

旱厕型农户家庭相对落后，庭院大多无硬化路面，由于旱厕型农户卫生间无水冲功能，无法进行管路铺设，因此在旱厕型农户户外安装化粪池装置，用于收纳旱厕所产生的粪尿污物，使用吸粪车对农户化粪池定期抽吸。厨房灰水与庭院雨水均通过 *De*50、*De*75 的 UPVC 管排入户外支管中。

② 水冲厕所型

水冲厕所型农户经济相对较好，庭院多为硬化路面，卫生间大多有淋浴、马桶等设施。为匹配卫生间马桶所需管径规格，管道采用 *De*110 的 UPVC 管，淋浴与洗漱的灰水和马桶产生的黑水通过管道排入到户外支管中。厨房灰水与庭院雨水也均通过 *De*50、*De*75 的 UPVC 管排入户外支管中。

2）支管

由于前期干管铺设盲目地参照城市建设标准导致管材管径的选取较大，相关的土方开挖、管材投资、人工费用增加，导致后续资金跟进缓慢，支管与户管的改造建设工作推进迟缓。因此本工程对支管排水管道进行优化设计，根据管道收纳污水规模确定管道铺设的坡度和管径大小的选择，使管道内可达不淤积流速，有效避免管道淤积堵塞问题，同时管径的缩小也降低了土方开挖成本与管材的成本。支管管道选择 *De*160 的 UPVC 管材，管道坡度、充满度和埋深满足《城乡排水工程项目规范》GB 55027—2022 要求的相关数值，分别为大于等于 5‰、小于 0.55 和大于 0.7m。

支管具体设计时实行以下要求：

公共管道应根据地形标高、排水流向，按照接管短、埋深合理的原则布置。

公共管道应采用安全可靠、水力条件好、耐腐蚀且基础简单、接口方便、施工快捷的管材。位于车行道下塑料管材的环刚度不应小于 8.0kN/m$^2$，位于非车行道、绿化带、庭院内塑料管材的环刚度不应小于 4.0kN/m$^2$。对于直径大于（含）500mm 的长距离公共管道宜选用钢筋混凝土管。

公共管道位于车行道下覆土深度不应小于 0.7m，位于非车行道下覆土深度不应小于 0.4m。

管道基础应根据管材、接口形式和地质条件等确定，对地基松软、不均匀沉降或易冲刷地段，管道基础应采取相应加固措施。

公共管道的其他设计要求可按《室外排水设计标准》GB 50014—2021 的有关规定执行。

（3）小管径排水系统投资方案

1）户管

① 设备选型

户管采用 UPVC 材质，管径选择 *De*50～*De*110，水冲厕所型与旱厕型农户厨房与庭院污水采用小管径 *De*50、*De*75 的 UPVC 管材，水冲厕所型卫生间马桶接入 *De*110 的 UPVC 管材，卫生间产生污水通过管路排放至户管支管中。

② 重力流小管径户管技术投资方案

应用重力流小管径技术的旱厕型户管采用 *De*50、*De*75 的管材，16 户总体投资为 23212.8 元（表 4-4）。

**旱厕型户管改造方案造价** **表 4-4**

| 名称 | 材质 | 数量 | 单位 | 单价（元） | 总价（元） | 户数（户） | 总计（元） |
|---|---|---|---|---|---|---|---|
| *De*50 排水管 | UPVC | 2 | m | 5.6 | 11.2 | | |
| *De*75 排水管 | UPVC | 8 | m | 11.2 | 89.6 | | |
| 路面拆除回填 | — | 10 | m | 45 | 450 | 16 | 23212.8 |
| 75P 形存水弯 | PVC | 2 | 个 | 6 | 12 | | |
| 75 三通 | PVC | 2 | 个 | 4 | 8 | | |

续表

| 名称 | 材质 | 数量 | 单位 | 单价（元） | 总价（元） | 户数（户） | 总计（元） |
|---|---|---|---|---|---|---|---|
| 地漏 | 不锈钢 | 1 | 个 | 30 | 30 | 16 | 23212.8 |
| 1.2$m^3$ 化粪池 | 玻璃钢 | 1 | 个 | 850 | 850 | | |
| 合计 | — | — | — | — | 1450.8 | | |

应用重力流小管径技术的水冲厕所型户管采用 *De*50、*De*75、*De*110 的管材，8户总体投资为10131.2元（表4-5）。

**水冲厕所型户管改造方案造价** **表4-5**

| 名称 | 材质 | 数量 | 单位 | 单价（元） | 总价（元） | 户数（户） | 总计（元） |
|---|---|---|---|---|---|---|---|
| *De*50 排水管 | UPVC | 2 | m | 5.6 | 11.2 | 8 | 10131.2 |
| *De*75 排水管 | UPVC | 8 | m | 11.2 | 89.6 | | |
| *De*110 排水管 | UPVC | 4 | m | 14.4 | 57.6 | | |
| 路面拆除回填 | — | 15 | m | 70 | 1050 | | |
| 75P形存水弯 | PVC | 2 | 个 | 6 | 12 | | |
| 75三通 | PVC | 2 | 个 | 4 | 8 | | |
| 110三通 | PVC | 1 | 个 | 8 | 8 | | |
| 地漏 | 不锈钢 | 1 | 个 | 30 | 30 | | |
| 合计 | — | — | — | — | 1266.4 | | |

2）支管

应用重力流小管径的支管采用 *De*160 的 HDPE 双波纹管材，重力流小管径支管方案总投资为23836元（表4-6）。

**重力流小管径支管改造方案造价** **表4-6**

| 名称 | 材质 | 数量 | 单位 | 单价（元） | 总价（元） |
|---|---|---|---|---|---|
| *De*160 排水支管 | HDPE | 230 | m | 13.2 | 3036 |
| 路面拆除回填 | — | 230 | m | 80 | 18400 |
| 预制检查井 | 预制塑料 | 6 | 个 | 400 | 2400 |
| 合计 | — | — | — | — | 23836 |

注：支管管径较户管管径更粗，路面拆除回填费用更高。

## 4.4 跟踪监测与数据分析

### 4.4.1 监测目的

工程污水处理监测系统充分结合了测控技术、网络技术、通信技术、数据库技术、存储管理等技术，对小管径排水系统运行情况进行监测，能够更好地辅助污水收集，进一步地提高污水收集智慧化、自动化程度。与此同时，监测系统长期运行监测的数据能够客观准确地展示管网中污水收纳的变化情况，对工程技术的研究和实施起到了积极推动作用。

### 4.4.2 监测内容

监测点位：工程支管前端和后端设置两处监测点位。

监测时段与频次：工程完成后，监测一次。

监测要求：管道坡度、充满度和埋深满足《城乡排水工程项目规范》GB 55027—2022要求的相关数值，分别为大于等于5‰、小于0.55和大于0.7m。

监测指标：管道坡度、充满度和埋深。

### 4.4.3 数据分析

根据相关规范，管道坡度、充满度和埋深要求的数值分别为大于等于5‰、小于0.55和大于0.7m。通过第三方监测公司对距离起始点40m和200m的位置的监测点W-1、W-5进行监测时发现，管道坡度前段为7.1‰、后段为7.2‰，满足标准要求的大于等于5‰（表4-7）。充满度支管前段为0.09、后段为0.21，满足标准规定的小于0.55。管道埋深支管前段为0.86m、后段为1.5m，满足规定的大于0.7m。流量最大值可达2.65L/s，此时管道流速达到0.6m/s的不淤积流速。因此重力流小管径的应用满足低成本、防淤积的目的，满足了建设标准中所规定的管道坡度、充满度、埋深的要求。

**第三方数据监测** **表4-7**

| 检测点位 | 支管前段W-1 | 支管前段W-5 | 标准 |
| --- | --- | --- | --- |
| 管道坡度 | 7.1‰ | 7.2‰ | ≥5‰ |
| 充满度 | 0.09 | 0.21 | <0.55 |
| 埋深 | 0.86m | 1.50m | >0.7m |
| 水深 | 0.026m | 0.31m | — |

## 4.5 项目创新点、推广价值及效益分析

### 4.5.1 创新点

（1）在原有干管建设基础上对户管与支管进行小管径技术的应用，利用原有设施改造避免了重复建设，节省建设成本。

（2）不盲目参照城市建设标准，采用重力流小管径高效收集技术，一方面降低了土方开挖和管材投资成本，另一方面降低了管道内淤积堵塞的风险，提高农村重力流小管径排水系统的防堵性能。

（3）对工程管道铺设进行技术优化，对工程管道建设、运行参数进行监测，有助于重力流小管径高效收集技术在西北地区的应用起到示范作用。

### 4.5.2 推广价值与效益分析

（1）成本效益分析

1）传统重力流成本控制

在重力流排水系统建设方面，为了减少管道堵塞，需要在干管末端建设较大体积的化

粪池，造价高，占地面积较大。传统的重力流的管径较大，一般为 De200～De400，并且在管道连接处、拐弯处、直管处各 40m 需要建设一个开放式的检查井，而且需要严格放坡，最深处可到 2～3m。由于传统的重力流管径较大，需要开挖的土方较多，并且施工难度较大，如遇见地势高低不平的情况，还需要建设提升泵站，增加设备成本，如果遇到开挖困难或者需要绕过障碍物的情况下，成本会迅速增加。另外，重力流的开挖需要大量破坏硬化路面，硬化路面的开挖和恢复的费用也特别的高。由于农村污水排放量较小，因此管道堵塞问题更为常见，而且管径较大的管道更容易产生堵塞。此外，由于污水管道内沉积物的积累量增加，堵塞问题也更容易发生。在维护方面，需要经常不定期地对重力流式化粪池进行抽污处理，如遇见管道破损等问题，需要大量挖掘土方，费用也会增加。因为较粗管径流速较慢，需要定期清理管网的沉积物，需要专业的机械、专业的人员，对于农村等偏远地区难以组织，因此后期维护费用会更高。

2）重力流小管径成本控制

重力流小管径收集系统在建设时，系统的截流池建设在户管后端，截流池内产生的沉积物由农户清掏回田处理，对环境污染较小。前端化粪池建设可以沉降管道中大量的固体沉积物，为此可以减少管道中沉积物淤积而产生堵塞问题，也可解决大体积化粪池产生的建设费用和审批手续等问题。重力流小管径排水系统管网的管径小，管径在 De50～De200 之间，小管径可减少管材成本和建设土方开挖成本。小管径管道铺设灵活，无需要达到常规管道的铺设坡度，就可以达到冲刷流速。当遇见转弯处，无需建设常规检查井，使用成品检查井只需要用管件连接即可，可以大大减少检查井的建设投资。重力流小管径收集系统由于占地较小，可以灵活绕过障碍物，施工周期较短，特别适用于农村集中型和分散型污水收集。

在维护方面，村民可自行维护重力流小管径系统截流池，无需集中定期吸污，节约大量吸污成本；小管径污水管道中污水流速快，污水管道中的沉积物较少，减少定期清理频率。无需专业的工程机械和专业人员，村内人员即可以完成维护，维护人员主要的工作为检查管道路线是否有破损的地方，这种情况也几乎不存在。因此重力流小管径系统适用于西北农村地区。

综上分析，重力流小管径排水系统在农村污水收集管网建造和后期维护上相对于传统重力流排水方式有较大的优势。

（2）社会效益

随着本工程的实施，农村污水得到很好的收集，为农村环境的好转打下坚实基础。农村污水收集系统工程的建设在收集农村污水同时，极大程度提升了农村人居环境。农村污水管网的建设既有助于提高农村生活环境质量，还可以利用处理后的污水绿化农村周边植物，建设优质农村环境、植物群落和生态景观，实现水质净化与景观美化功能。通过污水管网的建设，可有效改变村落街道环境，为农村生活环境质量的提高提供保障。

通过污水管网建设，绿色植被得到增加，对涵养水源、美化环境、调节气候有着积极作用。农村环境面貌一新，农村水环境质量也全面得到提高，居民生活健康得到保证，山西省交城县覃村将形成“空气清新、环境优美、人水和谐”的生态新环境。

项目实施后，覃村的水质将逐步改善，同时水体中危害人体的“三致”物质及病原微生物输入途径被截断，改善了人民生活环境，保障了人群健康。因此，项目的实施对覃村污水收集和由此带来的直接和间接的环境价值十分突出，为覃村的经济可持续发展和生态文明建设奠定了坚实的基础。

其次，覃村水质的改善不仅仅是对本地造福，同时还有益于发挥区域比较优势，增强农村自我发展能力，尽快改变贫困落后面貌，对于推动该村发展具有重要意义，也有利于加强该村生态建设和环境保护，保障该地区生态安全，促进可持续发展。

第5章

# 青海省乌兰县西村

## 5.1 项目概况

西村是青海省海西州乌兰县柯柯镇下辖的行政村，位于柯柯镇镇政府所在地以西 1.5km 处，村庄呈长方形，布局较为整齐，地势北高南低，东与镇区接壤，南邻柯柯中村，该村是 1992 年通过“3557”项目从湟源地区搬移至乌兰县柯柯镇的移民村（图 5-1）。全村下辖 4 个社，179 户、623 人，由汉族、藏族、蒙古族、土族四个民族组成。2017 年全村人均可支配收入 9937.44 元。西村海拔约 2963m，冻土深度约 166cm，占地面积 100～200 亩。

图 5-1　青海省乌兰县西村村貌

## 5.2 现场调研与建设目标

### 5.2.1 现场调研

（1）西村生活污水产排特征

1）用水情况

调研发现，西村农业种植包括小麦、土豆、青稞、油菜等，林地面积为 2300 亩，灌溉用水为自来水。日用水总量约为 450$m^3$，用水包括洗衣做饭、淋浴、农田菜地林地浇灌等，其中浇灌用水占用水量 80%以上。

2）排水情况

采用流量法在污水处理站出水口进行用水量的测定，从早上 8：30 开始至晚上 00：30（每天晚上 23：00—次日 7：00 停水，在此期间污水产生量忽略不计），连续测定 3d 不同时间段内的用水流量，污水平均流量如图 5-2 所示。村民用水高峰期在每日 12：30—2：30 及 18：30—20：30，是村民吃饭用水的高峰期，污水日处理量约为 88.3$m^3$。

经计算发现，该村每人平均每天污水产生量为 42.55L/(人・d)，污水排放系数为 0.2。农村生活污水主要来源于村民的日常生活，不同的生活习惯导致生活污水的组成存在不一致性。人均日产污水量大的原因在于西北村镇经济发展落后，村民无节水意识和习惯，且调研时期为夏季，村民洗漱频率高，用水量较大。经调研，发现村民农田菜地及林地浇灌均采用自来水，消耗用水量的 80%左右，生活污水来源主要是厨房用水、洗涤用水、少量冲厕水，污水产生量小，污水排放系数也因此较低。

3）西村村民生活污水产污特征

经计算得出平均每日 $COD_{Cr}$ 产生量为 18614g/d，平均每日 $BOD_5$ 产生量为 9336g/d，平均每日 SS 产生量为 16073g/d，平均每日 TP 产生量为 515g/d，平均每日 $NH_3$-N 产生量为 2207g/d。平均每日污染物产生量见图 5-3。

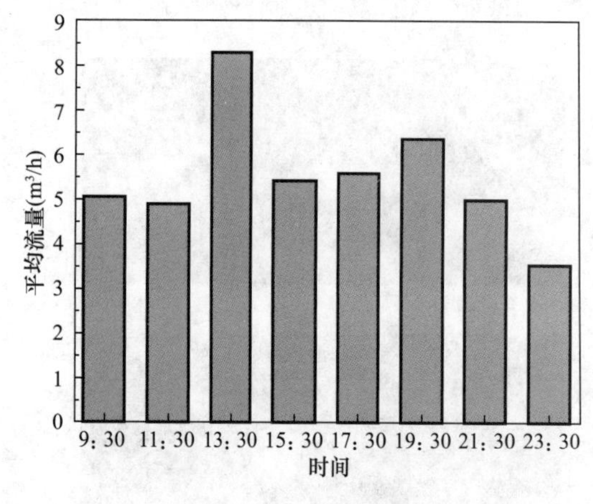


图 5-2 污水平均流量

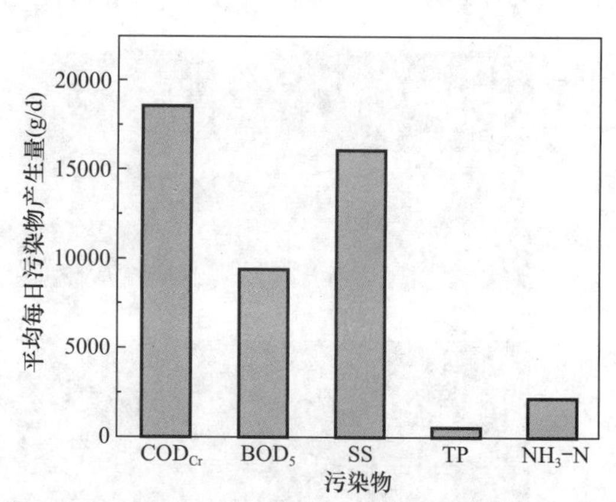


图 5-3 平均每日污染物产生量

由图 5-3 可知，该村污水处理站的 $COD_{Cr}$、$BOD_5$ 和 SS 产生量较大，这是由于餐厨用水中含有富含食物纤维素、淀粉、脂肪等物质；生活污水中 TP 含量不高，究其原因是无磷洗衣粉的使用，我国很多地区为防止赤潮现象，提倡使用无磷及低磷洗衣粉，避免水体富营养化现象发生。测定过程中，$COD_{Cr}$ 质量浓度平均值为 211.29mg/L，$BOD_5$ 质量浓度平均值为 105.68mg/L，SS 质量浓度平均值为 182.67mg/L，TP 质量浓度平均值为 5.83mg/L，$NH_3$-N 质量浓度平均值为 25.04mg/L。污染物质量浓度较高，原因是西村厕所均为水厕，村民产生的粪尿污水通过管网排入污水处理站。

4）西村村民生活污水产污系数

不同污染物的人均产污系数如图 5-4 所示。由图 5-4 可知，西村生活污水中 $COD_{Cr}$ 的人均产污系数最高，为8.97g/(人·d)，其次为SS，人均产污系数为7.75g/(人·d)，人均产污系数最低的为TP，仅为0.25g/(人·d)。各项人均产污系数均很低，原因为经济情况决定消费水平，该地区经济发展落后，西村多数青壮年选择外出打工，村内人口少，产生污染量小。

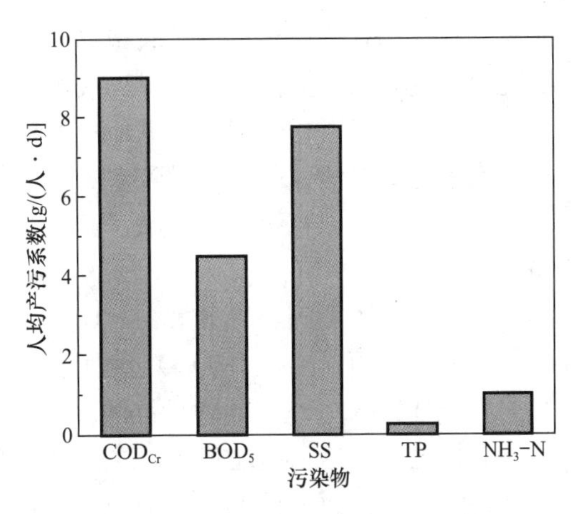


图5-4 不同污染物的人均产污系数

(2) 已建成污水处理设施

中村和西村共用一个污水处理站，该污水处理站设计处理量为80～100$m^3$/d，在冬天，在外务工村民回村，日处理污水量较大，夏天村民外出打工，排水量较小；且饮用水供水时间为5：30—22：00/23：00，污水处理站在非饮用水供水时间停水停电。污水处理站的电由控制柜控制，电价按商业用电计算，每月电费800～1000元。污水处理站为政府投资，村委运行，由政府出资雇佣1名工人运行，工资为1500元/月，电费、药剂费等均由政府承担。

目前该村排水管网受村民生活方式的影响，以旱厕为主，黑水和灰水混排，排水管网前无化粪池。生活污水经排水管网收集后进入该污水处理站，由格栅机械出渣到筐里，人工将筐中废渣倒入垃圾箱，垃圾箱满后运往镇区垃圾填埋场，清渣频率为1年1次。污水处理站利用二氧化氯对污水进行消毒处理，将二氧化氯在自来水中混合均匀，由泵打入出水井，由于处理站无供暖设施，冬季处理站自来水易出现结冰现象，需从居民家中取自来水混合消毒剂。

对已有污水处理站处理效果进行连续监测，监测结果如表5-1所示。

污水处理站水质监测数据 表5-1

| 序号 | 指标 | 进水 | 出水 | 农田灌溉水质标准（旱地作物） |
|---|---|---|---|---|
| 1 | 温度（℃） | 13～17 | 13～17 | ≤35 |
| 2 | pH | 6.5～8.9 | 6.3～8.8 | 5.5～8.5 |
| 3 | DO（mg/L） | 0.7～2.4 | 0.4～1.6 | — |
| 4 | $COD_{Cr}$（mg/L） | ≤370 | ≤230 | ≤200 |
| 5 | $BOD_5$（mg/L） | ≤190 | ≤140 | ≤100 |
| 6 | SS（mg/L） | ≤280 | ≤160 | ≤100 |
| 7 | TP（mg/L） | ≤4.6 | ≤3.5 | — |
| 8 | TN（mg/L） | ≤100 | ≤30 | — |
| 9 | $NH_3$-N（mg/L） | ≤32 | ≤10 | — |
| 10 | $Cl^-$（mg/L） | ≤530 | ≤430 | ≤350 |
| 11 | 粪大肠菌群数（MPN/L） | ≤$4\times10^7$ | ≤$2\times10^5$ | ≤$4\times10^4$ |

由表5-1可以看出，该污水处理站对污染物去除效率不高，$COD_{Cr}$、$BOD_5$、SS和$Cl^-$等主要污染物去除率基本不超过50%，病原菌灭杀效率可基本维持在99.5%以上。出

水达标率不高，不可直接用于农田等灌溉。原因在于该污水处理站采用化粪池＋生物接触氧化池＋化学灭菌，但在建设时未按照初始设计方案建造化粪池，污水直接进入格栅渠开始处理，且由于西村管网是根据地势由高到低敷设，污水处理站为最低点，污水经管网到达污水处理站时流速较快，导致水力停留时间较短，污水处理效果较差。采用二氧化氯进行化学灭菌，病原菌灭杀效率高，但灭菌后并无相关措施，导致出水氯化物、次氯酸盐含量超标。

（3）可再生能源资源禀赋

西村属于Ⅱ类（较丰富）太阳能资源分布地区，年太阳总辐射量为 17222.1～19444.0MJ/$m^2$，太阳能可利用天数约为 330d，年均气温 3.8℃，年降水量 159.3mm。

西村地处柴达木盆地东北边缘，四周高山矗立，地势呈南北高、中间低的态势。北面为布果特山，南面为牦牛山，中间为柯柯盆地。农业种植包括小麦、土豆、青稞、油菜、枸杞等。枸杞苗种植时间为 7～8 月份，使用市面上的有机肥料。中西村林地灌溉用水为自来水，无大型养殖。

（4）存在的问题

1）生活污水水温较低、溶解氧含量较低。

2）生活污水排放系数低、污染物消减率偏低。

3）污水处理设施运行不稳定。

4）生活污水资源化利用较低。

5）污水处理站原有装置设备老化，能耗高。污水处理站相关设备与药剂如图 5-5 所示。

6）采用二氧化氯进行病原菌消杀，药剂费用高且易造成出水中次氯酸盐含量超标、管道腐蚀。

图 5-5　污水处理站相关设备与药剂

### 5.2.2 建设需求

（1）技术需求

该村原污水处理站设计采用的处理工艺如图 5-6 所示，该工艺主要存在以下问题：

1）在实际建设时未按照初始设计方案建造化粪池，黑水和灰水未经分离直接进入污水处理设施。

2）污水收集管网是根据地势由高到低进行敷设，污水处理站位置最低，污水经管网收集到达污水处理站后流速过快，工艺建设过程中，调节池、水解酸化池和生物接触氧化池等各类池体均较小。污水流速过快，严重影响格栅等设施的去除效率和工艺水力停留时间，造成污水处理效果差。

3）消毒池采用二氧化氯进行化学灭菌，但灭菌池后并未安装相关设施，出水氯化物和次氯酸盐含量超标，直接排放会成为新的污染源。

4）所有设施均由人工操作，包括格栅的启动，泵的启动和配药及加药机的使用，既繁琐又存在安全隐患。

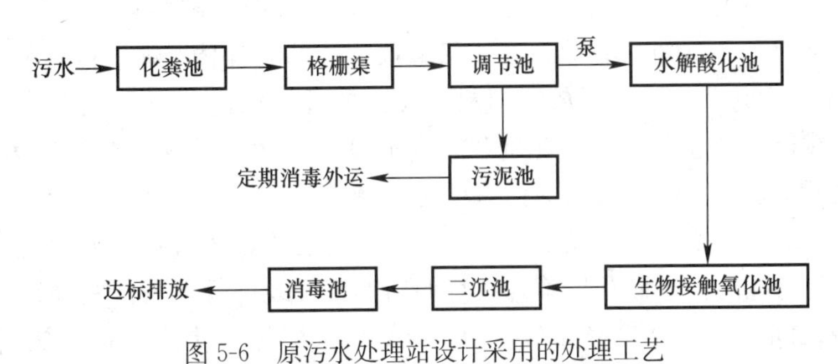


图 5-6 原污水处理站设计采用的处理工艺

（2）运维成本

原污水处理站运行成本过高，据当地政府统计，每年运行费用为 20 万元以上，村镇污水处理站为间歇运行，黑水和灰水混合排入管网，处理工艺较为复杂，无专业运维人员运行，存在较大安全隐患和资源浪费。该污水处理站已建成污水处理设施存在处理效果差、出水污染物超标、运维复杂及存在安全隐患等问题。

### 5.2.3 建设目标

工程地点为青海省海西州柯柯镇西村，建设一体化微动力厌氧生物物理耦合污水处理装置，生活污水先进入调节池后，进入一体化微动力厌氧生物物理耦合污水处理装置，出水经紫外线灭菌后综合利用。

工程处理规模为 3.6$m^3$/d，采用一体化微动力厌氧生物物理耦合污水处理工艺，出水水质［$COD_{Cr}$ 质量浓度≤200mg/L，SS 质量浓度≤100mg/L，$BOD_5$ 质量浓度≤100mg/L，氯化物（以 $Cl^-$ 计）质量浓度≤350mg/L，全盐量≤2000mg/L］达标，遵循“因地制宜、就地就近、效果长远”原则，建立一套适用于我国西北村镇的低能耗、低成本、运维简单和资源化的农村生活污水处理技术，为科学研究提供基础依据。

工程点生活污水出水水质根据再生水使用功能不同，满足《农田灌溉水质标准》GB

5084—2021 中旱地作物灌溉标准，实现资源化率大于 70%的目标，减少污染物排放。采用微动力厌氧生物物理耦合污水处理技术，降低能耗和管理运营成本，达到节能减排的目标。

污水处理站实行专人负责制，负责日常检查和管理。

## 5.3 技术及设备应用

### 5.3.1 技术及设备适宜性分析

结合青海省乌兰县西村太阳能资源禀赋，采用三段式一体化微动力厌氧生物物理耦合污水处理技术，利用太阳能为污水处理装置供能。选择如下技术开展工程：① 微动力厌氧生物处理技术；② 紫外线灭菌技术。

微动力厌氧生物物理耦合污水处理技术基于西北地区农村生活污水处理现状，利用太阳能资源解决设备运行能耗问题，以液位控制系统自动运行污水处理设备，解决无专业运维人员的问题。微动力厌氧生物处理装置分三段，第一段为缺氧段，内部放置悬浮球填料，水中溶解氧约为 0.4mg/L；第二段为厌氧段，内部放置悬浮球填料，水中溶解氧约为 0.05mg/L；第三段为兼氧段，不放置填料，安装紫外线灭菌装置和搅拌装置，紫外线灯消杀病原菌，搅拌提高水中溶解氧含量和提高消杀病原菌的效果，溶解氧为 0.8mg/L 左右。三段式厌氧生物工艺可有效去除污水中污染物。

紫外线灭菌装置利用微动力设备——太阳能发电装置，通过吸收太阳光，将太阳能通过光电效应转化为电能，进而利用紫外线灯照射的紫外线进行杀菌。紫外线会使核苷酸单体之间或核酸之间产生连接，使 DNA 和 RNA 结构破坏、功能受损，从而有效灭杀病原菌。

三段式一体化微动力厌氧生物物理耦合污水处理技术是针对西北村镇生活污水水质特征提出的微动力生物物理耦合多级处理技术，通过该技术应用可实现为当地村民节省用电支出、节约污水处理成本、改变设备运维困难并保障正常运行的目标。

（1）技术特点

1）微动力厌氧生物处理技术

微动力厌氧生物处理技术主要靠厌氧微生物的代谢活动转化污染物，效能高且稳定、抗冲击负荷能力强、动力消耗少，且设备简单，便于模块化设计应用，适用于西北村镇农村生活污水，经厌氧生物处理设备处理之后的生活污水可达到《农田灌溉水质标准》GB 5084—2021 的旱地作物标准，实现农村生活污水的资源化利用。

2）紫外线灭菌技术

在去除常规性污染物的基础上，利用紫外线灭菌技术对农村生活污水中的病原微生物进行灭杀，实现双重去除。紫外线灭菌技术在灭菌效果、使用成本及安全性方面，具有灭菌时间短、效率高、杀菌谱广、结构简单、占地小、运行维护简便、无二次污染等特点。

（2）适用范围

1）适用于西北地区的农村单户、联户及小规模集中的污水处理回用；

2）适用于太阳能资源较为丰富的西北农村地区。

## 5.3.2　工程设计方案

（1）总体设计思路

1）研究路线

① 三段式一体化微动力厌氧生物物理耦合污水处理装置参数研发。根据调研结果设计三段式一体化微动力厌氧生物物理耦合污水处理装置，研究三段式一体化微动力厌氧生物物理耦合污水处理装置工艺条件，确定工艺参数，探究温度、pH、盐浓度等主要因素对污染物去除率的影响，得到工艺运行最佳参数和运行条件。

② 三段式一体化微动力厌氧生物物理耦合污水处理装置病原菌灭杀性能研发。通过实验探究氯化钠质量分数、电解时间对电解盐灭菌技术的影响，确定电解盐水技术灭菌效率及能耗；探究紫外线灭菌时长对紫外线灭菌的影响，确定紫外线灭菌技术灭菌效率及能耗。对比电解盐水、紫外线灭菌技术，确定适用于西北村镇农村生活污水的物理灭菌技术。

③ 三段式一体化微动力厌氧生物物理耦合污水处理装置污染物去除性能研发。根据研究结果运行三段式一体化微动力厌氧生物物理耦合处理装置，得出该装置对 $COD_{Cr}$、$BOD_5$、SS 等污染物去除效率，以及病原菌灭杀效率和长期运行过程中恶臭气体产生与外溢情况。

2）技术路线

在对青海村镇生活污废水充分调研的基础上，综合考虑青海农村自然禀赋、经济社会发展、污水产排状况、生态环境敏感程度、受纳水体环境容量等，科学确定农村生活污水治理技术，研究相应处理设备，选择合适村镇开展工程。靠近城镇、有条件的村庄，生活污水纳入城镇污水管网统一处理；人口集聚、利用空间不足、经济条件较好的村庄，可采取管网收集—集中处理—达标排放—资源化利用的治理方式；污水产生量较少、居住较为分散、地形地貌复杂的村庄，优先采用资源化利用的治理方式。研究技术路线如图 5-7 所示。

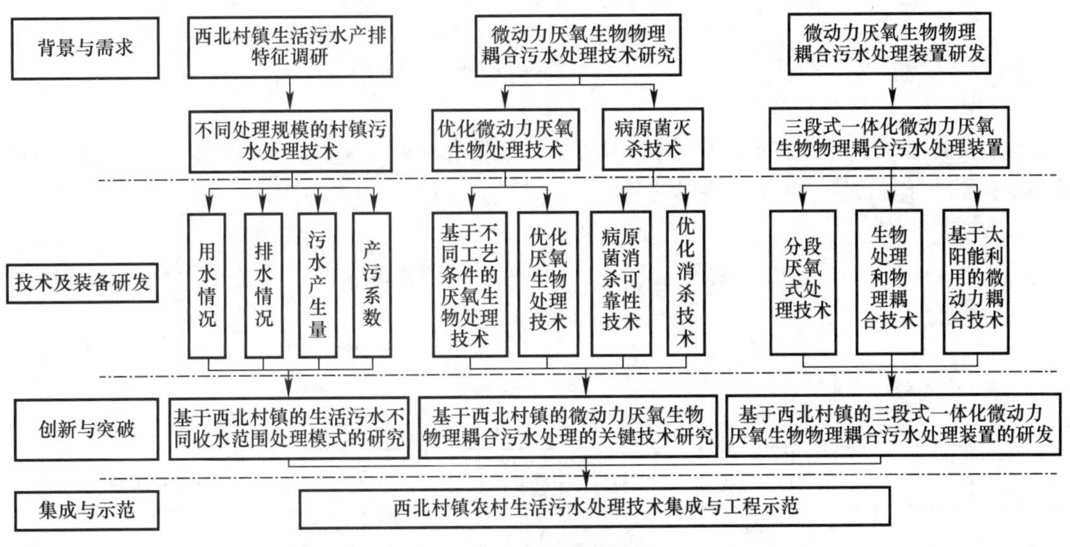


图 5-7　研究技术路线

3）平面布置图

装置平面布置图见图 5-8。

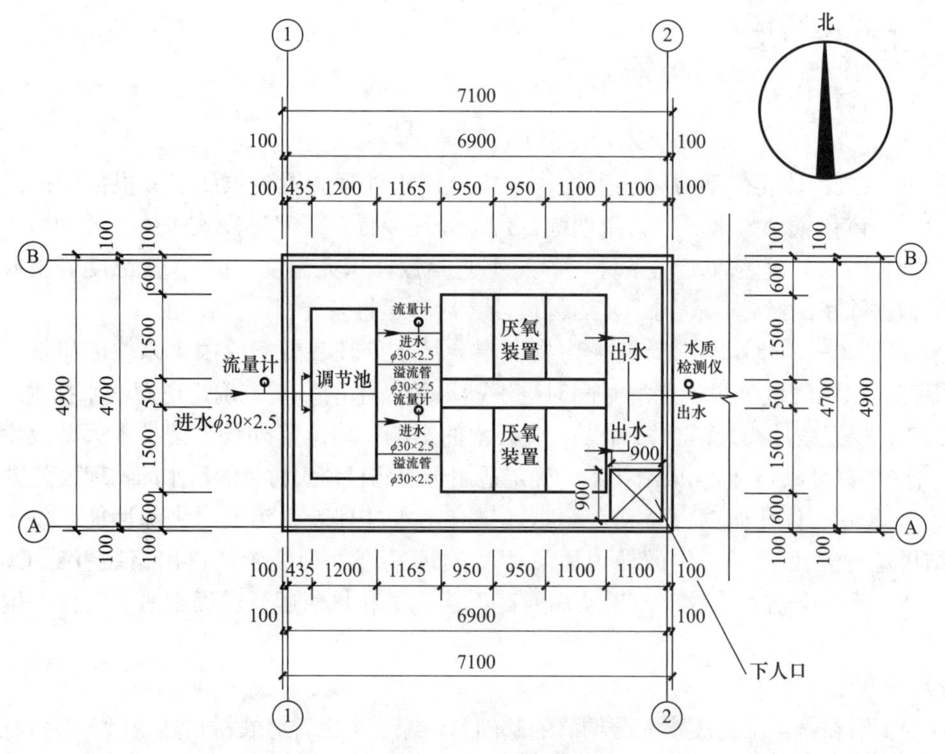


图 5-8 装置平面布置图

(2) 三段式一体化微动力厌氧生物物理耦合污水处理装置设计

1) 装置参数

① 日处理量

农村生活污水日处理量 $W$ 的计算公式为:

$$W=\frac{\text{户数}\times\text{每户人数}\times\text{每天人均污水产生量}}{1000\text{L/m}^3}$$

根据调研结果，工程点按 20 户，每户 4 人，人均污水产生量为 45L/d 计算，得出日处理污水量为 3.6$m^3$，出水水质应满足《农田灌溉水质标准》GB 5084—2021 中旱地作物灌溉标准，可直接用于绿化浇灌。

② 工艺路线

在原有地下排水管网的基础上接入一体化污水处理设施进行污水处理。工艺路线图如图 5-9 所示。

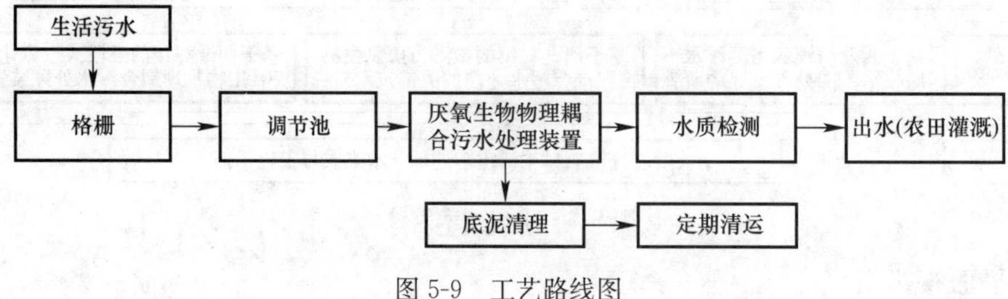


图 5-9 工艺路线图

③ 设备参数

a. 微动力厌氧生物处理装置

采用两台三段式一体化微动力厌氧生物物理耦合污水处理装置，每台处理量为 1.8$m^3$/d，填料填充率为 40%，装置各段体积（$V_{O1}$、$V_{O2}$、$V_{O3}$）如下：

$$V_{O1}=V_{O2}=0.9\times(1+0.4)=1.26m^3$$

$$V_{O3}=1.8m^3$$

$$V=V_{O1}+V_{O2}+V_{O3}=1.26+1.26+1.8=4.32m^3$$

装置总有效体积（$V$）为 4.32$m^3$，罐体采用模压玻璃钢，内部装有 PP＋聚氨酯悬浮球填料，装置壁厚为 5mm。各段设计总尺寸为 $\phi$1400mm×（1050＋1050＋1600）mm，总尺寸为 $\phi$1400mm×3700mm，水面高度为 1100mm，设备制造时采用圆角化处理。

b. 紫外线灭菌装置

第三格安装入水式紫外线灯，功率为 100W，灭菌时长为 8h。

c. 搅拌装置

第三格安装 180r/min 可调变速搅拌器，搅拌装置转速可调，实际应用时可根据不同水质状况调整转速。

d. 太阳能装置

设备总计用电 24.43kWh，全部由太阳能装置供电。

e. 保温措施

西北地区冬季温度较低，设备实地运行采取地埋式，根据青海省相关冻土深度表可查得，乌兰县标准冻深为 1.66m，根据冻深可确定防冻层厚度为冻深乘以 0.8，工程建设时应当建造厚度为 1.328m 的防冻层。

2）工艺参数

① 填料与水力停留时间

不同填料其孔隙率、比表面积和材料不同，微生物总量和微生物膜与污水接触面积不同，从而导致污水处理效率不同。在一定时间范围内，水力停留时间越长，微生物与污染物接触时间越长，反应越充分，污染物去除效率越高，当水力停留时间长到一定程度后，填料表面微生物膜脱落，水中微生物死亡，成为新的污染物，从而导致整体污染效率降低。测定悬浮球（XFQ）、彗星式（HXS）、生物绳（SWS）、悬浮（XF）、弹性（TX）、组合（ZH）6 种填料在不同水力停留时间下的污染物去除效率，对比无填料时各污染物去除效率，确定最佳填料与水力停留时间组合。实验结果如图 5-10 所示。

由图 5-10 中可知，最优条件为选用 XFQ 填料、水力停留时间为 48h，此时 $COD_{Cr}$、$BOD_5$、SS、TP 和 $NH_3$-N 去除效率分别为 57.28%、57.65%、74.06%、12.68% 和 14.58%。$COD_{Cr}$、$BOD_5$ 和 SS 去除效果较好，TP 和 $NH_3$-N 去除效果不佳。这是因为厌氧微生物对有机污染物去除效率明显，加入的 XFQ 填料表面微生物富集程度明显高于其他填料，微生物的总量高，分布均匀，污水 $COD_{Cr}$ 和 $BOD_5$ 去除效率高。SS 的去除是通过填料截留和自然沉降，单级厌氧工艺填料截留效果有限，主要依靠悬浮物的自然沉降去除，SS 去除效率有差异。TP 和 $NH_3$-N 的去除需要厌氧微生物与好氧微生物共同完成，单一厌氧过程只能满足氮磷去除的部分条件，从而氮磷去除效率较低。为提高传统单一厌氧生物处理效果，拟改进工艺采用多段式生物厌氧处理技术，提高污染物质的去除效率。

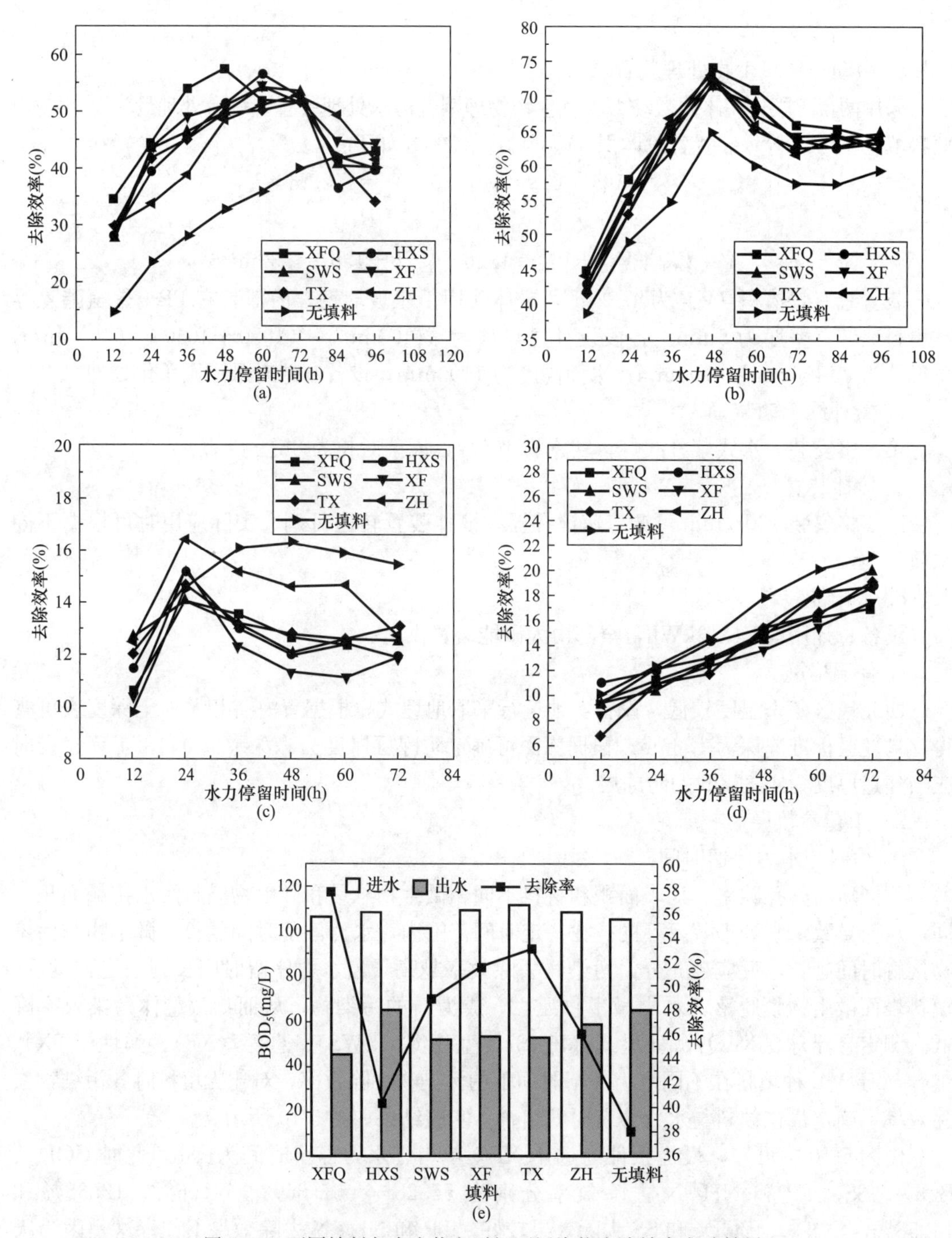


图 5-10　不同填料与水力停留时间下污染物去除效率实验结果

(a) $COD_{Cr}$；(b) SS；(c) TP；(d) $NH_3$-N；(e) $BOD_5$

② 温度

温度主要影响工艺去除效率及能耗。温度过低或过高均会使微生物活性受到极大影响，从而使去除效率降低，且温度过高会大大增加工艺运行能耗。测定温度在 10～60℃范围内的污染物去除效率，实验结果如图 5-11 所示。

由图 5-12 可知，厌氧工艺最佳温度为 35℃，该条件下 $COD_{Cr}$、$BOD_5$、SS、TP 和 $NH_3$-N 去除效率分别为 66.79%、74.20%、72.20%、15.17%和 15.24%。结果表明，厌氧微生物受温度的影响较明显，适宜的温度会提高微生物新陈代谢速率，从而提高污染物去除效率。厌氧生物处理工程在做好保温的情况下，依靠厌氧反应的放热，可保证生活污水的处理效率。

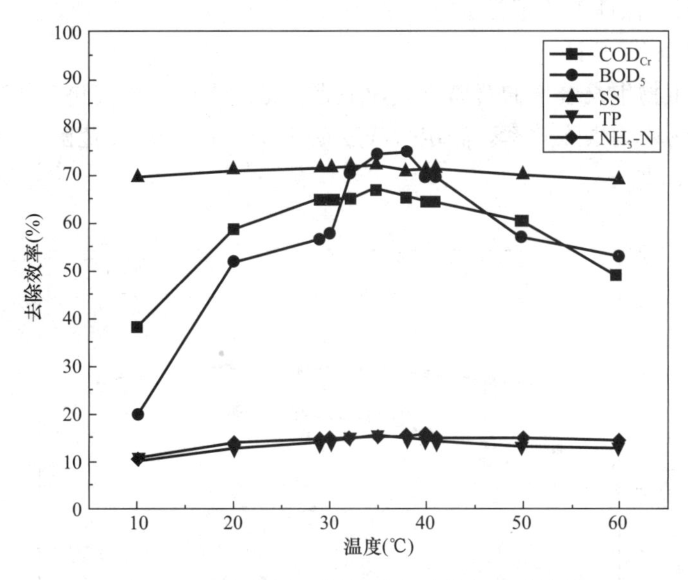


图 5-11　不同温度下污染物去除效率实验结果

③ pH

污水 pH 主要影响微生物活性，进而影响污染物去除效率。当 pH 过高或过低时，可直接杀灭污水中微生物，不仅会使污水处理效果降低，还会破坏工艺微生物系统，使整个工艺丧失作用。测定 pH 在 4～10 范围内污染物去除效率，实验结果如图 5-12 所示。

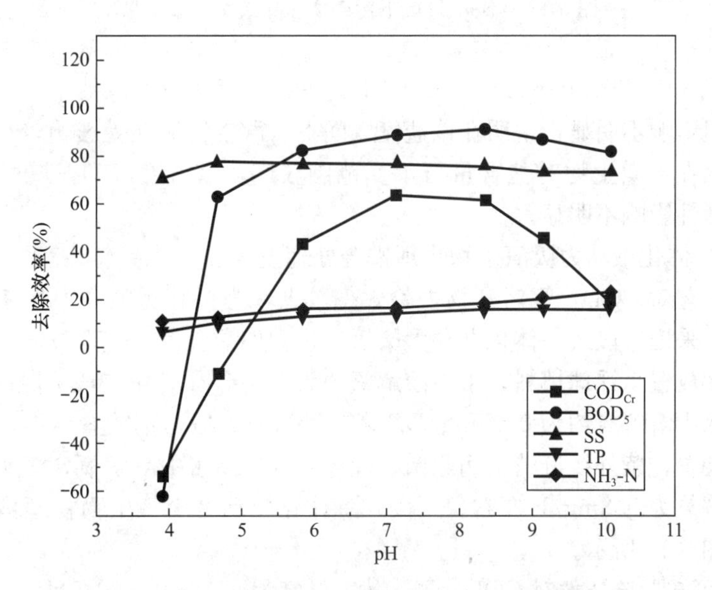


图 5-12　不同 pH 下污染物去除效率实验结果

由图 5-12 可知，要使厌氧工艺正常工作且取得较好的处理效果，应调节进水 pH 在 6～9 之间，要想取得最佳去除效率，应调节 pH 在 7～8 之间。主要原因在于 pH 会严重影响微生物活性，pH 过低时，厌氧工艺中微生物活性受到极大抑制甚至导致微生物大批量死亡，从而导致各污染物去除效率均较低。在实际生活污水应用时应及时监测，及时调整过低或过高 pH，保证工艺正常运行。

④ 盐浓度（以 TDS 计）

无机盐属微生物生长繁殖的营养物质，适宜含量的无机盐会促进微生物生长繁殖及新陈代谢，可提高污染物去除效率。测定盐浓度在 600～2700mg/L 范围内污染物去除效率，实验结果如图 5-13 所示。

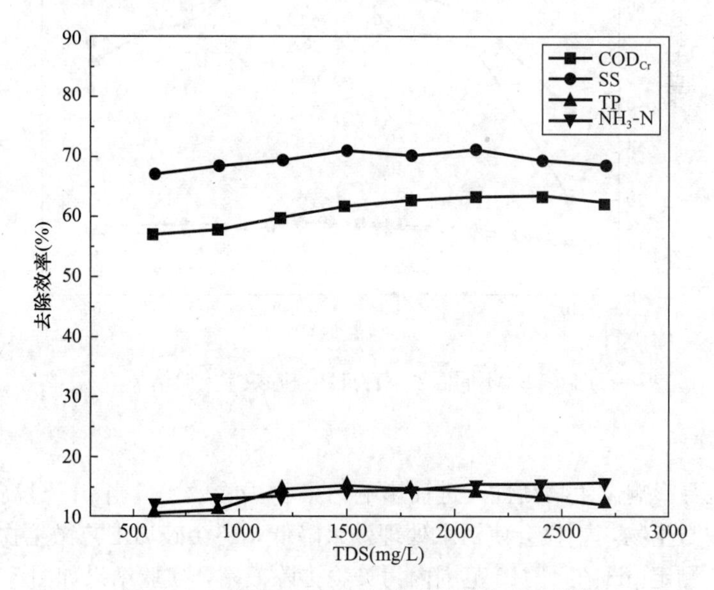


图 5-13　不同 TDS 下污染物去除效率实验结果

由图 5-13 可知，TDS 在 600～2700mg/L 之间时，污染物去除效率整体呈现先上升后下降的趋势，但影响不明显，说明在该盐度区间下，微生物活性受影响较小，厌氧工艺可正常运行。原因在于微生物对盐含量可承受范围较广，该盐度区间，属微生物可承受范围，对微生物活性影响不明显。

⑤ 三段式一体化微动力厌氧生物物理耦合处理技术

单级厌氧工艺对 $COD_{Cr}$ 等污染物去除效率较低，为提高污染物去除率，使出水满足绿化灌溉要求，采用三段式一体化微动力厌氧生物物理耦合污水处理技术。该技术第一段为缺氧段，内部放置悬浮球填料，水中溶解氧约为 0.4mg/L；第二段为厌氧段，内部放置悬浮球填料，水中溶解氧约为 0.05mg/L；第三段为兼氧段，不放置填料，安装紫外线灭菌装置和搅拌装置，紫外线灯消杀病原菌，搅拌起到提高水中溶解氧含量和提高消杀病原菌的效果，溶解氧为 0.8mg/L 左右。三段式一体化微动力厌氧生物物理耦合污水处理技术处理效果如图 5-14 所示。

由图 5-14 可知，该技术对 $COD_{Cr}$ 去除效率最高为 82.95%，最低为 60.61%，平均去除效率为 69.41%；SS 去除效率最高为 87.68%，最低为 72.73%，平均去除效率为 82.61%；

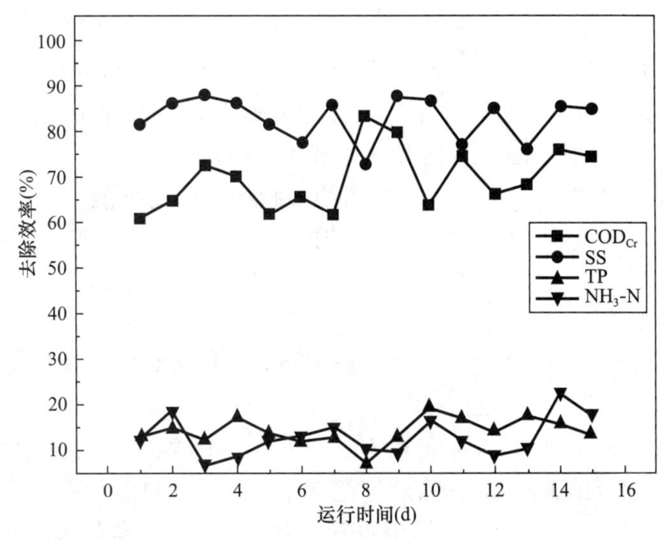


图 5-14　三段式一体化微动力厌氧生物物理耦合污水处理技术处理效果

TP 去除效率最高为 19.17%，最低为 6.83%，平均去除效率为 14.16%；$NH_3$-N 去除效率最高为 22.50%，最低为 6.86%，平均去除效率为 12.99%。由数据可知，三段式一体化微动力厌氧生物物理耦合污水处理技术对 $COD_{Cr}$ 和 SS 去除效率比单级厌氧工艺去除率有较好的提高，去除效率分别提升了 12.13%、8.55%，符合实验预期。

综合实验结果，最终采用的三段式一体化微动力厌氧生物物理耦合污水处理技术，工艺参数与运行条件如下：采用悬浮球填料，水力停留时间为 48h，温度不低于 10℃，pH 在 6～9 之间，TDS 在 600～2700mg/L 之间，搅拌速率为 30r/min。

⑥ 氯化钠质量分数对病原菌去除效率的影响

分别在 5 个小烧杯中配制质量分数为 1%～5%的 NaCl 溶液，在简易电解装置下电解 30min，用多管发酵法确定生活污水中粪大肠菌群的去除效率，实验结果如图 5-15 所示。

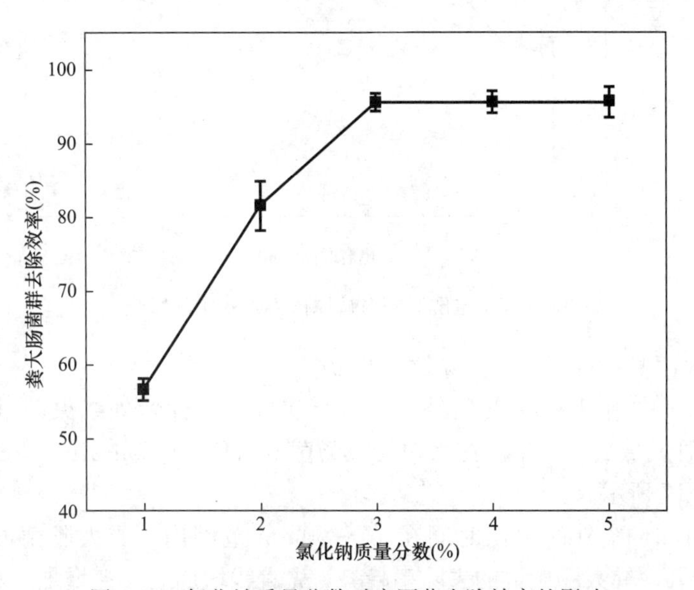


图 5-15　氯化钠质量分数对病原菌去除效率的影响

由图 5-15 可知，氯化钠质量分数在 1%～5%范围内，粪大肠菌群的去除效率为 56.71%～95.67%，粪大肠菌群的去除效率趋势为先直线增加后保持不变，拐点时的氯化钠质量分数为 3%。前期粪大肠菌群的去除效果直线上升，究其原因可能是随着氯化钠质量分数的增加，电解产生的 $Cl_2$ 增加，$Cl_2$ 溶于水生成 HClO 对粪大肠杆菌进行灭杀。在此过程中随着氯化钠质量分数的增加，粪大肠杆菌的细胞渗透压也可能失去平衡从而死亡。氯化钠质量分数从 3%增至 5%时，粪大肠菌群的去除效率基本不变，原因可能是电解反应达到平衡。

⑦ 电解时间对病原菌去除效率的影响

在简易电解装置下分别电解生活污水 15～60min，用多管发酵法确定生活污水中粪大肠菌群的去除效率，实验结果如图 5-16 所示。

由图 5-16 可知，氯化钠电解时间在 15～60min 范围内，粪大肠菌群的去除效率为 65.36%～90.00%。粪大肠菌群的去除效率趋势为先直线增加后保持不变，拐点为电解 30min 时。氯化钠电解时间从 15min 增至 45min 时，粪大肠菌群的去除效率随着电解时间的增加而增加，究其原因可能是电解氯化钠需要时间来反应，随着电解时间的增加，不断有 HClO 产生使粪大肠杆菌细胞失活。电解 45min 后粪大肠菌群的去除效率保持不变，究其原因可能是氯化钠全部完成电解反应，溶液中不含有氯化钠，对粪大肠菌群无进一步的去除作用。

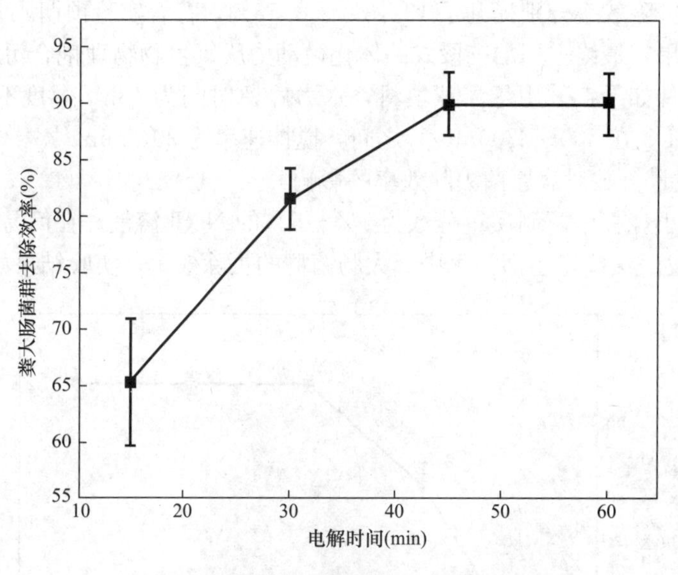


图 5-16　电解时间对病原菌去除效率的影响

⑧ 紫外线灭菌时长对病原菌去除效率的影响

在 50L 的水桶中利用 12W 的紫外线灯进行实验，设计紫外线灭菌时长分别为 10～60min。利用多管发酵法确定生活污水中粪大肠菌群（Fecal Coliform，FC）的去除效率，实验结果如图 5-17 所示。

由图 5-17 可知，紫外线灭菌时间在 10～60min 范围内，粪大肠菌群的去除效率为 35.19%～92.04%。粪大肠菌群的去除率趋势为先直线增加后缓慢增加，拐点为灭菌时长 30min。灭菌时长从 10min 增至 30min 时，粪大肠菌群的去除效率随着灭菌时间的增加而增加，究其原因是随着紫外线照射时间的增加，粪大肠杆菌细胞内蛋白质及核酸等大分子物质被破坏，从而导致粪大肠菌群的去除。灭菌时长从 30min 增至 60min 时，粪大肠菌群的去除效率随着灭菌时长的增加而缓慢增加，原因可能是部分粪大肠杆菌附着于悬浮物上，悬浮物会把紫外线吸收或反射出去，使紫外线无法直接照射在粪大肠杆菌细胞上，去除效率增加缓慢。

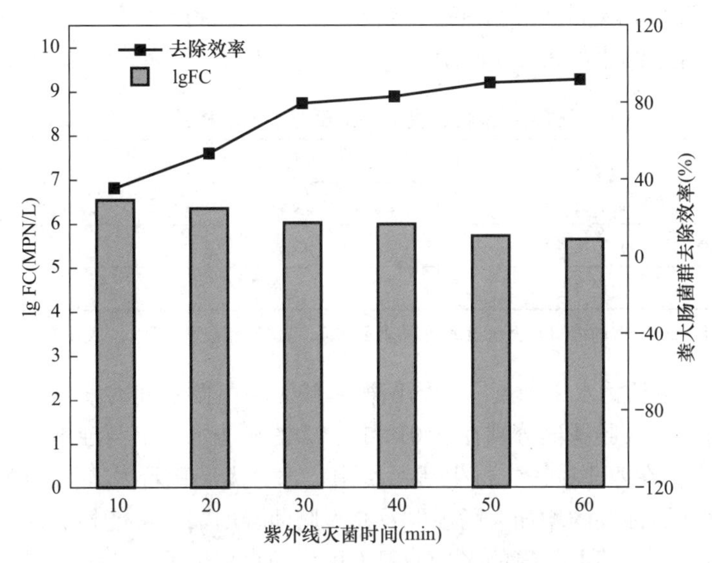


图 5-17　紫外线灭菌时长对病原菌去除效率的影响

通过对比可知，电解盐水灭菌与紫外线灭菌对生活污水中的粪大肠菌群去除效率基本维持在 90.00%左右，说明灭菌效果相当；从经济层面角度出发，电解盐水灭菌消耗品为氯化钠，紫外线灭菌中消耗太阳能，紫外线灭菌处理技术较电解盐水灭菌技术更为节能；从安全性角度出发，氯气在常态下是黄绿色有刺激性气味的有毒气体，次氯酸有强烈刺激性气味，具有强氧化性，次氯酸对金属及非金属均有腐蚀作用，故考虑选择紫外线灭菌处理技术。

3）相关性研究

① 生活污水中粪大肠菌群与大肠菌群之间的相关性

为探究农村生活污水中总大肠菌群（Total Coliform，TC）与粪大肠菌群的相关性，利用 Origin 及 SPSS 计算皮尔逊系数。实验结果见图 5-18。

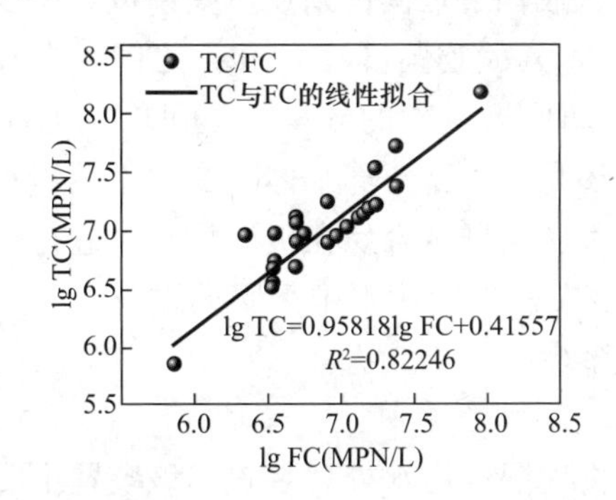


| | 相关性 | 总大肠菌群数 |
|---|---|---|
| 粪大肠菌群数 | 皮尔逊相关系数 | 0.907** |
| | Sig(双尾) | 0 |
| | 个案数 | 36 |

注：Sig是significance test的缩写，表示显著性；**表示在0.01级别相关性显著。

图 5-18　总大肠菌群与粪大肠菌群的相关性实验结果

分析可得一元线性回归方程 $\lg TC = 0.95818\lg FC + 0.41557$，判定系数 $R^2 = 0.82246$，拟合优度较高，利用SPSS软件可以看出大肠菌群与粪大肠菌群在0.01的显著水平上具有极为显著的相关性（皮尔逊系数为0.907），如图5-18所示。由上述数据可知，总大肠菌群与粪大肠菌群相关性极高。

② 生活污水中浊度与大肠菌群、粪大肠菌群之间相关性

由于大肠菌群与粪大肠菌群测定过程繁琐，故探究大肠菌群、粪大肠菌群与其他环境因子之间的相关性，结果如表5-2所示。

**总大肠菌群、粪大肠菌群与浊度的相关性** **表5-2**

| | 相关性 | 总大肠菌群数 | 粪大肠菌群数 |
|---|---|---|---|
| 浊度 | 斯皮尔曼系数 | 0.484** | 0.339* |
| | Sig（双尾） | 0.003 | 0.043 |
| | 个案数 | 36 | 36 |

注：Sig是significance test的缩写，表示显著性；* 表示在0.05级别相关性显著；** 表示在0.01级别相关性显著。

表5-2显示了生活污水中浊度与大肠菌群、粪大肠菌群之间的斯皮尔曼系数，可以看出，总大肠菌群和粪大肠菌群分别在0.01和0.05的显著水平上与浊度之间存在弱相关性（0.484和0.339）。在西北村镇农村生活污水中，部分大肠菌群及粪大肠菌群可附着于悬浮物上，故存在随着浊度的增加大肠菌群及粪大肠菌群增加的可能性。浊度的大小可粗略代表大肠菌群及粪大肠菌群数量的多少，但不可作为直接依据。

③ 生活污水中 $COD_{Cr}$ 与大肠菌群、粪大肠菌群之间相关性

为探究大肠菌群、粪大肠菌群与 $COD_{Cr}$ 之间的相关性，测定20组数据，结果见表5-3。

**总大肠菌群、粪大肠菌群与 $COD_{Cr}$ 的相关性** **表5-3**

| | 相关性 | 总大肠菌群数 | 粪大肠菌群数 |
|---|---|---|---|
| $COD_{Cr}$ | 斯皮尔曼系数 | 0.294 | 0.513* |
| | Sig（双尾） | 0.208 | 0.021 |
| | 个案数 | 36 | 36 |

注：Sig是significance test的缩写，表示显著性；* 表示在0.05级别相关性显著。

表5-3显示了生活污水中 $COD_{Cr}$ 与大肠菌群、粪大肠菌群之间的斯皮尔曼系数，可以看出，大肠菌群与 $COD_{Cr}$ 之间具有弱相关性（0.294），粪大肠菌群与 $COD_{Cr}$ 之间存在较强的相关性（0.513）。在西北村镇农村生活污水中，病原微生物的数量与 $COD_{Cr}$ 有很大关系，$COD_{Cr}$ 很大程度上决定该水体属于贫营养水体还是属于富营养水体。农村生活污水中有机污染物越多，$COD_{Cr}$ 数值越大，大肠菌群、粪大肠菌群越容易在生活污水中进行生长繁殖。由于相关性一般，故 $COD_{Cr}$ 也仅可粗略代表农村生活污水中大肠菌群、粪大肠菌群的数量，不能直接代表水体中病原微生物的数量多少。

4）装置设计

根据以上实验结果，设计三段式一体化厌氧生物物理耦合污水处理装置，该装置主要由三格式罐体、XFQ填料、搅拌装置、紫外线灭菌装置和太阳能装置组成，装置示意图

和实物图如图 5-19 所示，在建造实物时，对棱角处进行了圆角处理。污水经调节池和流量计调节流量后进入一体化装置，在流经填料时，悬浮固体被填料截留过滤，有机物被水中和附着在填料上的厌氧、兼氧微生物转化为小分子有机物，最后转化为甲烷和二氧化碳，以达到污水处理的目的。

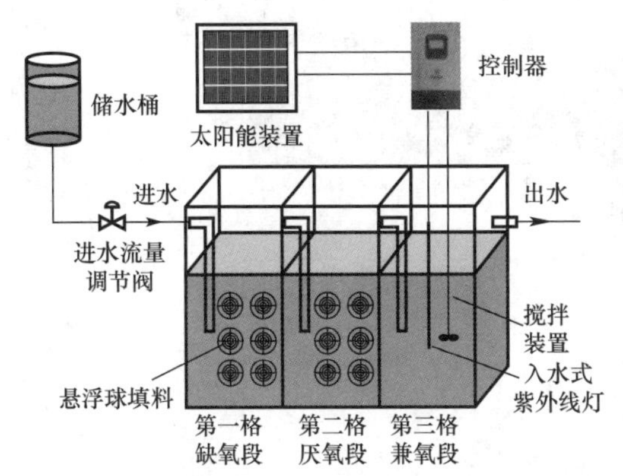

图 5-19　三段式一体化厌氧生物物理耦合污水处理装置示意图及实物图

5）三段式一体化厌氧生物物理耦合污水处理装置去除效果

① 污染物去除效果

在三段式一体化厌氧生物物理耦合污水处理装置中放入悬浮球填料，水力停留时间为 48h，进水水温为 14～24℃，pH 为 6～7.5，盐的质量浓度为 800～1700mg/L，基本处于前期实验结果较优区间内。

图 5-20 为三段式一体化厌氧生物物理耦合污水处理装置对污染物的去除效果。在装置稳定运行阶段，由于受季节和用水量的影响，部分时间水质波动大，但大部分数值均较为稳定。$COD_{Cr}$ 平均去除效率为 64.76%，SS 平均去除效率为 73.43%，TP 平均去除效率为 11.79%，$NH_3$-N 平均去除效率为 25.61%。

实验结果表明，一体化装置对 $COD_{Cr}$ 和 SS 有较好的去除效果，虽然进水波动较大，但出水较为平稳，在装置运行一段时间后，均趋于稳定，$COD_{Cr}$ 基本稳定保持在 150mg/L 左右，SS 基本稳定保持在 60mg/L 左右。所有出水均满足《农田灌溉水质标准》GB 5084—2021 中旱地作物灌溉标准要求。且装置进水水质均高于一般农村生活污水，基本满足西北地区农村生活污水处理回用。三段式一体化厌氧生物物理耦合污水处理装置立足于污染物去除的同时，尽可能回收利用氮、磷元素，用于农田及林地浇灌，对污水进行回收利用，提高了资源利用率。由于三段式一体化厌氧生物物理耦合污水处理装置没有好氧段，且水力停留时间较短，水中溶解氧低于 0.5mg/L，从而氨氮转化成硝酸根离子受到抑制，转化率较低，同时也使得聚磷菌聚磷效果不佳，污水氮磷去除效率较低。通过连续监测，数据表明：一体化装置对 TP 和 $NH_3$-N 去除效率均在 10%左右。大量氮磷元素可以保留在出水中，作为农田灌溉水可减少化学肥料的使用量，资源利用率高，适合用于西北地区农村生活污水处理回用。

② 病原菌去除效果

三段式一体化厌氧生物物理耦合污水处理装置对病原菌的去除效果如图 5-21 所示。

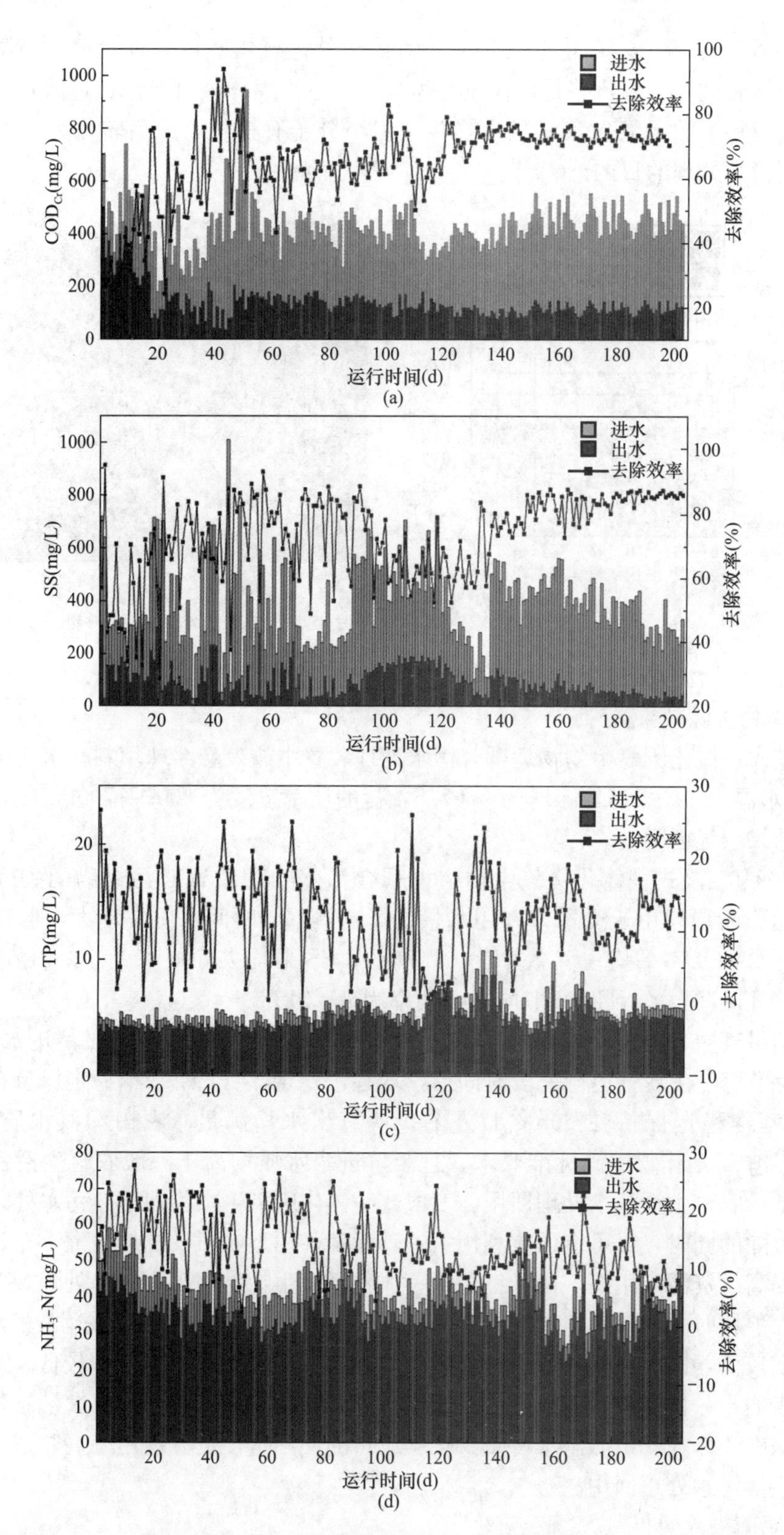


图 5-20 三段式一体化厌氧生物物理耦合污水处理装置对污染物的去除效果

(a) $COD_{Cr}$；(b) SS；(c) TP；(d) $NH_3$-N

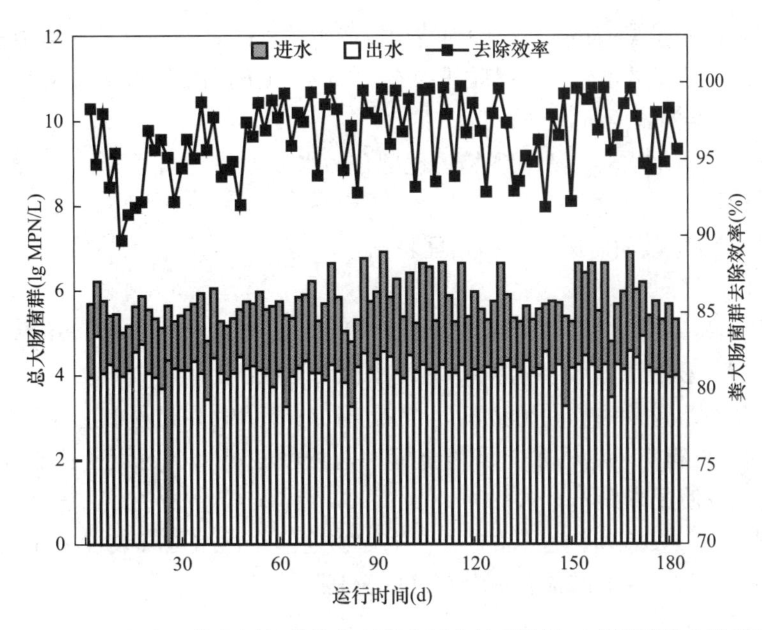


图 5-21　三段式一体化厌氧生物物理耦合污水处理装置对病原菌的去除效果

由图 5-21 可知，填料为悬浮球，水力停留时间为 48h，经厌氧处理后粪大肠菌群去除效率基本维持在 80.00%左右，厌氧处理后的生活污水经过 8h 的紫外线灭菌后，去除效率维持在 99.90%左右，出水可满足农田灌溉的水质标准。

③ 厌氧过程气溶胶源强解析

污水处理过程中由于厌氧发酵等过程产生 $CH_4$、$NH_3$、$H_2S$ 等有毒或臭味明显的有害气体，通过气体检测设备进行监测，观察到厌氧工艺产生 $NH_3$、$H_2S$ 情况如图 5-22 所示。由图 5-22 可知，装置在运行过程中第一格 $NH_3$ 质量浓度在 32～48mg/L 范围内波动，第二格 $NH_3$ 质量浓度在 5～10mg/L 范围内波动；第一格 $H_2S$ 质量浓度在 13～22mg/L 范围内波动，

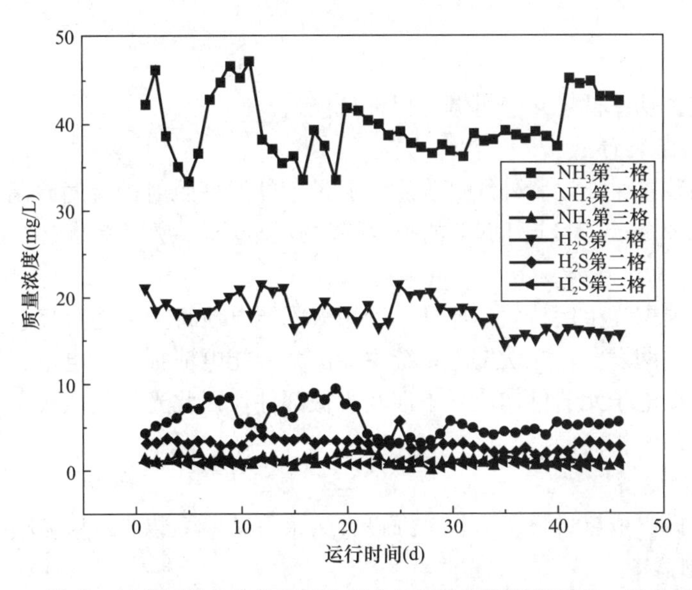


图 5-22　三段式一体化厌氧生物物理耦合污水处理装置各部位 $NH_3$、$H_2S$ 产生情况

第二格 $H_2S$ 质量浓度在 3～5mg/L 范围内波动，产生的 $NH_3$、$H_2S$ 在前两格中较多。第三格出水池 $NH_3$、$H_2S$ 质量浓度较低，基本维持在 1mg/L 以下，溢出设备的 $NH_3$、$H_2S$ 质量浓度可忽略不计，不会造成空气污染。

（3）三段式一体化微动力厌氧生物物理耦合污水处理装置选型

1）选择依据

① 三段式一体化微动力厌氧生物处理装置

a. 罐体

根据计算结果，装置总尺寸为 $\phi$1400mm×3700mm，总体积为 5.69$m^3$，有效体积为 4.32$m^3$。该装置体积较大，设备选型应注意以下几个方面：

i）材料坚固性。应保证材料足够坚固，在运输、安装和使用过程中，不会出现设备破裂。

ii）防腐蚀。工程点生活污水与环境土壤中盐浓度较高，会对设备造成较为严重的腐蚀，严重影响设备使用寿命。

iii）密封性。三段式一体化微动力厌氧生物物理耦合污水处理装置采用三段式厌氧工艺，各段溶解氧较低，要求设备有一个较好的密封性。

b. 菌种

污水水质不同，其适合使用的微生物种类也不同，西北地区冬季寒冷，生活污水温度低、含氧量低，适合用厌氧兼氧微生物进行污水处理。

c. 填料

在选择填料时，应考虑以下因素：

i）填料有相对固定形状，可较为均匀分布在污水各处，避免堆积等原因造成污水处理装置存在大量无填料空白区，从而使污水处理效果较差；

ii）填料内部应疏松多孔或有较大的比表面积，利于微生物挂膜，对悬浮物去除效率也更高；

iii）填料填充率，处理相同体积污水，填料填充率越高，污水处理效果越好，但反应器体积也越大。

d. 搅拌装置

要求搅拌装置功率低，转速可调，保证低能耗。

② 紫外线灭菌装置

紫外线灭菌装置主要以紫外线灯为主，通过紫外线灯照射进行病原菌灭杀。紫外线灯的光谱峰值为 253.7nm，接近 DNA 的吸收峰的波长范围，所以杀菌效果好。

③ 太阳能装置

光伏发电是根据光生伏特效应原理，利用太阳能电池将太阳能直接转化为电能。不论是独立使用还是并网发电，光伏发电系统主要由太阳能电池板、蓄电池、控制器和逆变器组成，它们主要由电子元器件构成，不涉及机械部件，因此光伏发电设备结构精简，可靠稳定寿命长、安装维护简便。

④ COD 监测设备

由于工程建设完成后将自主运行，须设置污水自动检测装置，检测频率为 1 次/d。

⑤ 液位控制器

采用简单液位控制器控制水位，设置低、中、高三个液位控制，未达到低水位时各用电设备均不工作；达到中等水位时，紫外线灯和搅拌装置开始工作；水位达到高水位时泵开始工作，紫外线灯和搅拌装置停止工作。三者交替完成，设备自动运行。

⑥ 出水泵

由于设备安装采用地埋式，重新铺设出水管道耗时长、工程量大，出水用泵抽出。出水泵主要指标有流量和扬程，此外还有轴功率、转速和必需汽蚀余量。流量是指单位时间内通过泵出口输出的液体量，一般采用体积流量；扬程是单位重量输送液体从泵入口至出口的能量增量，对于容积式泵，能量增量主要体现在压力能增加上，所以通常以压力增量代替扬程来表示。泵的效率不是一个独立性能参数，它可以由别的性能参数例如流量、扬程和轴功率按公式计算求得。反之，已知流量、扬程和效率，也可求出轴功率。

2）设备清单

工程设备清单如表5-4所示。

**工程设备清单** **表5-4**

| 序号 | 设备名称 | 规格 | 数量 |
|---|---|---|---|
| 1 | 三段式一体化微动力厌氧生物处理装置 | $\phi$1400mm×3700mm模压玻璃钢 | 2台 |
| 2 | 紫外线灭菌装置 | 100W，90cm | 3台 |
| 3 | 太阳能装置 | 96V，10kW，100A | 1套 |
| 4 | COD监测设备 | PCM300-$COD_{Cr}$ | 1台 |
| 5 | 液位控制器 | 三段控制 | 2套 |
| 6 | 出水泵 | 750W，扬程6m | 2台 |

3）设备选型

① 三段式一体化微动力厌氧生物处理装置

a. 罐体

设计要求：装置总体积为5.26$m^3$，罐体采用模压玻璃钢，装置壁厚为5mm，总尺寸为$\phi$1400mm×3700mm，设备总体积为5.69$m^3$，有效体积为4.32$m^3$，水面高度为1.1m。

b. 菌种

购买强化COD去除菌种，与青海某垃圾处理厂渗滤液处理装置一级反硝化液混合培养，得到耐低温低氧的厌氧微生物菌群。

c. 填料

悬浮球填料有相对固定形状，可较为均匀分布在污水各处；悬浮球填料内部为疏松多孔的聚氨酯海绵，利于微生物挂膜，对悬浮物去除效率也更高。根据实验结果，悬浮球填料对$COD_{Cr}$、$BOD_5$和SS去除效率均优于其余填料，悬浮球填料实物图与挂膜后微生物扫描电镜图如图5-23所示。

d. 搅拌装置

通过选型，购买符合条件的搅拌器，最大功率为750W，功率随转速变化而变化。

② 紫外线灭菌装置

通过选型，购买符合条件的紫外线灯，功率为100W，灭菌时长为8h。

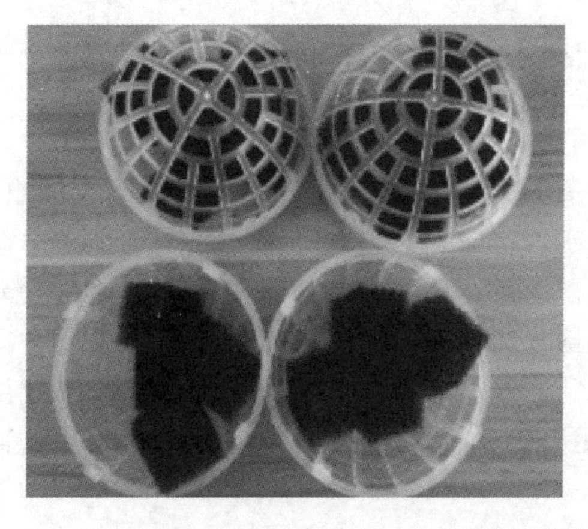

图 5-23　悬浮球填料实物图与挂膜后微生物扫描电镜图

③ 太阳能装置

太阳能装置配件如表 5-5 所示。

**太阳能装置配件一览表**　　**表 5-5**

| 序号 | 配件名称 | 规格型号 | 数量 |
| --- | --- | --- | --- |
| 1 | 太阳能光伏板 | 1200mm×1800mm，非金属矿物制品 | 16 块 |
| 2 | 储能电池 | 12V，150Ah | 16 块 |
| 3 | 金属支架 | 4 板 | 4 座 |
| 4 | 逆变器 | 96V，10kW | 1 台 |
| 5 | 控制器 | 96V，100Ah | 1 台 |
| 6 | 配套连接线 | 10kW | 1 套 |

④ COD 监测设备

通过设备选型，最终选用某 $COD_{Cr}$ 水质监测仪，水质监测频率为 1 次/d。

⑤ 液位控制器

采用三段式液位控制器，通过调节流量使得第三格到达指定出水液位，并使用防爆型液位控制器。

⑥ 出水泵

三段式一体化微动力生物物理耦合污水处理装置埋地深度为 4m，出水口距设备底部高度为 3.7m，出水泵扬程为 5m，足够将污水从设备中抽出。

图 5-24　污水处理装置安装位置

（4）三段式一体化微动力厌氧生物物理耦合污水处理装置安装

1）确定安装位置

工程点选在污水处理站西侧空地，利用西村原有污水管网，在污水处理站内接一支流管道将生活污水引入三段式一体化微动力厌氧生物物理耦合污水处理装置中，安装位置如图 5-24 所示。

2）装置安装

装置安装采用地埋式，污水处理装置安装主要包括土方挖掘、地下空间建设、设备安装、太阳能装置安装、线路接通和回填等过程，具体如图 5-25 所示。

图 5-25　污水处理装置安装

太阳能装置每日储能不低于 18kWh，具体安装过程如图 5-26 所示。

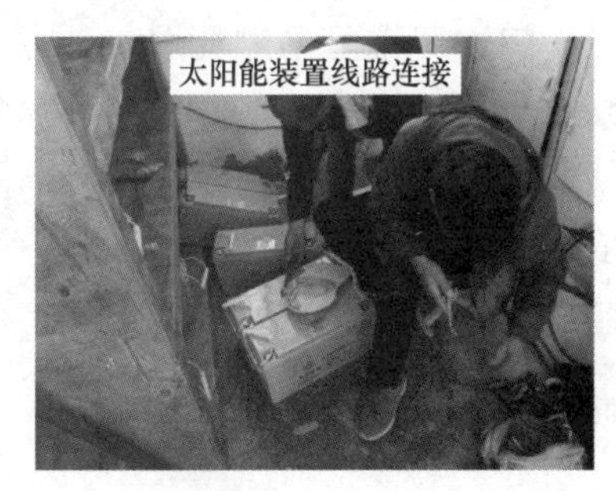


图 5-26　太阳能装置安装

工程建设完成情况如图 5-27 所示。

图 5-27　工程建设完成情况

## 5.4 跟踪监测与数据分析

### 5.4.1 监测目的

跟踪监测主要目的是了解工程运行情况，包括处理效果、运行能耗、安全性、堵塞、冻裂和腐蚀等情况。

（1）确定工程处理效果

工程主要针对原有污水处理设施处理效果差、运行能耗高等问题，提出的三段式一体化微动力厌氧生物物理耦合污水处理工艺，处理效果是工程运行情况的第一指标，处理出水是否达标意味着工程建设是否成功。

（2）确定工程运行能耗

在保证处理效果达标的情况下，运行能耗越低，工艺效果越好。工程采用太阳能装置为污水处理设备供能，连续监测太阳能装置供能情况，确定西北村镇用电设备功率与太阳能装置规模的关系。

（3）确定工程安全性

在厌氧生物技术运行过程中，控制好温度和湿度，甲烷菌会迅速繁殖，将有机质分解成甲烷、二氧化碳、氢、硫化氢、一氧化碳和氨气等，其中甲烷占60%～70%。生物处理工艺会使地下空间内甲烷等易燃易爆气体累积，由于紫外线灭菌装置、COD监测设备、搅拌装置和泵在运行时需接通电源，尽管做好通风和加装了防爆装置，仍需监测地下空间易燃易爆气体浓度。除易燃易爆气体外，一氧化碳、氨气和硫化氢等恶臭或有毒有害气体在气体浓度高时，会导致检修存在相应风险，工程运行时应时刻监测以上有毒有害气体。

### 5.4.2 监测内容

通过定期取样，监测工程污水处理装置运行效果。每月由专业检测机构对水质进行检测，检测内容包括水温、pH、悬浮物、五日生化需氧量、化学需氧量、阴离子表面活性剂、氯化物、硫化物、全盐量、总铅、总镉、六价铬、总汞、总砷、粪大肠菌群数、总磷、总氮、氨氮。并由专业人员在现场检测水温和pH，在实验室检测悬浮物、五日生化需氧量、化学需氧量、总磷、氨氮和粪大肠菌群数等相关主要指标。

### 5.4.3 数据分析

2022年8月—12月共进行水质检测9次，检测结果如表5-6所示。标准限值参考《农田灌溉水质标准》GB 5084—2021旱地作物标准。

**第三方水质检测数据** **表5-6**

| 检测时间 | pH | SS（mg/L） | $COD_{Cr}$（mg/L） | 粪大肠菌群数（MPN/L） | $BOD_5$（mg/L） |
|---|---|---|---|---|---|
| 2022年8月20日 | 7.7 | 17.8 | 41 | 14000 | 19.4 |
| 2022年8月31日 | 7.8 | 19.6 | 35 | 14000 | 18.8 |

续表

| 检测时间 | pH | SS（mg/L） | $COD_{Cr}$（mg/L） | 粪大肠菌群数（MPN/L） | $BOD_5$（mg/L） |
|---|---|---|---|---|---|
| 2022年9月19日 | 7.9 | 21.6 | 36 | 16000 | 19.0 |
| 2022年9月29日 | 7.7 | 18.4 | 40 | 12000 | 19.2 |
| 2022年10月18日 | 7.9 | 20.0 | 43 | 16000 | 17.7 |
| 2022年11月2日 | 7.9 | 21.2 | 41 | 12000 | 19.2 |
| 2022年11月20日 | 7.7 | 19.8 | 38 | 14000 | 18.6 |
| 2022年12月8日 | 7.9 | 20.6 | 45 | 16000 | 19.4 |
| 2022年12月25日 | 8.0 | 22.8 | 47 | 9200 | 18.2 |
| 标准限值 | 5.5～8.5 | 100 | 200 | 40000 | 100 |

由检测数据可知，工程点出水pH偏高，为7.7～8.0，SS基本保持在20mg/L左右，$COD_{Cr}$为35～47mg/L，粪大肠菌群数最高为16000MPN/L，最低为9200MPN/L。检测结果表明，工程水质pH偏高，临近冬季后，温度降低，污水处理效果较之前略微有所下降，出水$COD_{Cr}$略有增加，但较低温度也使得病原菌数量有所下降，说明温度对污水处理装置运行效果是有影响的，也证明温度对该工程设备运行影响有限，冬季低温下设备可正常运行，出水所有检测指标均符合设计要求，满足《农田灌溉水质标准》GB 5084—2021旱地作物灌溉要求，可用于周边旱地作物等的浇灌。

## 5.5　项目创新点、推广价值及效益分析

### 5.5.1　创新点

（1）三段式一体化微动力厌氧生物物理耦合污水处理装置技术可行。该装置污水处理量为1.8$m^3$/(台·d)，技术效能高且稳定、抗冲击负荷能力强。针对西北村镇生活污水，研发的三段式一体化微动力厌氧生物物理耦合污水处理装置对主要污染物$COD_{Cr}$、SS、$NH_3$-N、TP的平均去除效率分别为73.15%、84.13%、11.05%、11.16%。出水满足《农田灌溉水质标准》GB 5084—2021旱地作物的要求，实现污水资源化利用。

（2）三段式一体化微动力厌氧生物物理耦合污水处理装置具有双重灭杀病原微生物的效能，厌氧生物处理过程中利用厌氧生物膜的吸附及沉降作用去除部分病原微生物，去除率约为80.00%；通过紫外线照射进一步杀死病原微生物，总体粪大肠菌群去除率可达99.90%。污染物的去除主要靠厌氧微生物的代谢活动转化污染物，设备简单，便于模块化设计应用，利用紫外线灭菌技术对农村生活污水中的病原微生物进行灭杀，实现双重去除目的。紫外线消毒在消毒效果、使用成本及安全性方面，具有消毒时间短、效率高、杀菌谱广、结构简单、占地小、运行维护简便、无二次污染等特点。

（3）三段式一体化微动力厌氧生物物理耦合污水处理装置工艺能耗低、运维简单。设备运行用电由太阳能光伏发电装置提供，用电设备包含紫外线灯、搅拌装置、出水泵和其他动力需求，且太阳能光伏发电装置可为冬季保温加热提供能量，后期无需专门人员运营，节省了专业人员运维费。

### 5.5.2 推广价值

三段式一体化微动力厌氧生物物理耦合污水处理装置集污水处理、病原菌灭杀和出水短期存储于一体，装置体积由处理量确定，可根据应用范围调整体积。污水处理工艺为厌氧工艺，做好设备密封即可，无需人为参与运行工艺；紫外线灭菌效率高，开关与出水由液位控制器控制，也可人为控制，方便随取随用；实际运行时不需要安装大功率太阳能光伏装置，成本可以进一步降低。三段式一体化微动力厌氧生物物理耦合处理装置是根据西北地区农村生活污水处理过程中存在的一些问题而针对性研究的成果，可以很好适应西北村镇污水处理能耗高、冬季严寒、缺乏专业运维人员的现状，出水灌溉农田实现就地资源化利用，可在西北村镇推广使用。

### 5.5.3 效益分析

（1）经济效益

原有污水处理装置主要用电设备包括格栅、控制柜、自动加药机（24h运行）等，每月电费均不低于2000元。工程完全依托太阳能发电，需电费为0元/月，一年可节省电费至少2.4万元。同时以紫外线代替化学药剂灭菌，每年可节省约4万元的药剂费用，又可解决化学药剂二次污染问题。原污水处理站聘请运行管理人员2人，工资2000元/人，工程聘请一人定期检查即可，费用低，可减少管理费用支出。三段式一体化微动力厌氧生物物理耦合污水处理装置的运维主要体现在填料的更换和用电设备的检修换新等方面。填料采用无规则投放，没有专业技术要求，可由农村居民自行更换。紫外线灯、搅拌器和泵使用年限一般较高，正常情况下最少可使用5年，设备选取的填料和设备部件具有使用寿命长、价格低廉等特点，采用用户每月自查的方式，运维成本低。

与其他处理设施相比，三段式一体化微动力厌氧生物物理耦合处理装置具有建设成本低、能耗低、运维简单、出水可灌溉农田资源化利用等特点，且该装置能耗远低于一般污水处理工艺，具有较优的经济效益。

（2）社会效益

通过三段式一体化微动力厌氧生物物理耦合污水处理装置应用，可大大提高西北村镇居民病原菌风险意识，可为西北村镇生活污水处理提供新模式和新参考。

（3）生态效益

三段式一体化微动力厌氧生物物理耦合污水处理装置污水处理效果好，能耗低，不投加化学试剂，不产生有毒有害副产物，不会产生二次污染，设备运行能耗来源于太阳能，资源利用率高，运维简单。出水满足《农田灌溉水质标准》GB 5084—2021旱地作物灌溉要求，实现了污水回收再利用，减少了地下水的开采和使用，对环境无害，符合环境友好理念。紫外线灭菌等微动力装置使用太阳能可有效减少能源损耗，可实现污水处理节能、低碳和低环境影响。

第6章

# 内蒙古自治区鄂尔多斯市木凯淖尔镇水泉子村

## 6.1 项目概况

水泉子村位于内蒙古自治区鄂尔多斯市鄂托克旗木凯淖尔镇中部（图 6-1），地理坐标东经 108°21′37″～108°28′44″，北纬 39°26′42″～39°31′17″，是鄂尔多斯市的重要组成部分，也是内蒙古自治区呼包鄂协同发展战略和西部“小三角”经济圈极具竞争力和影响力的县域经济体。水泉子村全村总面积为 140km$^2$，人均牧场 200～300 亩。下辖 4 个社，总人口 823 人 283 户，其中常住人口 483 人、267 户，贫困人口 29 人、15 户。60 岁以上人数占比 90%，以汉族为主体，也有蒙古族、回族、满族、苗族等少数民族。水泉子村户均年收入约 20 万～30 万元，年收入 10 万元以上的家庭占 80%以上。该村主要经营方式是种养结合，种植的主要作物为玉米，同时有少量苜蓿，养殖主要有牛、羊、鸡等。

图 6-1　内蒙古自治区鄂尔多斯市木凯淖尔镇水泉子村村貌

水泉子村地处北温带，属温带大陆性气候，日照丰富，四季分明，无霜期短，大风天气多，降水少，蒸发量大。年日照时数 3000h 左右，年平均气温 6.4℃左右，极端最高气温为 36.7℃，极端最低气温－35.7℃，气温年较差 33.4℃，气温日较差 13.9℃。无霜期 122d 左右，大风多集中在春冬两季，尤其是春季。多年平均风速 3.1m/s，最大风速 24m/s，全年主要风向为西北偏西，一年中大于等于 6 级的大风日数为 46.6d。年降水量为 250mm 左右，降水主要集中在 7～9 月。相对湿度多年平均为 48%，年蒸发量 3000mm 左右。水泉子村多为连绵起伏的毛乌素沙地，多为剥蚀洼地和沙丘堆积地形，呈西北高，东南低，大部分海拔 1200～1350m，沙丘间有常年积水的小湖泊，局部地区有盐渍化现象。该地区地下水埋藏较浅，平均 2m，潜水比较丰富。

## 6.2 现场调研与建设目标

### 6.2.1 现场调研

根据对村庄的走访和访谈发现，目前当地农村生活污水的排放主要有以下几种方式：有通过自建管道排入周边溪流的，有通过雨水排放渠排入河道的，有直接泼洒至家门口农田菜地的，还有的排入自建渗坑渗井的。大量的生活污水在造成环境污染的同时，没能得到有效的资源回收利用。

### 6.2.2 存在问题

（1）水泉子村人口居住相对分散，污水收集设施较少

目前村内人口居住分散，集中住户区居民生活污水部分沿街道、房前屋后泼洒，自然风干，严重影响村内环境卫生，增加了传染性疾病等隐患；部分后建集中区多自建渗水井将污水渗入地下，污水收集管网较少，对地下水造成污染。水泉子村农户排水现状如图 6-2 所示。

图 6-2　水泉子村农户排水现状

(2) 污水成分复杂，日变化系数大

牧民用水主要来自庭院机井，利用自吸泵抽水将地下水提升至蓄水井中，管道连接至自家水管。人均用水量为20～35L/(人·d)，人均排水量为15～26L/(人·d)。该村农户用水情况如图6-3所示。该村具有典型的牧区特征，污水的水质水量特点主要为：1）成分复杂，氮磷浓度相对较高，可生化性强；2）管网收集系统不健全，粗放型排放，污水流量小，面广分散；3）污水排放量变化系数大，多集中在早晚排放，夜间排水量小。

图6-3　水泉子村农户用水情况

### 6.2.3　建设需求

改善农村人居环境是实施乡村振兴战略的重大任务，农村污水治理是农村环境整治的重点任务之一。2021年1月，国家发展改革委等10部门联合印发《关于推进污水资源化利用的指导意见》，将农业农村污水作为污水资源化利用的三大重点领域之一，提出要积极探索符合农村实际、低成本的农村生活污水治理技术和模式。2021年12月，《农村人居环境整治提升五年行动方案（2021—2025年）》印发，重点强调积极推进农村生活污水资源化利用。2022年1月，《农业农村污染治理攻坚战行动方案（2021—2025年）》印发，明确积极推进农村生活污水资源化利用。

《鄂尔多斯市“十四五”生态环境保护规划》中明确了推进农村牧区生活污水治理的任务。根据内蒙古自治区生态环境厅、党委农村牧区工作领导小组办公室、农牧厅印发的《推进农村牧区生活污水治理的实施意见》，以污水减量化、分类就地处理、循环利用为导向，加强统筹规划，紧盯突出问题，选择适宜模式，完善标准体系，强化管护机制，不断探索和推进农村牧区生活污水治理。到2025年，全市50%以上农村牧区完成生活污水治理目标。对全市20t/d规模以上农村牧区污水处理厂开展监督性监测，加强运行和维护管理，确保已建成的农村牧区集中式污水处理设施稳定运行。

内蒙古自治区鄂尔多斯市木凯淖尔镇水泉子村生活污水处理问题亟待解决，污水粗放式排放会对周围生活的村民造成潜在的健康风险，也会影响到美丽乡村的建设。需要结合当地实际情况，研发应用适宜的生活污水处理技术。

### 6.2.4 建设目标

经调研，目前水泉子村暂无污水处理设施，根据水泉子村所处地理位置特点以及现状特征，综合考虑选择多介质保温庭院生态处理技术对牧区居民生活污水进行处理。通过该技术能有效提高农牧民的生活质量，对草原的生态保护提供强有力的支撑，也能够有效解决水泉子村污水收集难，处理难等诸多问题。该村生活污水处理技术设备平面布置图和工程施工图如图 6-4 和图 6-5 所示。

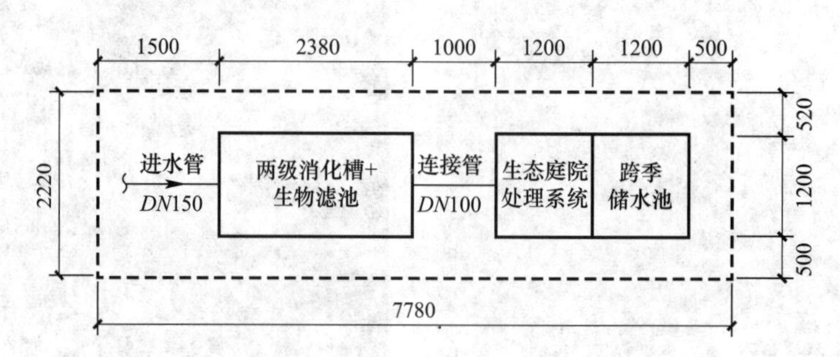


图 6-4 水泉子村生活污水处理技术设备平面布置图

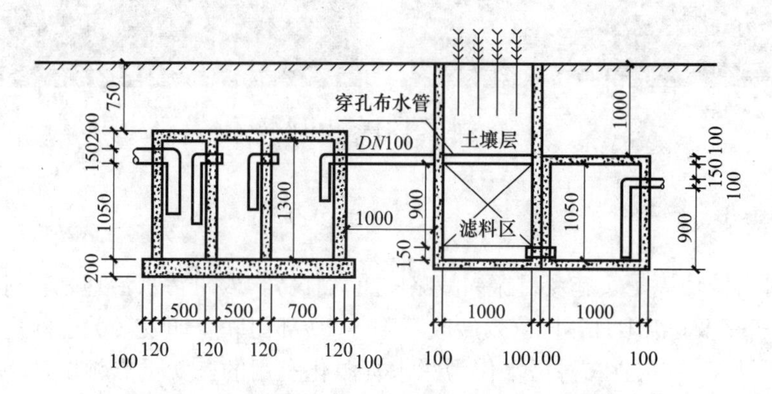


图 6-5 水泉子村生活污水处理技术设备工程施工图

## 6.3 技术及设备应用

### 6.3.1 技术适宜性分析

（1）技术特点

多介质保温庭院生态处理技术针对农村生活污水进行处理，使出水满足《农田灌溉水质标准》GB 5084—2021 中的旱地作物灌溉标准，实现农村生活污水资源化。

该技术综合利用土壤、滤料和植物的过滤吸附作用，对污水中污染物进行处理，设计上考虑到西北地区冬季寒冷的特点，外部覆盖保温＋浅埋措施与“冬储夏用”模式相结合，保障水处理装置在冬季的处理效率和装置利用率。

该技术可充分利用西北农村生活污水资源，在降低污染物的同时，通过回用灌溉农田为农作物提供优质肥源，且该技术在处理过程无需额外消耗能源，处理工艺得到简化，处理费用和运维难度有所降低，有利于农村生活污水治理的长效落实。

（2）适用范围

该技术适用于水资源较为匮乏、农户居住分散的西北农村地区，主要针对一户或几户居民排放的分散式生活污水进行处理，处理出水通过回用灌溉实现生活污水资源化利用。

该技术主要的目标是去除进水中的 COD、SS 和阴离子表面活性剂，在处理过程中尽可能地保留进水中的氮、磷物质，并将其转化为便于植物利用的无机氮磷。系统处理原理流程如图 6-6 所示。

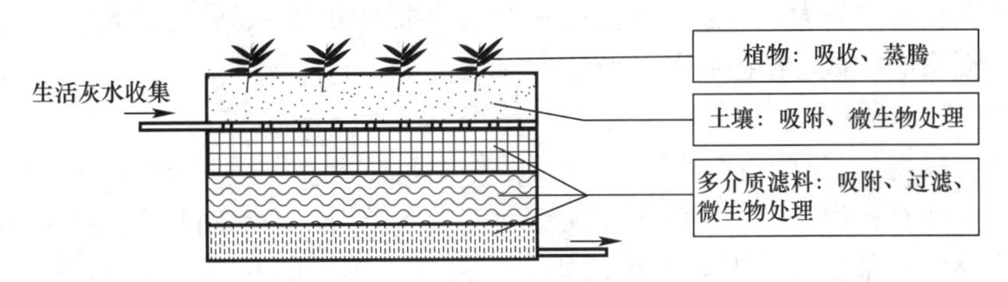


图 6-6　系统处理原理流程图

处理规模：100～150L/d；服务户数：单户；服务人口：3～5 人。

装置尺寸（长×宽×高）：1m×1m×1m。上半部为土壤植物处理区，下半部为滤料处理区。设备布置图如图 6-7 所示。

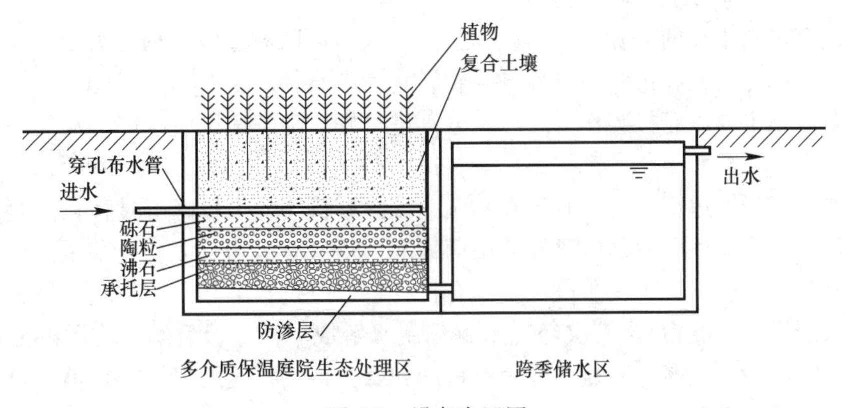


图 6-7　设备布置图

### 6.3.2　技术及设备设计方案

（1）多介质保温庭院生态处理技术总体设计思路

1）设计理念

西北农村生活污水水质水量波动大，有机物和悬浮物含量高，直接通过生态庭院进行处理，易造成生态庭院的淤积和滤料层堵塞，降低其有效体积比和水力传导性，削弱其污染物处理效能，缩短其使用年限。同时，由于采用就近处理，分散性农村生活污水中氮素以有机氮和 $NH_4^+$-N 为主要存在形式，进水中过高的有机负荷不利于生态庭院内部硝化菌和亚硝化菌的生长繁殖，大量有机氮的存在使生态庭院进水部分脱氮菌以氨化细菌为主，不利于有机物的处理。针对上述特性，需要前置生化段对其进行预处理，厌氧生物处理技术以其低耗有效的特点成为预处理工艺的首选。

装置前端设计的两级消化槽+生物滤池，旨在降低后续庭院生态处理部分的进水有机负荷和悬浮物（SS）浓度，增强系统整体的抗冲击负荷能力，实现对污水中的有机氮和有机磷的高效无机化，无机氮磷可以更好地被植物吸收利用，进而提高氮磷的资源利用效率。

2）污染物去除路径设计

生活污水中有机污染物主要包括不溶性有机污染物以及可溶性有机污染物，如有机酸。不溶性有机物多为大颗粒悬浮物，去除的基本机理为絮凝、胶体颗粒的沉淀、基质的过滤、植物根系的拦截、微生物的降解等。

① 滤料基质的去除作用

不溶性有机物与基质表面碰撞后产生拦截作用，在重力作用下使其脱离流线产生沉降作用。当不溶性有机物颗粒较小时，布朗运动占主导作用，运动到基质表面被粘附。粘附作用是指悬浮物在基质表面时，在范德华力、静电力等力的共同作用下，被粘附在基质上。同时由于处理装置内土壤及滤料长时间浸水而形成吸附性能极大的土壤滤料胶体，也能够截留和吸附水中的不溶性有机物。

② 植物的拦截和吸收作用

植物有发达的根系，其根部交织在一起也能拦截一部分不溶性有机物颗粒，某些有机颗粒可以被植物根系吸收而转化为植物的营养物质。

可溶性有机物主要的去除方式是生物去除。植物可以通过根系从污水中直接吸收小分子有机物，大部分有机物最终被异养微生物转化为自身物质及 $CO_2$ 和 $H_2O$。

异养微生物主要以有机碳作为碳源，分别进行好氧降解和厌氧降解，从而去除污水中的有机物。

有机物好氧降解过程主要由好氧异养菌完成。有机物的厌氧降解过程较为缓慢而且复杂，该过程主要由兼性和专性厌氧异养细菌完成。复杂有机物分为糖类和蛋白质，整个降解过程可分为四个阶段：第一阶段，糖类有机物首先经过水解和发酵型细菌群分解为单分子有机物（纤维素、淀粉），其次经过水解作用水解成单糖，最后酵解为丙酮酸；蛋白质类有机物水解成为氨基酸，脱氨基成为有机酸和氨。该过程速度较慢，是整个过程的限速阶段。第二阶段，细菌群把第一阶段的产物进一步分解为乙酸和氢气。第三阶段的转化有两种途径，通过两组生理不同的专性厌氧的产甲烷菌群来完成，一是将氢气和一氧化碳或二氧化碳合成甲烷，二是将乙酸脱羧生成甲烷和二氧化碳，或利用甲酸、甲醇及甲基胺裂解为甲烷。第四阶段为同化阶段，同型产乙酸细菌将 $H_2$ 和 $CO_2$ 转化为乙酸，该阶段的转化机理及发生条件目前仍在研究中。

厌氧生物处理过程是污水处理的重要组成部分之一，具有三方面的功能：一是反应器内的污泥和滤料对进水中有机物和悬浮物质等具有吸附、截留作用；二是厌氧过程中的水解过程可用于污水的预处理，提高低温条件下污水的可生化性能；三是厌氧酸化及产甲烷作用，一般用于COD等污染物的去除，以及沼气、氢气等能源的回收。

通常状况下，厌氧过程能充分发挥以上功能，保证不同浓度污水中污染物的高效去除并同时实现有机物的能源转化，兼具节能、高效等特点，应用前景广泛。

污水中的有机氮不能被植物直接吸收利用，因此不能直接通过植物进行去除。而是通过沉降、颗粒间相互引力作用及植物根系的阻截作用被阻留在基质内部。阻留在基质内部的有机氮在氨化细菌的作用下，通过氨化作用将有机氮转变为无机氮加以去除。

在氨化作用下，微生物将有机氮转化为氨氮，系统中很多细菌、真菌和放线菌都能分泌蛋白酶，以脱氨基的方式在细胞外将蛋白质分解为多肽、氨基酸，最终转化成氨氮。无论在好氧还是厌氧条件下，中性、酸性还是碱性环境下都能进行，且氨化反应过程较快，微生物能很快地完成。

污水中磷的常见形态有无机磷（包括 $H_2PO_4^-$、$HPO_4^{2-}$、$PO_4^{3-}$）、大分子磷（聚磷酸盐）、有机磷等。通常污水生态处理技术的除磷过程主要有：磷在基质中的物化存贮、生物除磷、植物吸收磷。

③ 磷在基质中的物化贮存

基质对磷的去除分为两部分：物理去除和化学沉淀去除。物理去除是指吸附在悬浮颗粒上固体磷经过基质表层的过滤拦截而沉积的过程。

化学沉淀去除是指污水中的无机磷与基质中的某些化合物发生反应而产生沉淀的过程，如含 $Ca^{2+}$ 和 $Fe^{3+}$ 的化合物，该过程与基质的结构和基质的 pH 有关。首先，大部分磷被吸附、沉降在基质组分中，接着可溶性无机磷与基质中的 $Ca^{2+}$、$Fe^{3+}$、$Al^{3+}$ 等发生反应生成难溶性化合物而沉淀下来。

尽管基质对磷的去除起到主要作用，但是每一种基质的吸附量都是固定的，因此存在基质吸附饱和问题，目前为止还没有找到有效的处理办法。通常在基质到达吸附极限时对基质中的滤料等物质进行更换。

④ 生物除磷

聚磷菌好氧吸磷，厌氧释磷。聚磷菌在好氧情况下，能够从外部环境吸收超过自身生理需要的磷。在厌氧条件下，向环境释放磷。在植物发达的根系周围，形成许多好氧区域，为聚磷菌的好氧吸磷提供了一定的条件。

微生物对磷的同化作用。微生物在生长和繁殖的过程中，需要同化一部分磷用来合成核酸、核苷酸、磷脂和其他含磷化合物。

⑤ 植物吸收磷

磷是植物生长必不可少的元素之一，植物为满足自身生长的需要，从污水中摄取磷元素作为营养物质，植物对磷的吸收与稳定化作用与水中的碳水化合物有关，当C与P的质量比为 150∶1 的，磷能被同化而组成植物生物量。无机磷中只有 $PO_4^{3-}$ 能被植物通过被动作用吸收，$H_2PO_4^-$、$HPO_4^{2-}$ 则需要通过呼吸作用提供能量进行主动作用才能被吸收，而有机磷和聚磷酸盐则很难被植物直接吸收利用。被吸收的磷在同化作用下，转化为植物所需要的 ATP、DNA、RNA 等有机成分。

3）多介质保温庭院生态处理技术处理流程

多介质保温庭院生态处理技术的处理流程是：通过两级厌氧处理装置和生物滤池将生活污水简单处理后，由精密散水装置将污水均匀分配进多介质庭院生态处理单元，在其中通过植物、土壤和多介质滤料对生活污水进行好氧和厌氧处理，最终实现生活污水的净化（图 6-8）。

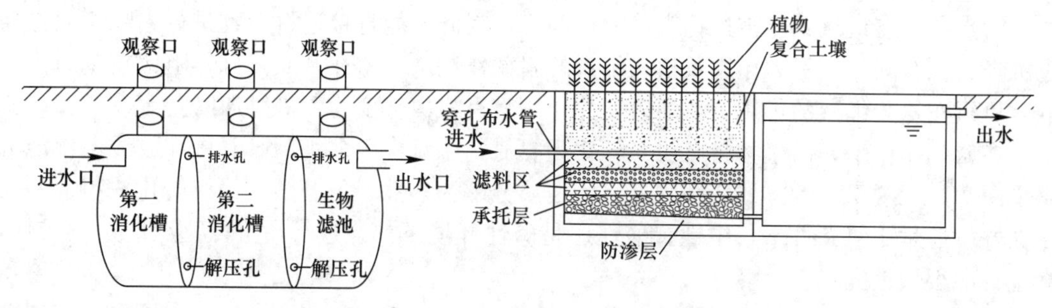


图 6-8　多介质保温庭院生态处理技术示意图

① 第一消化槽原理：污泥主要沉积在第一消化槽，漂浮物位于水位表面，隔绝空气，使消化槽处于缺氧状态，很好地形成厌氧反应条件。在厌氧条件下，投加复合菌种，由于复合菌（兼性微生物及专性厌氧微生物）的作用，将有机物分解成无机物，使污水得到一定程度的净化处理，并在一定程度上抑制病毒、病菌和寄生虫生长。

② 第二消化槽原理：通过中间进水模式，阻挡浮渣和污泥进入第二消化槽，大量具有分解功能的微生物存在上澄水中，通过进一步厌氧反应去除水中污染物。

③ 生物滤池原理：生物滤池中的复合菌生长在滤料表面上形成生物膜。污水与生物膜接触的过程中，通过吸附、传质、降解、过滤等一系列物理、化学与生物作用被降解净化。

④ 植物和土壤处理单元：植物土壤处理单元自上而下依次为：植物、高效透气性复合土壤、散水布水管、多介质滤料、卵石承托层、排水收集管和防渗层。进水经散水布水管流入植物土壤处理单元，通过土壤毛细作用和植物吸收作用进行处理，并经多介质滤料吸附过滤，最终出水由排水管收集后流入清水池储水单元。

⑤ 清水池储水单元：清水池储水单元一般情况下用于储存系统处理后的出水，当进入冬季时，植物枯萎，微生物活性减弱，系统处理能力下降，植物土壤处理单元的出水污染物可能不达标，故流入清水池进行储存，待春季再将储存的污水回流至植物土壤处理单元进行处理。

4）庭院生态处理部分设计原理

该技术将微生物代谢和滤料过滤吸附处理机理相结合，以农村居民生活污水为处理对象，以农田灌溉回用为排放情景。处理装置主要由土壤层和多介质滤料层构成，上层土壤还可种植植物。在美化庭院的同时加强水处理效果。该技术有利于解决西北村镇污水治理率不高且非传统水源利用率普遍偏低的问题，实现良好的节水效果，还可将污水中利于农作物生长的氮磷元素保留下来，在降低污水处理成本的同时实现资源化利用，带来一定的经济效益。技术针对单户型排水规模进行设计，有助于解决农村居民分散式生活污水难以统一收集处理、水质水量波动大以及缺少专业人员维护水处理设备等问题。

地表种植的植物宜选用耐污能力强、根系发达、去污效果好、具有抗冻及抗病虫害能力、有一定经济价值、容易管理的本土植物。还可考虑选用多种植物作为优势种搭配栽种，增加植物的多样性并且具有景观效果。

同时，在植物的选择中还应当考虑不同植物对不同种类污染物去除效率的优劣，可以搭配不同优势的植物进行种植，提高湿地的污染物去除效率。常见水处理植物的污染物去除效率见表6-1。另外由于西北地区气候寒冷，在植物选择方面还要结合耐寒性进行考虑。

常见水处理植物污染物去除效率　　表6-1

| 植物品种 | TN去除效率（%） | 氨氮去除效率（%） | TP去除效率（%） | COD去除效率（%） |
|---|---|---|---|---|
| 菖蒲 | 66～92.7 | 97 | 80～95 | 58～86 |
| 黄花鸢尾 | 71～91 | 67 | 86～98 | 61～92 |
| 芦苇 | 91 | 50～90 | 60～80 | 82～90 |
| 千屈菜 | 61～88 | 55 | 55～97 | 58～92 |
| 香蒲 | 82 | 50～90 | 70 | 83～90 |
| 鸢尾 | 70～92 | 79 | 66～81 | 47～83 |
| 风车草 | 97 | 95.6 | 98.1 | 97.7 |

综合考虑污染物吸收效率和植物对西北地区气候的适应性，以及植物的经济效益，选择芦苇、风车草和千屈菜搭配作为系统种植的植物。

庭院生态处理部分由植物土壤滤料处理单元+清水池储水单元构成，设计处理单元为整体装配式设计，针对不同的水质、水量可采取多个系统并联或串联的方式进行使用。一方面有利于处理流量较小的单户型农村生活污水，设备构造简单、安装方便，另一方面又能在水质水量发生变化时，进行灵活处理。

在结合微生物进行污水处理的技术中，由于微生物对于自身所在环境的温度非常敏感，所以温度是污水处理过程中一个重要的影响因素。在寒冷地区的冬季，由于外界环境气温过低，会导致污水处理系统中的水体温度降低，进而影响微生物的数量和活性，造成处理系统的污染物去除效率降低。有研究表明，当水温小于10℃时可以看作是低温环境，此时系统中的微生物生长、发育速度开始变慢，系统的污染物去除效率暂未受到明显影响；当水温小于5.6℃时，污水处理系统中的大部分微生物会出现活性下降，进入休眠状态，导致处理系统的污染物去除效率降低；当水温小于4℃时，系统中的微生物可能会出现死亡，使污水处理系统几乎失效。因此，在冬季气温较低的西北农村地区，污水处理设施需要设计一定的保温措施，以保障污水处理设施在冬季的处理效率。

寒冷地区的污水处理设施，常见的保温措施为地埋式，即将污水处理设施埋设在当地冻土层深度以下。当冻土层深度在1.5～2m时，高度为1m的处理装置埋设总深度为2.5～3m，此时才能保证污水处理设备中的水位在防冻线以下，利用地温的作用避免装置中水体结冰。埋设深度过深不仅会造成施工难度加大，建设费用提高，还会导致地下污水处理设备承受土压力增大，不利于设备的后期使用及维护。

浅埋+外部覆盖保温的方式可以降低造价及运行费用，更适合西北农村地区使用。常见的保温层材料有蛭石、玻璃棉、泡沫混凝土等，可根据实际条件和经济需求进行选用。考虑到西北农村地区的实际情况，可选择在地表覆盖秸秆等农作物，节约建设资源，提高经济效益。同时考虑到温度对微生物活性的影响，在有保温措施的条件下，装置内部水温应维持在6℃以上，保证装置在冬季的运行效率。

由于西北农村地区冬季寒冷，室外温度能够降至冰点以下，单户型多介质庭院生态处理技术的地表种植植物很难生长。并且气温的降低会影响土壤及滤料中微生物的生物活性，使处理装置的去除效率受到影响。

因此，当外界环境温度到达一年当中最寒冷月份，浅埋＋覆盖保温层的方式已无法保证装置对生活灰水的处理效率时，可以采用一种“冬储夏用”的跨季储蓄模式，在处理效率低的最寒冷月份，将收集到的生活灰水进行储存。

“冬储夏用”模式：①每年最冷的 3 个月为深层冻结期，此时装置处理区停止使用，居民生活灰水储存至跨季储水区；②每年无冻土期设置为非冻结期，此时处理区正常使用，处理后的出水储存在储水区供居民浇洒使用；③其余月份为浅层冻结期，此时通过地表覆盖保温材料的方式对地下装置进行保温，保障处理区的正常使用和出水。

（2）多介质保温庭院生态处理技术设备设计

1）设备用/排水量设计计算

设计过程按照单户型 1 户居民共 4 人进行设计计算。

① 用水量

西北地区气候干旱，平均气温较低，农村居民生活用水量偏少。大部分村庄居民主要使用旱厕，没有淋浴设施。近年来，随着美丽乡村建设的推进，部分经济条件好的村庄的家庭也具有冲水马桶、洗衣机、淋浴间等卫生设施，接近于城市的用水习惯。依据《生活污染源产排污系数手册》和实地抽样调查，西北村镇居民生活用水量可参考表 6-2，并在调查当地居民的用水现状、生活习惯、经济条件、发展潜力等情况的基础上酌情确定。

**西北村镇居民生活用水量参考值** **表 6-2**

| 居民生活供水和用水设备条件 | 人均用水量［L/(人·d)］ |
|---|---|
| 有自来水、水冲厕所、洗衣机、淋浴间等，用水设施齐全 | 75～140 |
| 有自来水、洗衣机等基本用水设施 | 50～90 |
| 有供水水龙头，基本用水设施不完善 | 30～60 |
| 无供水水龙头，无基本用水设施 | 20～35 |

② 排水量

西北地区大部分村庄目前仍以旱厕为主，经济条件好、人口集中的村庄的卫生设施较齐全，农村生活污水的排水量宜根据村庄卫生设施水平、排水系统的组成和完善程度等因素实地调查或测量来确定。没有实际资料时，可参考表 6-3，并根据排放量占用水量的百分比确定。

**不同村镇生活污水排放情况** **表 6-3**

| 村镇居民生活供水和用水设备条件 | 排放量占用水量的百分比（%） |
|---|---|
| 用水设施齐全，黑水和污水混合收集 | 70～90 |
| 有基本用水设施，收集黑水和部分污水 | 50～80 |
| 基本用水设施不完善，收集黑水、部分污水 | 30～60 |
| 基本用水设施不完善，收集部分污水 | 30～50 |
| 无基本用水设施，污水不收集 | 基本无排放 |

《生活污染源产排污系数手册》给出了农村居民生活污水及污染物的产生系数以及污

染物去除率，用于统计农村居民生活水污染物产生量和排放量的核算。通过查找该手册可得出鄂尔多斯市农村生活污水排放系数及污染物产污强度，如表6-4所示。

**农村生活污水排放系数及污染物产污强度** **表6-4**

| 省级行政区名称 | 市 | 指标名称 | 单位 | 指标值 |
|---|---|---|---|---|
| 内蒙古自治区 | 鄂尔多斯市 | 生活污水排放系数 | L/(人·d) | 27.51 |
| | | 化学需氧量产污强度 | g/(人·d) | 28.09 |
| | | 氨氮产污强度 | g/(人·d) | 0.66 |
| | | 总氮产污强度 | g/(人·d) | 1.36 |
| | | 总磷产污强度 | g/(人·d) | 0.13 |

其中，生活污水排放系数及污染物产污强度指农村居民每人每天平均产生的生活污水量及污染物量。

按照每户4人进行计算，则单户居民日均生活污水排放量及污染物排放量如表6-5所示。

**单户居民日均生活污水排放量及污染物排放量** **表6-5**

| 类别 | 日均排放量 |
|---|---|
| 生活污水排放量（L） | 110.04 |
| 化学需氧量排放量（g） | 112.36 |
| 氨氮（g） | 2.64 |
| 总氮（g） | 5.44 |
| 总磷（g） | 0.52 |

采用污染物削减负荷计算处理装置面积$A$，经计算，$A=0.989\text{m}^2$，取$1\text{m}^2$。故设计装置尺寸（长×宽×高）：1m×1m×1m，上半部为土壤植物处理区，下半部为滤料处理区。

2）冬季跨季储水保温设计

采用ANSYS Workbench软件，利用热分析的方法，对污水处理设备进行模拟，对系统进行稳态热分析模拟，考虑一直持续低温的情况，以使模拟结果满足更多地区的使用，为其提供一定的技术参考和依据。热分析模拟可参考工程当地的实际情况进行参数的选择。

① 物理模型建立

首先对处理装置进行简化处理：多介质保温庭院生态处理装置为一体化结构，除顶面为土壤与外界环境相接外，其余面组成箱体结构。装置内部设有进出水管及多介质滤料，在不影响温度场热分析的精确度情况下，可以简化计算。在将整个处理装置看成一个整体，不考虑接口处缝隙的影响，依然能够准确反映污水处理设备中水体温度热状态的情况下，建立污水处理设备实体模型图。由于在大部分寒冷及严寒地区的土层中会出现不同程度的冻土，故在建模过程中对冻土层和非冻土层分别建模，并且为了方便计算，将冻土层和非冻土层看成结构稳定，物质分布均匀的固体。

处理装置模型外部尺寸设计为、长1000mm、宽1000mm、高1000mm，设置装置壁厚200mm，装置顶部500mm厚的部分设置为冻土层，故整体模型外部尺寸为长1400mm，宽1400mm，高1700mm。模型顶部加设保温盖板，在Design Modeler模块中改变保温材料的厚度尺寸。

② 材料参数选择

热分析模拟的主要材料的参数如表6-6所示。

**热分析模拟主要材料参数** **表6-6**

| 材料 | 导热系数[W/(m·K)] | 比热容[kJ/(kg·K)] |
|---|---|---|
| 冻土 | 1.973 | 1.116 |
| 非冻土 | 1.478 | 1.662 |
| 水体 | 0.585 | 4.179 |
| 处理装置外壳 | 0.250 | 1.883 |
| 覆盖材料 | 0.028 | 1.500 |

③ 定义边界条件

通过查阅《冻土地区建筑地基基础设计规范》JGJ 118—2011可以得到，内蒙古自治区鄂尔多斯市鄂托克旗地区的冻土层深度在1.2m左右。将处理装置除植物和土壤外的部分简化为长×宽×高为1m×1m×1m的箱式结构，因此在正常非保温状态下，要使污水处理设备中水体不结冰，需将污水处理设备埋置在1.2m以下，即需要挖深为2.2m。考虑到加设覆盖保温材料保温，有效利用地温作用的情况下，考虑将污水处理设备埋置在0.5m以下，减少0.7m的埋置深度，有利于减少挖方量，并且便于后期的管理和维护。

根据鄂尔多斯市基本气候情况表（据1971～2000年资料统计）（表6-7），鄂尔多斯最冷月的平均气温为－15℃。

**鄂尔多斯市基本气候情况表（据1971～2000年资料统计）** **表6-7**

| 月份 | 1月 | 2月 | 3月 | 4月 | 5月 | 6月 | 7月 | 8月 | 9月 | 10月 | 11月 | 12月 |
|---|---|---|---|---|---|---|---|---|---|---|---|---|
| 平均温度（℃） | －10.5 | －7.2 | －0.5 | 7.7 | 14.6 | 19.1 | 21.0 | 19.1 | 13.8 | 6.9 | －1.7 | －8.3 |
| 平均最高温度（℃） | －4.8 | －1.3 | 5.2 | 14.1 | 20.8 | 25.0 | 26.7 | 24.5 | 19.4 | 12.6 | 4.0 | －2.9 |
| 极端最高温度（℃） | 7.8 | 13.9 | 19.4 | 32.2 | 32.9 | 32.2 | 35.3 | 33.3 | 33.3 | 24.4 | 18.2 | 10.6 |
| 平均最低温度（℃） | －14.7 | －11.5 | －5.4 | 1.9 | 8.4 | 13.0 | 15.8 | 14.3 | 8.8 | 2.1 | －5.9 | －12.3 |
| 极端最低温度（℃） | －28.4 | －27.5 | －22.8 | －11.6 | －4.8 | 1.7 | 9.1 | 4.8 | －2.1 | －13.6 | －21.8 | －25.3 |

通过前期现场试验及查阅相关文献，土壤深层温度可以近似看成恒定值，在1.2m处深层土壤可看成温度10℃，所以将污水处理设备底部土壤设计成模型上的热源，即利用深层地温设计热分析模拟。整体模型上下表面施加温度荷载，假设四周对称面无热量交换，为绝缘边界。

热分析模拟中，针对寒冷及严寒地区，模拟外界日均最低温度分别为－10℃和－20℃时，采用不同厚度尺寸的保温盖板对污水处理设备中水体温度的影响和对设备中水体周围土壤温度的影响。

在热分析模拟中，在保温盖板尺寸和外界温度不同时，温度模拟试验的组合情况如表6-8所示。

**模拟试验组合表**　　　　**表 6-8**

| 模拟试验序号 | 外界温度（℃） | 保温盖板平面尺寸 | 保温盖板厚度（mm） |
|---|---|---|---|
| SY1 | −10 | 0 | 0 |
| SY2 | | 1200mm×1200mm | 100 |
| SY3 | | | 200 |
| SY4 | | | 300 |
| SY5 | | 1700mm×1700mm | 100 |
| SY6 | | | 200 |
| SY7 | | | 300 |
| SY8 | | 2200mm×2200mm | 100 |
| SY9 | | | 200 |
| SY10 | | | 300 |
| SY11 | −20 | 0 | 0 |
| SY12 | | 1200mm×1200mm | 100 |
| SY13 | | | 200 |
| SY14 | | | 300 |
| SY15 | | 1700mm×1700mm | 100 |
| SY16 | | | 200 |
| SY17 | | | 300 |
| SY18 | | 2200mm×2200mm | 100 |
| SY19 | | | 200 |
| SY20 | | | 300 |

④ 模拟温度场分布数据分析

在材料参数、边界条件、温度荷载等条件施加完毕后启动求解命令可得到系统各部分的温度场分布。分别选取外界温度为−10℃和−20℃，设备埋深为0.5m时，污水处理设备未进行保温处理的水体周围土壤温度场分布和设备中水体温度场分布与加设保温盖板后满足水体温度要求的一组模拟结果，进行温度场分布变化的对比分析。

各组温度场模拟结果汇总如表6-9所示。

**各组温度场模拟结果**　　　　**表 6-9**

| 模拟序号 | 外界温度（℃） | 保温盖板平面尺寸 | 保温盖板厚度（mm） | 水体最低温度（℃） | 水体周围土壤最低温度（℃） |
|---|---|---|---|---|---|
| SY1 | −10 | 0 | 0 | −0.04 | −0.51 |
| SY2 | | 1200mm×1200mm | 100 | 0.60 | 0.06 |
| SY3 | | | 200 | 1.05 | 0.52 |
| SY4 | | | 300 | 1.45 | 0.94 |
| SY5 | | 1700mm×1700mm | 100 | 1.76 | 0.82 |
| SY6 | | | 200 | 2.36 | 1.44 |
| SY7 | | | 300 | 2.86 | 1.97 |
| SY8 | | 2200mm×2200mm | 100 | 7.60 | 7.49 |
| SY9 | | | 200 | 8.63 | 8.57 |
| SY10 | | | 300 | 9.04 | 8.99 |

续表

| 模拟序号 | 外界温度（℃） | 保温盖板平面尺寸 | 保温盖板厚度（mm） | 水体最低温度（℃） | 水体周围土壤最低温度（℃） |
| --- | --- | --- | --- | --- | --- |
| SY11 | －20 | 0 | 0 | －5.06 | －5.77 |
| SY12 | | 1200mm×1200mm | 100 | －4.11 | －4.89 |
| SY13 | | | 200 | －3.43 | －4.22 |
| SY14 | | | 300 | －2.83 | －3.58 |
| SY15 | | 1700mm×1700mm | 100 | －2.36 | －3.77 |
| SY16 | | | 200 | －1.45 | －2.83 |
| SY17 | | | 300 | －0.72 | －2.05 |
| SY18 | | 2200mm×2200mm | 100 | 6.40 | 6.24 |
| SY19 | | | 200 | 7.94 | 7.85 |
| SY20 | | | 300 | 8.55 | 8.49 |

由各组热分析模拟结果可以看出，外界温度为－10℃和－20℃，设备埋深0.5m的情况下，对比未加设保温盖板的模拟结果，保温盖板对设备的保温效果良好，污水处理设备中水体最低温度和水体周围土壤最低温度升高明显。并且可以发现污水处理设备中水体最低温度高于水体同深度下周围土壤最低温度。

由于利用地温作用，施加底部的温度荷载为10℃，所以在模拟中保温盖板的尺寸在不断增加的过程中，不会超过10℃。由SY10和SY20的结果可以看出，水体最低温度已达到小型户用污水处理设备水体温度要求，并且已接近10℃，结合实际中安装空间和保温盖板尺寸的情况，因此不再进行更大尺寸的模拟分析。

为更直观地反映保温盖板不同覆盖面积、不同厚度对污水处理设备中水体最低温度和水体周围土壤温度的影响，将不同条件下稳态热分析模拟的数据分情况分析如下：

当外界温度为－10℃，保温盖板平面尺寸一定，不同保温盖板厚度下，污水处理设备中水体最低温度如表6-10所示。

**外界温度为－10℃时污水处理设备中水体最低温度** **表6-10**

| 保温板编号 | 保温盖板平面尺寸 | 保温盖板厚度（mm） | 水体最低温度（℃） |
| --- | --- | --- | --- |
| S0 | 0 | 0 | －0.04 |
| S1 | 1200mm×1200mm | 100 | 0.60 |
| | | 200 | 1.05 |
| | | 300 | 1.45 |
| S2 | 1700mm×1700mm | 100 | 1.76 |
| | | 200 | 2.36 |
| | | 300 | 2.86 |
| S3 | 2200mm×2200mm | 100 | 7.60 |
| | | 200 | 8.63 |
| | | 300 | 9.04 |

当外界温度为－20℃，保温盖板平面尺寸一定，不同保温盖板厚度下，污水处理设备中水体最低温度如表6-11所示。

外界温度为−20℃时污水处理设备中水体最低温度　　表6-11

| 保温板编号 | 保温盖板平面尺寸 | 保温盖板厚度（mm） | 水体最低温度（℃） |
|---|---|---|---|
| S0 | 0 | 0 | −5.06 |
| S1 | 1200mm×1200mm | 100 | −4.11 |
| | | 200 | −3.43 |
| | | 300 | −2.83 |
| S2 | 1700mm×1700mm | 100 | −2.36 |
| | | 200 | −1.45 |
| | | 300 | −0.72 |
| S3 | 2200mm×2200mm | 100 | 6.40 |
| | | 200 | 7.94 |
| | | 300 | 8.55 |

根据水体最低温度与保温盖板厚度的数据关系可以看出，在同一外界温度下，当保温盖板平面尺寸一定时，污水处理设备中水体最低温度随保温盖板的厚度增加而逐渐升高。在保温盖板编号为S1和S2时，水体最低温度与保温盖板厚度约成正比例增长关系；当保温盖板编号为S3时，水体最低温度满足污水处理设备微生物处理的温度要求，随着保温盖板厚度的增加，水体最低温度趋于稳定；并且保温盖板尺寸越小，厚度增加对水体最低温度的影响较小。在同一温度下，当保温盖板厚度一定时，污水处理设备中水体最低温度随保温盖板尺寸增加而逐渐升高，并且在S0至S2之间升高趋势缓慢，对比保温盖板编号为S2、S3时，水体最低温度随面积增加大幅度升高。

分析上述表6-10和表6-11中数据可以发现，当外界温度为−10℃和−20℃时，设备埋置深度为0.5m，保温盖板尺寸（保温盖板编号为S3）满足水体最低温度要求后，保温盖板厚度从200mm变化到300mm时，水体最低温度提高较小，因此在考虑保温盖板成本的基础上，外界温度为−10℃时，应选择厚度为100mm的保温盖板；外界温度为−20℃时，应选择厚度为100mm或者200mm的保温盖板。

保温材料的选定：理想的保温材料需要满足以下几个特点：材料可以被分解，不会给系统带来二次有机负荷；纤维含量比较高，可以提供良好的保温性能；价廉易得，具有较好的经济性。

因此有以下几种保温材料可供选择：

① 秸秆残茬及割草覆盖。秸秆覆盖指的是将农作物的副产品，例如秸秆、树叶等，覆盖于作物之间，是一种很传统的作用方式。它可以改善土壤的水状况，提高土壤的蓄水能力，减少地表径流，加快降水入渗，增强土壤的导水性能，还对土壤温度有双重的影响，冷季“保温”，暖季“降温”，使得土壤温度趋于平衡，无巨大变化。

② 土工布。它是由合成纤维通过针刺或者编织而成的透水性土工合成材料，具有如下优点：强力高，由于使用塑料纤维，在干湿状态下都能保持充分的强力和伸长；耐腐蚀，在不同的酸碱度的泥土及水中能长久地耐腐蚀；透水性好，在纤维间有空隙，故有良好的渗水性能；抗微生物性好，对微生物、虫蛀均不受损害；有防紫外线、耐寒冻、抗化学腐蚀和抗生物破坏能力；施工方便，由于材质轻、柔，故运送、铺设、施工方便。

根据“冬储夏用”模式，每年最冷的 3 个月为深层冻结期，此时装置处理区停止使用，居民生活污水储存至跨季储水区，因此针对这部分水量设计储水装置体积。

由单户日均生活污水排放量 88.03L，3 个月按 90d 进行计算，深层冻结期储水池储水体积设计为 $8m^3$（长×宽×高：2m×2m×2m）。

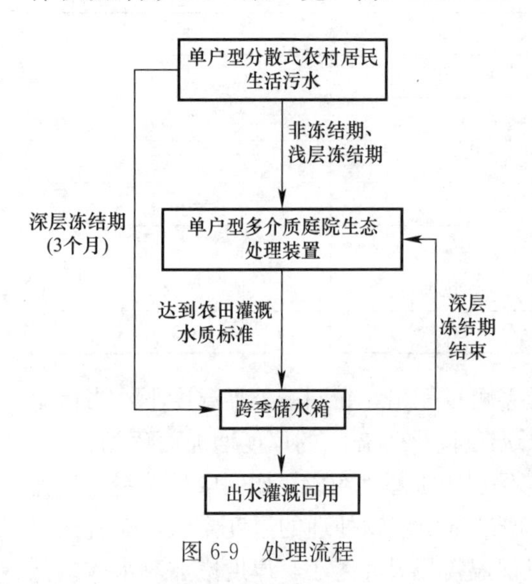


图 6-9　处理流程

3）农村生活污水收集处理流程

农村居民生活污水以重力流的方式通过穿孔布水管，均匀流入单户型多介质保温庭院生态处理装置，之后经过土壤、滤料和植物的多重复合作用进行污染物的去除，出水流入跨季储水箱进行储存。在非冻结期及浅层冻结期可直接使用出水进行农田浇洒灌溉回用，深层冻结期改为冬储夏用模式，跨季储水箱对排放的生活污水进行储存，深层冻结期后可通过潜水泵回流至单户型多介质庭院生态处理装置进行处理。处理流程如图 6-9 所示。

（3）多介质保温庭院生态处理技术设备选型

1）多介质滤料选择

滤料的选择通常从以下几个方面进行考虑：①孔隙率高，比表面积大；②质轻，机械强度足够；③吸附能力强，形状系数好，水头损失小；④使用周期长；⑤无害，稳定性好；⑥价廉，取材方便。

常见滤料按照获取途径可分为天然材料、工业副产品和人造产品三大类。传统天然材料有土壤、泥炭、粗砂、砾石等。经研究发现，沸石、蛭石、石灰石作为水处理装置滤料用于处理污水要远远好于一些传统滤料。工业副产品主要有灰渣、高炉渣、粉煤灰、钢渣、细砖屑等。人造产品主要包括陶粒、陶瓷滤料、塑料等。每种滤料性能各有差异，应结合其特点充分发挥作用。

滤料种类多样，不同的滤料对污水中不同污染物的去除能力不同，如表 6-12 所示，对不同的污染物类型可选用不同的滤料，有针对性地进行选择。

**针对不同污染物去除目的滤料的选择　　　表 6-12**

| 污染物类型 | 主要去除机理 | 可选用滤料 | 注意与改进 |
|---|---|---|---|
| SS、有机物 | 滤料的拦截、沉降作用，滤料表面生物膜的吸附和降解 | 泥炭、土壤、灰渣、陶粒 | 通过一些滤料的组合，可以在去除 SS 和有机物的同时达到去除其他污染物的作用 |
| 重金属 | 滤料的吸附、反应沉淀，滤料表面微生物代谢，植物的吸收 | 沸石、膨胀土、粉煤灰、陶粒 | 重金属一般无法最终去除，会以沉淀的形式留在滤料基质中，所以用于处理重金属含量高的滤料要注意及时回收，防止重金属重新释放造成二次污染 |
| 氮 | 滤料的吸附，滤料表面附着微生物的硝化和反硝化作用 | 沸石、蛭石、陶粒、粉煤灰等 | 由于氮的去除主要依靠微生物作用，所以在滤料选择时应选择孔隙率，比表面积大，吸附效果好的滤料进行强化除氮 |
| 磷 | 物理过程（滤料对磷的吸附、拦截沉淀过程）；化学反应（钙、铁、铝离子与磷反应沉淀）；滤料表面微生物的新陈代谢 | 页岩、陶粒、废砖块、高炉渣、钢渣与其他滤料的组合 | 钢渣、炉渣的使用会使水质的 pH 偏高，单独使用存在环境风险，需和其他滤料组合。运用吸附性能好的多种滤料进行组合有利于强化除磷 |

结合以往寒冷地区人工湿地滤料选取经验，土壤和煤渣对硝态氮的吸附量几乎为 0，但对氨氮却有较强的吸附能力，符合人工湿地想要的保留污水中氮元素的需求。因此种植植物的土壤部分采用高效透气性复合土壤与煤渣混合（混合比例为 1∶2），便于通入植物土壤处理单元的污水经土壤毛细作用被植物吸收。

在西北地区较为常见的砾石可以作为良好的基质滤料使用，一是因为取材方便，经济成本较低；二是因为砾石之间的缝隙较小，对于污水中颗粒污染物能起到很好的截留作用；三是砾石具有较好的除磷效果。

沸石具有表面粗糙度较大、比表面积大、机械强度足够、生化稳定性好、无毒无害、经济实用等特点，能为微生物提供较好的生存场所。

有研究表明页岩陶粒吸附除磷性能较好，它的表面粗糙，吸附能力强。有研究者在陶粒和废砖块吸附除磷实验中发现，两者的吸附能力：陶粒大于废砖块，所以在水平流处理效果较垂直流一般的情况下填充陶粒较多，保证湿地系统除磷效果。

很多滤料在单独使用时对污染物去除能力是有限的，且往往可能只对某种特定的污染物有较好的去除效果，但对污水整体的净化效果却不尽如人意，此时考虑多种滤料的组合使用，以增强系统整体的净化能力。有研究通过组合滤料优选试验发现，组合型滤料对于氨氮和磷的吸附性能均要好于单一型滤料，天然沸石与火山岩的组合对于氨氮的去除效率可以达到 90%以上，而火山岩与麦饭石的组合对于磷的去除效率达 50%，其原因是各滤料在物理结构与化学性质之间存在着差异，存在着优劣互补，提高了去除效果。因此考虑选用多种滤料组合作为人工湿地的滤料基质，提高系统的处理效率。

结合以往寒冷地区人工湿地相关技术滤料选取经验，并做了大量的玻璃柱对比实验，着重考虑滤料基质的污染物吸附性能、对于 COD 和氨氮的去除性能以及经济效益，最终选择沸石、砾石和轻质陶粒作为本装置的滤料基质（图 6-10），按 1∶1∶1 的比例相互配合对污水进行过滤。并且实验时发现当水力停留 24h 时，出水中氨氮浓度均有进一步增加，并对其他污染物去除效果较好，该装置能使出水水质达到《农田灌溉水质标准》GB 5084—2021 中的旱地作物灌溉标准。

图 6-10　沸石、砾石和轻质陶粒

2）种植植物种类选择

种植的植物宜选用耐污能力强、根系发达、去污效果好、具有抗冻及抗病虫害能力、有一定经济价值、容易管理的本土植物。同时还可考虑选用多种植物作为优势种搭配栽种，增加植物的多样性并具有景观效果。

在植物的选择中还应当考虑不同植物对不同种类污染物去除效率的优劣，可以搭配不同优势的植物进行种植，提高湿地的污染物去除效率。另外，由于西北地区气候寒冷，在植物选择方面还要结合耐寒性进行考虑。

综合污染物吸收效率和植物对西北地区气候的适应性，以及植物的经济效益，选择千屈菜、芦苇和风车草搭配作为系统种植的植物（图 6-11）。

图 6-11　千屈菜、芦苇和风车草图片

多介质保温庭院生态处理技术设备材料表如表 6-13 所示。

处理技术设备材料表　　表 6-13

| 序号 | 材料名称 | 备注 |
| --- | --- | --- |
| 1 | 多介质保温庭院生态处理装置 | 一体化装置 |
| 2 | 生物滤池滤料 | 悬浮性滤料 |
| 3 | 庭院生态装填土壤 | 由当地土壤就地取材 |
| 4 | 庭院生态多介质滤料 | 沸石、砾石和轻质陶粒 |
| 5 | 庭院生态植物 | 芦苇、风车草和千屈菜 |
| 6 | PVC 管 | — |
| 7 | 其他管网配件 | — |

（4）多介质保温庭院生态处理设备安装

1）安装地点考察

安装设备前，首先对预定安装地点及周围环境进行调研考察（图 6-12）。

图 6-12　安装现场考察图

2）设备安装

对现场进行测量后，根据设计图纸对设备进行安装（图 6-13）。

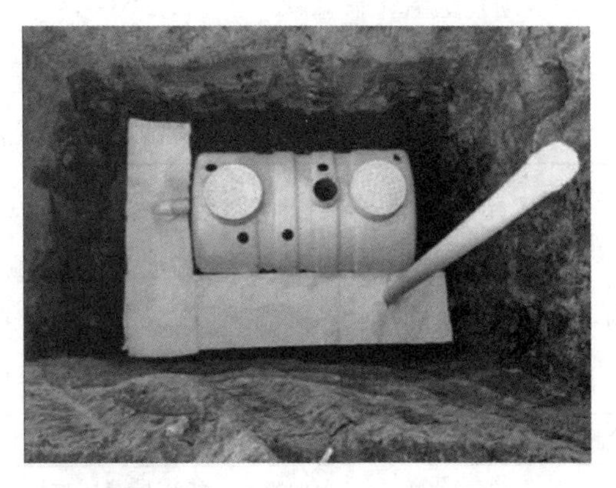

图 6-13　设备安装过程图

3）安装完成

完成设备的安装（图 6-14），并通水进行监测，确认安装无误。

图 6-14　设备安装完成图

## 6.4　跟踪监测与数据分析

### 6.4.1　监测目的

污水处理监测系统充分结合了测控技术、网络技术、通信技术、数据库技术、存储管理等技术，对处理装置进出水的水质参数进行监测，能够更好地辅助污水处理的进行，进一步提高污水处理智慧化、自动化程度。与此同时，监测系统长期运行监测的数据能够客观准确地展示污水的变化情况，对污水处理技术的研究和实施起到了积极推动的作用。

### 6.4.2　监测内容

（1）平台监测内容

多介质保温庭院生态处理技术监测平台可对设备运行状态进行实时监测与分析，平台监测项目如表 6-14 所示。

多介质保温庭院生态处理技术监测平台监测项目　　表 6-14

| 监测项目 | 数据采集间隔（s） | 监测仪器 |
|---|---|---|
| 水处理设施运行状态 | 3 | 装置自带 |
| pH | 60 | pH 探头 |
| 溶解氧（mg/L） | 60 | 溶解氧探头 |
| 设备水温（℃） | 30 | 温湿度传感器 |

（2）第三方监测内容

由第三方机构对设备运行出水进行监测，主要对 pH、悬浮物、COD 和氨氮进行监测，如表 6-15 所示。

第三方监测内容　　表 6-15

| 检测项目 | 分析方法来源 | 检出限值 | 仪器设备名称 |
|---|---|---|---|
| pH | 《水质　pH 值的测定　电极法》HJ 1147—2020 | — | pH 计/PHS-3E/QA022 |
| 悬浮物 | 《水质　悬浮物的测定　重量法》GB 11901—1989 | — | 电子分析天平/FB2035/QA041 |
| COD | 《水质　化学需氧量的测定　重铬酸盐法》HJ 828—2017 | 4mg/L | 酸式滴定管/50mL/QC046 |
| 氨氮 | 《水质　氨氮的测定　纳氏试剂分光光度法》HJ 535—2009 | 0.025mg/L | 可见分光光度计/721-VIS/QA007 |

### 6.4.3　数据分析

第三方机构对 8 月、9 月、11 月、12 月的多介质保温庭院生态处理设备出水水样的监测数据如表 6-16 所示。监测结果表明，经过设备处理后出水水质能够满足《农田灌溉水质标准》GB 5084—2021 中的旱地作物灌溉标准，每项指标数据均大大低于标准限值。

8 月、9 月、11 月、12 月出水水样监测数据　　表 6-16

| 时间/标准限值 | pH | 悬浮物（mg/L） | 化学需氧量（mg/L） | 粪大肠菌群（MPN/L） | 蛔虫卵数（个/10L） |
|---|---|---|---|---|---|
| 8 月 | 7.6 | 44 | 122 | 16000 | 未检出 |
| 9 月 | 7.6 | 56 | 75 | 16000 | 未检出 |
| 11 月 | 7.2 | 33 | 83 | 9200 | 未检出 |
| 12 月 | 7.3 | 52 | 92 | 16000 | 未检出 |
| 标准限值 | 5.5～8.5 | 100 | 200 | 40000 | 20 |

8 月、9 月、11 月、12 月的出水水样悬浮物、化学需氧量和 pH 监测值如图 6-15 所示。可以看出，该设备出水的化学需氧量浓度在 8 月较高，可能是由于农村生活污水水质波动的特点，在夏季进水中化学需氧量浓度较高导致。随着设备的运行，出水化学需氧量浓度有所降低，11 月、12 月的出水化学需氧量浓度又出现轻微上升，此时设备安装所在地进入冬季，温度较低，即使有适当的保温措施，植物和微生物的生长仍会受到影响，因此出水化学需氧量浓度轻微上升，但整个监测过程中的出水化学需氧量均低于标准限值。悬浮物主要通过多介质滤料物理拦截的方式进行去除，通过监测数据可以看出，出水悬浮物浓度受温度影响较小，同时整个监测过程出水悬浮物均低于标准限值。出水 pH 波动较小，基本维持在 7.5 左右，既适合水处理微生物的生长繁殖，也能够满足标准限值的要求。

8月、9月、11月、12月的出水水样粪大肠菌群和蛔虫卵数监测值如图6-16所示。在污水中含有的污染物常见的有各类病原菌、激素、病毒、寄生虫等，当使用含污染物的污水进行灌溉时，还有可能引发某种疾病的流行，危害人及动植物健康。因此当生活污水经处理后作为农田灌溉水回用时，需要对出水中的菌类污染物进行重点监测，其中粪大肠杆菌主要来源于人畜粪便，通常可作为水体粪便污染的指标。由第三方监测结果可知，在设备的整个运行过程中，设备出水的粪大肠菌群浓度均低于标准限值，能够满足农田灌溉水回用要求，同时蛔虫卵数未检出，表明农村生活污水经多介质保温庭院生态处理设备处理后，可以安全地进行农田灌溉回用。

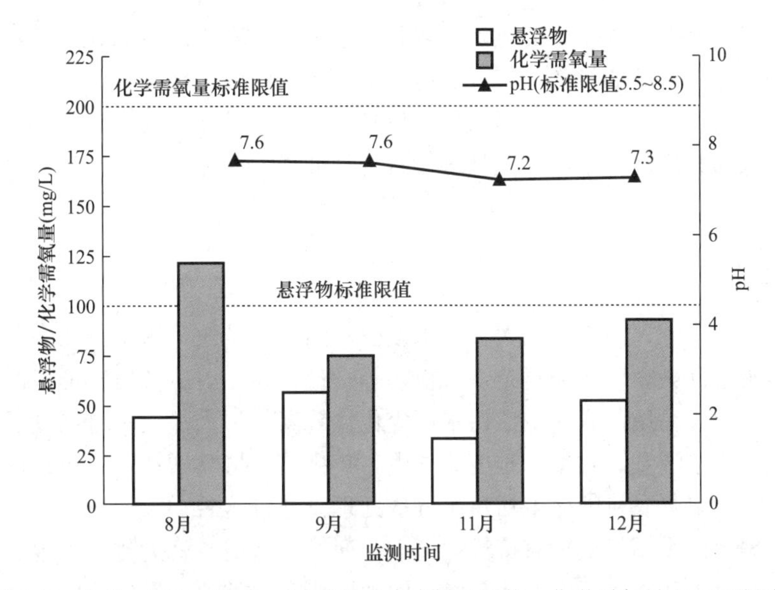


图6-15　8月、9月、11月、12月的出水水样悬浮物、化学需氧量和pH监测值

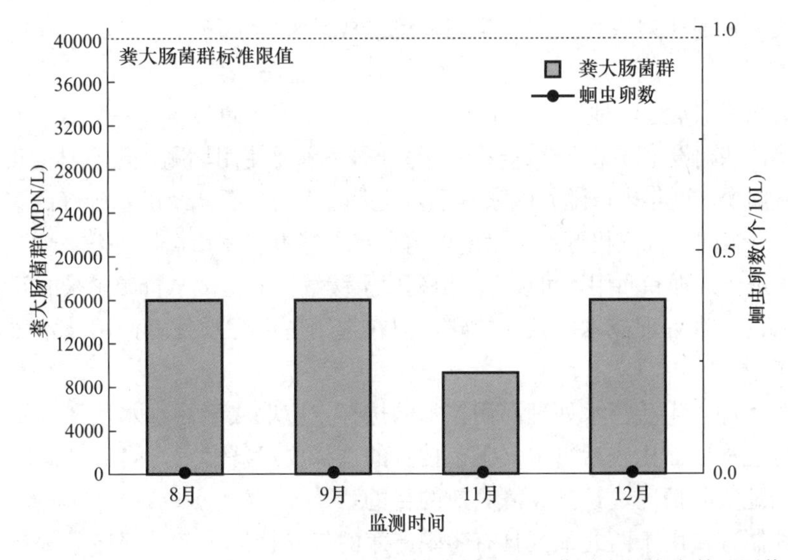


图6-16　8月、9月、11月、12月的出水水样粪大肠菌群和蛔虫卵数监测值

## 6.5 项目创新点、推广价值及效益分析

### 6.5.1 创新点

（1）本项目应用的跨季储蓄的单户型多介质保温庭院生态处理技术，将土壤、植物与多介质滤料的处理效果相结合，能够在无需投加药剂及额外使用能耗的情况下使出水水质达到《农田灌溉水质标准》GB 5084—2021 中的旱地作物灌溉标准，建设费用及运行费用较低。

（2）该技术能够保留进水中的氮磷元素并将出水用于农田灌溉，在降低污水处理成本的同时达到为农作物增肥的目的，实现农村生活污水的资源化利用。

（3）技术设备通过运用冬季低温条件下设备保温方式及运行模式，冻结期通过跨季储水池储水，气温回升后将储水回流至处理设备进行处理，保障了设备低温条件下的污染物去除效率。

### 6.5.2 推广价值

农村污水分布广泛、污染范围大、污水量少、间歇性排放，污水排放多集中在早中晚三餐时段。污水中污染物质成分复杂、有机物等含量较高，厨房及浴室形成的污水中含有很多细菌、洗涤剂等物质。农村生活污水可生化性较高，污水水质水量出现了非常大的变化，排放的秩序比较混乱，收集的难度非常大，年排放量持续增加，农村地区的环境问题日渐突出。我国大多数农村地区生活污水分散处理设施较落后，大约 96％村庄没有污水处理系统和排水渠。污水不经处理直接泼向地面、通过下水道或就近排入河道。多数农村采用明渠排放生活污水和雨水，在经济较发达的地区建有化粪池，但经化粪池处理后的污水中含有大量的有机污染物，化粪池出水由明渠排放或就近排入水体，这对浅层地下水和地表水造成污染，同时也对农村人居、生态环境造成巨大的破坏，急需加强农村生活污水分散处理。

西北地区水资源贫乏，地处干旱半干旱区域，常年降雨量较少，平均气温较低。加之农村生活条件差，基础设施配备不够完善，大部分居民主要使用旱厕，没有淋浴设施，居民生活用水量整体偏少。近年来，随着国家一系列政策的落实，部分经济基础好的家庭也使用起了冲水马桶、淋浴间、洗衣机等卫生设施，用水水平基本与城市居民一致。对于西北农村分散式生活污水进行处理和回用，可以在一定程度上缓解西北地区水资源紧张的问题。

尽管现有的污水处理技术已较为成熟，但在选用生活污水处理回用技术时，应结合以下方面进行考虑：

（1）经济条件：生活污水处理回用技术的选择，应取决于污水水质和回用水水质的标准要求，经过经济层面比较后决定。工艺技术的选择要经济、安全可靠，同时设计的规模等也要符合当地实际情况，达到经济高效的目的。

（2）因地制宜：由于西北地区具有冬季严寒的气候特征，冬季寒冷条件下，一些通过生物法处理污水的技术可能会受到限制，可以考虑采用“冬储夏用”模式或是一些受气温影响较小的处理工艺。另外，与城市小区的排水条件不同，农村分散式生活污水的水量和

水质各不尽相同，选择处理工艺时不能完全照搬规范或是直接参照一般地区的污水水质进行选择。

（3）与居民生活环境相配合：使污水处理设备尽量减少占地面积或采用地埋式装置，同时处理工艺应保证运行期间无异味，不影响居民正常生活。

（4）适应性：因为村民生活污水量水质变化较大，处理工艺应能够适应一定的水质水量波动。例如可以采用一体化装配式工艺，将处理单元模块化，当居民水量水质发生大的改变时，可以通过并联处理单元的方式快速解决问题。

由于西北村镇人口数量少、分布分散且污水量小、波动大，可采用集中和分散相结合的处理模式。对于居住比较分散的农户采用单独收集、分散处理模式。

多介质保温庭院生态处理技术能够在无需投加药剂及额外使用能耗的情况下将生活污水水质处理达到《农田灌溉水质标准》GB 5084—2021 中的旱地作物灌溉标准，其中 COD 去除效率 40%～75%，阴离子表面活性剂去除效率 45%～70%，SS 去除效率 50%～65%。且该技术能将生活污水中利于农作物生长的氮磷元素进行保留，进出水氨氮变化率低于 2%，在降低污水处理成本的同时达到为农作物增肥的功效。

处理装置通过地表覆盖保温＋浅埋的方式，减少装置埋深进而降低工程建设费用，并使浅层冻结期装置处理效果维持在非冻结期处理效果的 70%～80%。并通过“跨季储蓄”模式的设计，在冻结期的 3 个月将生活污水进行储存，在冻结期后再进行处理后回用，保证出水水质满足标准。

通过一体化装置的设计，使处理装置的安装和运行都更加简便，降低操作难度，进而提高居民对生活污水处理的积极性，减少传统的随意泼洒污水污染当地水环境的情况的发生。通过设计“冬储夏用”模式，多介质保温庭院生态处理技术还可应用于冬季寒冷的西北地区，并且造价更为低廉，具有较高的推广价值。

### 6.5.3　效益分析

（1）环境与经济效益

结合多介质保温庭院生态处理技术对环境等因素的影响情况，对技术进行分析，结果如表 6-17 所示。

**多介质保温庭院生态处理技术分析表　　表 6-17**

| 经济分析 | 技术分析 | 土建施工 | 运维管理 | 污泥处置 |
| --- | --- | --- | --- | --- |
| 建造和运行费用低、占地面积小、无动力消耗、可间接提供经济效益 | 能够抵抗一定的水力和污染负荷的冲击、适合多种规模农村生活污水处理、低温条件下正常运行、出水可用于农田灌溉 | 建设实施容易、使用一体化污水处理装置、安装便利、地埋式安装 | 易于管理、只需冬季覆盖保温材料、定期清除地表枯萎植物即可 | 无污泥产生、无需进行污泥处置 |

该技术可以对西北农村地区居民生活污水进行处理，使出水达到《农田灌溉水质标准》GB 5084—2021 中的旱地作物灌溉标准，减少了过去生活污水随意泼洒造成环境污染的情况的发生，同时在处理过程中通过处理流程的设计避免了大量污泥的产生，减少了处理装置使用过程中污泥处置的压力，可改善当地地表水水质和水生生态环境，推动污染物减排，为区域经济发展腾出环境容量。

经济评估方法如下：

1）工艺投资估算

估算范围：污水处理设施的设备费、土建工程费、安装工程费、管网建设费的总计。

2）工艺运行成本

估算范围：直接运营成本不包括折旧费用，主要包含大修费、日常检修维护费、直接成本、电费、药剂费、污泥处置费、人工费及其他费用等。

3）占地面积

通过总占地面积与每日处理水量进行比较，对经济成本进行估算。

工程技术经济分析如表6-18所示。

**工程技术经济分析表** **表6-18**

| 工艺类型 | 设备投资（元/t） | 占地面积（$m^2$/t） | 运行成本（元/t） |
|---|---|---|---|
| 本技术 | 3133 | 5 | 0.15 |

相较于其他单户型农村生活污水处理技术，该技术具有建造和运行费用低的优势，适宜经济水平较低的西北村镇使用，同时管理操作简单，使用方便，后期维护管理难度小，主要针对单户型分散式生活污水进行处理，出水可用于农田灌溉回用，增加经济效益。

（2）社会效益

该工程结合了西北村镇生活污水排放特点和难点，研发了单户型多介质庭院生态处理技术，通过结合土壤、滤料以及植物对污染物的去除作用对单户居民排放的生活污水进行处理，使出水水质能够满足《农田灌溉水质标准》GB 5084—2021中的旱地作物灌溉标准。同时通过简化处理流程、重点利用厌氧阶段的污染物处理效果，重点针对生活污水中氮磷元素的保留，实现污水中污染物资源的原位利用。为适应西北村镇冬季寒冷、有季节性冻土层的特点，通过浅埋＋覆盖保温和“冬储夏用”模式相配合，无需建造复杂的保温设备，在低温期可以保证装置的出水水质能够满足《农田灌溉水质标准》GB 5084—2021中的旱地作物灌溉标准，冻结期通过适当的储水，以较低的成本避免污水中污染物的超标排放，为西北村镇单户型分散式生活污水的处理提供新的技术支撑。

第7章

# 陕西省柞水县胜利村

## 7.1 项目概况

胜利村隶属于陕西省柞水县下梁镇，地处下梁镇南部，距县城18km，307省道、山柞高速穿境而过，交通十分便利（图7-1），介于东经108°50′～109°410′、北纬33°20′～34°之间。

图7-1 胜利村地理位置和村落照片

胜利村地处中国西北东线内陆地区，整个县域属亚热带和温暖带两个气候的过渡地带，兼有南北气候带的特征，四季分明，温暖湿润，夏无酷暑，冬无严寒。受气候影响，植物带垂直和平行分布特点明显，植被繁衍群落差异明显。全年日照1860.2h，最冷平均气温0.2℃，最热平均气温23.6℃，极端最高气温37.1℃，最低零下13.9℃，无霜期209d，年降水量742mm，最大降水量1225.9mm（1983年），最小降水量567.6mm（1976年）。降雨主要集中在每年7～9月，7月份最多。胜利村海拔在541～2802.1m之间，以乾佑河、社川河两大水系为主，有川道平地及清秀山峦，还有因海底抬升形成的特殊喀斯特地貌及海底海螺化石沉积。

胜利村总人口1658人，共470户，60岁以下1395人，60岁以上263人，民族总体以汉族为主，有少量少数民族。每户平均面积约150m$^2$，总占地面积约3.3km$^2$。经济以花卉产业为主导，以光伏发电、中蜂养殖、板栗科管、畜禽养殖为辅，成立了合作社等经济组织。村集体经济收入200余万元，全村人均收入达8500元。

## 7.2 现场调研与建设目标

### 7.2.1 现场调研

（1）用水情况

胜利村的水资源主要通过自来水厂集中抽取河水、山泉水等方式，经水厂管道连接至用户自家水管实现集体供水。人均用水量约为 30L/(人·d)。主要用水有：人畜日常摄入、家庭日常洗涮（图 7-2）、庭院冲洗泼洒和农田灌溉。

（2）排水情况

胜利村生活污水排放主要以黑灰混合污水为主，人均排水量为 15～26L/(人·d)，污水水量小，水质水量情况变化较大，进水水质水量不稳定。村中的排水管道如图 7-3 所示。污水主要包括两类：一是灰水，包括日常洗漱用水、洗澡水、洗菜水、淘米水、洗碗水和洗衣水等，具有有机物含量高、可生化性强且氮磷含量高的特点。二是黑水，主要指冲厕水，其中不但含有大量的氮、有机物等，更是含有大量微生物细菌，而这些细菌若不及时进行杀菌，所造成的危害是不可估量的。

图 7-2 村民家洗漱台

图 7-3 村中的排水管道

图 7-4 流入污水处理站的污水

（3）收集情况

目前胜利村污水管网已建设完成，均接污水支管入户，管网污水处理全覆盖，管道采用 UPVC 材质。污水通过支管网流入村污水处理站（图 7-4），经 $A^2O$＋人工湿地集中处理达标后排入河流。目前排水方式是雨污分开，单户污水灰水混合一起经每户化粪池后通过支管网收集至村污水处理站集中处理，但冬季来临时处理后的水无法及时回用，停留时间过长，造成了其中微生物包括潜在病原菌的大量繁殖。

（4）处理情况

现有的污水处理设施工艺为 $A^2O$＋人工湿地，目前村污水处理站设计能力 60～100$m^3$/d，但是实际每天仅有几立方米污水排入，导致每月只能运行 2 次。处理效果可达到《农田灌溉水质标准》GB 5084—2021 中的水质标准。$A^2O$ 工艺中会产生大量污泥，虽然会进行定期排泥，但排出的污泥堆放何处是一大难题。该村污水处理过程流程如图 7-5 所示。

由于村中污水处理设备（图 7-6）每月仅运行两次，水在设备中停留时间过长极易造成水质发臭、产生大量病原菌，监测出水水质可发现潜在的病原菌主要为梭菌属、弓形杆菌属和分枝杆菌，对当地村民的身体健康会造成一定影响。

（5）资源化情况

污水经 $A^2O$＋人工湿地设备处理后，排入河流，实现了污水无害化处理，但目前出水未进行有效的资源化利用（图 7-7），目前柞水县也在寻求可资源化的有效途径。

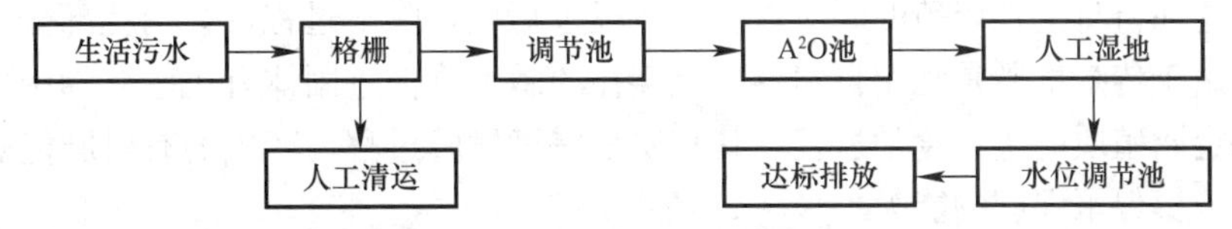


图 7-5　污水处理过程流程图

图 7-6　村中污水处理设备外观图

图 7-7　未进行资源化利用的出水

（6）污泥去向问题

目前胜利村使用的工艺为 $A^2O$＋人工湿地，在 $A^2O$ 工艺过程会产生大量剩余污泥，污泥的去向也成了亟需解决的问题。

### 7.2.2　建设需求

考虑到胜利村农业较发达，但是气候特点决定该地区非传统水源利用率普遍偏低，综合节水效果欠佳，且农用土地贫瘠、有机质缺乏及肥力不足。因此，胜利村亟需解决农田、林草地、庭院菜园灌溉等污废水处理剩余污泥，农牧废弃物及厨余垃圾等固体废弃物制备高营养有机肥回用于农业的问题。

### 7.2.3　建设目标

通过研发有机固废新型有机肥发酵技术及其相关配套产品，解决胜利村污废水处理剩余污泥、农牧废弃物及厨余垃圾等作为高价值有机肥回用于农田的需求，形成因地制宜的污水污泥回用模式，实现污水污泥原位资源化利用，并形成技术集成体系，为规模化推广应用提供典型案例。

## 7.3　技术及设备应用

### 7.3.1　技术及设备适宜性分析

（1）技术特点

传统堆肥过程需要三个阶段：升温阶段（产热阶段），堆体温度处于 25～45℃，此阶段主要是嗜温性微生物以糖类和淀粉类等可溶性有机物为基质进行自身的新陈代谢活动，分解易降解的有机物部分，此阶段一般需要 5～7d；高温阶段，堆体温度升至 45℃以上，此阶段嗜热微生物将物料中的可溶性有机物质继续氧化分解，特别是较为复杂的有机物如半纤维素、纤维素和蛋白质也开始快速分解，堆肥化最佳温度一般为55℃左右，此阶段物料中的大部分病原菌和寄生虫被杀死，此阶段一般需7～10d；堆肥化在经历高温阶段后，堆肥物质逐步进入稳定化状态；降温和腐熟阶段，此阶段嗜温将残余较难分解的有机物作进一步分解，腐殖质不断增多且逐步稳定化，堆肥进入腐熟阶段，此阶段需10～15d。传统堆肥化过程的实质是微生物在自身生长繁殖的同时对有机垃圾进行生化降解过程，会消耗部分的有机质和营养成分。由于传统堆肥是利用自然界广泛存在的微生物促进固体有机废弃物中可降解有机物转化为稳定腐殖质的生物化学过程，其实质是一种发酵过程，产生的有机肥能够提高土壤肥力，增加土壤保水保肥的能力。

复合酶耦合嗜热菌群快速堆肥技术不但可以实现快速转化固体有机废弃物制备有机肥，而且有机肥的营养组分和质量要高于传统堆肥。原理如下：该技术中有机肥转化过程并不是单纯依靠传统的土著微生物发酵，而是利用自制复合水解酶的超快速水解能力，以及酶的选择性和专一性特点，快速地将固体有机废弃物中的淀粉，蛋白质和纤维素水解成小分子的单糖或者氨基酸，使其能够快速被植物吸收和利用，酶水解周期仅需8～12h，这样避免了传统堆肥过程中土著微生物在长时间分解有机物过程中对营养物质的消耗，此阶段只需8h就可以实现传统堆肥10～15d的有机物分解效果。酶解后，自制的高效嗜热菌群将在5d左右完成对有机固体废弃物中剩余难降解有机物的分解，且温度会在55℃左右保持4～6d，最终实现病原菌和寄生虫的全部杀灭。此过程只需4～6d即可实现传统堆肥高温和腐熟阶段的效果，最终实现有机肥的稳定。超速酶水解的新型有机肥设备如图7-8所示。

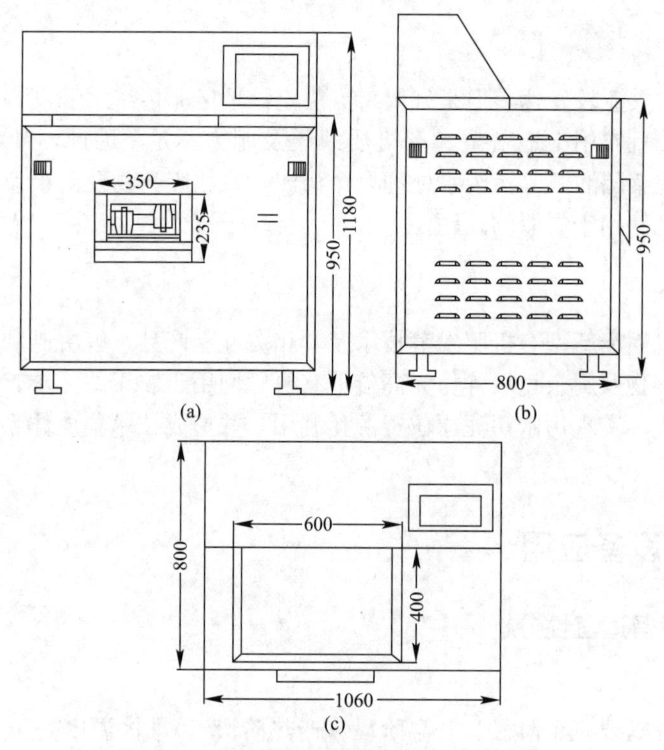


图7-8　超速酶水解的新型有机肥设备图

（a）主视图；（b）侧视图；（c）俯视图

（2）适用范围

基于超速酶水解的新型有机肥制备技术与产品能极大地解决农业废弃物、养殖粪便、餐厨垃圾以及污水设备排泥问题，且有机肥料含有植物需要的大量营养成分，对植物的养分供给比较平缓持久，有很长的后效，特别适用于带有污水设施排泥、餐厨垃圾、农业秸秆和畜禽粪污的西北村镇。该技术对现有西北村镇污水处理设备产生的污泥、餐厨垃圾、农业秸秆和畜禽粪污的资源化利用提供了有效的解决途径。

### 7.3.2　工程设计方案

（1）设计开发理念

堆肥化过程的实质是微生物在自身生长繁殖的同时对有机垃圾进行生化降解过程。基于常规堆肥的原理，利用自制复合水解酶的快速水解代替传统的土著微生物分解，实现有机物在产热和高温阶段对有机固体废弃物的分解，然后采用自制的高效嗜热菌群直接在高温条件下（控温单元55℃）腐熟5d来替代传统的高温和腐熟阶段对难降解有机物的分解和病原菌的杀灭，这样整个复合酶耦合高效菌群堆肥技术可以在5～7d内实现有机物的分解和病原菌的杀灭，实现物料的腐熟，完成堆肥。该技术具有发酵周期短、产品占地面积小，处理成本低、无臭气产生、无营养（有机质和氮）损失，可实现固体有机废弃物原位处理的特点，特别适合西北村镇产量少且分散的污泥等固体有机废弃物，可节省大量的收集和运输成本。此外，产品结构简单，可模块化设计和移动，能够实现全自动运行。

（2）设计产品核心技术

酶水解技术是利用酶的选择性和专一性的特点精确地将固体有机废弃物中的大分子有机物，例如淀粉（利用淀粉酶），纤维素和秸秆（利用纤维素酶）转化为单糖（例如葡萄糖）和蛋白质（利用蛋白酶）分解为小分子氨基酸而被植物吸收和利用。酶水解技术是酶的催化水解过程，不受原料中组分（盐分和油脂）的影响，具有适应性强的特点。但是商业酶的成本较高且酶的种类固定且单一，不利于混合有机固体废弃物的水解。

本工程研发的水解酶是由有机固体废弃物作为原料原位生产，由于酶的专一性和选择性，原位生产的复合酶能够精确且快速地将固体有机废弃物中的淀粉、纤维素和蛋白质水解成小分子的单糖和氨基酸，使其能够快速地被植物吸收和利用，具有较好的适应性，即酶水解技术不会因为固体有机废弃物组分的改变而降低处理效率，技术适应性远高于商业复合酶（商业复合酶组成固定一般不适合水解组分复杂的固体有机废弃物）。工程研发的复合酶是由固体有机废弃物作为原料原位生产，所以原料成本接近于0，且所生产的复合酶不需要进行任何后续的分离和纯化可直接用于固体废弃物水解和有机肥生产，酶的生产成本极低。采用自制复合酶快速水解代替传统的土著微生物分解，可极大地缩短堆肥周期。

本工程研发的高效嗜热菌群可直接在高温条件下（控温单元55℃）腐熟5d来替代传统的产热和高温阶段的微生物筛选，具有适应性强，微生物浓度高，简单高效的特点，可实现对物料中难降解物质的快速分解和病原菌的快速杀灭，完成堆肥。

复合酶耦合嗜热菌群快速堆肥技术可实现快速堆肥，具有发酵周期短、设备占地面积小、处理成本低、无营养（有机质和氮）损失、可实现固体有机废弃物原位处理的特点。

（3）设计开发过程

传统堆肥过程的升温阶段（产热阶段）和高温阶段是堆肥的关键步骤，这两个阶段主要是将大分子有机物分解为小分子有机物，同时物料中大部分病原菌和寄生虫被杀死，时间较长，一般需要15d左右；堆肥化在经历高温阶段后，堆肥物质逐步进入稳定化状态，进入降温和腐熟阶段，此阶段嗜温菌将残余较难分解的有机物作进一步分解，腐殖质不断增多且逐步稳定化，此阶段需10～15d。基于传统堆肥的原理，复合酶耦合嗜热菌群快速堆肥技术巧妙地采用自制复合酶对物料的水解来代替传统的微生物分解，可极大地缩短有机物分解时间，且分解效率很高，有机物在这个阶段的分解率高达70%以上，自制的水解酶代替商业酶，成本较低，且自制的复合酶种类较多，效果比种类单一的商业酶好。而为了实现有机物彻底分解和病原菌的杀灭，本技术巧妙地采用自制的嗜热高效微生物菌群，可直接让堆肥系统处在高温阶段，加速剩余有机物的分解和物料中病原菌的杀灭。复合酶耦合嗜热菌群处理后，可将有机物彻底分解，无需后续的降温和腐熟阶段，具有发酵周期短、处理成本低、无营养（有机质和氮）损失，以及可实现固体有机废弃物原位处理的优势。

所以，在设计过程中着重考虑了温度、湿度和通气单元，使其能够匹配复合酶和高效嗜热菌群的发酵条件，提高堆肥效率和质量。

（4）设计方法和参数

1）系统进料特性。

设计物料：西北村镇污水处理厂排出的污泥、农户剩余的餐厨垃圾和秸秆。

物料含水率要求：初始物料需调配含水率至50%～60%。

2）系统处理量：≤20kg/批次。

3）电源条件：220V/50Hz/1PH。

4）系统运行周期：3～5d/批次。

5）进料模式：批次（自由）进料。

6）操作方式：PLC控制，相关设备连锁保护。

7）设计参数：体积（1200mm×650mm×955mm）。

8）综合能耗：600Wh。

9）温控范围：20～70℃。

10）湿度范围：30%～100%。

11）可自动控制通风时间和风量。

12）搅拌速度0～100r/min。

13）可实现全自动控制和监测补水，通风和发酵仓温度。

（5）产品使用说明

本技术主要用于废水污泥、餐厨垃圾和秸秆等有机固体废弃物处理，通过复合酶水解和高效嗜热菌群的好氧发酵过程将其转化为有机肥料。

处理流程：预处理或调配好的有机固体废弃物经输送机（或提升机）投加至发酵仓中，在复合菌酶和高效嗜热菌群自身发酵产热和设备辅助加温下，保持物料温度在55℃左右，并通过间隙搅拌和风机送风使仓内始终保持好氧状态，为复合酶和嗜热好氧菌群提供适宜的生存环境。有机固体废弃物中的大分子营养物质在复合酶和嗜热菌群作用下被分解成小分子物质，并进一步转化为$CO_2$、$H_2O$和$NH_3$等无机物，并通过引风系统排出发酵仓。同时，在持续高温环境下，垃圾中的病原菌、寄生虫（卵）和病毒被完全灭活。经过5～7d的高温发酵后，有机固体废弃物减量率可达90％，剩余物料可作为制作有机肥的原料使用。

具体操作步骤如下：将餐厨垃圾、污水处理设施排泥和秸秆按照6∶1∶3（质量比）的比例加入产品中（含水率55％～60％、C∶N约50∶1），每次加入物料需小于等于20kg。堆肥过程中每6h进行1次翻堆搅拌，每12h进行一次通风，每次通风5min，以保证好氧环境。堆肥温度设置55℃左右，前8h加入约5％的复合酶，8h后加入2‰比例的高效菌群，发酵3～5d即可获得满足《有机肥料》NY/T 525—2021的肥料。所制得的有机肥发酵周期缩短80％，复合酶制备成本为商业酶的5％～10％。

1）操作流程：

① 初始投料：按设备容量大小及上述的复合酶和菌群投加量说明，加入发酵基质、复合酶和高效菌种开启设备运行，复合酶水解8h后加入高效菌群发酵5d。

② 日常投料：按设备容量，每日定时分批投入有机固体废弃物，进行发酵（可按投入物料多少及物料含水比率，调整发酵运行工控）。

③ 出料：出料前，将设备停止自动运行，在出料口对应位置放置好接料容器，开启出料仓门，点击出料按钮，出料可随时停止，以免接料容器溢料（每次出料不可出料过多，仓体内需长期保持一定菌种，以仓体内预留30％～45％的容积为好）。

胜利村废水污泥及有机固废新型有机肥发酵系统图如图7-9所示，产品如图7-10所示。

2）操作要求：

① 进料要求：废水污泥和餐厨垃圾应经过分拣，拣出其中的大骨头，木头，塑料制品和陶瓷、玻璃、金属等无机制品后，方可投加；秸秆等长纤维、易缠绕的垃圾应切成小段（长度＜20cm）后方可投加。

② 进料操作：正常情况下，建议在“自动模式”下进料（在触摸屏上设置）：若采用垃圾桶和提升机加料，先将垃圾桶固定在提升机上，然后点击提升机控制按钮盒上的绿色按钮，提升机自动完成进料过程，点击红色按钮，进料过程中止，再次点击绿色按钮，加料过程继续进行；若发酵机采用输送机进料，请通过控制输送机进料。若在“手动模式”下（未配备提升机、输送机，或进料装置故障）进料，请依次执行操作“打开进料门→进料→关闭进料门”。需要注意的是，在进料前，需确保进料门已打开到位。

③ 出料操作：当发酵仓内物料高度已达到搅拌桨叶最高点时，应停止进料，并使发酵机继续运行5d后进行出料操作。准备好出料使用的容器，将发酵机切换至“手动模式”，打开出料门，在触摸屏上启动“搅拌反转”，发酵仓内物料高度降至与搅拌轴底部齐平时停止出料，停止“搅拌反转”，清理干净出料门，关闭出料门。

④ 投料指南：根据不同使用场景，可进行集中式投料和分散性投料。基本原则是出料需在最近一次投料完成后，发酵时间≥5d方可进行。设备初始投料前，应当按设备的容积和物料质量，按比例定量投入复合酶和嗜热菌群。集中式投料：每批次定时、一次性集中投料，投料量≤设备额定处理量，且出料间隔需在最近一次投料完成后，发酵时间≥5d方可进行。分散性投料：每日可随时投料，但每5d内，投料量≤设备额定处理量，且出料间隔需在最近一次投料完成后，发酵时间≥5d方可进行。

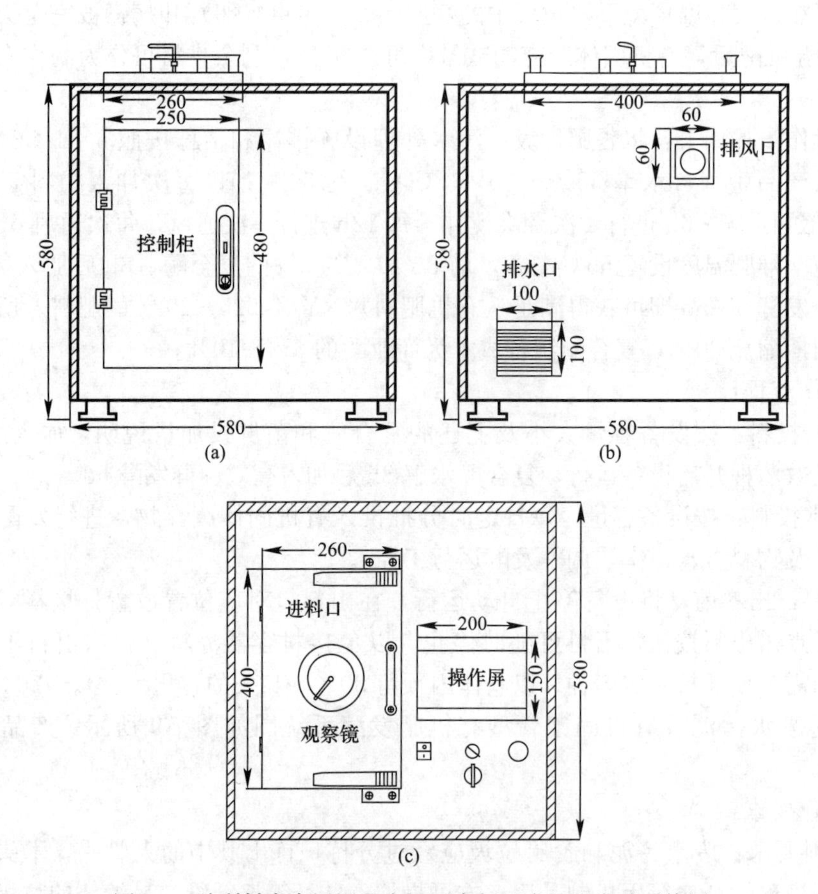


图 7-9　胜利村废水污泥及有机固废新型有机肥发酵系统图

（a）主视图；（b）侧视图；（c）俯视图

图 7-10　胜利村废水污泥及有机固废新型有机肥发酵产品

（6）装置模拟测试以及工程现场测试

为了验证复合酶耦合高效菌群堆肥产品的稳定性，按照操作说明和步骤对该产品进行了3批次现场实验验证（图7-11），结果如表7-1所示。

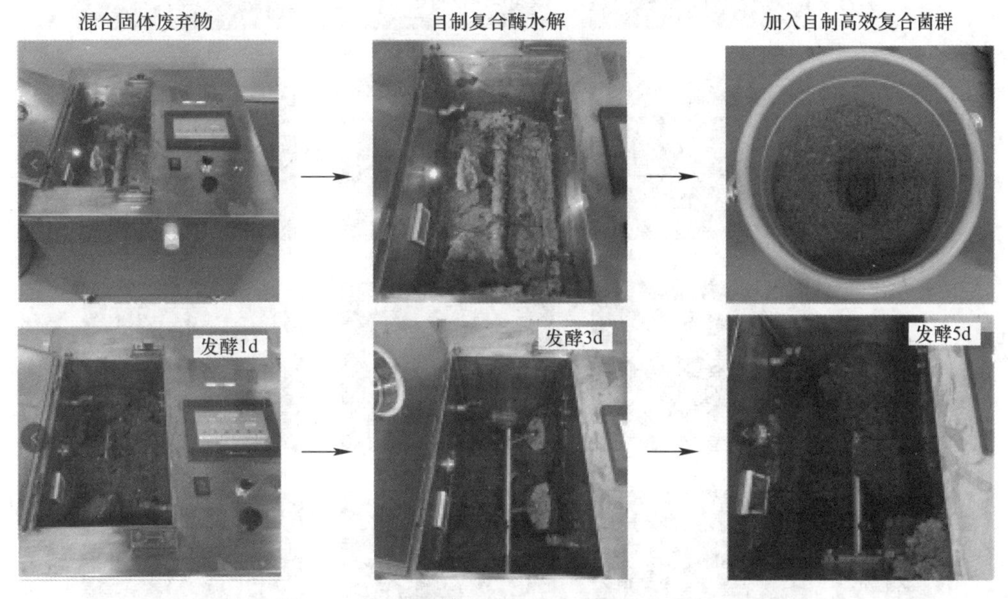


图7-11　复合酶耦合高效复合菌群堆肥过程图

生产投料出料记录（2022年5月7日～5月22日）　　表7-1

| 投料记录 | | | | 出料记录 | | | |
|---|---|---|---|---|---|---|---|
| 序号 | 投料日期 | 时间 | 质量（桶） | 序号 | 出料日期 | 时间 | 质量（桶） |
| 1 | 5月7日 | 9：00 | 15kg（1） | 1 | 5月12日 | 9：00 | 8.2kg（1） |
| 2 | 5月12日 | 14：00 | 15kg（1） | 2 | 5月17日 | 14：00 | 7.8kg（1） |
| 3 | 5月17日 | 19：00 | 15kg（1） | 3 | 5月22日 | 19：00 | 8.1kg（1） |

堆肥产品所生产的3批有机肥均送至有资质的检测公司进行肥料质量检测，所检测的3批次肥料指标均满足《有机肥料》NY/T 525—2021的相关要求。

复合酶耦合高效嗜热菌群堆肥结果显示，废水污泥等有机固体废弃物可在5d左右完成堆肥，且经第三方有资质的检测公司检测，本工程研发的堆肥产品连续发酵制备的3批次有机肥料指标均满足《有机肥料》NY/T 525—2021的相关要求。为了进一步验证所生产有机肥料的使用效果，在中国西部科技创新港实验基地进行了盆栽实验。盆栽实验选取小白菜幼苗用于肥效测试，并分别对商业有机肥、实验有机肥（堆肥5d）、实验有机肥（堆肥7d）对小白菜的生长效果进行了评估和比较（图7-12）。结果显示，采用实验有机肥（堆肥5d和7d）的实验组小白菜生长良好，其生长效果和商业有机肥无显著差别，进一步证明了利用废水污泥等有机固体废弃物为原料，采用本工程研发的复合酶耦合高效嗜热菌群技术制备的有机肥料是高质量的，可替代商业有机肥作用于植物生长。

图 7-12　盆栽实验

（7）有机肥发酵装置的组成

有机肥发酵装置组成如表 7-2 所示。

**有机肥发酵装置组成**　　**表 7-2**

| 单元 | 材料及作用 |
| --- | --- |
| 入料组件 | 入料组件采用手动人工投料，投料仓门大小及高度均符合人体工程学，快捷方便 |
| 搅拌发酵组件 | 由搅拌桨、变频驱动等组件构成，实现对桶内有机质进行合理搅拌发酵 |
| 温控加热组件 | 温控加热组件主要是提供设备热源，加热发酵仓的作用，采用 220V 工作电源加热，对料桶进行温度调控 |
| 通风除臭冷凝组件 | 由风机、冷凝等组件构成，经发酵仓进/出风口、风管和废气处理装置构成。为发酵过程提供氧气，同步在设备内部处理产生的废气和水汽，仅产生冷凝废水 |
| 控制系统 | 本设备控制系统的所有操作，均可在控制面板上完成，且系统显示面板上，提供了自动、手动、设置、检测四个页面的操作 |

（8）产品的创新性理念

复合酶耦合高效菌群堆肥与传统堆肥过程的比较如图 7-13 所示。由于传统堆肥是利用自然界广泛存在的微生物促进固体有机废弃物中可降解有机物转化为稳定腐殖质的生物化学过程，其实质是一种发酵过程，产生的有机肥能够提高土壤肥力，增加土壤保水保肥的能力。但是传统堆肥的周期较长，一般长达 25～30d，较长的发酵周期意味着需要较大的设备和占地面积，且容易产生臭气和渗滤液而引起二次污染。此外，堆肥过程中将有20%～30%的氮会以氨气的形式损失掉，造成资源浪费，导致产生的有机肥营养不足。

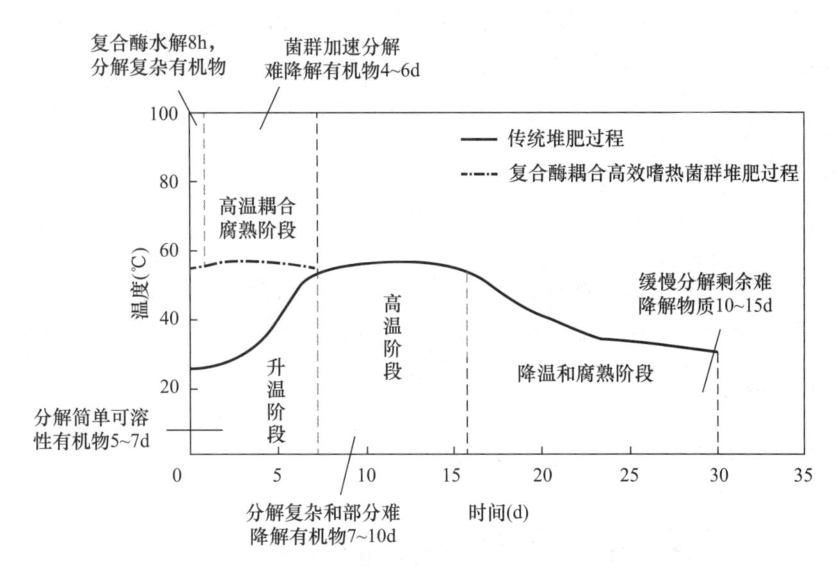


图7-13 复合酶耦合高效菌群堆肥与传统堆肥过程的比较

与传统堆肥过程相比，复合酶耦合高效嗜热菌群快速堆肥技术能够实现快速转化固体有机废弃物制备有机肥，整个有机肥转化过程不是依靠传统的土著微生物发酵，而是利用自制复合酶的超快速水解能力，以及酶的选择性和专一性的特点，快速地将固体有机废弃物中的淀粉、蛋白质和纤维素水解成小分子的单糖或者氨基酸，使其能够快速被植物吸收和利用，酶水解周期仅需8～12h，这样避免了传统堆肥过程中土著微生物在长时间分解有机物过程中对营养物质的消耗。酶解后，自制的高效嗜热菌群将在5d左右完成对有机固体废弃物中剩余难降解有机物的分解，且温度会在55℃左右保持4～6d，而实现对病原菌和寄生虫的全部杀灭。综上所述，复合酶耦合高效嗜热菌群快速堆肥技术可以在5～7d内实现有机物的分解和病原菌的杀灭，实现物料的腐熟。由于发酵周期比传统的堆肥周期缩短80%左右，导致该堆肥产品占地面积更小，可实现固体有机废弃物原位处理，特别适合西北村镇污泥等固体有机废弃物产量少且分散的特点，可节省大量的收集和运输成本，且整个堆肥过程无臭气产生，无氮源损失，导致最终肥料质量远高于传统堆肥。目前国内外的确有一些类似的技术和产品，但是这些产品基本都是采用单一的商业微生物处理，需要定期添加昂贵的微生物，成本较高，发酵周期较长。而本工程研发的堆肥技术所采用的复合酶是由固体有机废弃物原位生产，无需产物提纯可直接应用，原料成本几乎为零，高效嗜热菌群也是实验室自行筛选的，具有处理成本低、反应周期短、设备占地面积小的优点。整个产品结构简单，可模块化设计和移动，能够实现全自动运行和无人值守。复合酶耦合高效嗜热菌群快速堆肥技术和产品的创新点归纳如下：

1）能够实现复合酶耦合高效嗜热菌群高效堆肥需求，可实现快速转化固体有机废弃物制备有机肥，发酵周期比传统的堆肥周期缩短80%左右；

2）堆肥产品占地面积小，可实现固体有机废弃物原位处理，适合西北村镇产量少且分散的污泥等固体有机废弃物，可节省大量的收集和运输成本；

3）堆肥产品结构简单，可模块化设计和移动，能够实现全自动运行和无人值守。

综上所述，基于超速酶水解的新型有机肥解决了西北村镇农用土地贫瘠、有机质缺乏及肥力不足等突出问题，进而在实际工程应用中进行指导，实现西北村镇污废水处理的原位资源化利用，提升了工艺的经济价值。

## 7.4 跟踪监测与数据分析

### 7.4.1 监测目的

本工程监测系统充分结合了测控技术、网络技术、通信技术、数据库技术、存储管理等，客观准确地展示管网中的变化情况，对本工程技术的研究和实施起到了积极推动的作用。

### 7.4.2 监测内容

监测点位：工程支管前端和后端设置两处监测点位。

监测时段与频次：工程完成后，监测一次。

监测要求：管道坡度、充满度和埋深满足《城乡排水工程项目规范》GB 55027—2022中要求的相关数值，分别为大于等于5‰、小于0.55和大于0.7m。

监测指标：管道坡度、充满度和埋深。

### 7.4.3 数据分析

基于超速酶水解的新型有机肥制备技术生产的3批有机肥均送至有资质的检测公司进行肥料质量检测，结果如表7-3～表7-5所示，所检测的3批次肥料指标均满足《有机肥料》NY/T 525—2021。对于检测项目中的总砷、总汞、总铬，在送检样品中均未检出。

有机肥第一批产品检测结果　　表7-3

| 序号 | 检测项目 | 检测方法 | 指标 | 检测结果 | 单项判定 |
|---|---|---|---|---|---|
| 1 | 有机质的质量分数（以烘干基计）（%） | 《有机肥料》NY/T 525—2021 | ≥30 | 35.2 | 合格 |
| 2 | 总养分（$N+P_2O_5+K_2O$）的质量分数（以烘干基计）（%） | 《有机肥料》NY/T 525—2021 | ≥4.0 | 4.94 | 合格 |
| 3 | 种子发芽指数（GI）（%） | 《有机肥料》NY/T 525—2021 | ≥70 | 79.3 | 合格 |
| 4 | 总砷（以烘干基计）（mg/kg） | 《肥料　汞、砷、镉、铅、铬、镍含量的测定》NY/T 1978—2022 | ≤15 | 未检出（检出限：0.5mg/kg） | 合格 |
| 5 | 总汞（以烘干基计）（mg/kg） | 《肥料　汞、砷、镉、铅、铬、镍含量的测定》NY/T 1978—2022 | ≤2 | 未检出（检出限：0.0002mg/kg） | 合格 |
| 6 | 总铅（以烘干基计）（mg/kg） | 《肥料　汞、砷、镉、铅、铬、镍含量的测定》NY/T 1978—2022 | ≤50 | 1.6 | 合格 |
| 7 | 总镉（以烘干基计）（mg/kg） | 《肥料　汞、砷、镉、铅、铬、镍含量的测定》NY/T 1978—2022 | ≤3 | 未检出（检出限：0.4mg/kg） | 合格 |
| 8 | 总铬（以烘干基计）（mg/kg） | 《肥料　汞、砷、镉、铅、铬、镍含量的测定》NY/T 1978—2022 | ≤150 | 5.3 | 合格 |

续表

| 序号 | 检测项目 | 检测方法 | 指标 | 检测结果 | 单项判定 |
|---|---|---|---|---|---|
| 9 | 蛔虫卵死亡率（%） | 《肥料中蛔虫卵死亡率的测定》GB/T 19524.2—2004 | ≥95 | 100 | 合格 |
| 10 | 粪大肠菌群数（MPN/g） | 《肥料中粪大肠菌群的测定》GB/T 19524.1—2004 | — | <3 | — |
| 11 | 总氮（%） | 《有机肥料》NY/T 525—2021 | — | 0.56 | — |
| 12 | 磷（以 $P_2O_5$ 计）（%） | 《有机肥料》NY/T 525—2021 | — | 4.05 | — |
| 13 | 钾（以 $K_2O$ 计）（%） | 《有机肥料》NY/T 525—2021 | — | 0.33 | — |

**有机肥第二批产品检测结果** **表7-4**

| 序号 | 检测项目 | 检测方法 | 指标 | 检测结果 | 单项判定 |
|---|---|---|---|---|---|
| 1 | 有机质的质量分数（以烘干基计）（%） | 《有机肥料》NY/T 525—2021 | ≥30 | 3S.3 | 合格 |
| 2 | 总养分（$N+P_2O_5+K_2O$）的质量分数（以烘干基计）（%） | 《有机肥料》NY/T 525—2021 | ≥4.0 | 6.15 | 合格 |
| 3 | 种子发芽指数（GI）（%） | 《有机肥料》NY/T 525—2021 | ≥70 | 83.0 | 合格 |
| 4 | 总砷（以烘干基计）（mg/kg） | 《肥料 汞、砷、镉、铅、铬、镍含量的测定》NY/T 1978—2022 | ≤15 | 未检出（检出限：0.5mg/kg） | 合格 |
| 5 | 总汞（以烘干基计）（mg/kg） | 《肥料 汞、砷、镉、铅、铬、镍含量的测定》NY/T 1978—2022 | ≤2 | 未检出（检出限：0.0002mg/kg） | 合格 |
| 6 | 总铅（以烘干基计）（mg/kg） | 《肥料 汞、砷、镉、铅、铬、镍含量的测定》NY/T 1978—2022 | ≤50 | 2.4 | 合格 |
| 7 | 总镉（以烘干基计）（mg/kg） | 《肥料 汞、砷、镉、铅、铬、镍含量的测定》NY/T 1978—2022 | ≤3 | 未检出（检出限：0.4mg/kg） | 合格 |
| 8 | 总铬（以烘干基计）（mg/kg） | 《肥料 汞、砷、镉、铅、铬、镍含量的测定》NY/T 1978—2022 | ≤150 | 12.2 | 合格 |
| 9 | 蛔虫卵死亡率（%） | 《肥料中蛔虫卵死亡率的测定》GB/T 19524.2—2004 | ≥95 | 100 | 合格 |
| 10 | 粪大肠菌群数（MPN/g） | 《肥料中粪大肠菌群的测定》GB/T 19524.1—2004 | — | <3 | — |
| 11 | 总氮（%） | 《有机肥料》NY/T 525—2021 | — | 0.63 | — |
| 12 | 磷（以 $P_2O_5$ 计）（%） | 《有机肥料》NY/T 525—2021 | — | 5.18 | — |
| 13 | 钾（以 $K_2O$ 计）（%） | 《有机肥料》NY/T 525—2021 | — | 0.34 | — |

有机肥第三批产品检测结果　　表 7-5

| 序号 | 检测项目 | 检测方法 | 指标 | 检测结果 | 单项判定 |
|---|---|---|---|---|---|
| 1 | 有机质的质量分数（以烘干基计）（%） | 《有机肥料》NY/T 525—2021 | ≥30 | 35.5 | 合格 |
| 2 | 总养分（$N+P_2O_5+K_2O$）的质量分数（以烘干基计）（%） | 《有机肥料》NY/T 525—2021 | ≥4.0 | 5.84 | 合格 |
| 3 | 种子发芽指数（GI）（%） | 《有机肥料》NY/T 525—2021 | ≥70 | 79.1 | 合格 |
| 4 | 总砷（以烘干基计）（mg/kg） | 《肥料　汞、砷、镉、铅、铬、镍含量的测定》NY/T 1978—2022 | ≤15 | 未检出（检出限：0.5mg/kg） | 合格 |
| 5 | 总汞（以烘干基计）（mg/kg） | 《肥料　汞、砷、镉、铅、铬、镍含量的测定》NY/T 1978—2022 | ≤2 | 未检出（检出限：0.0002mg/kg） | 合格 |
| 6 | 总铅（以烘干基计）（mg/kg） | 《肥料　汞、砷、镉、铅、铬、镍含量的测定》NY/T 1978—2022 | ≤50 | 2.5 | 合格 |
| 7 | 总镉（以烘干基计）（mg/kg） | 《肥料　汞、砷、镉、铅、铬、镍含量的测定》NY/T 1978—2022 | ≤3 | 未检出（检出限：0.4mg/kg） | 合格 |
| 8 | 总铬（以烘干基计）（mg/kg） | 《肥料　汞、砷、镉、铅、铬、镍含量的测定》NY/T 1978—2022 | ≤150 | 7.2 | 合格 |
| 9 | 蛔虫卵死亡率（%） | 《肥料中蛔虫卵死亡率的测定》GB/T 19524.2—2004 | ≤95 | 100 | 合格 |
| 10 | 粪大肠菌群数（MPN/g） | 《肥料中粪大肠菌群的测定》GB/T 19524.1—2004 | — | <3 | — |
| 11 | 总氮（%） | 《有机肥料》NY/T 525—2021 | — | 0.59 | — |
| 12 | 磷（以 $P_2O_5$ 计）（%） | 《有机肥料》NY/T 525—2021 | — | 4.98 | — |
| 13 | 钾（以 $K_2O$ 计）（%） | 《有机肥料》NY/T 525—2021 | — | 0.27 | — |

## 7.5 项目创新点、推广价值及效益分析

### 7.5.1 创新点

（1）技术可行

传统堆肥是微生物发酵过程，受原料中的油脂和盐度影响很大，特别是西北的饮食习惯中油盐含量较高，会严重制约堆肥的效率。

酶水解技术是酶的催化水解过程，不受原料中油脂和盐度的影响，且本研究自制的复合水解酶是由固体有机废弃物作为原料原位生产，由于酶专一性和选择性优势，原位生产的复合酶能够精确且快速地将固体有机废弃物中的淀粉、纤维素和蛋白质水解成小分子的

单糖和氨基酸，使其能够快速地被植物吸收和利用。而且复合酶水解耦合高效嗜热菌群堆肥技术与产品可实现快速转化固体有机废弃物制备有机肥，发酵周期比传统的堆肥周期缩短80%左右。

（2）成本可控

与国内外现有的有机肥设备相比较，尽管一些商业堆肥机可以实现快速堆肥（10～15d），但是每次堆肥需定期添加昂贵的商业微生物，处理成本过高，约占堆肥成本的50%以上，且处理周期较长，占地面积大。

本工程酶水解技术采用自制生产的复合酶和高效嗜热菌群，复合酶是由固体有机废弃物为原料原位生产，制备的复合酶无需任何分离和纯化，可直接用于有机固体废弃物水解，原料成本几乎为零，运行成本极低。酶的生产成本约为商业酶的5%～10%。处理1t固体有机废弃物用电成本小于60元，相应的能够生产1t有机肥（800元）。

目前每批次处理20kg的设备（产肥料约10kg），基建成本约为7万元，运行成本为3.5元/d，按6d堆肥完成，需处理成本21元，而市场上16kg包装的有机肥价格约为120元，所以有机肥收益约为每千克净赚6.5元。处理规模越大，基建和运行成本相对越低，所以扩大废物处置规模后，本技术和产品的收益会更好。

综上所述，该技术将对现有西北村镇污水处理设备产生的污泥、餐厨垃圾、农业秸秆和畜禽粪污的资源化利用提供了有效的解决途径。而且复合酶耦合高效嗜热菌群堆肥产品占地面积小，可实现固体有机废弃物原位处理，适合西北村镇产量少且分散的污泥等固体有机废弃物，可节省大量的收集和运输成本。

（3）运行可靠

利用复合酶耦合高效嗜热菌群快速堆肥技术与产品可实现快速转化固体有机废弃物制备有机肥，极大地解决农业废弃物、养殖粪便、餐厨垃圾以及污水设备排泥问题，且有机肥料含有植物需要的大量营养成分，对植物的养分供给比较平缓持久，有很长的后效，特别适用于带有污水设施排泥、餐厨垃圾、农业秸秆和畜禽粪污的西北乡镇或农村，而且复合酶耦合高效嗜热菌群堆肥产品结构简单，可模块化设计和移动，能够实现全自动运行和无人值守。

### 7.5.2 推广价值

本工程针对西北村镇地区农用土地贫瘠、有机质缺乏及肥力不足等突出问题，研发一套污废水处理剩余污泥、农牧废弃物及餐厨垃圾等固体有机废弃物基于超速酶水解的新型有机肥制备技术和装置。该技术和产品主要利用废水污泥等有机固体废弃物为原料，原位生产复合酶耦合高效嗜热菌群制备有机肥。该产品结构简单，成本较低，反应周期只需5～7d，占地面积小，产品可模块化设计和移动，可实现全自动控制，人力需求小，能够实现固体有机废弃物原位处理，特别契合西北村镇固体有机废弃物分散的特点，能够节省大量的收集和运输成本，减轻焚烧和填埋负担，且制备的高价值有机肥可直接供给农民就地使用，具有很好的应用前景。

与传统的堆肥产品相比，复合酶耦合高效嗜热菌群堆肥技术和产品具有以下优势：

（1）技术角度

传统堆肥是利用自然界存在的土著微生物对固体有机废弃物中的复杂有机物转化为稳

定腐殖质的生物化学过程，其实质是一种发酵过程，所以传统堆肥周期较长，一般长达30d左右，较长的发酵周期意味着需要较大的占地面积。

而酶水解技术不是依靠传统的土著微生物，而是利用酶选择性和专一性的特点，可精确且快速地将固体有机废弃物中的淀粉，纤维素和蛋白质等大分子有机物水解成小分子的单糖和氨基酸，而快速地被植物吸收和利用。酶水解技术处理周期短，一般为8～12h，较短的水解周期意味着设备整体占地面积较小。

(2) 产品质量角度

传统堆肥发酵周期较长，堆肥过程中土著微生物会消耗大量的有机质和营养元素，导致有20%～30%的有机质和氮源（以氨气的形式）损失掉，造成资源浪费，导致有机肥产品营养不足。

复合酶耦合高效嗜热菌群堆肥技术反应周期短，且酶水解不消耗任何的营养元素，整个过程几乎无任何有机质和营养元素损失，有机肥产品质量高。

(3) 环境污染角度

传统堆肥发酵周期较长，堆肥过程易产生臭气和渗滤液而引起二次污染。复合酶耦合高效嗜热菌群堆肥技术发酵周期短，无任何臭气和废物排放。

(4) 技术适应性角度

传统堆肥是微生物发酵过程，受原料中的油脂和盐度影响很大，特别是西北的饮食习惯中油盐含量较高，会严重制约堆肥的效率。

酶水解技术是酶的催化水解过程，不受原料中油脂和盐度的影响，且本研究自制的复合酶是由固体有机废弃物作为原料原位生产，由于酶专一性和选择性优势，原位生产的复合酶能够精确且快速地将固体有机废弃物中的淀粉、纤维素和蛋白质水解成小分子的单糖和氨基酸，使其能够快速地被植物吸收和利用，具有较好的适应性。

(5) 设备的易操作性角度

复合酶耦合嗜热菌群堆肥设备结构简单，堆肥设备是可模块化设计和移动的，能够实现全自动控制，人力需求小，可实现固体有机废弃物的原位处理，特别契合西北村镇固体有机废弃物分散的特点，能够节省大量的收集和运输成本。

综上所述，基于超速酶水解的新型有机肥制备集成技术与产品能极大地解决农业废弃物、养殖粪便、餐厨垃圾以及污水设备排泥问题，且有机肥料含有植物需要的大量营养成分，对植物的养分供给比较平缓持久，有很长的后效，特别适用于带有污水设施排泥、餐厨垃圾、农业秸秆和畜禽粪污的西北村镇。该技术对现有西北村镇污水处理设备产生的污泥、餐厨垃圾、农业秸秆和畜禽粪污的资源化利用提供了有效的解决途径。

### 7.5.3 效益分析

随着全球人口增长和农产品需求增大，特别是西北农业发达地区，其肥料需求显著上升，然而目前一半以上农业都使用化肥，过量使用化肥会导致土壤板结，土壤质量下降，农产品产率下降，而且生产化肥需要较高的能耗。目前政府优先鼓励使用有机肥替代化肥，这是因为有机肥能够改善土壤质量和提高农产品产量，实现绿色循环农业。村镇固体有机废弃物富含有机质和营养元素，能够用于生产有机肥。然而，目前的堆肥技术具有周期长（30d），肥料营养价值低（N损失），占地面积大，存在二次污染等缺点。尽管一些商业消化器也可以实现快速堆肥（7～10d），但是每次堆肥需添加昂贵的商业微生物导致处理成本过高，而复合酶耦合高效嗜热菌群技术使用的复合酶是由有机固体废弃物为原料原位生产，所制备的复合酶无需任何分离和纯化，可直接用于有机固体废弃物的水解，而高效嗜热菌群也由实验室自行筛选和构建，成本较低。综上所述，本工程研发的基于超速酶水解的新型有机肥制备集成技术与产品非常契合西北村镇有机固体废弃物分散的特点，可节约大量的废物收集和运输成本，减轻焚烧和填埋负担，且制备的高价值有机肥可直接供给农民就地使用，具有很好的应用前景。

# 多能互补与高效供能篇

# 第8章

# 山西省忻州市偏关县水泉镇水泉村

## 8.1 项目概况

水泉村位于山西省忻州市偏关县北部，地理坐标东经 111.71°，北纬 39.61°，与内蒙古自治区清水河县接壤，平均海拔 1350m。水泉村总户数 80 户，常住 52 户，常住人口 134 人（图 8-1）。水泉村年平均气温 3～8℃，全年平均降水量为 425.3mm，无霜期为 105～145d。一月最冷，平均气温－10℃，七月最热，平均气温 23℃。山西省偏关县水泉村属于Ⅱ类（较丰富）太阳能资源分布地区，年太阳总辐射量≥5500MJ/m²，太阳能可利用天数为 280d。当地风能资源较为丰富，年平均风速为 2.0～2.5m/s。水泉村地处黄河丘陵山区，人均耕地面积少，粮食作物以玉米、谷子、马铃薯等为主，主要经济作物为油料作物等，畜牧业以饲养猪、羊为主，生物质资源较为匮乏。

图 8-1　山西省忻州市偏关县水泉镇水泉村村貌

## 8.2 现场调研与建设目标

### 8.2.1 现场调研

（1）水泉村农户取暖炊事用能方式单一落后

目前，水泉村农户冬季供暖及炊事全部依靠燃烧煤炭、木柴和生物秸秆，用能方式单一落后，且水泉村海拔较高，冬季室外最低温度低于－20℃，供暖周期为 5 个月，水泉村农户供暖现状如图 8-2 所示。通过前期多次前往水泉村农户家进行走访调研，村民普遍反映现有供暖方式存在室内空气环境质量差、操作繁琐、阴天及夜间室内温度偏低、热舒适性差等问题。

图 8-2　水泉村农户供暖现状

（2）水泉镇村民综合服务培训中心无供暖热源

2021 年底，水泉镇镇政府村民综合服务培训中心建成并投入使用，总建筑高度 7.15m，总建筑面积 950m$^2$，该建筑共两层，其中一层为厨房和餐厅，二层为会议室，供暖方式为地面辐射供暖（图 8-3）。

图 8-3　水泉镇村民综合服务培训中心建筑外观及内部照片

目前水泉镇镇政府内办公楼及宿舍供暖热源为一台燃煤锅炉，总供热面积 2700m$^2$，由于该锅炉供热功率有限，无法满足培训中心冬季供暖需求，因此培训中心目前尚无供暖热源，水泉镇镇政府供暖现状如图 8-4 所示。

图 8-4　水泉镇镇政府供暖现状

### 8.2.2　建设目标

本项目通过集成风光互补发电技术、太阳能-风能联合发电驱动超低温空气源热泵供暖技术、太阳能光伏/光热复合发电产热技术及其相关配套产品，解决培训中心冬季供暖以及农户日常用电和生活热水需求。同时，基于分布式多能互补系统智慧综合管控平台，实现“风电＋光电＋光热＋空气能”分布式多能互补供暖系统运行参数的实时监测与分析。

## 8.3　技术及设备应用

### 8.3.1　分布式风-光互补并/离网高效发电技术

基于以年发电量为最优目标的村镇分布式风-光互补并/离网高效发电技术，同时考虑风光互补发电与储能、储热结合，采用如图 8-5 所示的风-光-热-储综合供能系统，通过优化风-光-热-储供能系统优化配置方法，提高供电可靠性，降低用电成本。

根据并/离网运行需求、用户用电负荷及储热装置特性，采用不同工况下小型风力发电机组、光伏发电单元高效发电运行控制技术、储能电池充放电控制技术，以实现风-光-热-储系统各设备的灵活可控。为了实现与终端动态用电负荷特性匹配，根据风力/光伏发电系统发电功率、负荷需求、储能装置运行状态等参数，按照并/离网运行目标和约束条件，应用风-光-热-储系统协调控制及并/离网控制技术。同时应用可靠耐用的风-光-热-储系统各设备级控制单元和系统级协调控制单元以及与终端动态用电负荷特性匹配的中小型风光互补发电控制方式与调控策略（图 8-6）。

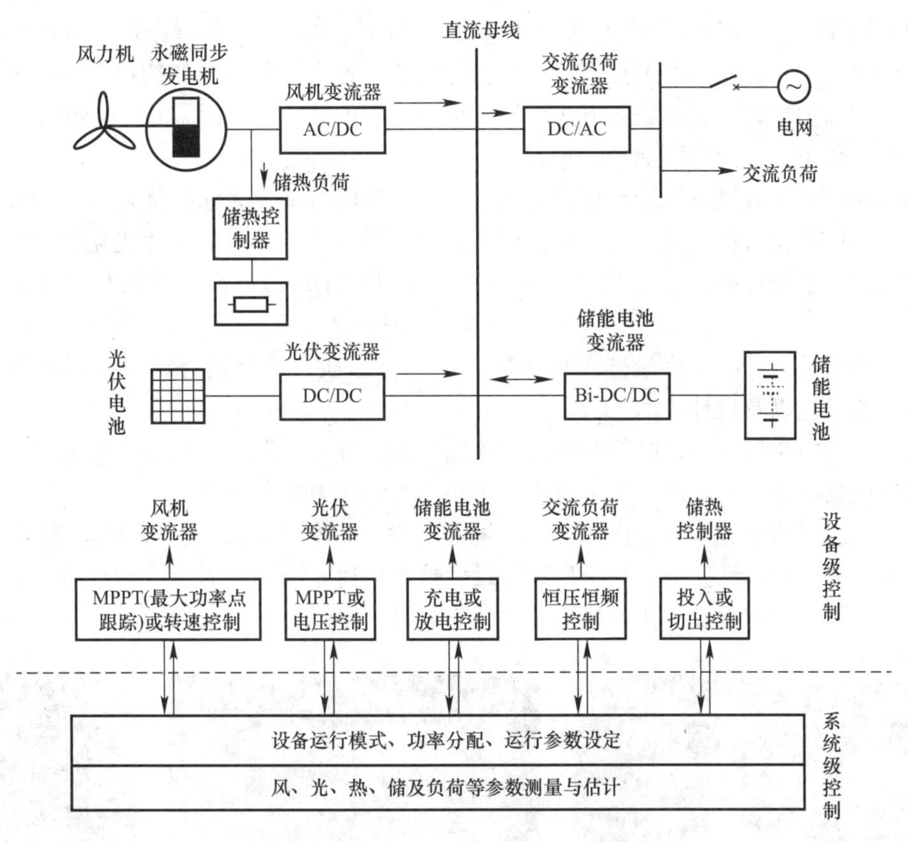


图 8-5　风-光-热-储综合供能系统结构

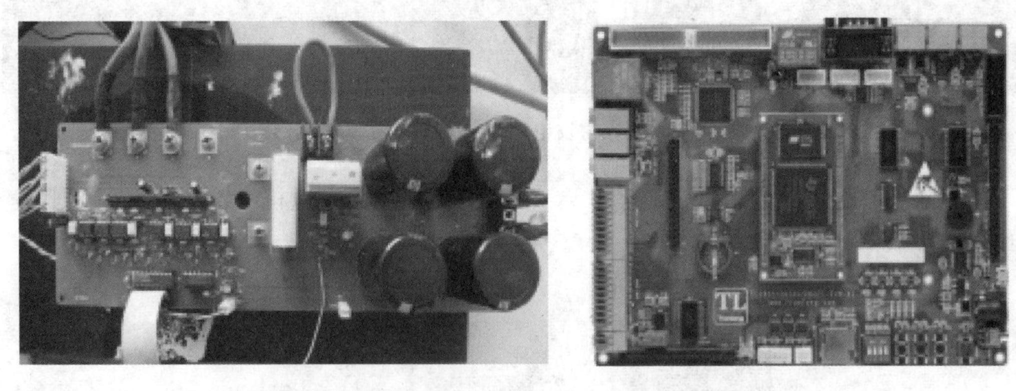

图 8-6　风光互补控制系统功率变换器（左）及核心控制板（右）

## 8.3.2　中小型风力发电机组

偏关县风沙大、气候寒冷、空气干燥，宜采用风力发电机作为可再生能源利用的重要形式，但风力发电机在大风沙、大温差、寒冷环境下工作，易出现风力发电机叶片损坏、发电机故障频发等事故，导致风力发电设备使用不正常。

为此，对适应大风沙、寒冷、干燥环境的中小复合翼型/叶型气动设计与优化技术进行研究，具体包括：

（1）以 Wilson 设计法为理论基础，根据叶片的气动参数、翼型数据及强度刚度等机械性能的要求，结合实际加工流程，给出叶片优化设计中需要满足的约束条件；研究轮毂损失系数和叶尖损失系数的修正方法，得到更为合理的轴向诱导因子 $a$、切向诱导因子 $b$、叶尖损失系数 $F_t$、轮毂损失系数 $F_r$ 等气动参数。

（2）在研究区域风场风能特征的前提下，以年发电量最大为综合优化目标和以功率系数最大为气动优化目标，给出在气动约束条件和修形约束条件下的叶片优化设计方法；研究叶片气动外形设计中各项参数的优化方法，实现叶片每个截面具有较高的风能利用系数 $C_P$。

（3）基于风力发电叶片最佳翼形，进一步优化木质、玻璃钢等叶片材料抗结冰、抗剪、抗脆的工艺以及设计技术。

（4）研究中小型风力发电机叶片翼型失速控制、叶轮和发电机的最优匹配，开发针对西北村镇风资源条件下，用户分散应用的中小型高效风力发电设备。

最终机组实现了启动风速≤4m/s，额定功率 5kW，额定风速 11m/s，整机最高效率≥35%，叶片的设计安全系数≥1.15，最大抗风风速 60m/s 的性能参数要求。该中小型风力发电机组关键部件及整体实物图如图 8-7 所示。

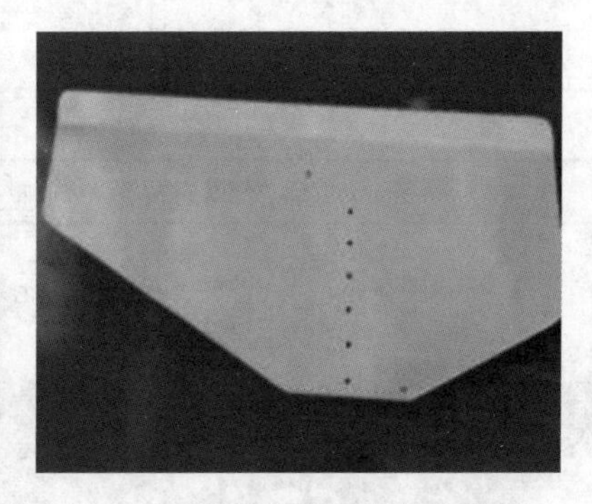

图 8-7　中小型风力发电机组关键部件及整体实物图

在水泉镇百姓大舞台附近安装了 2 台 5kW 中小型风力发电机组（图 8-8），风力发电机组参数如表 8-1 所示。

图 8-8　中小型风力发电机组现场照片

中小型风力发电机组参数　　表 8-1

| 参数 | 参数值 | 参数 | 参数值 |
| --- | --- | --- | --- |
| 额定功率 | 5kW | 工作风速 | 3～25m/s |
| 高度 | 9m | 噪声 | ≤70dB |
| 叶轮直径 | 5.5～6m | 安全风速 | 50m/s |
| 叶片材质 | 增强玻璃钢/木制 | 塔架高度 | 9m |
| 额定转速 | 200r/min | 主机类型 | 3-phase AC PM |
| 最大功率 | 7500W | 寿命 | ＞15a |
| 最大启动力矩 | ＜1.2（N·m） | 外壳材质 | 精铸钢 |
| 输出电压 | 220V | 定子材质 | N38SH 磁钢 |
| 启动风速 | 3.5m/s | 表面处理 | 镀锌，喷漆 |

### 8.3.3　抗风沙、抗冰雹、抗积雪的超高效异质结单晶太阳能电池组件

针对西北地区沙尘、积雪、低温等恶劣天气，结合太阳能发电与综合热利用系统的性能衰减特性，针对晶体硅电池中的多结构、多尺度，甚至是多带隙导致的复杂性问题，综合几何光学和波动光学理论构建具有普适性的跨尺度光学模拟方法，并结合实验手段，对超高效异质结电池的光学特性进行精准预测和调控，具体从以下方面对超高效异质结单晶太阳能电池发电效率进行了优化：

（1）非晶硅钝化清洗技术

在非晶硅钝化前，必须保证硅片表面具有比常规电池更高的清洁度，所以需要更加复杂的清洗工艺和更高等级的化学药品进一步处理硅片。对制绒后的硅片表面进行处理的步骤包括：

1）APM（SC-1）试剂处理：试剂由 $NH_4OH$、$H_2O_2$ 和 $H_2O$ 组成，清洗时的温度为 30～80℃。由于 $H_2O_2$ 的作用，硅片表面有一层自然氧化膜（$SiO_2$），呈亲水性，硅片表面和粒子之间可被清洗液浸透。由于硅片表面的自然氧化层与硅片表面的 Si 被 $NH_4OH$ 腐蚀，因此附着在硅片表面的颗粒便落入清洗液中，从而达到去除粒子的目的。在 $NH_4OH$ 腐蚀硅片表面的同时，$H_2O_2$ 又在氧化硅片表面形成新的氧化膜。

2）圆化处理：处理试剂主要为 $HNO_3$、HF 溶液，通过对硅片的缓慢腐蚀，使得制绒过程中形成的金字塔的底部尖锐部分被圆化处理，降低后续非晶硅沉积过程产生的应力。

3）HPM（SC-2）试剂处理：试剂由 HCl、$H_2O_2$、$H_2O$ 组成，清洗时的温度为 65～85℃，此过程用于去除硅片表面的 Fe、Mg 等金属。在室温下使用 HPM 试剂就能除去 Fe 和 Zn。

4）HF（DHF）试剂处理：使用 HF（DHF）试剂清洗时的温度为 20～25℃。DHF 可以去除硅片表面的自然氧化膜，因此，附着在自然氧化膜上的金属将被溶解到清洗液中，同时 DHF 抑制了氧化膜的形成。因此可以很容易地去除硅片表面的 Al、Fe、Zn、Ni 等金属，DHF 也可以去除附着在自然氧化膜上的金属氢氧化物。用 DHF 清洗时，在自然氧化膜被腐蚀掉时，硅片表面的硅几乎不被腐蚀。

（2）正面非晶（i/p）沉积与背面非晶（i/n）沉积技术

通过 PECVD 工艺在电池正面制作本征层（i 层）/p 型层非晶硅薄膜，形成电池的核心 PN 结。PECVD 的沉积法根据功率源所采用的频率可分为 RF（13.56MHz）和 VHF 甚高频技术（一般大于 30MHz）。甚高频 VHF-PECVD 的沉积过程，因增强了等离子有

效温度，降低电子轰击能量，能够达到高速度下的优质沉积。

（3）导电氧化层（TCO）制备工艺优化

该工艺步骤主要在电池正背面，非晶硅薄膜上镀上一层透明导电层，通过该层薄膜实现导电、减反射、保护非晶硅薄膜的作用。由于非晶硅的导电性较差，所以在 HJT 的制作过程中，在电极和非晶硅层之间加一层 TCO 膜可以有效地增加载流子的收集。透明导电氧化薄膜具有光学透明和导电双重功能，对有效载流子的收集起着关键作用，可以减少光的反射，起到很好的陷光作用，是很好的窗口层材料。

此外，对超高效异质结单晶硅太阳能组件的抗风以及抗压性能进行了优化：

（1）边框结构设计提升组件载荷技术

通过对组件边框的特殊结构设计，主要是边框截面尺寸进行特殊设计，以及组件背部增加加强筋的设计，来满足组件在大风/积雪条件下的载荷要求（图 8-9）。

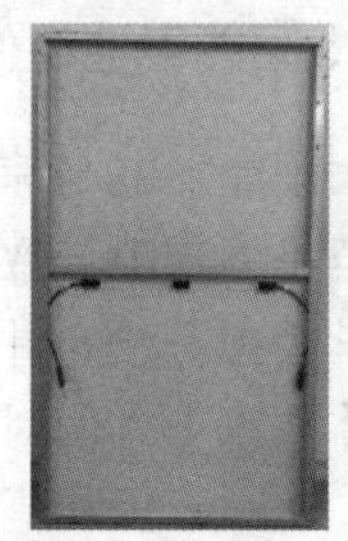

图 8-9　超高效异质结单晶硅太阳能组件背部加强筋设计及载荷实验

（2）半片低电流高功率组件技术

从技术角度看，半片电池技术，是使用激光切割法沿着垂直于主栅方向将电池片切成两个半片电池片后进行焊接串联。具体连接方式为：每 20 个半片串联，与另外一串 20 个半片并联，再整体与第二个这样的并联体串联，再与第三串串联，仍旧使用 3 个旁路二极管（图 8-10）。由于太阳能晶硅电池电压与面积无关，而功率与面积成正比，因此半片电池与整片电池相比电压不变，电流减半。为了与整片组成的组件有相同的电参数，在组件内部会进行电池片的串并联。半片电池技术可使组件电阻损耗减少 75%，组件功率增加 5～10W。同时由于减少了内部电流和内部损耗，组件及接线盒的工作温度下降，热斑几率及整个组件的损毁风险也大大降低，在组件户外工作状态下，半片组件自身温度比常规整片组件温度低 1.6℃左右，按照组件功率温度系数－0.42%/℃计算，同等条件下半片组件比整片组件功率输出高 0.672%，按普通组件功率 280W 估算，功率提高 1.88W。

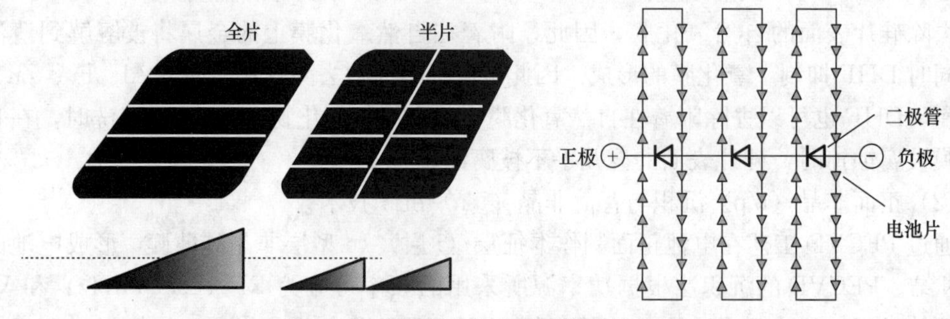


图 8-10　半片低电流高功率组件结构图

(3) 多主栅（MBB）组件技术

多主栅电池内栅线密化，电阻损耗降低。虽然电极变细使串联电阻提高，但多主栅技术通过增加栅线的数量，将栅线密化，减小了发射区横向电阻，同时通过增加栅线横截面积（减小栅线宽度，增加栅线高度），减小了导线电阻。每条主栅线承载的电流变少，电流在细栅上的路径变短，功率损耗得到了有效降低。

有效受光面积增大。更细更窄的主栅设计有效地减少了遮光面积，有效受光面积得到增大。多主栅电池与 5BB 电池相比遮光面积大约减少 3%。

圆形焊带的二次光反射效应增加电池光的吸收利用率。使用传统扁平/方形焊带时，焊带上方的入射光基本被反射而损失掉，而圆形焊带上方的入射光经过玻璃二次反射可被电池片有效吸收利用，从而提高光生载流子的收集率。多主栅电池测试分选及组件串焊工艺是多主栅组件实现产业化的关键。

多主栅组件可靠性提升。由于栅线密度增大，间隔变小，即使电池片出现隐裂、碎片，多主栅电池功损率也会减少，仍能继续保持较好的发电表现。同时，焊接后焊带在电池片上的分布更为均匀，分散了电池片封装应力，从而提升了电池片的机械性能。多主栅电池片采用 9/12 条栅线设计，增加了栅线对电流的收集能力，同时有效地降低了组件工作温度，提高组件长期发电性能，组件效率可提高 2.5%，功率可提升 5～10W。

通过集成抗风沙、抗冰雹、抗积雪的超高效异质结单晶硅太阳能电池成套制造工艺，最终可实现电池转换效率提高至 24.0%以上，最大抗风压 2400Pa，最大抗雪压 5400Pa。

本项目在培训中心 1 层厨房屋顶安装 40 块（80m$^2$）超高效异质结单晶硅太阳能电池异质结电池组件，总装机容量为 18k$W_p$，光伏组件参数和光伏组件安装位置图分别如表 8-2 和图 8-11 所示。

**光伏组件参数**　　**表 8-2**

| 序号 | 项目 | 内容 |
|---|---|---|
| 1 | 形式 | 超高效异质结单晶硅太阳能电池异质结电池组件 |
| 2 | 尺寸结构 | 2094mm×1038mm×35mm |
| 3 | 在 AM1.5、1000W/m$^2$ 的辐照度、25℃的电池温度下的峰值参数 | |
| | 标准功率 | 450W |
| | 峰值电压 | 41.36V |
| | 峰值电流 | 10.89A |
| | 短路电流 | 11.50A |
| | 开路电压 | 49.98V |
| | 系统电压 | 1000V |
| 4 | 峰值电流温度系数 | 0.017%/℃ |
| 5 | 峰值电压温度系数 | −0.34%/℃ |
| 6 | 短路电流温度系数 | 0.04%/℃ |
| 7 | 开路电压温度系数 | −0.29%/℃ |
| 8 | 温度范围 | −40～85℃ |
| 9 | 功率误差范围 | ±3% |

续表

| 序号 | 项目 | 内容 |
|---|---|---|
| 10 | 表面最大承压 | 5400Pa |
| 11 | 承受冰雹 | 直径 25mm 的冰球，试验速度 23m/s |
| 12 | 接线盒类型 | BOX07 |
| 13 | 接线盒防护等级 | IP65 |
| 14 | 电池片效率 | 17.8% |
| 15 | 组件效率 | 24.1% |
| 16 | 保证值 | 15.3% |
|  | 框架结构 | 铝合金 |
| 17 | 背面材料 | TPT |
| 18 | 质量 | 23.3kg |

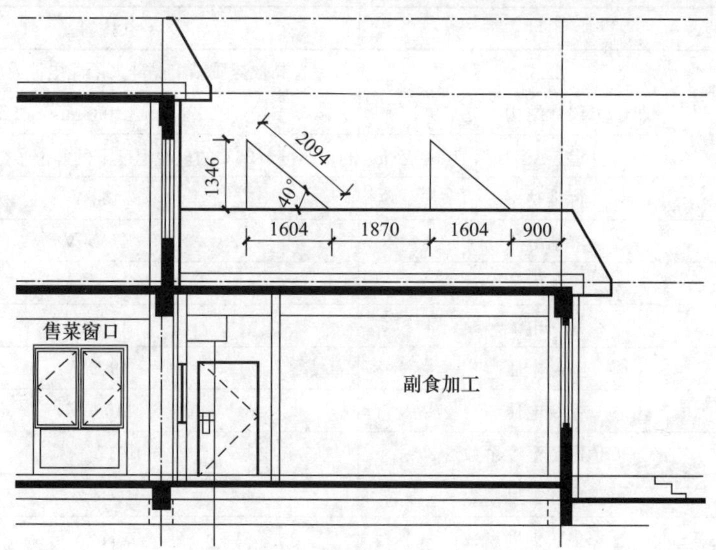


图 8-11　光伏组件安装位置图

光伏组件支架参数、现场应用图分别如表 8-3、图 8-12 所示。

光伏组件支架参数　表 8-3

| 序号 | 名称 | 规格 | 单位 | 数量 |
|---|---|---|---|---|
| 1 | 底座 | 三孔底座 | 个 | 90 |
| 2 | 四孔三角 | — | 个 | 90 |
| 3 | C 形支架 | 41cm×41cm×2.5cm（6m） | 支 | 59 |
| 4 | 单边压块 | 50mm 长度 | 套 | 140 |
| 5 | 双边压块 | 50mm 长度 | 套 | 60 |
| 6 | 螺栓 | 10mm×30mm | 套 | 500 |
| 7 | 螺栓 | 10mm×70mm | 套 | 100 |

图 8-12　光伏组件现场应用图

## 8.3.4　分布式太阳能光伏/光热复合发电产热技术及产品应用

针对目前圆管式热管型光伏光热一体化（PV/T）组件的热管冷却通道与光伏电池接触面积小，与热管未接触的光伏电池部分散热效果不佳，光伏电池存在温度分布不均匀现象，光伏电池温度直接影响到电池的本征载流子浓度、扩散长度（具体由迁移率和少子寿命表示）和吸收系数，随着温度上升，本征载流子将按指数形式增大，从而导致开路电压迅速下降。另一方面，温度的升高引起的迁移率和少子寿命的变化，改善了扩散长度和光谱响应宽度，使得更多的光能转化为电能，从而提高了短路电流。因此，不均匀的温度分布将导致电池内部的电压和电流差异以及电池之间的匹配失谐，从而影响系统的整体填充因子，改变光电转换效率。因此光伏电池温度分布不均也会造成电池的输出电压不一致，造成不必要的电能损失。针对该问题，以平板微阵热管代替传统的圆管式热管，提出了如图 8-13 所示的新型微阵热管式 PV/T 一体化组件。

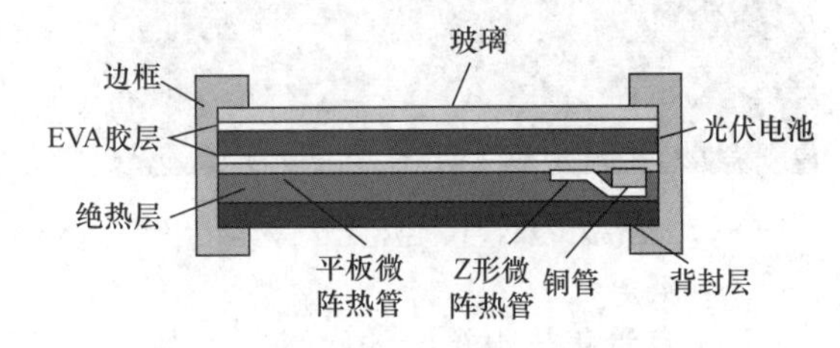


图 8-13　新型微阵热管式 PV/T 一体化组件结构图

该新型微阵热管式 PV/T 一体化组件自上而下包括具有透光和保护功能的玻璃层、被上下两层 EVA 胶层保护并夹在中间的光伏电池、作为组件主要的散热结构并位于光伏电池组件下方的平板微阵热管，平板微阵热管的一头为内通冷却水的铜管，铜管的下方为辅助换热的 Z 形微阵热管，最后以绝热层和背封层作为保护组件散热和防水防腐蚀。

新型微阵热管式 PV/T 一体化组件采用微阵热管作为组件的散热结构，以电池背部作为平板微阵热管的吸热段，内部介质通过吸收电池热量，蒸发成气体带到上部的冷凝段，铜管与平板微阵热管接触的部分为冷凝段，内部通水，平板微阵热管内部介质遇到铜管后降温变成液体回流至下部形成循环，铜管内循环水吸收平板微阵热管热量，从而实现太阳能光热利用。考虑到矩形铜管与组件接触面积不够，在平板微阵热管下部设置 Z 形微阵热管，Z 形微阵热管蒸发段与平板微阵热管冷凝段相连，冷凝段与铜管下表面相连，大大增加微阵热管与矩形铜管换热接触面积，利用 Z 形微阵热管辅助提升换热性能，提高组件光热效率。相较于传统的圆形热管式 PV/T 组件，该组件微阵热管与组件接触更充分，组件结构更紧凑，换热效果更好，提高了组件光热转换效率和光电转换效率。

新型微阵热管式 PV/T 一体化组件的样本制作流程如图 8-14 所示。

图 8-14　新型微阵热管式 PV/T 一体化组件样本制作流程

图 8-15　新型微热管式光热光伏一体化组件

在超高效异质结单晶硅太阳能电池组件背板处加装微热管式平板集热器（图 8-15），可在收集太阳能光伏组件背板热量的同时，提升光伏组件的发电效率。

本项目对水泉村培训中心厨房屋顶的 20 块光伏组件（40m$^2$）进行了光伏光热一体化建设（图 8-16）。为解决 PV/T 系统冬季防冻问题，在 PV/T 集热管内充注防冻液，通过与 500L 单盘管集热水箱内的水进行换热后，预计每天能够为培训中心提供 600L 的 40℃热水，主要用于解决培训中心厨房的生活热水需求。

另外，本项目选择水泉村 24 户农户，在每户农户屋顶安装 1.35kW 新型热管式光伏光热一体化组件，同时配备蓄电池、微型逆变器以及蓄热水箱，在解决农户基本用电需求的同时，为农户提供生活热水（图 8-17～图 8-19）。

图 8-16　培训中心光伏光热一体化组件现场应用照片

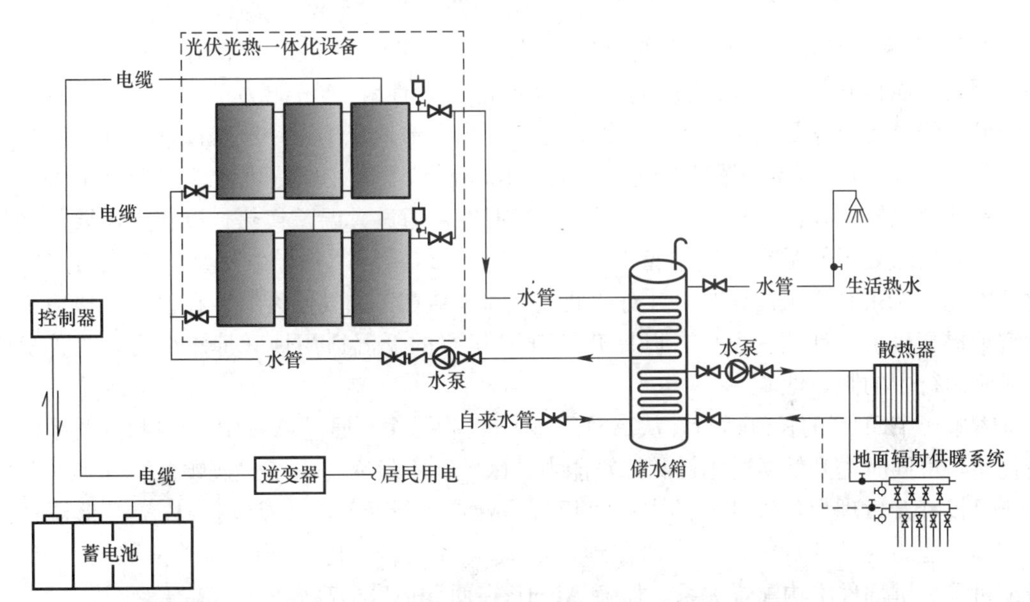


图 8-17　水泉村农户光伏光热一体化系统图纸

图 8-18　水泉村农户屋顶光伏光热一体化系统应用照片

图 8-19 水泉村农户光伏光热系统蓄电池、MPPT 控制器及蓄热水箱

### 8.3.5 超低温空气源热泵供暖设备

“低温”和“结霜”是制约空气源热泵（ASHP）在西北地区高效运行和稳定供热的关键因素，而提升机组蒸发温度是改善其低温适用性和抑霜能力的有效途径。目前，ASHP 的设计是以满足制热为目标的设计方法，为了节约成本，在额定设计工况（室外干球空气温度为－12℃/室外湿球空气温度为－13.5℃）下，往往尽可能地降低机组关键部件（室外换热器、风机等）配置，即降低蒸发温度，通过大温差换热，以获得需要的制热能力。当机组处于低温或严重结霜工况时，低温和结霜问题将导致机组制热能力严重恶化。因此，ASHP 机组设计时，针对“低温”和“结霜”的气候区域，在设计阶段应因地制宜地提高机组设计蒸发温度，以提升 ASHP 机组的低温适用性和抑霜能力，改善机组在实际运行中的制热性能。

着眼于 ASHP 的长效运行，从 ASHP 整体配置层面，通过 ASHP 本构配置关系的合理优化，可同时提升低温适用性和抑霜能力。因此，本研究提出了“兼顾低温和抑霜”的 ASHP 设计开发理念，该理念的主体思想就是：在进行 ASHP 设计时，以提升低温适用性和抑霜能力为设计目标，结合西北地区的气候特点，优化 ASHP 室外换热器、风机、压缩机等关键部件本构配置关系，保障 ASHP 在西北地区的高效使用。

新型 ASHP 热水机原理图如图 8-20 所示。该机组配置了一台变速压缩机，为了提升机组的低温适应性，采用了带经济器的补气增焓系统。所研发的新型 ASHP 机组设计目标和能效限值如表 8-4 所示。从表 8-4 中可以看出，在－25℃的超低温工况下，制热能力被设定为 7kW，并且其制热性能系数（*COP*）不低于 1.8。同时，设定 2℃（湿球温度为 1℃）的标准结霜工况下的结霜程度定位为一般霜，设定空气源热泵抑霜特征参数（*CICO*）的值为 $20\times10^6$ s/m，可以计算出对应的空气源热泵标准结霜工况温度差（$\Delta T_{sf}$）为 3.8℃。

新型 ASHP 热水机初始设定参数如表 8-5 所示。根据计算的 $\Delta T_{sf}$ 值，按照换热温差（$\Delta T$）与室外空气温度（$T_a$）之间的关系，计算－25℃工况下换热温差（$\Delta T_{-25}$）为 1℃，进而确定－25℃工况下的蒸发温度（$T_e$），机组的供水温度 $T_{ws}$ 设定为 41℃。此外，根据相关的设计经验，其他的初始参数，包括冷凝温度（$T_{con}$）、过冷度温度差（$\Delta T_{sc}$）、过热度温度差（$\Delta T_{sh}$）、循环热水温度差（$\Delta T_w$），可分别被假定为 46℃、5℃、5℃和 5℃。

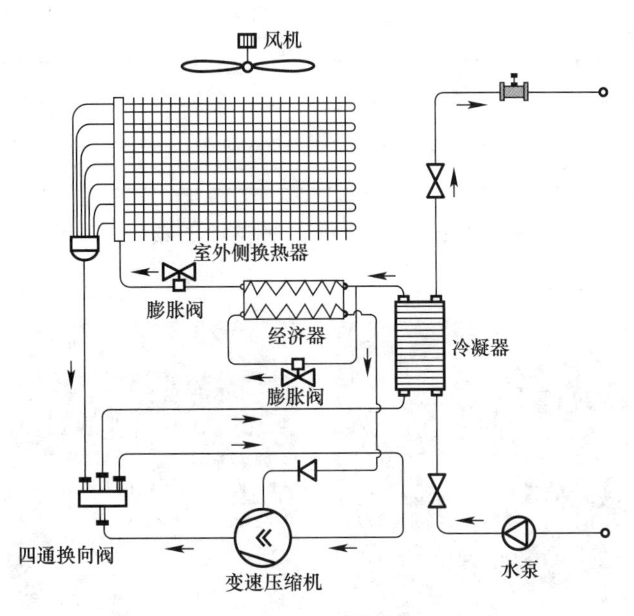


图 8-20　新型 ASHP 热水机原理图

**新型 ASHP 热水机设计目标和能效限值**　　**表 8-4**

| — | 工况/参数 | 单位 | 设计目标值和能效限值 |
|---|---|---|---|
| 工况 1 | 超低温工况 | ℃（DB/WB） | −25/— |
| | 超低温制热能力 | — | 7 |
| | *COP* | — | ≥1.8 |
| 工况 2 | 标准结霜工况 | ℃（DB/WB） | 2/1 |
| | *CICO* | s/m | $20\times10^6$ |
| | $\Delta T_{sf}$ | ℃ | 3.8 |

**新型 ASHP 热水机初始设定参数**　　**表 8-5**

| 序号 | 参数 | 单位 | 值 |
|---|---|---|---|
| 1 | $T_{con}$ | ℃ | 46 |
| 2 | $\Delta T_{sc}$ | ℃ | 5 |
| 3 | $\Delta T_{sh}$ | ℃ | 5 |
| 4 | $T_{ws}$ | ℃ | 41 |
| 5 | $\Delta T_{w}$ | ℃ | 5 |

对流换热系数 $h_c$ 的取值为 25W/(m$^2$·℃)，然后根据表 8-5 中的假定值以及计算值，压缩机、室外换热器以及室外风机的设计参数［压缩机额定转速（$n_{rc}$）、压缩机行程容积（$V_0$）、空气源热泵机组室外换热器面积（$F_c$）、室外风机风量（$G$）］可以分别被计算，详细的计算数值如表 8-6 所示。

**新型热水机额定条件下的设计参数**　　**表 8-6**

| 序号 | 参数 | 单位 | 值 |
|---|---|---|---|
| 1 | $n_{rc}$ | r/s | 70 |
| 2 | $V_0$ | m$^3$/r | $4.24\times10^{-5}$ |

续表

| 序号 | 参数 | 单位 | 值 |
|---|---|---|---|
| 3 | $F_c$ | $m^2$ | 65 |
| 4 | $G$ | $m^3/s$ | 2.5 |

新型 ASHP 热水机实物图如图 8-21 所示。所设计的新型 ASHP 热水机的关键部件配置信息如表 8-7 所示。

图 8-21　新型 ASHP 热水机实物图

**新型 ASHP 热水机关键部件配置信息　　表 8-7**

| 关键部件 | 参数或类型 | 值或详情 |
|---|---|---|
| 压缩机 | 数量（个） | 1 |
| | 类型 | 转子 |
| | 额定转速（r/s） | 70 |
| | 行程容积（$m^3/r$） | $4.24\times10^{-5}$ |
| | 制冷剂 | R410A |
| 室外换热器 | 数量（个） | 1 |
| | 翅片类型 | 亲水波纹翅片 |
| | 尺寸（宽×高×厚）（mm） | 1550×750×80 |
| | 翅片厚度（mm） | 0.1 |
| | 翅片间距（mm） | 1.8 |
| | 管径（mm） | 7 |
| | 管距（mm） | 25 |
| | 排数（排） | 3 |
| | 换热面积（$m^2$） | 65 |
| 室外风机 | 数量（个） | 2 |
| | 类型 | 无刷直流 |
| | 风量范围（$m^3/s$） | 0～2.5 |
| | 额定风量（$m^3/s$） | 2.5 |

变速压缩机、室外换热器及室外侧风机的详细规格如下：

（1）变速压缩机详细的规格

根据表 8-6 中计算的压缩机设计参数 $V_0$ 和 $n_{rc}$，最终确定了 1 台转子式变速压缩机，其转速范围为 30～90r/s，采用的制冷剂为 R410A。

（2）室外换热器详细的规格

为了能满足额定条件下设计的室外换热面积，并兼顾室外换热器结构尺寸的合理性以及降低化霜水残留的影响，选用平翅片的翅片换热器，其中，翅片间距为 0.18mm，翅片厚度为 0.1mm，管排数为 4 排，且管径和间距分别为 7mm、25mm，最终确定的室外换热器尺寸（宽×高×厚）为 1550mm×750mm×80mm。

（3）室外侧风机详细的规格

参考风机额定工况下的设计风量，本次设计的室外风机选用 2 个直流无刷变速轴流风机，风机的额定风量为 2.5$m^3$/s。

在培训中心北侧安装 3 台 11.8kW 制热量低温空气热泵机组，与培训中心地暖系统相连，为培训中心大楼提供热源。此外，通过风光互补发电系统为空气源热泵提供电力供应，低温空气源热泵机组安装位置及风光互补发电驱动空气源热泵供暖系统设备清单分别如图 8-22 和表 8-8 所示，低温空气源热泵供暖系统现场应用则如图 8-23 所示。

图 8-22　低温空气源热泵安装位置示意图

**风光互补发电驱动空气源热泵供暖系统设备清单**　　**表 8-8**

| 设备名称 | 型号/参数 | 数量 | 备注 |
| --- | --- | --- | --- |
| 超低温空气源热泵机组 | 11.8kW 制热量 | 3 | 380V |
| 热水循环泵 | 15m 扬程，7.8$m^3$/h | 4 | — |
| 逆变器（三相） | 20kVA | 2 | 380V |
| 整流器（三相） | 25kVA | 1 | 380V |
| 整流器（带蓄电池充电功能） | 25kVA | 1 | — |
| 太阳能能量控制器 | 10kW | 1 | — |
| 配电箱 | 定制，带直流断路器 | 1 | — |
| 铅碳蓄电池 | 12V，100A | 40 | — |

图 8-23　低温空气源热泵供暖系统现场应用

## 8.4　跟踪监测与数据分析

### 8.4.1　中小型风力发电机组发电系统监测结果与分析

（1）监测仪器与监测方案

1）监测仪器

图 8-24　智能电参数测试仪外观图

① 智能电参数测试仪

仪器主要功能：智能电参数测量仪（图 8-24）是集电压测试、电流测试、功率测试、功率因数测试于一体的多功能测量仪。内部采用单片机，是一种智能式电工仪表。仪器具体参数如表 8-9 所示。

智能电参数测试仪具体参数　　表 8-9

| 项目 | 测量范围 | 基本误差 |
|---|---|---|
| 交流电压 | 5～500/600V | ±（0.4%读数+0.1%量程） |
| 直流电压 | 5～400V | ±（0.4%读数+0.1%量程） |
| 交流电流 | 0.005～20A | ±（0.4%读数+0.1%量程） |
| 直流电流 | 0.005～20A | ±（0.4%读数+0.1%量程） |
| 小电流 | 0.5～2000mA | ±（0.4%读数+0.1%量程） |
| 小功率 | 0.01～800W | ±（0.4%读数+0.1%量程） |
| 功率 | 0.01～8000W | ±（0.4%读数+0.1%量程） |
| 功率因数 | 0～1.000 | ±［0.004+（0.001/读数）］ |
| 频率 | 45～400Hz | ±［0.2Hz+（0.1/读数）］ |

② 物联网气象环境站

一种物联网气象环境站（图 8-25），它采用了先进的超声波测风、光学测雨、电化学测气体等技术，将高性能的数据采集与各种环境因子传感器融为一体，与现代物联网云端服务器技术完美结合。其可以测量风向、风速、温湿度、太阳辐射、雨量和气压，还可以扩展测量大气中的粉尘及危害人体健康的各种气体参数。其测量参数表如表 8-10 所示。

物联网气象环境站测量参数表　　表 8-10

| 名称 | 测量范围 | 分辨率 | 误差 |
|---|---|---|---|
| 环境温度 | −50～80℃ | 0.1℃ | ±0.1℃ |
| 相对湿度 | 0～100% | 0.1% | ±2% |
| 露点温度 | −40～50℃ | 0.01℃ | ±0.2℃ |
| 超声波风向 | 0°～360° | 3° | ±3° |
| 超声波风速 | 0～70m/s | 0.1m/s | ±0.3m/s |
| 降水量 | 0～999.9mm | 0.01mm | ±0.4mm |
| 总辐射强度 | 0～2000W/$m^2$ | 1W/$m^2$ | ≤5% |
| 紫外线强度 | 0～500W/$m^2$ | 1W/$m^2$ | ≤5% |
| 大气压力 | 500～1060hPa | 0.11hPa | ±0.3hPa |
| 二氧化碳质量浓度 | 0～2000mg/L | 0.1mg/L | ±20mg/L |
| $PM_{2.5}$ 质量浓度 | 0～1000 μg/$m^3$ | 1 μg/$m^3$ | ±10% |
| $PM_{10}$ 质量浓度 | 0～1000 μg/$m^3$ | 1 μg/$m^3$ | ±10% |
| 照度 | 0～20 万 lx | 10lx | ±5% |
| 直接辐射强度 | 0～2000W/$m^2$ | 1W/$m^2$ | ≤5% |
| 日照时数 | 0～24h | 0.1h | ±0.1h |

图 8-25　物联网气象环境站外观图

2）监测方案

机组的现场测试方案参考《小型风力发电机组 第 2 部分：试验方法》GB/T 19068.2—2017。机组根据使用说明书进行安装，机组轮毂安装在 10m 高度处，为了使风速计、风向仪及其支撑构件对风轮的尾流影响最小，安装在距风轮至少 3m 的位置。风速计的安装使其在轮毂高度下方 1.5 倍风轮直径水平高度之上的截面积最小。气温和压力传感器应安装在轮毂下方至少 1.5 倍风轮直径处。

测试时间为 2022 年 5 月 7 日～6 月 10 日，测试期间仪器均全天候开放并记录数据。智能电参数测试仪的数据采集间隔为 1s，监测点位置设置在风力发电机负载端与卸荷端，测试两者的电力电压以及电功率；小型气象站设置在房顶上，数据连续采集，数据上传平台间隔为 1min，检测数据有试验地的温湿度，风速、风向等。

（2）监测结果与分析

测试期间进行了日平均风速和小时平均风速记录，分别如下。

测试期间日平均风速如图 8-26 所示。

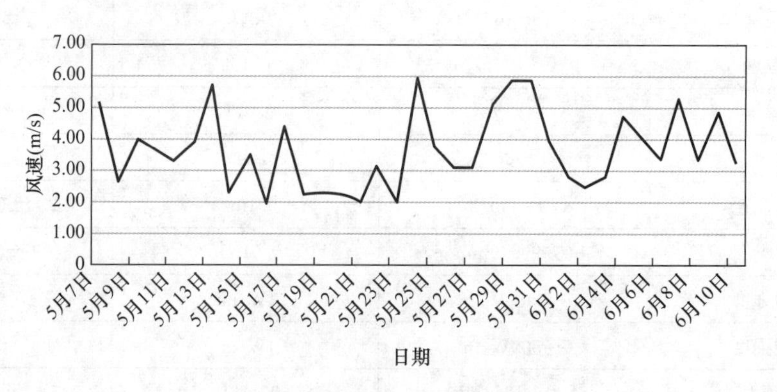


图 8-26　测试期间日平均风速

测试期间小时平均风速如图 8-27 所示。

从测试期间数据可以看出在 2020 年 5 月 13 日风速大于等于 4m/s 的持续时间较长，而风电机组的启动风速小于等于 4m/s，能够满足设计启动要求。

对测试期间数据采用比恩法进行整理，发现该风电机组在风速为 3.99m/s 时已经启动，发始发电并且有输出功率，随着风速增大，发电功率也随之升高。在风速为 10.60m/s 时，输出功率达到 5kW，满足设计要求。具体测试数据如表 8-11 所示。

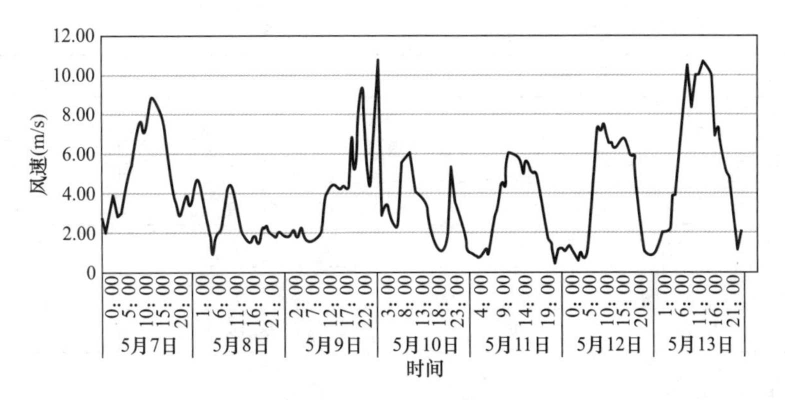


图 8-27　测试期间（2022 年 5 月 7 日～13 日）小时平均风速分布

**中小型风力发电机组测试数据**　　　　**表 8-11**

| 风速（m/s） | 功率（kW） | 电流（A） | 电压（V） |
|---|---|---|---|
| 3.99 | 0.27 | 5.39 | 50.73 |
| 4.41 | 0.39 | 6.49 | 59.77 |
| 4.80 | 0.55 | 7.67 | 71.47 |
| 5.18 | 0.74 | 8.82 | 84.16 |
| 5.55 | 0.96 | 9.92 | 96.72 |
| 5.90 | 1.19 | 10.98 | 108.64 |
| 6.24 | 1.44 | 12.01 | 119.79 |
| 6.57 | 1.69 | 13.01 | 130.05 |
| 6.89 | 1.96 | 13.99 | 139.88 |
| 7.20 | 2.23 | 14.93 | 149.14 |
| 7.51 | 2.50 | 15.81 | 158.13 |
| 7.81 | 2.78 | 16.65 | 167.06 |
| 8.12 | 3.06 | 17.40 | 175.72 |
| 8.42 | 3.34 | 18.10 | 184.44 |
| 8.72 | 3.62 | 18.74 | 193.04 |
| 9.03 | 3.90 | 19.34 | 201.39 |
| 9.34 | 4.17 | 19.93 | 209.42 |
| 9.65 | 4.45 | 20.52 | 216.83 |
| 9.97 | 4.71 | 21.12 | 223.17 |
| 10.28 | 4.98 | 21.81 | 228.45 |
| 10.60 | 5.25 | 23.02 | 227.88 |
| 10.93 | 5.50 | 23.97 | 229.52 |
| 11.28 | 5.74 | 25.50 | 225.22 |
| 11.63 | 5.97 | 25.64 | 232.92 |
| 12.00 | 6.18 | 27.03 | 228.48 |
| 12.39 | 6.36 | 27.20 | 233.75 |

续表

| 风速（m/s） | 功率（kW） | 电流（A） | 电压（V） |
|---|---|---|---|
| 12.79 | 6.50 | 28.31 | 229.77 |
| 13.21 | 6.61 | 28.94 | 228.44 |
| 13.64 | 6.66 | 28.56 | 233.11 |
| 14.08 | 6.64 | 28.36 | 234.16 |
| 14.50 | 6.56 | 28.96 | 226.37 |
| 14.90 | 6.39 | 28.16 | 227.10 |

### 8.4.2 分布式光热光伏一体化热电联供系统监测结果与分析

（1）监测仪器与监测方案

为了分析本项目新型PV/T组件的实际运行效果，构建了太阳能光伏光热一体化组件性能测试系统，针对水泉村农户安装的PV/T组件进行性能测试。

1）监测仪器

监测仪器汇总如表8-12所示。

**监测仪器汇总** **表8-12**

| 监测仪器名称 | 规格 | 外观图 |
|---|---|---|
| PZ直流电表 | 直流电压上限为220V，<br>直流电流上限为20A | |
| 浸入式水温度传感器 | 量程为−20～120℃，误差为±0.2℃ | |
| 热电偶 | 量程为−120～150℃，误差为±0.5℃ | |

续表

| 监测仪器名称 | 规格 | 外观图 |
|---|---|---|
| 电磁流量计 | 量程为 1～10$m^3/h$，精度为 0.5$m^3/h$ | |
| 室外温湿度自记仪 | 温度：量程为－20～120℃，误差为±0.2℃；<br>相对湿度：量程为 0～100%，误差为±3% | |
| 太阳总辐射传感器 | 量程为 0～2000$W/m^2$，误差≤5% | |
| 数据采集器 | — | |

2）监测方案

本项目工程中农户的太阳能 PV/T 系统组件安装在屋面上，部分农户在原有 PV 板后直接加装热管集热，部分农户则直接安装 PV/T 组件。综合服务培训中心设置了 20 块 PV/T 组件，20 块 PV 组件。太阳能 PV/T 集热部分与集热水箱、循环水泵以及流量计等构成一个光热系统。循环水泵为整个循环回路提供动力，使循环水进入 PV/T 系统组件集热部分，并进行换热，进而使得水温不断升高。

本次测试时间为 2022 年 9 月 1 日～9 月 30 日，监测测试期内室外温度及太阳辐射强度变化，PV/T 系统组件光电效率和光热效率情况，进而了解 PV/T 系统组件发电量、集热量等参数。

(2) 监测结果与分析

1) 室外环境温度和太阳辐射强度参数实测

整个测试期(9月1日~9月30日)及9月5日的室外环境温度和太阳辐射强度随日期(或时间)变化情况分别如图8-28和图8-29所示。

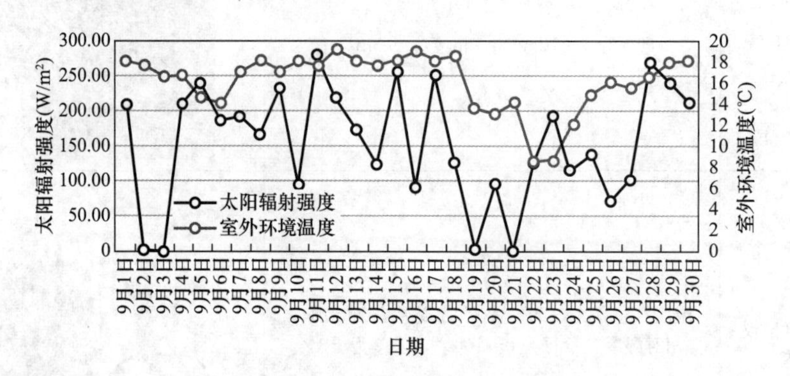


图8-28 9月1日~9月30日室外环境温度和太阳辐射强度随日期变化情况

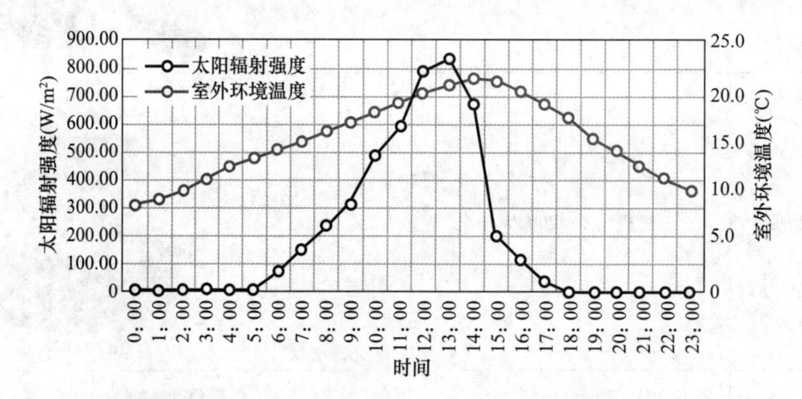


图8-29 9月5日室外环境温度和太阳辐射强度随时间变化情况

在一天之中,太阳辐射强度从8:00左右开始先增加,并在13:00左右达到其峰值,然后开始下降,在18:00之后基本降为0。环境温度也是随着时间的推移先增加,在14:00左右达到峰值,然后缓慢下降。9月5日当天最高太阳辐射强度为832.14W/m²,当日最高气温为21.2℃;在整个测试期(9月1日~9月30日),太阳辐射强度波动较大,主要是与当天的温度及大气情况有关。

2) 组件温度

整个测试期(9月1日~9月30日)PV/T组件温度随日期变化情况如图8-30所示,由于9月2号、9月3号、9月19号等属于阴雨天气,暂无测试数据外,其他时间内的组件温度的变化情况均与当天的太阳辐射强度有关,整个测试期内组件的最高温度为67.9℃,组件的整体平均温度为52.7℃。

9月5日PV/T组件温度随时间变化情况如图8-31所示。PV/T组件温度变化趋势为随时间推移先升高后降低,在12:30~13:30期间达到最高值。PV/T组件温度降低速率快,这是因为其没有冷却换热通道,它的温度受太阳辐射强度及环境温度影响显著。PV/T组件的平均温度为52.9℃,组件的温升相对比较缓慢,在13:15左右达到组件最高温度 63.56℃，PV/T 组件温度达到最高值后随着时间的推移缓慢下降。

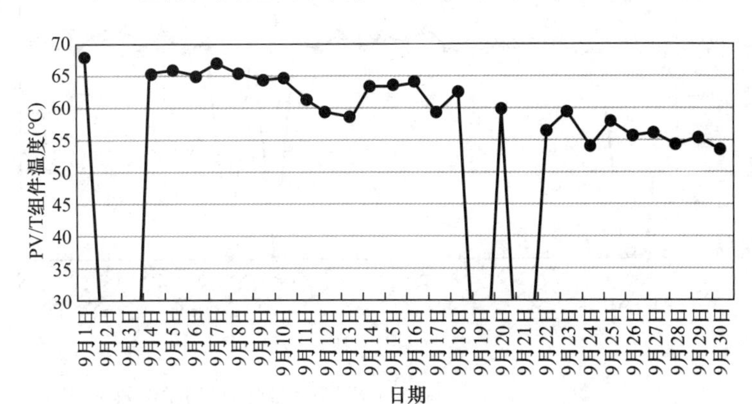


图 8-30　9 月 1 日～9 月 30 日 PV/T 组件温度随日期变化情况

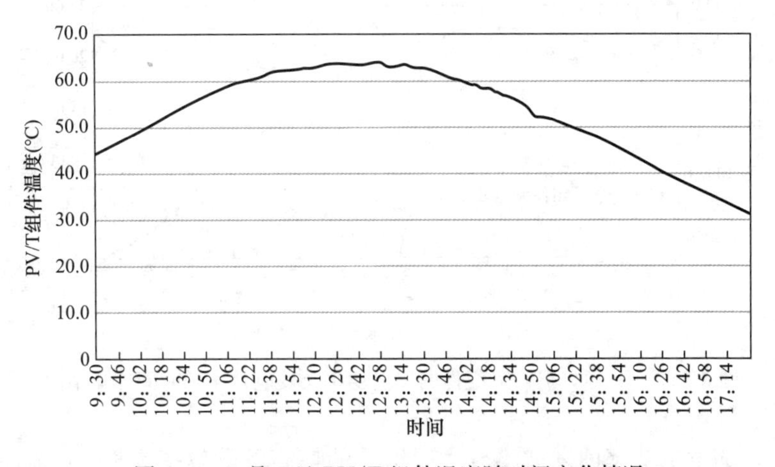


图 8-31　9 月 5 日 PV/T 组件温度随时间变化情况

3）组件发电功率及效率

图 8-32、图 8-33 及图 8-34 为 9 月 1 日～9 月 30 日 PV/T 组件的日均发电量和发电效率以及 9 月 5 日 PV/T 组件的发电效率和发电功率随时间变化情况。

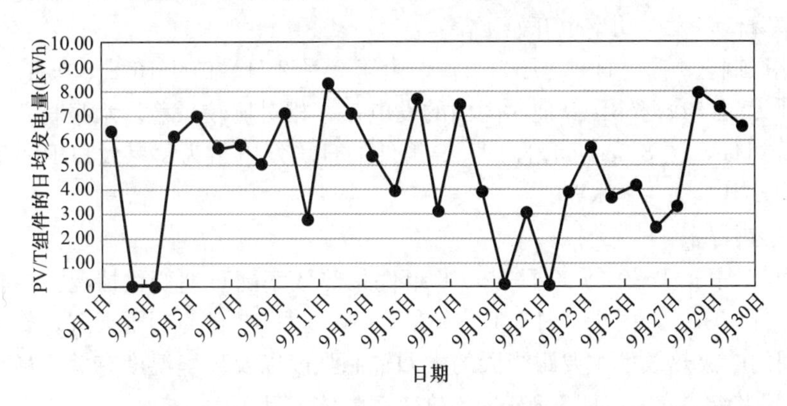


图 8-32　9 月 1 日～9 月 30 日 PV/T 组件的日均发电量

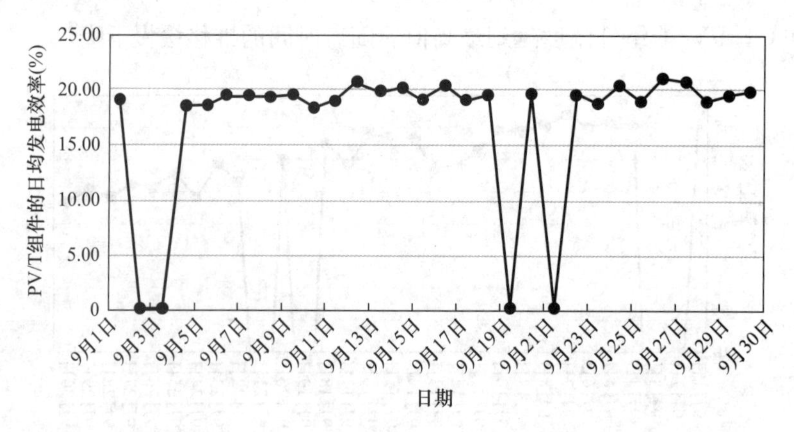


图 8-33 9 月 1 日～9 月 30 日 PV/T 组件的日均发电效率

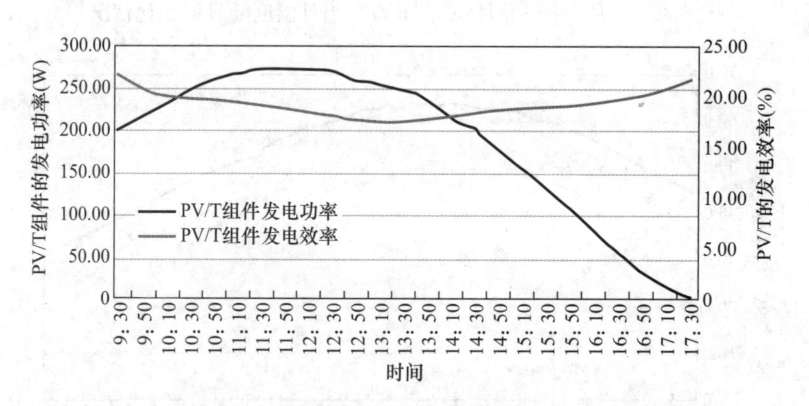


图 8-34 9 月 5 日 PV/T 组件的发电功率及发电效率随时间变化情况

PV/T 组件的发电效率前期波动较大，组件的最高发电效率为 21.96%，平均发电效率为 19.05%。从测试开始至 13：30 期间，组件发电效率呈现下降趋势，这是因为组件温度升高所导致的发电效率降低，13：30～16：00 期间，组件发电效率有稍许上升，这是因为组件温度已经开始下降，组件发电效率有上升趋势。组件发电功率趋势先增加后降低，在 12：30 左右发电功率达到最大值，后随着太阳辐射强度的增加，组件表面温度升高，发电效率降低，发电功率也开始下降。

在整个测试期（9 月 1 日～9 月 30 日），由于 9 月 2 日、9 月 16 日、9 月 18 日等属于阴雨天气，暂无测试数据外，其他时间内的发电效率相对比较平稳。水泉村每家农户设置了 3 块 PV/T 组件，图 8-35 所示的 PV/T 组件的日均发电量为每家农户 PV/T 组件的总发电量，平均发电量为 4.83kWh。

4）组件集热效率

图 8-35 为 9 月 1 日～9 月 30 日 PV/T 组件集热效率随日期变化情况。在整个测试期（9 月 1 日～9 月 30 日），由于 9 月 2 日、9 月 3 日、9 月 19 日为阴雨天气，暂无测试数据外，其他时间内的集热效率主要跟当天的太阳辐照强度以及环境温度有关，最高集热效率为 23.77%。平均集热效率为 17.8%，集热效率整体波动不大。

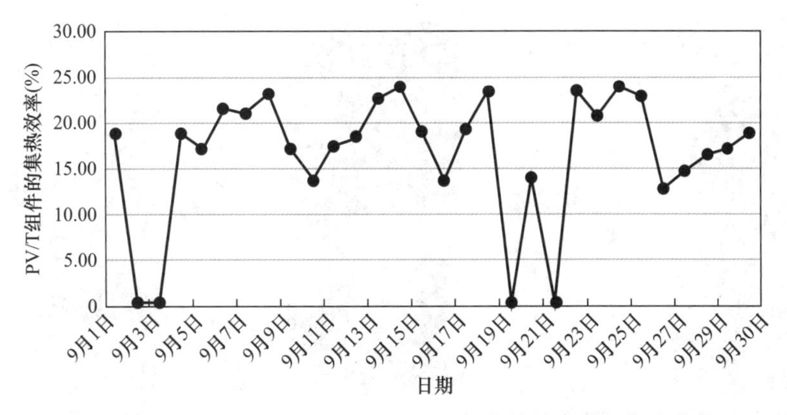


图 8-35　9 月 1 日～9 月 30 日 PV/T 组件集热效率随日期变化情况

### 8.4.3　新型双高效超低温空气源热泵供暖系统监测结果与分析

（1）监测仪器与监测方案

为了全面的揭示新型机组的运行性能，针对该测试系统，搭建了比较完善的全自动监控系统，下位机实物图如图 8-36 所示。按照图 8-37 所示测试系统原理图中的点位布置，分别在机组的室外空气侧布置了温湿度传感器，制冷剂侧布置了温度传感器，热水侧布置了温度传感器和电磁流量计，并安装了功率传感器，现场主要测试设备实物图如图 8-38 所示。

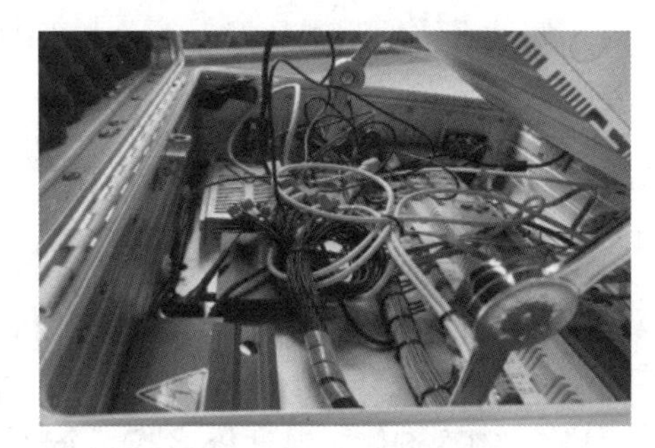

图 8-36　下位机实物图

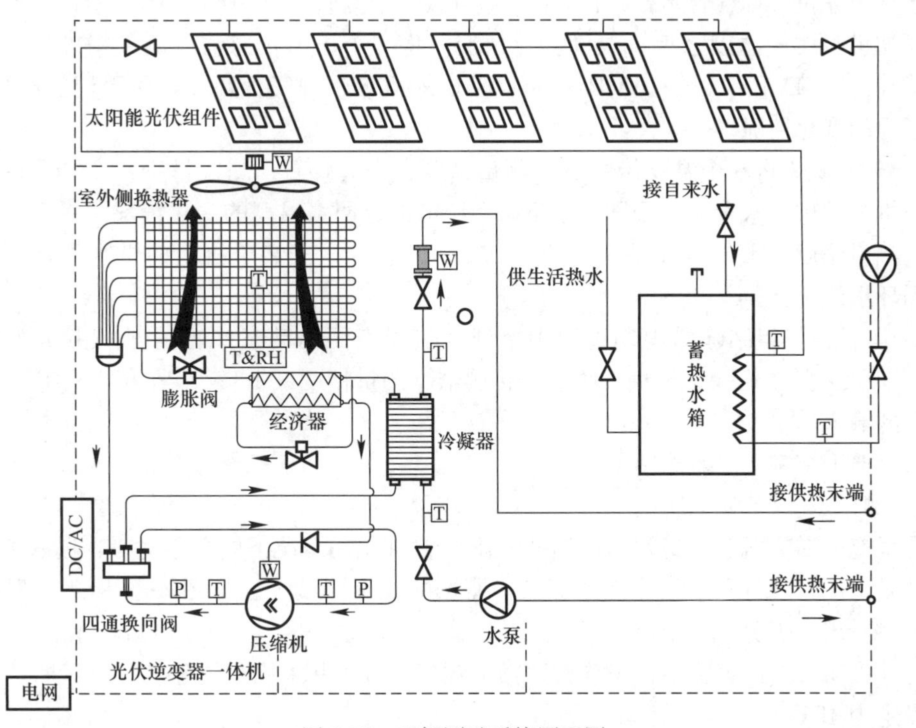


图 8-37　现场测试系统原理图

T—温度传感器；M—电磁流量计；T&RH—温湿度传感器；W—功率传感器；P—压力传感器；DC/AD—逆变器

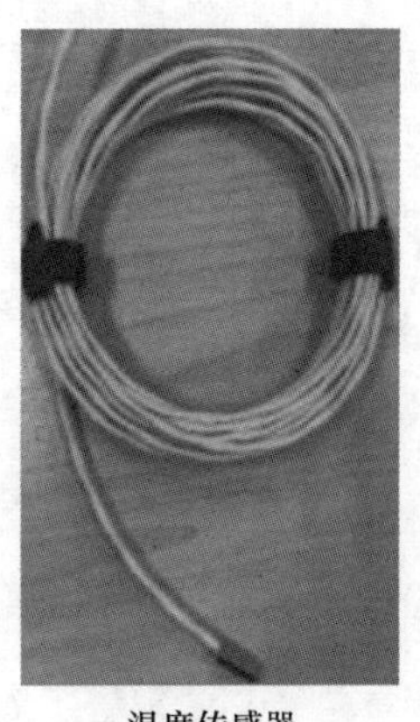

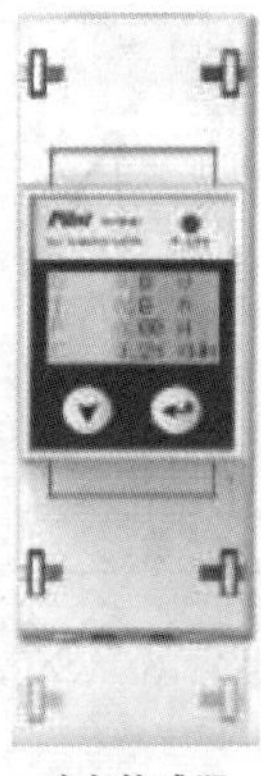

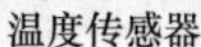

温度传感器　　功率传感器　　电磁流量计　　温湿度传感器

图 8-38　现场主要测试设备实物图

测试系统的测试数据由上位机管理软件自动记录并存储，记录时间间隔为 1min。主要测试参数和设备如下：

1）室外空气侧。温湿度传感器 1 个（测量精度：温度为±0.15℃，相对湿度为±3.5%；测试量程：温度为－20～70℃，相对湿度为 0～100%），分别监测室外环境温度、相对湿度变化情况。

2）室内空气侧。温湿度传感器 1 个（测量精度：温度为±0.15℃，相对湿度为±3.5%；测试量程：温度为－20～70℃，相对湿度为 0～100%）。

3）制冷剂侧。温度传感器 4 个（测量精度：±0.15℃；测试量程：－40～140℃），2 个安装于压缩机吸排气管路，2 个安装于室外换热器盘管上（中部 1 个，下部 1 个），用于监测压缩机吸排气温度、盘管温度变化情况。将 2 个压力传感器（测量精度：±0.4%；测试量程：0～4MPa，0～2.5MPa）布置于压缩机吸、排气管路上，用于记录压缩机吸、排气压力的变化情况。

4）热水侧。将 6 个温度传感器（测量精度：±0.15℃；测试量程：－40℃～140℃）安装在机组的供回水管上，分别用于记录系统的供、回水温度的变化情况。将 1 个电磁流量计（测量精度：±0.5%；测试量程：0.5～10m$^3$/h）安装于机组的供水管路上，用于监测循环水流量。

5）其他。机组结除霜周期过程中室外换热器表面的动态结霜情况则由 1 个摄像头（150 万像素）拍摄记录。利用 3 个功率传感器（测量精度：±1%）监测 ASHP 机组和循环水泵的输入功率。

（2）典型结霜工况监测结果

1）测试工况

为了充分揭示新型双高效超低温 ASHP 产品在结霜工况下的抑霜优势，选取了 3 个典型的结霜工况，进行了结除霜性能测试。所选的 3 个测试工况如图 8-39 所示，根据结霜图谱可以看出，工况 1 位于重霜区，工况 2 位于一般结霜区，工况 3 位于轻霜区。

此外，所有测试工况中机组均按照额定频率运行，并采用相同除霜控制策略，出水温度均设定为 45℃。

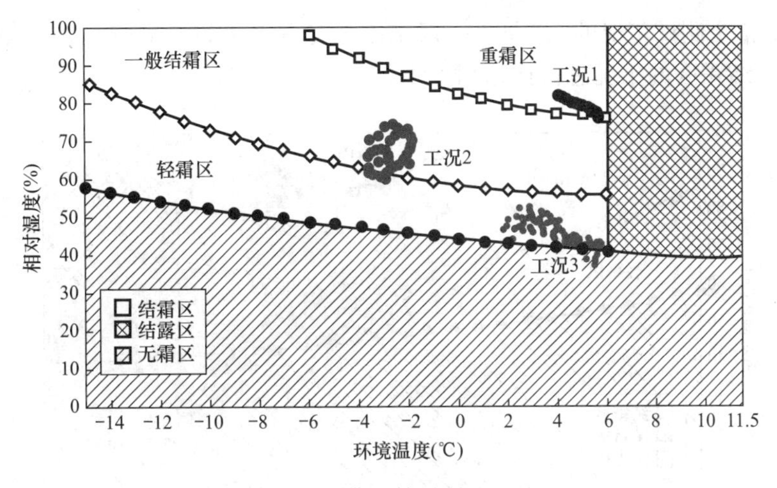


图 8-39　典型结霜测试工况

2）测试结果分析

典型结霜测试工况除霜前图像和结霜时间如图 8-40 所示。由图 8-40 可以看出，重霜工况（工况 1）下新型机组除霜前，室外换热器表面霜层在中上部和底部，并未完全覆盖室外换热器，结霜程度表现为一般结霜；一般结霜工况（工况 2）下该机组除霜前，室外换热器表面结霜程度表现为轻霜；轻霜工况（工况 3）下表现为无霜。从除霜前换热器表面结霜程度看，该机组较常规机组结霜程度降低。

此外，由图 8-40 可知工况 1、工况 2 和工况 3 下机组的结霜时间分别为 109min、114min、—（未除霜），较推荐的结霜时间均得到延长，该结果也进一步说明该机组的结霜速率降低。

| 工况 | 工况1 | 工况2 | 工况3 |
|---|---|---|---|
| 除霜前结霜图像 |  |  |  |
| 结霜时间 | 109min | 114min | —(未除霜) |
| 推荐结霜时间$t$ | $t$≤30min(重霜) | 30min≤$t$≤90min(一般结霜) | 90min≤$t$≤150min(轻霜) |

图 8-40　典型结霜测试工况除霜前图像和结霜时间

（3）典型低温工况监测结果

1）测试工况

为了进一步揭示新型双高效超低温 ASHP 机组工程应用的节能优势，于 2021～2022 年供暖季期间对该机组进行了长达 38d 的现场运行性能测试。测试期间室外温度和相对湿度在结霜图谱上的分布规律如图 8-41 所示。结合分区域结霜图谱，可以看到测试期间重霜工况占到了整个测试工况的7.8%，一般结霜工况占比达到了13.1%，轻霜工况占比达到了19.3%，结霜区的工况总占比达到了40.3%。

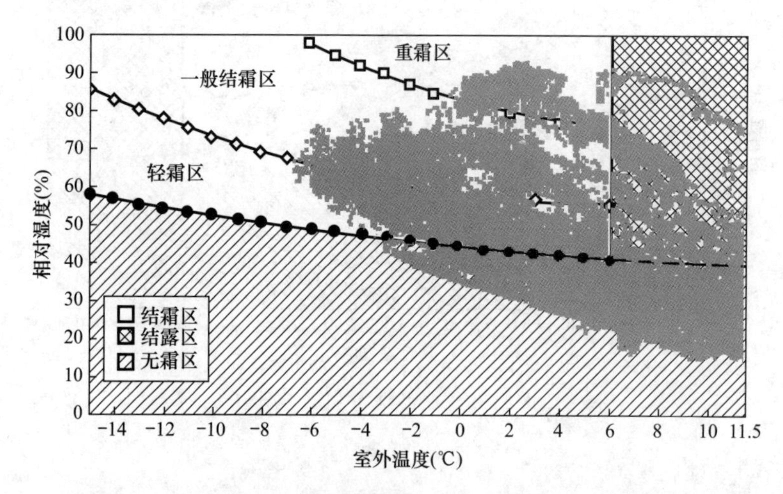


图8-41 测试期间室外温度和相对湿度在结霜图谱上的分布规律

此外，测试期间室外日均温度和相对湿度的变化规律如图8-42所示。可以看到，室外日均温度和相对湿度呈现出反向的变化规律，整个测试期间室外日均温度和相对湿度分别在−1.85～15℃和24.4%～81.3%之间波动，平均室外温度达到了5.7℃，平均相对湿度达到了45.8%，详细信息如表8-13所示。

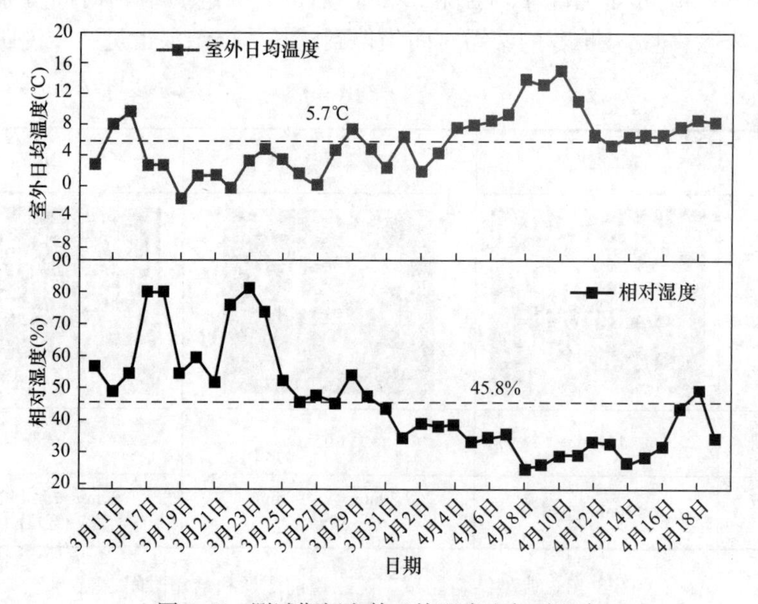


图8-42 测试期间室外日均温度和相对湿度

测试期间室外日均温度和相对湿度变化范围及平均值 表8-13

| 环境温湿度 | 范围 | 平均值 |
| --- | --- | --- |
| 室外日均温度（℃） | −1.85～15 | 5.7 |
| 相对湿度（%） | 24.4～81.3 | 45.8 |

2）测试结果分析

如图 8-43 所示，为该机组的长期测试结果，包括室内温度 $T_n$、单位面积制热量 $q_0$、供回水温差 $\Delta T$ 及 $COP$ 等关键参数的测试结果。由图 8-43 可以看出，测试期间机组的室内平均温度达到 25.33℃，平均供回水温度差为 4.16℃。随着室外温度的升高，负荷率逐渐下降，但供回水温差保持相对稳定，进而导致室内温度在测试后半段时间偏高。此外，整个测试期间机组平均 $q_0$ 达到了 21.43W/m²，平均 $COP$ 达到 3.34。由此可见，机组低温性能和抑霜性能的提升，能使得机组拥有良好的长期持续供热能力和性能。

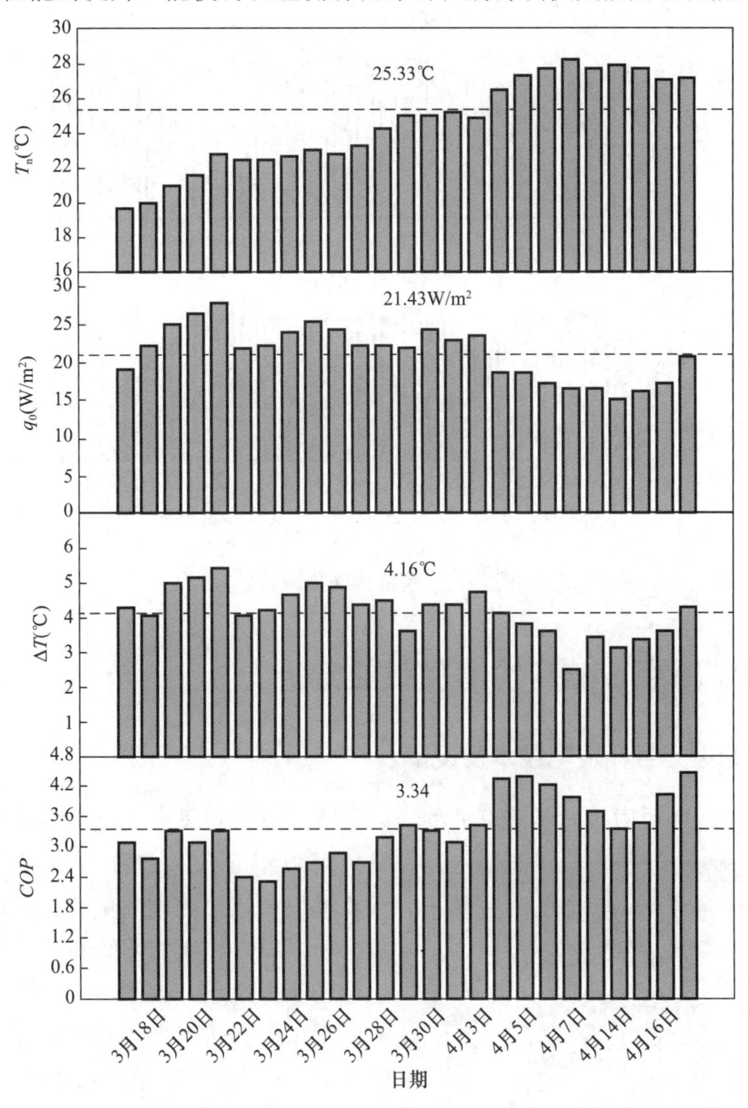


图 8-43　机组长期测试结果

图 8-44 为该机组的长期测试结果，包括系统单位面积制热量 $q_{sys}$、水泵功率 $P$ 及 $COP$ 等关键参数的测试结果。由图 8-44 可以看出，测试期间系统平均 $q_{sys}$ 达到了 20.55W/m²，水泵的平均功率为 1kW，系统的平均 $COP$ 为 2.62，系统整体性能较为理想。

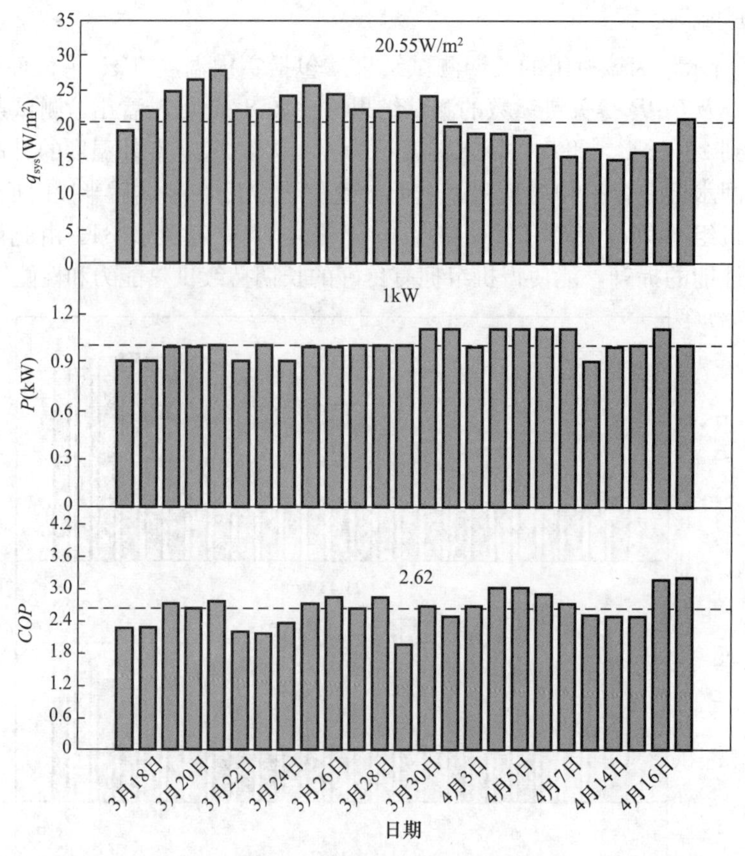


图 8-44　系统长期测试结果

## 8.5　项目创新点、推广价值及效益分析

### 8.5.1　分布式风-光互补发电技术及设备

利用功率曲线和风力机轮毂高度处的气候预测可以得到风力发电机的年发电量。通过计算可以得到风电场年发电量。使用 WAsP 计算模块，通过前期对偏关县风电站风资源数据分析，结合机组实际分布位置计算得到试验机组的年发电量，如图 8-45 所示。

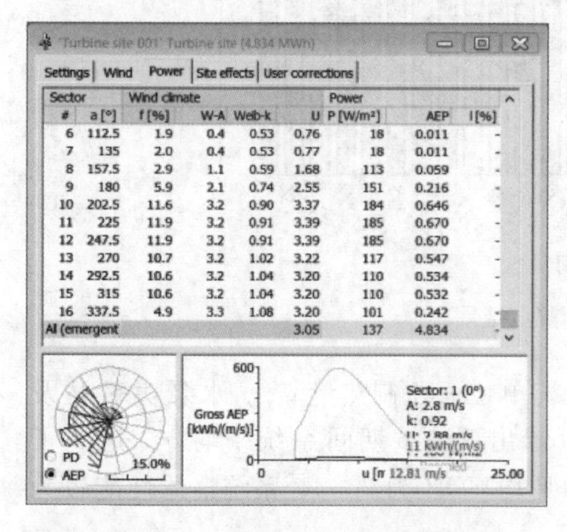

| # | a [°] | f [%] | W-A | Weib-k | U | P [W/m²] | AEP | I [%] |
|---|---|---|---|---|---|---|---|---|
| 6 | 112.5 | 1.9 | 0.4 | 0.53 | 0.76 | 18 | 0.011 | - |
| 7 | 135 | 2.0 | 0.4 | 0.53 | 0.77 | 18 | 0.011 | - |
| 8 | 157.5 | 2.9 | 1.1 | 0.59 | 1.68 | 113 | 0.059 | - |
| 9 | 180 | 5.9 | 2.1 | 0.74 | 2.55 | 151 | 0.216 | - |
| 10 | 202.5 | 11.6 | 3.2 | 0.90 | 3.37 | 184 | 0.646 | - |
| 11 | 225 | 11.9 | 3.2 | 0.91 | 3.39 | 185 | 0.670 | - |
| 12 | 247.5 | 11.9 | 3.2 | 0.91 | 3.39 | 185 | 0.670 | - |
| 13 | 270 | 10.7 | 3.2 | 1.02 | 3.22 | 117 | 0.547 | - |
| 14 | 292.5 | 10.6 | 3.2 | 1.04 | 3.20 | 110 | 0.534 | - |
| 15 | 315 | 10.6 | 3.2 | 1.04 | 3.20 | 110 | 0.532 | - |
| 16 | 337.5 | 4.9 | 3.3 | 1.08 | 3.20 | 101 | 0.242 | - |
| All (emergent | | | | | 3.05 | 137 | 4.834 | - |



图 8-45　试验机组年发电量计算图

得出试验机组平均功率密度为 137W/m²，可得 5kW 该机组在偏关县的理论年发电量为 4834kWh，依据中国电力企业联合会网中 2022 年 1～7 月全国电力工业统计数据可查得全国供电煤耗率为 301.4g/kWh，所以偏关县测试机组年发电量可折合为 1456.9676kg 标准煤，计算得每年可减少二氧化碳排放 11939.98kg、二氧化硫排放 96.68kg、氮氧化

物排放 48.34kg、粉尘排放 48.34kg。

利用 WAsP 对山西省偏关县水泉镇风场风资源进行环境和经济性分析，该中小型风力发电机组年发电量计算图如图 8-46 所示。

由图 8-46 可知中小型风力发电机组平均功率密度为 376W/m$^2$，可得该 5kW 机组在山西省偏关县水泉镇的理论年发电量为 16954kWh，折合 5109.9356kg 标准煤，每年可减少二氧化碳排放 41876.38kg、二氧化硫排放 339.08kg、氮氧化物排放 169.54kg、粉尘排放 169.54kg。

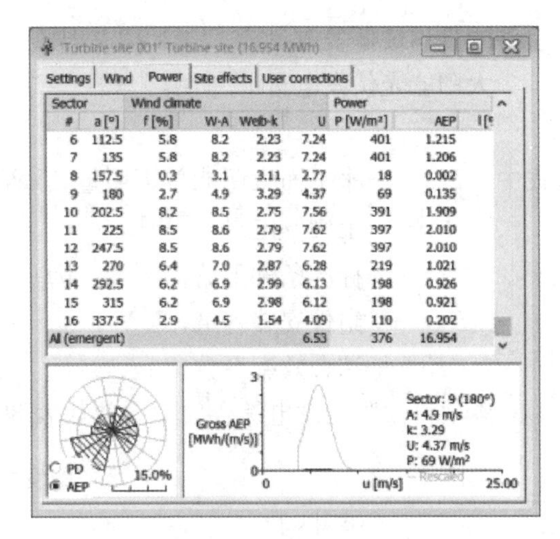


图 8-46　山西省偏关县水泉镇中小型风力发电机组年发电量计算图

本项目结合西北村镇所处的环境特点，形成了适应结冰、风沙和干燥环境的小型风力发电设备及其关键部件的优化设计方法，突破了现有小型风力发电设备在西北村镇推广应用的瓶颈问题，为提升中小型风力机组在西北村镇地区的适用性提供了技术支撑，促进了中小型风力机组叶片和关键部件的技术改进，促使相关产品的升级换代，推动了小型风力机组在西北地区的应用。项目成果的规模化推广应用，一定程度上能够弥补西北偏远村镇居民的生活用电需求，提升居民生活质量，还可与太阳能综合利用结合形成风光互补系统，也能够助力我国实现“双碳”目标。

### 8.5.2　光伏光热一体化热电联产技术及设备

(1) 综合热电性能评价指标

PV/T 系统既能产电也能产热，相对单一的光电或光热转换效率指标都不能衡量 PV/T 系统的能源转换效率。目前，应用较广的是 PV/T 综合效率 $\eta_T$，该评价指标仅是定性说明 PV/T 系统性能，即电效率 $\eta_e$ 与热效率 $\eta_{th}$ 之和。

$$\eta_T=\eta_e+\eta_{th}$$

考虑到电能与热能品位的区别，提出了一次能源节约率作为评价 PV/T 系统的方法，该方法反映了因利用太阳能而节约一次能源的效率，其具体表达式如下：

$$E_f=\eta_e/\eta_{power}+\eta_{th}$$

式中　$E_f$——PV/T 系统的一次能源节约效率；

$\eta_{power}$——常规电厂的发电效率。

根据水泉村 9 月 5 日的监测参数可知：

PV/T 组件太阳能直接利用率为 19.05%+17.8%=36.85%。

考虑到电能与热能品位的区别，基于一次能源节约率评价方法修正后得到 PV/T 组件的综合热电性能评价方法，即 $E_f=\eta_e/\eta_{power}+\eta_{th}$。

PV/T 组件综合热电性能为 19.05%÷0.38+17.8%=67.93%。

(2) PV/T 组件发电量指标

在整个测试期（9 月 1 日～9 月 30 日），由于 9 月 2 日、9 月 3 日、9 月 19 日等属于阴雨天气，暂无测试数据外，其他时间内的 PV/T 组件的日均最高发电量为 2.75kWh，PV/T

组件的日均最低发电量为 1.08kWh，PV/T 组件的日均发电量为 1.61kWh。

太阳能光伏发电量 $E_p$ 计算公式：

$$E_p = H_A \times P_{AZ} \times K / E_S \quad (8-1)$$

式中 $H_A$——水平面太阳能总辐照量，$kWh/m^2$；

$E_p$——上网发电量，kWh；

$E_S$——标准条件下的辐照度（为常数，$1kWh/m^2$）；

$P_{AZ}$——组件安装容量，$kW_p$；

$K$——综合效率系数。

本项目太阳能发电综合效率系数如表 8-14 所示。

**太阳能发电综合效率系数　　表 8-14**

| 影响因素 | 影响系数 | 损耗系数 |
|---|---|---|
| 不可利用的太阳辐射损耗 | −4.30% | 95.70% |
| 灰尘等遮挡损耗 | −2.20% | 97.80% |
| 温度影响损耗 | −1.85% | 98.15% |
| 光伏组件不匹配造成的物耗 | −1.35% | 98.65% |
| 直流电缆损耗 | −2.00% | 98.00% |
| 逆变器损耗 | −2.50% | 97.50% |
| 交流线路损耗 | −1.00% | 99.00% |
| 变压器损耗 | −2.09% | 97.91% |
| 系统故障及维护损耗 | −1.00% | 99.00% |
| 系统综合效率系数 | −15.91% | 84.09% |
| 综合效率系数 | 70% | |

根据《光伏发电站设计规范》GB 50797—2012 附录表 A，参考同纬度地区山西省大同市太阳能发电计算参数，计算综合服务培训中心光伏发电量如表 8-15 所示。理想状态下得出村民综合服务培训中心一年的太阳能光伏发电量接近 24000kWh。

**山西省大同市太阳能发电计算参数　　表 8-15**

| 月份 | 总辐射日曝辐量 [$MJ/(m^2 \cdot d)$] | 总辐射日曝辐量 [$kWh/(m^2 \cdot d)$] | 天数 (d) | 单月日均发电量 (kWh) | 总发电量 (kWh) |
|---|---|---|---|---|---|
| 1月 | 15.568 | 4.35904 | 31 | 54.923904 | 1702.641024 |
| 2月 | 18.367 | 5.14276 | 28 | 64.798776 | 1814.365728 |
| 3月 | 19.848 | 5.55744 | 31 | 70.023744 | 2170.736064 |
| 4月 | 19.114 | 5.35192 | 30 | 67.434192 | 2023.02576 |
| 5月 | 20.150 | 5.642 | 31 | 71.0892 | 2203.7652 |
| 6月 | 19.495 | 5.4586 | 30 | 68.77836 | 2063.3508 |
| 7月 | 17.680 | 4.9504 | 31 | 62.37504 | 1933.62624 |
| 8月 | 18.287 | 5.12036 | 31 | 64.516536 | 2000.012616 |
| 9月 | 19.447 | 5.44516 | 30 | 68.609016 | 2058.27048 |

续表

| 月份 | 总辐射日曝辐量 [MJ/($m^2$・d)] | 总辐射日曝辐量 [kWh/($m^2$・d)] | 天数 (d) | 单月日均发电量 (kWh) | 总发电量 (kWh) |
|---|---|---|---|---|---|
| 10 月 | 19.405 | 5.4334 | 31 | 68.46084 | 2122.28604 |
| 11 月 | 16.688 | 4.67264 | 30 | 58.875264 | 1766.25792 |
| 12 月 | 14.647 | 4.10116 | 31 | 51.674616 | 1601.913096 |
| 总计 | — | — | 365 | — | 23460.25097 |

注：该计算为绝对理想状态计算结果。

水泉村 21 户农户屋顶均安装 1.35$kW_p$ 的 PV/T 组件，单个农户一天的太阳能光伏发电量为 4.83kWh。理想状态下，农户一年的太阳能光伏发电量将近 1800kWh。

（3）PV/T 组件集热量指标

在整个测试期（9 月 1 日～10 月 30 日），由于 9 月 2 日、9 月 3 日、9 月 19 日等属于阴雨天气，暂无测试数据外，其他时间段根据水箱初始温度、最终温度以及水箱容积监测结果，获得单块 PV/T 组件日均集热量为 2.12kWh，以部分农户设置 3 块 PV/T 组件为例，可知其每天可为水泉村农户提供 260L 的 45℃生活热水。

水泉村村民综合服务培训中心安装了 20 块 PV/T 组件，根据单块 PV/T 组件的日均集热量，可知每天可为水泉村村民综合服务培训中心提供 1736L 的 45℃生活热水。

（4）常规能源替代量及减排量

太阳能光伏系统的常规能源替代量 $Q_{td}$ 应按下式计算：

$$Q_{td}=D\times E_n \tag{8-2}$$

式中　$Q_{td}$——太阳能光伏系统的常规能源替代量，kgce；

$D$——每度电折合所耗标准煤量，kgce/kWh；

$E_n$——太阳能光伏系统年发电量，kWh。

根据农户一年的太阳能光伏发电量，可知农户的太阳能光伏系统每年的常规能源替代量为 576kgce，村民综合服务培训中心的太阳能光伏系统每年的常规能源替代量为 7680kgce。

参考《可再生能源建筑应用工程评价标准》GB/T 50801—2013，对太阳能光伏系统的减排量进行计算分析。减排量的计算采用标准煤排放系数法，通过常规能源替代量和空气污染物的排放系数，计算应用太阳能光伏系统的减排量。

1）太阳能光伏系统的二氧化碳减排量 $Q_{dco_2}$，应按下式计算：

$$Q_{dco_2}=Q_{td}\times V_{co_2} \tag{8-3}$$

式中　$Q_{dco_2}$——太阳能光伏系统的二氧化碳减排量，kg；

$Q_{td}$——太阳能光伏系统的常规能源替代量，kgce；

$V_{co_2}$——标准煤的二氧化碳排放因子，kg/kgce，取 $V_{co_2}=2.47$kg/kgce。

2）太阳能光伏系统的二氧化硫减排量 $Q_{dso_2}$，应按下式计算：

$$Q_{dso_2}=Q_{td}\times V_{so_2} \tag{8-4}$$

式中　$Q_{dso_2}$——太阳能光伏系统的二氧化硫减排量，kg；

$Q_{td}$——太阳能光伏系统的常规能源替代量，kgce；

$V_{so_2}$——标准煤的二氧化硫排放因子，kg/kgce，取 $V_{so_2}=0.02$kg/kgce。

3）太阳能光伏系统的粉尘减排量 $Q_{dfc}$ 应按下式计算：

$$Q_{dfc}=Q_{td}\times V_{fc} \tag{8-5}$$

式中 $Q_{dfc}$——太阳能光伏系统的粉尘减排量，kg；

$Q_{td}$——太阳能光伏系统的常规能源替代量，kgce；

$V_{fc}$——标准煤的粉尘排放因子，kg/kgce，取 $V_{fc}=0.01$kg/kgce。

根据太阳能光伏系统每年的常规能源替代量，根据公式（8-3）～公式（8-5）可分别计算农户的 $CO_2$ 年减排量为 1422.7kg/a，$SO_2$ 的年减排量为 11.52kg/a，粉尘的年减排量为 5.76kg/a；村民综合服务培训中心的 $CO_2$ 年减排量为 19t/a，$SO_2$ 的年减排量为 153.6kg/a，粉尘的年减排量为 76.8kg/a。

从以上数据可以看出，水泉村每家农户每年可以减少 1422.7kg 的二氧化碳。村民综合服务培训中心每年可以减少 19t 的二氧化碳。通过中国碳交易网查看最近半年的价格走势，每吨价格在 40～160 元之间。按 60 元成交价计算，农户每年光伏发电可获得 85.2 元左右的收益，25a 将获得 2130 元左右收益。村民综合服务培训中心光伏发电每年可获得 1140 元左右的收益，25a 将获得 28500 元左右收益。

（5）社会效益

光伏发电是一种绿色清洁的能源，农村地区生态环境脆弱，发展光伏发电既保护了农村的环境，更推动了绿色农业生产及美丽乡村的建设。农村光伏发电的加速推广能够改善化石燃料日益匮乏及其大肆利用所带来的环境污染问题，农户更是直接的受益对象。

结合农村地区分布式能源的结构特点，因地制宜地发展户用型光伏发电可促进农村可再生能源的规模化利用。在农户实施光伏发电，只占房顶空间，结构简单，实施方便，不需要检修和维护，不破坏农村自然生态环境，而且可减轻农民负担，增加农民收入，对加快农村经济快速发展有着极其重大的意义。

### 8.5.3 新型双高效超低温空气源热泵技术及设备

（1）常规能源替代量

山西省设计供暖天数为 151d，每天连续 24h 供热，根据测试结果，可计算建筑所需总供热量为 174821.8MJ/a。基于该结果将新型双高效超低温空气源热泵（以下的空气源热泵简称为 ASHP）供暖系统和热电厂燃煤锅炉集中供暖系统的能耗量进行对比，分析常规能源替代量。按照公式（8-6）和公式（8-7）可分别计算出常规系统的供暖总能耗和新型双高效超低温 ASHP 供暖系统供暖总能耗分别为 8521.7kgce 和 5560.5kgce，进而按照公式（8-8）可计算出每个供暖季新型双高效超低温 ASHP 供暖系统的常规能源替代量 $Q_s$ 为 2961.2kgce。

$$Q_t=\frac{Q_H}{\eta_t\times q} \tag{8-6}$$

$$Q_r=\frac{D\times Q_H}{3.6COP_{sys}} \tag{8-7}$$

$$Q_s=Q_t-Q_r \tag{8-8}$$

式中 $Q_t$——传统系统的供暖总能耗，kgce；

$q$——标准煤热值，MJ/kgce，取 $q=29.307$MJ/kgce；

$Q_H$——系统总制热量，MJ；

$\eta_t$——以传统能源为热源时的运行效率，煤供暖的运行效率为0.7；

$Q_r$——空气源热泵系统供暖总能耗，kgce；

$D$——每度电折合所耗标准煤量，kgce/kWh，根据国家统计局最近两年内公布的火力发电标准耗煤水平确定，取0.3kgce/kWh；

$COP_{sys}$——热泵系统的制热性能系数；

$Q_s$——常规能源替代量，kgce。

（2）经济效益

选取的两个经济性指标分别为：费用年值和追加成本投资回收期。

1）费用年值

费用年值（$AC$）被广泛地应用于供暖、供冷等系统的经济性分析，该指标是将投资值等值折算成年值，然后再与年运行费用和维护费用相加，取和最小者，即费用年值最低者为最经济方案。费用年值主要包括初投资、年运行费用和年维护费用，其表达式如下：

$$AC=C_o+C_m+(A/P,i,j)(C-B)+B\times i \tag{8-9}$$

$$(A/P,i,j)=\frac{i}{1-(1+i)^{-j}} \tag{8-10}$$

式中　$C_o$——年运行费用，元/a；

$C_m$——年维护费用，按照初投资的6%计算，元/a；

$(A/P,i,n)$——投资回收系数；

$C$——ASHP机组的初投资，元；

$B$——ASHP机组的净残值，元；

$i$——不变折现率，取4.594%；

$j$——设备使用年限，a。

① 年运行费用

根据2022年3月12日～4月19日期间的测试结果，可知测试期间机组的平均制热量为13.4kW，并以该结果代表供暖季的平均制热量。根据新型双高效超低温机组平均能效，并参考《低温空气源热泵供暖发展与展望》[①] 报告中的ASHP平均能效为2.1，可计算出新型双高效超低温ASHP机组和常规ASHP机组的平均功率分别为6.4kW和5.1kW。然后，根据当地公布的电价（0.477元/kWh），可以分别计算出常规ASHP机组和新型双高效超低温ASHP机组的年运行费用分别为10901元/a和8687元/a，详细结算结果如表8-16所示。

**常规ASHP机组和新型双高效超低温ASHP机组运行费用　　表8-16**

| ASHP机组类型 | 平均制热量（kW） | 平均功率（kW） | 供暖时间（d） | 电价（元） | 年运行费用（元/a） |
|---|---|---|---|---|---|
| 常规 | 13.4 | 6.4 | 151 | 0.47 | 10901 |
| 新型双高效超低温 | 13.4 | 5.1 | 151 | 0.47 | 8687 |

② 初投资

通常情况下，额定制热能力为13.4kW的常规ASHP机组初投资和净残值为6800元和

① 徐昭炜．低温空气源热泵供暖发展与展望［R］．2022.

680 元，而新型双高效超低温 ASHP 机组的初投资和净残值分别为 9000 元和 900 元。此外，常规 ASHP 的设计寿命一般在 15a 左右，其投资回收系数为 0.0937。

③ 维护费用

维护费用可按照初投资的 6%进行计算，因此可分别得到常规 ASHP 机组和新型双高效超低温 ASHP 机组的维护费用为 408 元和 540 元。

基于上述的计算，根据公式（8-9）和公式（8-10），可以分别得到常规 ASHP 机组和新型双高效超低温 ASHP 机组的费用年值为 11914 元和 10027 元，详细结果如表 8-17 所示。可见，新型双高效超低温 ASHP 机组的费用年值较常规机组的费用年值降低了约 1887 元，约 15.8%，说明新设计的新型双高效超低温 ASHP 机组的经济性更好。

**常规 ASHP 机组和新型双高效超低温 ASHP 机组费用年值　　表 8-17**

| ASHP 机组类型 | 初投资（元） | 净残值（元） | 运行费用（元） | 维护费用（元） | 费用年值（元） |
|---|---|---|---|---|---|
| 常规 | 6800 | 680 | 10901 | 408 | 11914 |
| 新型双高效超低温 | 9000 | 900 | 8687 | 540 | 10027 |

2）追加成本投资回收期

追加成本投资回收期是 $t$ 用年生产成本的节约或年收益的增加来回收追加投资额所需要的时间，该参数也是在进行技术经济分析时常用的指标，其公式表达如下：

$$t=\frac{\Delta C}{\Delta C_{\mathrm{o}}} \tag{8-11}$$

式中　$\Delta C$——追加投资，元；

$\Delta C_{\mathrm{o}}$——年经营费用节约额，元。

常规 ASHP 机组和新型双高效超低温 ASHP 机组关键部件成本对比如表 8-18 所示。可以看到，新型双高效超低温 ASHP 机组的初投资较常规机组增加了约 2827 元，而其每年的运行费用可节约 2214 元，进而按照公式（8-11）可以计算出新型双高效超低温 ASHP 机组追加成本投资的回收期约为 1.3a。

**常规 ASHP 机组和新型双高效超低温 ASHP 机组关键部件成本对比　　表 8-18**

| 关键部件 | 常规 ASHP 机组成本（元） | 新型双高效超低温 ASHP 机组成本（元） | 较常规 ASHP 机组增加费用（元） |
|---|---|---|---|
| 压缩机 | 900 | 1200 | 300 |
| 室外换热器 | 850 | 1430 | 580 |
| 室外风机 | 60 | 220 | 160 |
| 钣金 | 550 | 1337 | 787 |
| 控制器 | 200 | 1200 | 1000 |

此外，为了进一步体现新型双高效超低温 ASHP 机组经济优势，调研了 5 批低温型 ASHP 机组市场价格，较新型双高效超低温 ASHP 机组，相似容量的 ASHP 产品市场价格在 11900～35999 元之间，平均市场价达到了 18238 元，远高于新型双高效超低温 ASHP 机组的初投资。可见，新型双高效超低温 ASHP 产品具有较大的市场潜力。

第9章

# 山西省长治市武乡县蟠龙镇石瓮村

## 9.1 项目概况

石瓮村位于山西省东南部，长治市北部，海拔 1300m。由 7 个自然村组成，275 户，总人口 774 人（图 9-1）。春季干燥多风，夏季炎热多雨，秋季温和凉爽，冬季寒冷少雪，年平均气温 10.4℃，全年平均降水量 380mm，无霜期为 215d。长治市年太阳总辐射量≥4800MJ/$m^2$，年平均风速为 2.5～3m/s。

图 9-1 山西省长治市武乡县蟠龙镇石瓮村村貌

## 9.2 现场调研与建设目标

### 9.2.1 现场调研

石瓮村农户目前仍燃烧煤炭、木柴和生物秸秆进行供暖，用能方式单一落后，且石瓮村海拔较高，冬季室外最低温度低于−20℃，供暖周期 5 个月。通过对石瓮村农户家进行走访调研，村民普遍反映现有供暖方式存在室内空气环境质量差、操作繁琐、阴天及夜间室内温度偏低、热舒适性差等问题（图 9-2）。

图 9-2　石瓮村农户冬季供暖方式

### 9.2.2　建设目标

本项目通过应用超高效异质结单晶硅太阳能电池以及太阳能发电驱动太阳能热风供暖技术，总体达到用可再生能源为农户供电和供暖的效果，实现多能协同供应和能源清洁高效利用，综合改善村镇居住品质。

## 9.3　技术及设备应用

太阳能单位面积上辐照度不大且容易受天气影响，目前使用的太阳能热水系统存在如下问题：

（1）集热器面积大，水箱容积相对小，由于以水为热能存储介质，常压下水温只能低于 100℃，这就使单位面积太阳能辐照度不能更多地被应用；

（2）水系统管路保温要求较高，冬季容易冻坏管路；

（3）水系统泄漏、腐蚀、过热等问题较多，尤其是空晒会给系统及部件造成很大损伤，使系统安全和可靠性变差；

（4）采用防冻液等介质换热，同样存在承压泄漏、介质变质、管路配件腐蚀等问题；

（5）液体介质还存在热损失较大的问题，同时需要配备换热器进行换热，会增加系统投资成本；

（6）在太阳能热水供暖系统中，由于热能需求大，所以存储和热交换成本将更高。

鉴于以上原因，经过系统分析研究，发现如果要更多地利用单位面积上太阳能辐照度，可以利用太阳能空气集热器获得空晒热能，用负压轴流风机，把热能迅速吸走，送入待升温空间，即得即用。这样既可以避免液体介质带来的腐蚀、漏液、压力破坏、介质变质、空晒过热等危害，又可以获得比热水系统更多的热能，提高单位辐射能量的利用率。太阳能热风供暖系统比常规供暖系统热能损失少，没有热交换损失，由于室外管道部分多由集热单元代替，热能损失减少 50％以上，所以管道热损失也减少了很多，该系统可以根据用户要求为用户提供 30%～50%的供暖能量，再辅助以其他清洁能源，可以保证系统 24h 供暖。

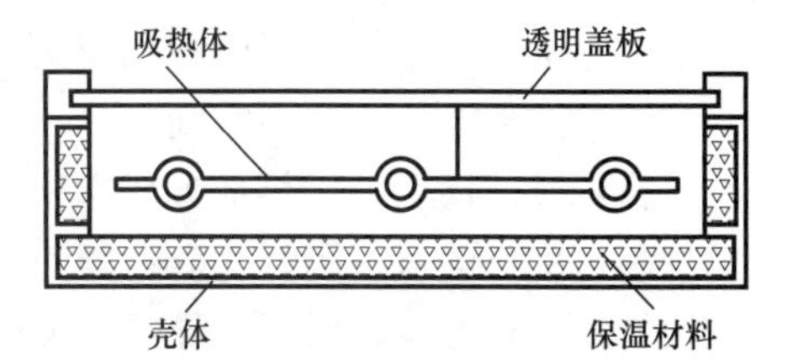

图 9-3　平板太阳能空气集热器内部结构示意图

平板太阳能空气集热器（图 9-3）主要由吸热板、透明盖板、隔热层和外壳等几部分组成。吸热板一般采用铜、铝合金、铜、铝复合材料、不锈钢和镀锌钢等材料制作，是集热器的一个重要组成部分，其主要形式有翅片管式、平板式、蛇形管式等。平板太阳能空气集热器的集热原理为：将穿过透明盖板的太阳辐射投射在吸热板上，吸热板吸热后转化成热能传递给集热器内的流动空气，空气温度升高后作为热量输出。与此同时，温度升高后的吸热板也通过传导、对流和辐射等方式向周围环境散失热量，成为平板太阳能空气集热器的主要热量损失。

由于太阳能是间歇性能源且分布不集中，所以宜采用加热空气热风供暖这种对于热源要求不高，启动时间短的供暖方式。同时，巧妙地设计室内散流装置，可以达到很好的供暖效果和理想的温度分布。负压轴流风机的实物图和性能参数分别如图 9-4 和表 9-1 所示。

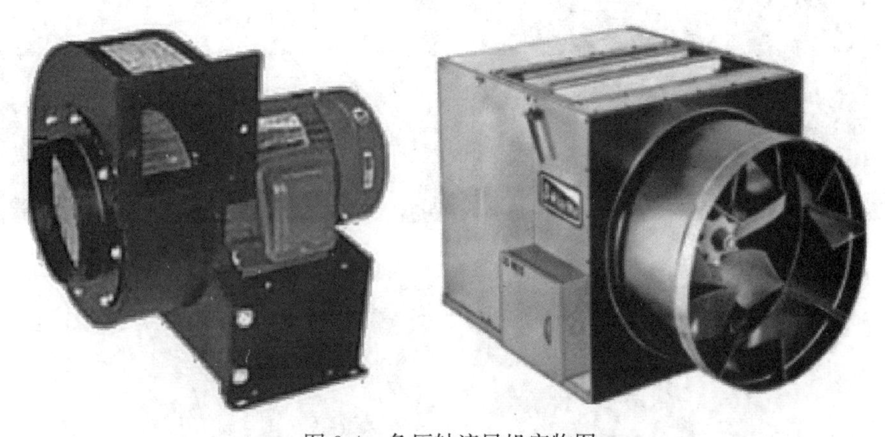
图 9-4　负压轴流风机实物图

**负压轴流风机性能参数**　　**表 9-1**

| 参数 | 值 | 参数 | 值 |
|---|---|---|---|
| 风量 | 1000m$^3$/h | 输入功率 | 180W |
| 静压 | 550Pa | 电流 | 0.8A |
| 电压 | 220V | 转速 | 2500r/min |
| 频率 | 50Hz | 环境温度 | −25～80℃ |
| 噪声 | 50dB | 质量 | 15kg |

结合山西省长治市武乡县太阳能资源禀赋，本项目工程采用光伏＋太阳能热风供暖及配套设备产品解决石瓮村农户日常用电、冬季供暖需求。

太阳能热风供暖系统具有以下优势：

（1）送风管道材料减少约 50%，集热器又是热风管道，系统成本低；

（2）管道热能损失较少，室外管道大部分被空气集热器代替，管道热损失降到最低；

（3）换热损失较低，太阳能加热空气后直接使用热风供暖、干燥、烘干，不通过热交换器，不存在换热损失；

（4）单位太阳能辐照度利用率高，吸热板吸收转换的热量全部即时被负压轴流风机吸走，送入太阳能热风利用空间；

（5）维护量低，集热部分一次安装后，不需要维护，只有送风系统需要维护；

（6）系统运行费用低，6$m^2$ 集热面积可以为 30$m^2$ 建筑供暖；

（7）没有液体，循环、导热、储热系统不存在泄漏、爆破、冻坏、腐蚀等危害；

（8）安装方便，根据需要设计，工厂制备，采购部件，现场组装。

本项目工程选择石瓮村 21 户农户建筑应用太阳能发电驱动太阳能热风供暖技术（图 9-5），总面积达 3250$m^2$。每户屋顶安装 8$m^2$ 真空管式太阳能热风集热器（表 9-2），通过轴流负压风机将太阳能集热器中的热空气引入室内热风机为建筑供暖，当送风温度低于 24℃时自动切换至电加热模式。

图 9-5　石瓮村太阳能热风供暖系统现场照片

**真空管式太阳能热风集热器参数**　　**表 9-2**

| 外形尺寸（mm） | 总面积（$m^2$） | 采光面积（$m^2$） | 吸热体 | 推荐流量（$m^3/h$） | 工作压力 |
|---|---|---|---|---|---|
| 2000×1000×95 | 2.0 | 1.8 | 镀黑铬 | 140 | 负压 |

在太阳能资源不足或者夜间时，需要利用电能进行供暖。因此，在其屋顶安装 900$W_p$ 的光伏板，用来直接给太阳能热风供暖风机供电（图 9-6 和图 9-7）。同时，配备蓄电池，储存多余的光伏发电量，在太阳能不足或夜间时，用蓄电池给电暖器供电，可使供暖时间延长 2～3h。

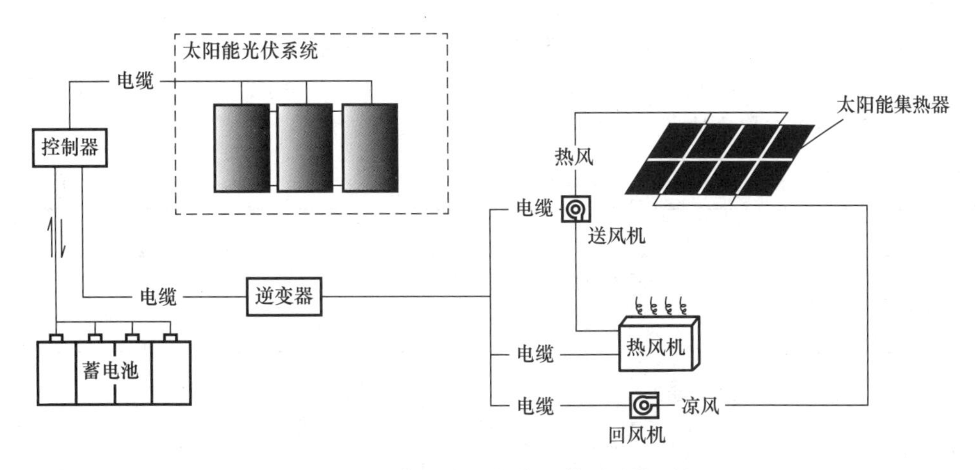


图 9-6　光伏＋太阳能热风供暖系统图纸

图 9-7　石瓮村太阳能发电系统现场照片

## 9.4　跟踪监测与数据分析

### 9.4.1　监测仪器与监测方案

（1）监测仪器

1）太阳能总辐射表

当太阳能总辐射表接收到太阳能时，处于感应面的热接点与处于机体内的冷节点产生温差电势，基于热电效应原理，可以测量所接收到的太阳总辐射。太阳能总辐射表实物和具体参数如图 9-8 和表 9-3 所示。按照《太阳能集热器性能试验方法》GB/T 4271—2021 的测试要求，总辐射表应安装在与集器平行的平面上，

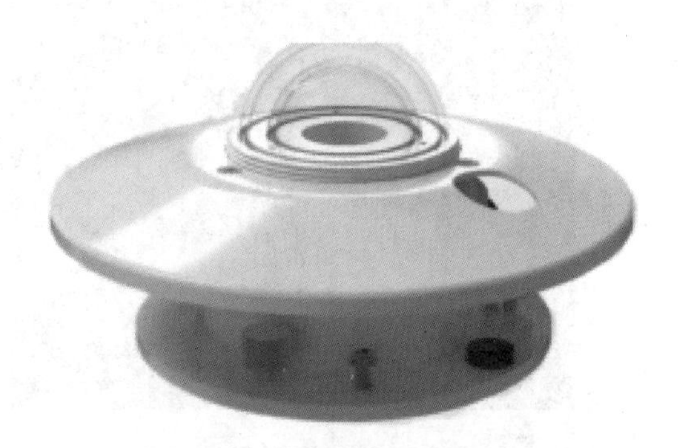

图 9-8　太阳能总辐射表

两平面平行度相差应小于±1°，在室外试验时，应将太阳能总辐射表座体及其外露导线保护起来，以防被太阳晒热，同时应减少集热器对该表的反射和再辐射。因此，在本项目工程监测系统中，该表安装在与集热器平行的平面上，安装高度与集热器高度的中间位置处持平。

**太阳能总辐射表参数表** **表 9-3**

| 项目 | 参数 | 项目 | 参数 |
|---|---|---|---|
| 供电范围 | 10～30V，DC | 功耗 | 0.2W |
| 测量范围 | 0～2000W/m$^2$ | 精度 | ±3% |
| 分辨率 | 1W/m$^2$ | 光谱范围 | 0.3～3 μm |
| 工作温度 | −40～60℃ | 工作相对湿度 | 0～95%，非结露 |
| 灵敏度 | 7～14 μV·W$^{-1}$·m$^2$ | 响应时间 | ≤30s |

2）风速仪

风速仪固定连接热敏风速探头，带伸缩式手柄。该风速仪可直接显示风量值，图 9-9 为风速仪实物图。

3）铜-康铜 T 型热电偶、巡检仪

试验中温度测量采用铜-康铜 T 型热电偶，外形为线状，外包红色绝缘层，内金属丝材料为铜-康铜，正极是铜线，负极是镍线，如图 9-10 所示。该种热电偶需要通过标准的制作方法和标定方式后方可进行使用。制作方法为电焊的方式将铜-康铜的正负极进行焊接，在制作完成后通过水浴恒温标定的方式对其进行标定，判断其用于温度测量的准确性和稳定性。温度测量范围为−40～350℃，精度为±0.5℃。

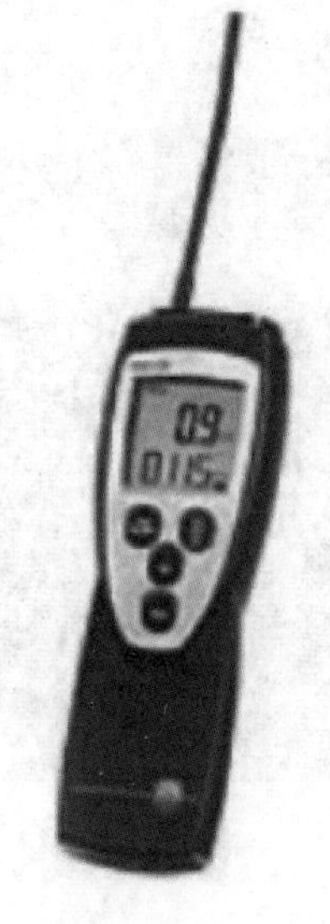

图 9-9　风速仪

采用巡检仪数据采集器进行数据收集，内部包括了数字万用表，每秒钟内可以扫描大约 250 个数据通道，测量范围：−300～1300℃，直流电压：0～300V，测温精度：±1%，测温分辨率：0.1℃，该巡检仪数据采集器如图 9-11 所示。

图 9-10　铜-康铜 T 型热电偶

图 9-11　巡检仪数据采据器

4）液晶温湿度变送器

该温湿度变送器带有液晶显示，实时显示温湿度，背部免螺丝端子接线，可安装在标准 86mm 接线盒上。设备通信距离最大可达 2000m（实测），通信地址及波特率可设置 10～30V 直流宽电压范围供电。探头可选内置型或外延型，探头内置型安装简单方便，探头外延型可选多种探头应用于不同场合，探头线最长可达 30m，温度精度为±0.5℃（25℃），相对湿度精度为±3%（60%，25℃）。

（2）监测方案

2022 年 11 月 5 日～11 月 29 日，对石瓮村 1 户农户太阳能发电驱动太阳能热风供暖系统运行数据进行实时监测与分析，主要监测内容包括太阳辐照度、室内外温度、太阳能集热器出口温度、太阳能集热器出口风速。

影响集热器传热性能的主要因素有太阳辐照度、集热器内空气流速与进口温度、集热器保温性能与单元串接长度，以及集热器开口角度。为对比分析不同因素对太阳能集热效率和集热效果的影响，本项目通过对比 5 种方案分别考察以上因素对太阳能集热器供暖性能的影响特性。方案 1 考察集热器内空气流速对集热器集热量的影响；方案 2 考察太阳辐照度对集热器集热效率的影响；方案 3 考察集热器空气进口温度对集热器集热效率的影响；方案 4 考察集热器外曲面保温性能对集热器出口温度与单位面积日累积集热量的影响；方案 5 考察集热器放置角度对集热效率的影响。监测方案如表 9-4 所示，监测系统图则如图 9-12 所示。

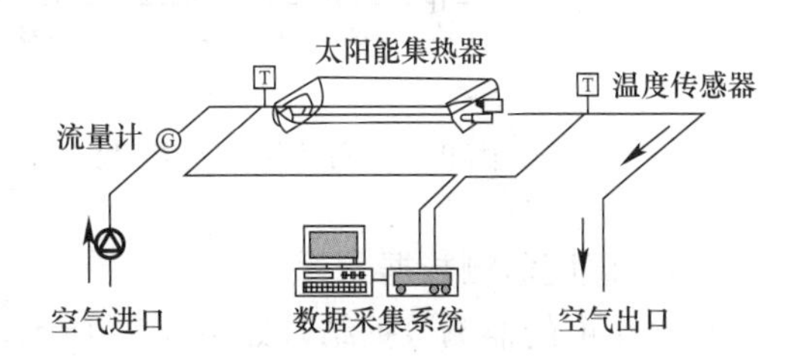


图 9-12　监测系统图

监测方案　　表 9-4

| 方案编号 | 考察对象 | 空气流速（m/s） | 进口温度（℃） | 天气条件 | 集热器保温情况 | 评价指标 |
|---|---|---|---|---|---|---|
| 方案 1 | 空气流速 | 1.0～2.0 | 15～20 | 晴天 | 无保温 | 集热量 |
| 方案 2 | 太阳辐照度 | 1.6 | 15～20 | 晴天 | 有保温 | 集热效率 |
| 方案 3 | 进口温度 | 1.6 | 0～30 | 晴天 | 有保温 | 集热效率 |
| 方案 4 | 保温性能 | 1.6 | 15～20 | 晴天 | 有保温 | 出口温度、日累积集热量 |
| 方案 5 | 放置角度 | 1.6 | 15～20 | 晴天 | 有保温 | 集热效率 |

## 9.4.2　监测结果与分析

（1）太阳辐射强度及室外平均温度

实测了石瓮村 2021 年 11 月 15 日～2022 年 3 月 15 日供暖期间的室外气象参数变化（图 9-13）。

（2）供暖房间室内温湿度

2022 年 11 月 29 日～2022 年 12 月 2 日，对山西省长治市武乡县蟠龙镇石瓮村使用太阳能发电驱动太阳能热风供暖系统的典型房间室内温湿度进行了现场监测，测试依据为《采暖通风与空气调节工程检测技术规程》JGJ/T 260—2011。室内气温、相对湿度测试要求：安装在室内空气扰动小的地方；安装高度应为距离地面 1.5m 左右高度；不要安装在门边、窗边、空调出风口附近或阳光直射的地方。

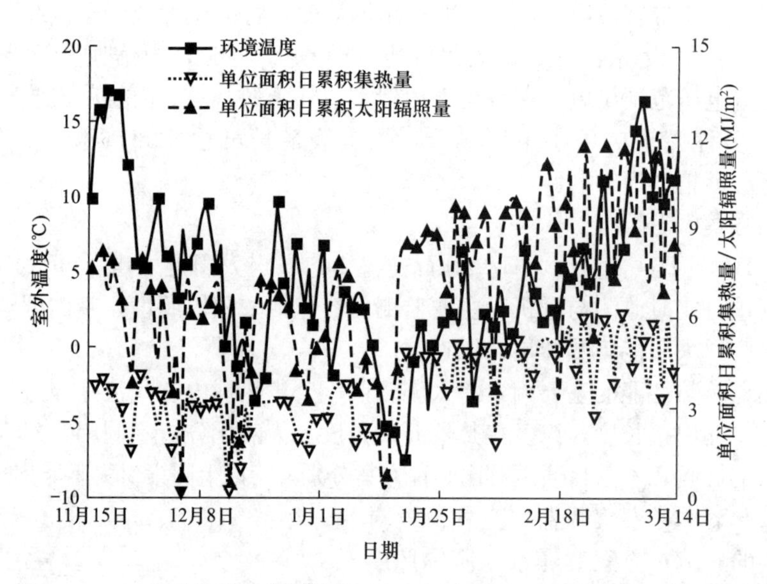


图 9-13　石瓮村室外温度及单位面积日累积集热量/太阳辐照量变化图

1）温度监测数据

对温度的监测数据结果如图 9-14 所示，典型房间如客厅与两个卧室均有持续性供暖，客厅平均温度相比于卧室偏高一点，供暖温度为 19～23℃。

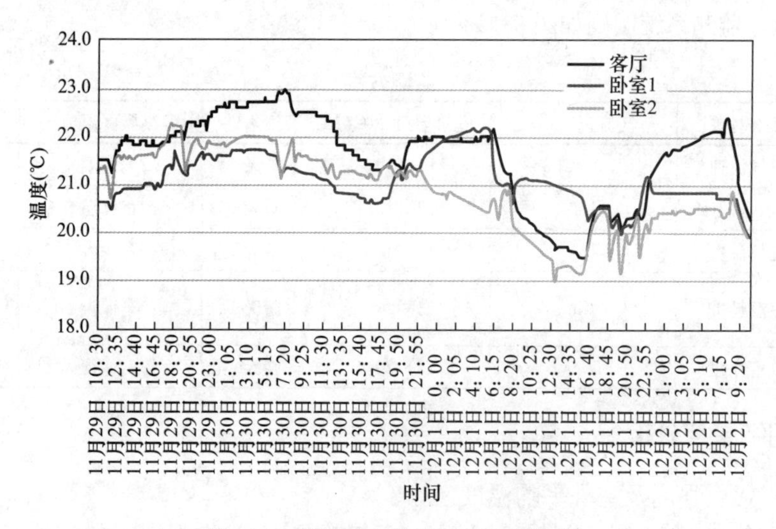


图 9-14　测试用户各房间 72h 温度值

2）相对湿度监测数据

对相对湿度的监测数据结果如图 9-15 所示，相对湿度与室内温度有关，整体相对湿度在 50%左右，稍有波动。各户热环境均较好地达到了各户的热环境要求，证明太阳能热风供暖系统的优化处理达到了要求，各用户均对供暖效果较为满意。

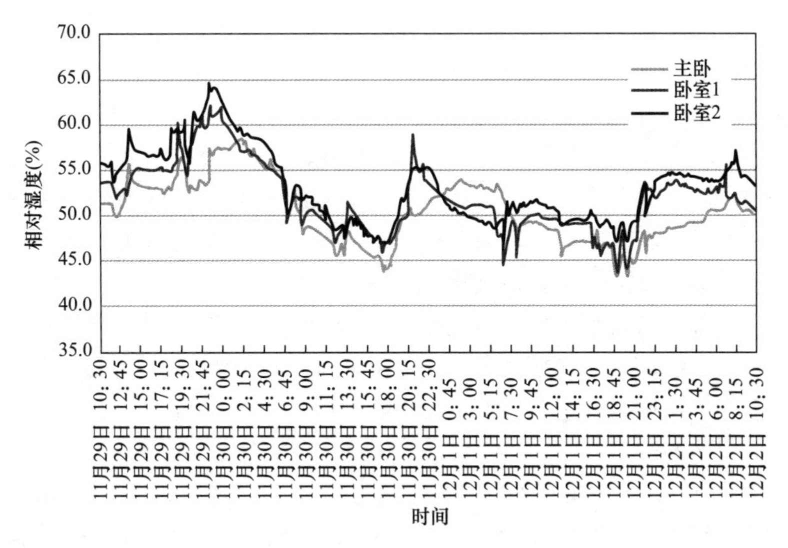


图 9-15　测试用户各房间 72h 相对湿度值

（3）空气流速的影响

图 9-16 反映了空气流速对集热量的影响规律，由图 9-16 可知，无论太阳辐照度为何值，空气流速随着空气流速从 1.0m/s 增大到 1.6m/s，同一太阳辐照度下对应的集热量均呈单调上升趋势，且上升速率较快；而随着空气流速从 1.6m/s 继续增大至 2.0m/s，集热量变化率开始趋于平缓并有略微下降趋势。这是因为空气与集热器加热管的换热形式以受迫对流为主，在集热器结构和材料一定的情况下，空气-加热管的对流换热系数与空气流速的 0.8 次方成正比。随着空气流速的增加，空气-加热管的对流换热系数与对流换热能力随之增大，因此集热量也随之加大；而在空气流速增大至一定范围后，空气-加热管对流换热系数的增大速率开始趋缓，且换热时间变短，导致空气与加热管的有效对流换热能力下降，并且热空气与加热管管壁的热损失逐渐增大，从而导致集热量有所降低。

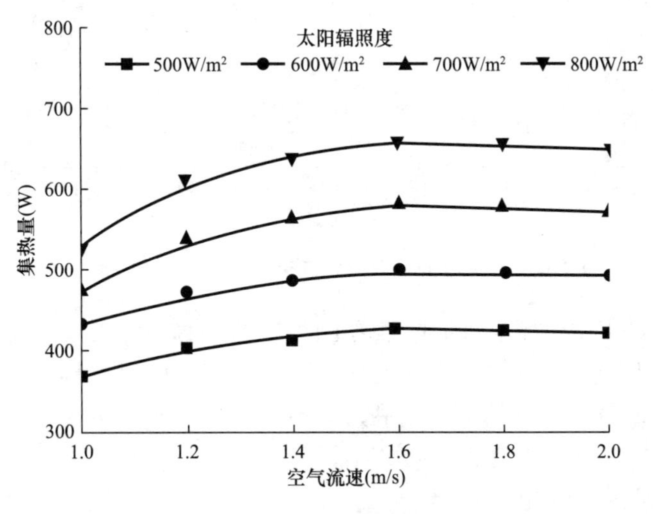


图 9-16　空气流速对集热量的影响

此外，在空气流速从1.0m/s增加至2.0m/s过程中，太阳辐照度为500W/m$^2$时，对应集热量最大提高了16.2%；太阳辐照度为800W/m$^2$时，对应集热量最大提高了25%。即太阳辐照度越大，空气流速变化对集热量的影响越显著。并且，当空气流速从1.0m/s增加至1.6m/s时，随着太阳辐照度的增加，对应的集热量增长速率也逐渐增大；当空气流速大于1.6m/s后，集热量的增长速率随太阳辐照度的增大而逐渐趋于平缓。即随着集热器内空气流速的增大，太阳辐照度对集热量的增长速率影响越显著，然而其影响程度随空气流速的继续增加而逐渐趋缓。由此可见，集热器集热量的大小不仅是空气流速的单一函数，而是受空气流速与太阳辐照度等因素的综合影响。结果表明，集热器内空气流速为1.6～1.8m/s时，在任何太阳辐照度条件下，集热器集热量均可达到较高水平。因此，该集热器的适宜空气流速可以选定为1.6～1.8m/s。

(4) 太阳辐照度的影响

基于上述分析结果，设定集热器内空气流速为1.6m/s，选取典型晴天（2022年11月11日，全天日累积太阳辐照度为13.2MJ/m$^2$）考察了太阳能集热器集热效率受太阳辐照度变化的影响特性，结果如图9-17所示。由图9-17可以看出，9：00～10：30时段内，太阳辐照度从500W/m$^2$增加至750W/m$^2$，集热效率受太阳辐照度变化的影响较大，对应的集热效率从43%升高至54%，上升速率较快；10：30～14：00时段内，太阳辐照度为750W/m$^2$～800W/m$^2$，此时集热效率受太阳辐照度变化影响较小，对应集热效率基本维持在55%左右、仅有小幅度波动，最大瞬时集热效率为56.7%；14：00～15：30时段内，太阳辐照度从700W/m$^2$迅速降低至200W/m$^2$，此时对应的集热效率也从55%快速下降至40%左右。

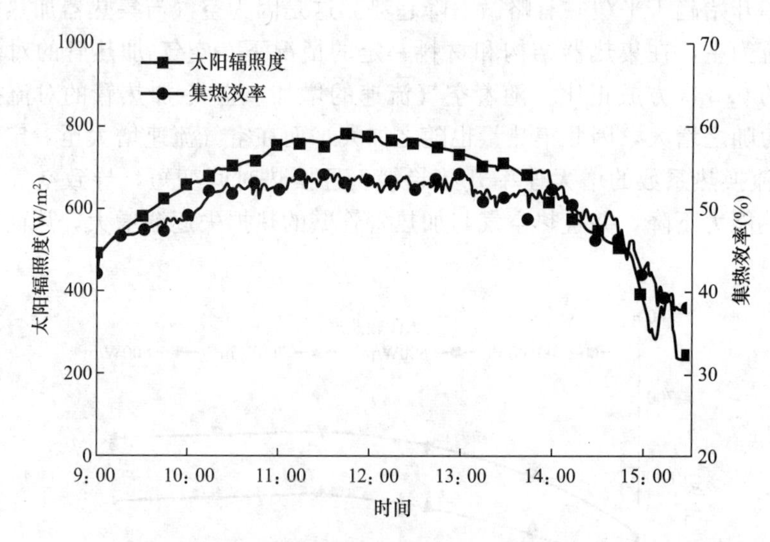


图9-17　太阳辐照度对太阳能集热器集热效率的影响

这一现象表明，太阳辐照度对集热器热工性能的影响是显著的，特别是在太阳辐照度为200～750W/m$^2$区间内，集热效率的大小与太阳辐照度相关性最强。此外，在太阳辐照度为600～800W/m$^2$时，集热器可处于高效运行状态，对应集热效率均在50%以上，而在太阳辐照度较低时集热效率有所下降。

(5) 空气进口温度的影响

图9-18反映了空气进口温度对太阳能集热器集热效率的影响规律，由图9-18可知，在

同一太阳辐照度下，集热效率呈现随进口温度增加而缓慢降低的趋势。空气进口温度从 0℃增长至 30℃过程中，在太阳辐照度为 700W/m² 条件下，对应集热效率由 55.5%降低至 51.2%；600W/m² 条件下，对应集热效率由 53.4%降低至 49%；500W/m² 条件下，对应集热效率由 50.1%降低至 46.3%。并且，集热效率随空气进口温度变化的斜率在不同太阳辐照度条件下基本相同。这是因为集热器内空气与加热管的对流换热能力与空气进口温度和加热管壁面温度的温差成正比，在太阳辐照度及空气流速一定时，空气进口温度越低，其与加热管的对流换热能力越强，换热量越大，集热效率也随之越高；反之，随着空气进口温度逐渐增大，其与加热管的对流换热能力也逐渐减弱，换热量减小，导致集热效率随之降低。

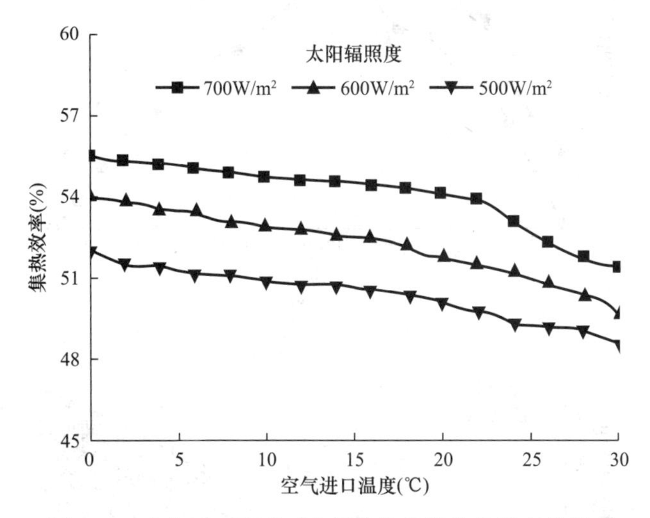


图 9-18　空气进口温度对太阳能集热器集热效率的影响

注：试验条件为典型晴天，同一太阳辐照度误差范围不超过±10W/m²，
同一进口温度误差范围不超过 0.5℃，集热器内速度为 1.6m/s。

（6）保温性能的影响

太阳能集热器结构尺寸及传热系数是影响集热器热量损失的主要因素。对于几何尺寸已定的集热器，通过降低集热器结构传热系数的方法可有效减小集热器集热量损失。图 9-19 反映了太阳能集热器保温性能对出口温度及单位面积日累积集热量的影响规律。将集热器外曲面增加 10mm 厚橡塑保温层［导热系数 $\lambda$=0.038W/(m·K)］，在太阳辐照度及空气进口温度等因素相同的条件下，有保温的集热器平均出口温度为 61.6℃，比未保温的集热器高 5.9℃；有保温的集热器单位面积日累积集热量为 6.21MJ/(m²·d)，比未保温的集热器高 11%。显然，集热器保温性能的改善对提高集热器热工性能具有积极的作用。特别是在冬季寒冷地区，由于室外温度低，集热器外曲面的保温性能，以及集热器进、出口前后空气管道的保温性能都是确保太阳热能高效利用的重要因素。

（7）开口倾角（放置角度）的影响

影响太阳能集热器接收太阳辐射的主要因素为集热器倾角、方位角及太阳辐射情况。长治市属于太阳能资源较丰富地区，年均太阳能辐照总量常年在同一范围且变动不大。此外，对于北半球地区，将太阳能集热器方位角调整为 0°即可满足集热器接收太阳辐射量最大的要求。因此，为保证太阳能集热器接收太阳辐照量最大，只需将集热器调整到最佳倾角。依据《中国建筑热环境分析专用气象数据集》提供的长治市典型气象年气象参数，根据倾斜表面上的太阳辐射总量计算方法，得出的长治市逐月太阳能集热器最佳安装倾角，如表 9-5 和图 9-20 所示。

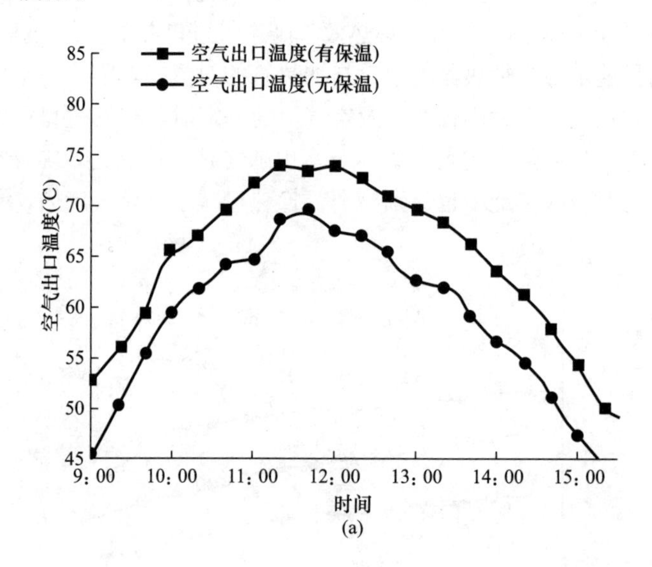


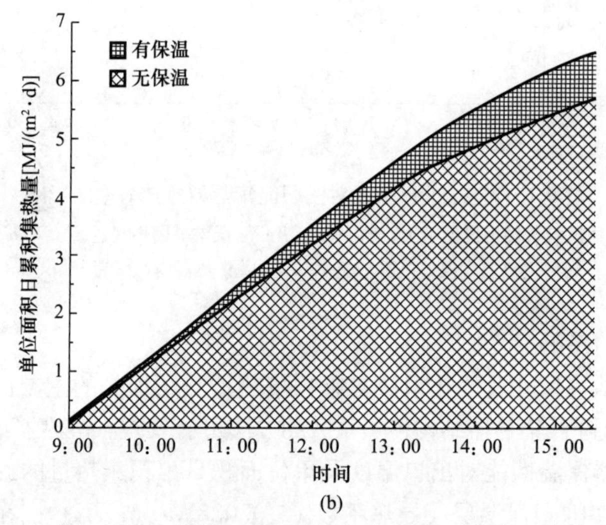


图 9-19　保温性能对太阳能集热器热工性能的影响

（a）保温性能对太阳能集热器出口温度的影响；（b）保温性能对单位面积日累积集热量的影响

注：试验条件为室外环境参数相同的典型晴天。

**太阳能集热器逐月最佳安装倾角及接收的太阳能月总辐射值　　表 9-5**

| 月份 | 1 月 | 2 月 | 3 月 | 4 月 | 5 月 | 6 月 | 7 月 | 8 月 | 9 月 | 10 月 | 11 月 | 12 月 |
| --- | --- | --- | --- | --- | --- | --- | --- | --- | --- | --- | --- | --- |
| 太阳能月总辐射值（$MJ/m^2$） | 472 | 590 | 556 | 570 | 591 | 565 | 530 | 510 | 440 | 500 | 631 | 417 |
| 最佳安装倾角 | 65° | 62° | 42° | 24° | 0° | 0° | 0° | 4° | 33° | 54° | 72° | 68° |

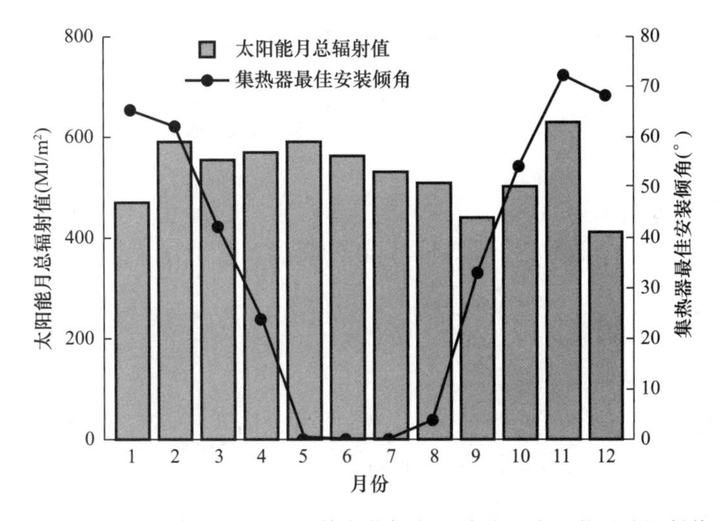


图 9-20　太阳能集热器逐月最佳安装倾角及接收的太阳能月总辐射值

由表 9-5 和图 9-20 可以看出，太阳能集热器的逐月最佳安装倾角相差较大，并与当地纬度和气候特征有关。在长治市冬季供暖区间内（每年 11 月 15 日至次年 3 月 15 日），集热器最佳安装倾角从 11 月的 72°逐月降低至次年 3 月的 42°，而冬季供暖期大部分时段内集热器最佳倾角主要集中在 60°～70°。集热器开口倾角试验时间为 2014 年 1 月，这一期间的集热器最佳安装倾角为 65°，试验时将该集热器分别以 40°、50°、60°、65°、70°和 80°放置，其全天运行效果如图 9-21 所示。

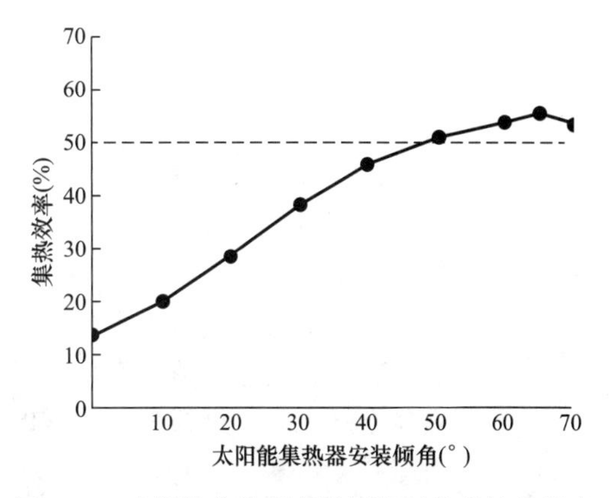


图 9-21　太阳能集热器安装倾角对集热效率影响

由图 9-21 可以看出，太阳能集热器集热效率受安装倾角影响较大。当安装倾角在 50°～70°时，其集热效率下降不大，此时安装倾角对其影响效果不太明显。当集热器安装倾角低于 20°～50°时，即与最佳安装倾角相差超过 15°～45°时，其集热效率明显下降，且下降斜率逐渐加大，这是因为此时投射在集热器开口面的太阳辐射角度超过了集热器最大接收半角，导致集热器内部反射面不能有效地将太阳辐射汇聚在空气加热管上，大大削弱了其聚光效果而使得集热器集热效率迅速下降。当集热器安装倾角低于 20°时，集热器有效开口宽度随倾斜角度变化趋缓，即太阳辐射有效射入量随开口角度变化趋缓，因此此时集热器集热效率下降趋势又趋缓。

## 9.5　项目创新点、推广价值及效益分析

### 9.5.1　评价指标

基于《太阳能集热器性能试验方法》GB/T 4271—2021 以及新型太阳能空气集热器传热特性的影响因素，可以把集热器出口温度、瞬时集热量、瞬时集热效率、基于进口温度

的归一化温差-效率等作为太阳能集热器热工性能的评价指标。

(1) 空气出口温度 $T_{out}$

集热器空气出口温度反映了集热器的送风状况，也反映了可为能源利用末端提供的供暖（热）品质。

(2) 瞬时集热量 $Q_\tau$

瞬时集热量是指集热器在某一时刻收集到的热量，是衡量集热器的重要指标，可根据公式（9-1）计算。

$$Q_\tau = GC_p(t_o - t_i) \tag{9-1}$$

式中 $Q_\tau$——集热器瞬时集热量，W；

$G$——集热器内的空气质量流量，kg/s，可根据式（9-2）计算；

$C_p$——空气定压比热容，J/(kg·K)；

$t_o$——集热器空气出口温度,℃；

$t_i$——集热器空气进口温度,℃。

$$G = \frac{\pi}{4}\rho\nu d^2 \tag{9-2}$$

式中 $\rho$——空气密度，kg/m$^3$；

$\nu$——集热器汇流总管内空气流速，m/s；

$d$——空气集热管管径，m。

(3) 瞬时集热效率 $\eta$

瞬时集热效率是指某一时刻集热器所能够提供的有用能量与当时投射到集热器采光面上的太阳辐射能量总量之比值，它反映了集热器在某一时刻的瞬时运行特性，是评价集热器性能的重要指标之一，可根据公式（9-3）计算。

$$\eta = \frac{Q_c}{Q_E} = \frac{GC_p\ (t_o - t_i)}{EA_g} \tag{9-3}$$

式中 $\eta$——集热器瞬时集热效率；

$Q_c$——集热器能够提供的瞬时有用能量，W；

$Q_E$——投射到集热器采光面上的瞬时太阳辐射能量总量，W；

$E$——某一时刻倾斜面的太阳辐射强度，W/m$^2$；

$A_g$——集热器采光面积（$A_g = BL$，$B$ 为集热器开口面宽度，m；$L$ 为集热器长度，m），m$^2$。

(4) 基于进口温度的归一化温差-瞬时集热效率曲线

为了直观反映工质温度、环境温度对集热效率的影响，根据 ASHREA 标准，采用最小二乘法，引入瞬时集热效率与归一化温差的线性关系。

$$\eta = \eta_0 - aT^* = \eta_0 - a\frac{t_i - T_o}{E} \tag{9-4}$$

式中 $\eta_0$——集热器的瞬时效率最大值；

$a$——集热器热损失系数，W/(m$^2$·℃)；

$T^*$——归一化温差（$T^* = \frac{t_i - t_o}{E}$），(m$^2$·℃)/W；

$T_o$——环境温度，℃。

## 9.5.2　太阳能集热器集热量与集热效率

太阳能集热器整个冬季供暖期最冷两月（12 月与次年 1 月）的集热器出口温度与整个冬季单位面积日累积集热量结果如图 9-22（a）与图 9-22（b）所示。由图 9-24 可以看出，在最冷的 12 月与次年 1 月间，集热器出口温度平均值为 38.2℃。出口温度高于 40℃的时间占全部集热时间的 44%，高于 50℃的时间占全部集热时间的 19.2%，出口温度保证了向相变蓄热墙体提供热量的需求。集热器冬季运行单位面积累积集热量为 438.24MJ/m²，冬季运行平均效率为 51%。

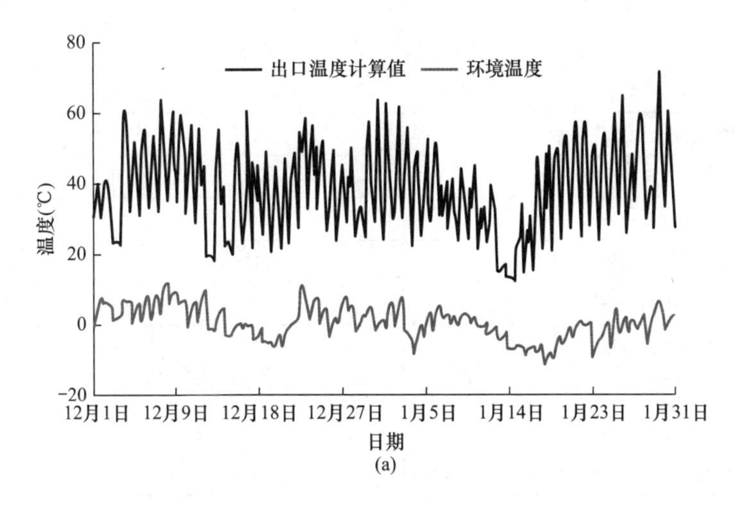


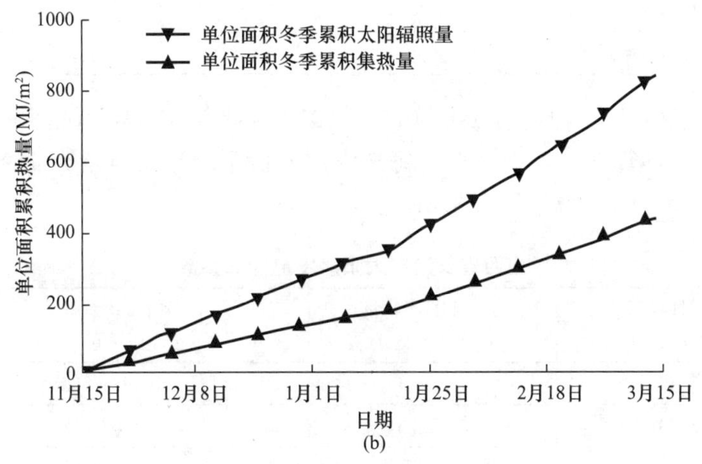


图 9-22　太阳能热风供暖系统效果分析

（a）冬季逐时出口温度（12 月 1 日至次年 1 月 31 日）；

（b）冬季累积单位面积集热量与太阳辐照量（11 月 15 日至次年 3 月 15 日）

## 9.5.3　效益分析

太阳能光伏发电量计算公式：

$$E_p = H_A \times P_{AZ} \times K / E_s$$

式中 $H_A$——水平面太阳能总辐照量，kWh/m$^2$；

$E_p$——上网发电量，kWh；

$E_s$——标准条件下的辐照度（为常数，1kWh/m$^2$）；

$P_{AZ}$——组件安装容量，kW$_p$；

$K$——综合效率系数，包括光伏组件类型修正系数、光伏方阵的倾角、方位角修正系数、光伏发电系统可用率、光照利用率、逆变器效率、集电线路损耗、升压变压器损耗、光伏组件表面污染修正系数、光伏组件转换效率修正系数。

本项目工程太阳能发电综合效率系数如表 9-6 所示。

**太阳能发电综合效率系数** **表 9-6**

| 影响因素 | 影响系数 | 损耗系数 |
|---|---|---|
| 光伏组件类型修正系数 | −4% | 96% |
| 光伏方阵的倾角 | −3% | 97% |
| 方位角修正系数 | −3% | 97% |
| 光伏发电系统可用率 | −4% | 96% |
| 光照利用率 | −5% | 95% |
| 逆变器效率 | −3% | 97% |
| 集电线路损耗 | −3% | 97% |
| 升压变压器损耗 | −3% | 97% |
| 光伏组件表面污染修正系数 | −5% | 95% |
| 光伏组件转换效率修正系数 | −5% | 95% |
| 综合效率系数 | — | 70% |

根据《光伏发电站设计规范》GB 50797—2012 附录表 A，参考如表 9-7 所示的山西省长治市太阳能发电计算参数，则石瓮村每户农户光伏系统年发电量为 4692kWh，每年能够节约标准煤 1.4t，$CO_2$ 减排量为 3.8t/a。

**山西省长治市太阳能发电计算参数** **表 9-7**

| 月份 | 总辐射日曝辐量 [MJ/(m$^2$·d)] | 总辐射日曝辐量 [kWh/(m$^2$·d)] | 天数 (d) | 单月日均发电量 (kWh) | 总发电量 (kWh) |
|---|---|---|---|---|---|
| 1月 | 15.568 | 4.35904 | 31 | 10.9847808 | 340.5282048 |
| 2月 | 18.367 | 5.14276 | 28 | 12.9597552 | 362.8731456 |
| 3月 | 19.848 | 5.55744 | 31 | 14.0047488 | 434.1472128 |
| 4月 | 19.114 | 5.35192 | 30 | 13.4868384 | 404.605152 |
| 5月 | 20.150 | 5.642 | 31 | 14.21784 | 440.75304 |
| 6月 | 19.495 | 5.4586 | 30 | 13.755672 | 412.67016 |
| 7月 | 17.680 | 4.9504 | 31 | 12.475008 | 386.725248 |
| 8月 | 18.287 | 5.12036 | 31 | 12.9033072 | 400.0025232 |
| 9月 | 19.447 | 5.44516 | 30 | 13.7218032 | 411.654096 |

续表

| 月份 | 总辐射日曝辐量 [MJ/($m^2$·d)] | 总辐射日曝辐量 [kWh/($m^2$·d)] | 天数 (d) | 单月日均发电量 (kWh) | 总发电量 (kWh) |
|---|---|---|---|---|---|
| 10月 | 19.405 | 5.4334 | 31 | 13.692168 | 424.457208 |
| 11月 | 16.688 | 4.67264 | 30 | 11.7750528 | 353.251584 |
| 12月 | 14.647 | 4.10116 | 31 | 10.3349232 | 320.3826192 |
| 总计 | — | — | 365 | — | 4692.050194 |

注：该计算为绝对理想状态计算结果。

每平方米的太阳能集热器，每年可减少 $CO_2$ 排放 1t，每户农户太阳能集热器面积为 $8m^2$，每平方米太阳能集热器一个供暖季可节约标准煤 221kg，因此，每户农户每年可减少 $CO_2$ 排放 2t，节约标准煤 884kg。

# 第10章

# 宁夏回族自治区中卫市海原县关桥乡方堡村

## 10.1 项目概况

方堡村位于宁夏回族自治区中南部黄河中游黄土丘陵沟壑区，地理坐标为东经105.70°，北纬36.68°，平均海拔1850m（图10-1）。方堡村共有11个自然村，1500户，总人口5000余人，常住4700人。方堡村年平均气温7℃，一月平均气温-6.7℃，七月平均气温19.7℃，无霜期149~171d，多年平均降雨量286mm。方堡村属于Ⅱ类（较丰富）太阳能资源分布地区，且太阳辐射直射辐射多，散射辐射少，对于太阳能利用十分有利，全年平均总云量低于5成，晴天多，阴天少，年平均太阳总辐射量5642MJ/m²，年日照时数2710h，年日照百分率达64%。宁夏太阳能资源丰富，有着得天独厚的优越条件，太阳能开发利用潜力巨大。

图10-1 宁夏回族自治区中卫市海原县关桥乡方堡村村貌

## 10.2 现场调研与建设目标

### 10.2.1 现场调研

方堡村农户取暖炊事用能方式单一落后。目前，方堡村农户冬季供暖主要以燃煤锅炉或土煤炉为主（图10-2），炊事主要靠电磁炉或者煤气，用能方式单一落后，且方堡村海拔较高，冬季室外最低温度低于-20℃，供暖周期为5个月。

图 10-2　方堡村农户供暖现状

### 10.2.2　建设目标

本项目采用农户光伏光热一体化技术及其相关配套产品，解决农户冬季供暖、日常用电及生活热水需求。同时，基于光伏＋绿色建筑，即光伏建筑一体化技术，将光伏＋光电热水器结合起来，将产能端与用能端合二为一，提高可再生能源利用效率，推进绿色低碳和可持续发展。

## 10.3　技术及设备应用

### 10.3.1　分布式太阳能光伏/光热复合发电产热技术及产品应用

通过应用太阳能光伏/光热复合发电产热技术及产品（相关技术和产品介绍见本书 8.3.4 节），对方堡村农户每户屋顶的 2 块光伏板背板加装平板式微热管集热装置，相应光伏光热一体化系统原理图如图 10-3 所示，其组件现场安装图如图 10-4 所示。

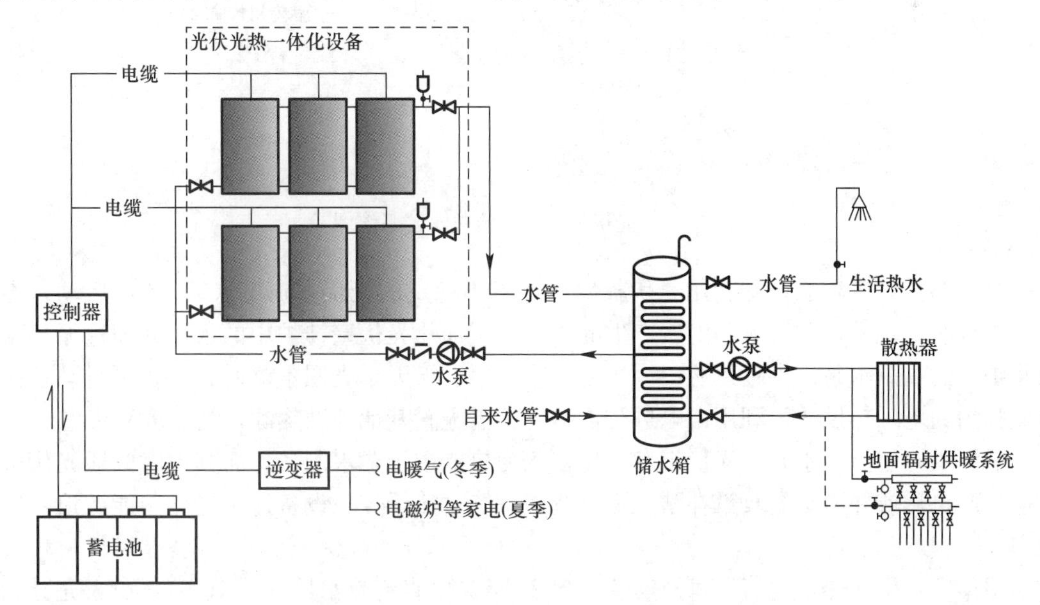


图 10-3　方堡村光伏光热一体化系统原理图

图 10-4　方堡村光伏光热一体化组件现场安装图

### 10.3.2　光伏+ 光电直流热水技术

采用光伏＋光电直流热水器系统为农户提供全年生活热水，屋顶采用光伏组件，热源采用光电热水器，安装于室内合适位置的侧墙上；白天太阳能光伏直流电作为主要电源制备热水，晚上或光照不足时，光电热水器内配置的交流电加热组件利用谷电开始运行辅助加热（图 10-5）。当能够满足生活热水供应需求时，太阳能光伏板发电可自用或并入电网享受国家电费补贴。

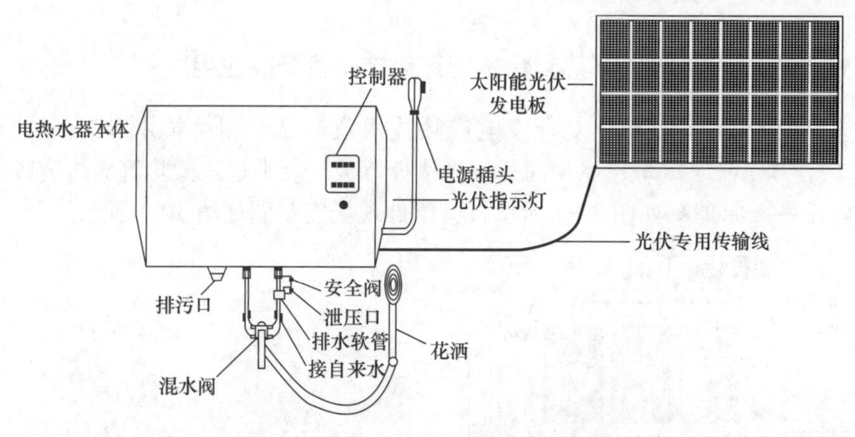


图 10-5　光伏＋光电直流热水器系统图

光电壁挂炉供暖系统是利用光伏板发电，将不稳定的光伏直流电（5V 即可启动）通过“光核芯”技术，利用太阳能所产生的电能直接加热光伏壁挂炉中的水，并通过循环水泵将炉中的高温水泵入供暖系统中。当处于阴、雨、雪天，光照不够时，系统可自动切换至壁挂炉的电加热模式，利用市电进行供暖，不需配置其他辅助热源，既经济又实惠。

需要供应生活热水时，光伏板发电均转化为热能用于热水制备，而其他时间段光伏板发电生产自用或并网享受政策补贴，不会造成系统过热干烧、设备过早老化、能源浪费等现象。

根据农户生活热水负荷，每户安装 1 台 2kW 光电直流热水器（图 10-6），白天充分利用光伏部分，夜间利用市政电辅助加热，且可有效利用低谷电。

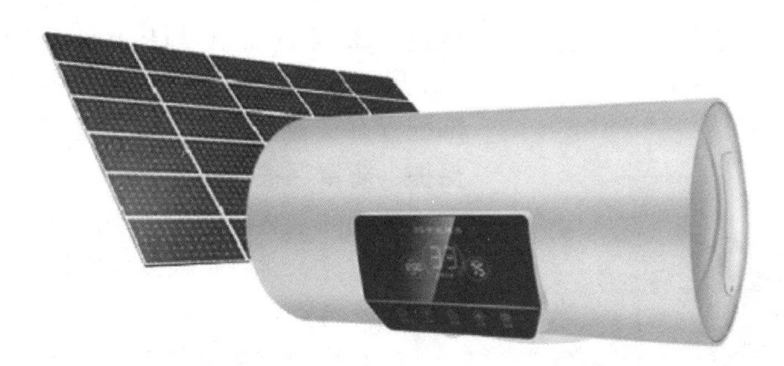

图 10-6　光电直流热水器实物图

光电直流热水器具有以下优点：

（1）核心技术：采用“光核芯”加热技术，热转化效率 98%以上，热利用率 100%；

（2）超智两用：内置“光核芯”直流超能加热体和交流智能加热体；

（3）智能控制：LED 大屏控制，全自动运行，光伏直流优先，直流、交流自动切换，手机 Wi-Fi 远程智控；

（4）多重保护：超 17 种安全防护，防漏电保护、智能防冻保护、防过热保护等；

（5）结构独特：快速拆装，维护方便，导热传递加热，水温稳定，安全防漏电，外壳不发热；

（6）模式组合：模块化设计，可根据不同供暖或热水需求，进行模块机组的自由组合；

（7）节能增效：冬天供应生活热水，夏天发电，利用光伏直流加热，并网发电有收益。

光伏＋绿色建筑即光伏建筑一体化技术的应用，将光电热水器结合起来，利用太阳能光伏发电，将所发的直流电直接用于室内的光电热水器（图 10-7），解决生活洗浴用热水，剩余电能充分用于室内照明或户外庭院灯等用电设备。

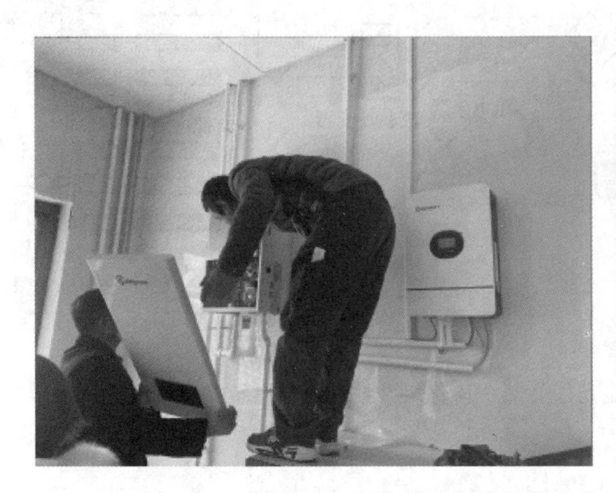

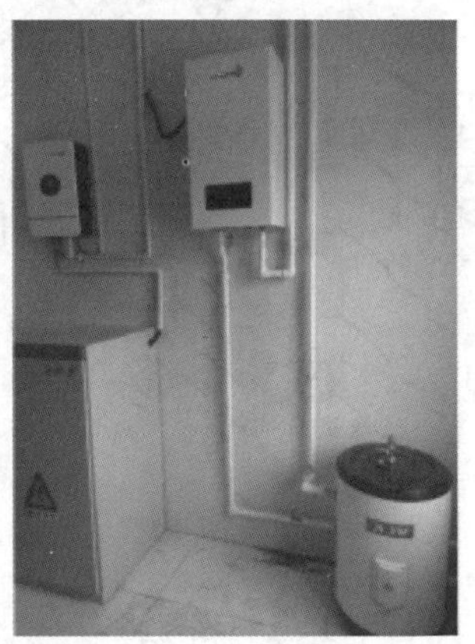

图 10-7　方堡村光电直流热水器现场应用图

### 10.3.3　智能光伏逆变器——直流转交流装置

分布式光伏光热一体化系统在非生活热水供应时间段，光伏组件发的电可通过智能光

图 10-8 智能光伏逆变器

伏逆变器将直流电（DC）转化为交流电（AC）（图 10-8），供室内电器使用。智能光伏逆变器内部配置有交流断路器和交流防雷器，可提供短路保护、防雷保护和接地保护。

选配的采集器可以检测交流侧的数据信息并可远程监控，时时跟踪发电数据，便于管理。

技术特点：

（1）采用 4 路光伏逆变一体化设计，适配更多角度光伏板设计，提高发电量；

（2）16 路直流电压、电流监测，实时查看各电路工作情况；

（3）重防护等级，提高电站运行安全性；

（4）体积小，重量轻；

（5）绝缘性能好，更安全。

## 10.4 跟踪监测与数据分析

### 10.4.1 监测仪器与监测方案

为了分析新型光伏光热（PV/T）组件的实际运行效果，搭建了太阳能光伏光热一体化组件性能测试系统（图 10-9），针对 PV/T 组件及光伏（PV）组件进行温度对比、组件发电功率及发电效率对比、组件集热效率对比等。

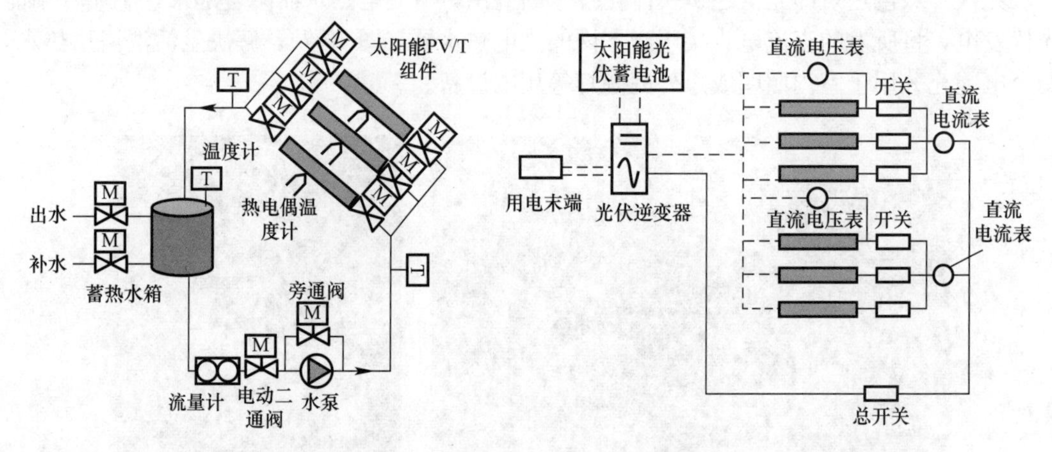


图 10-9 太阳能光伏光热一体化组件性能测试系统图

（1）项目工程系统介绍

在项目工程系统中，PV/T 组件与 PV 组件以并联方式连接，各管路总长度基本相等，流量分配容易满足要求，阻力损失的差异较小，并且运行稳定，能耗较低。为了最大限度地收集和利用太阳能辐射热量，以及考虑到场地的限制、施工以及使用等问题，PV 组件与水平面倾角设定为 40°，面向正南方并排布置。系统中管道内的流体通过循环泵强制循环。

本项目中的 PV/T 系统的工作原理是当太阳辐射照射到 PV 组件上时，一方面太阳能由 PV 组件转化为电能，同时将 PV 组件输出的电流电压与光伏逆变器及蓄电池相连；另一方面太阳能转化的热能由铺设在电池片背部的流体通道的工质吸收带走，这样就可以降低光伏电池的工作温度，而且工质带走的热能会存储在水箱中。水箱中的水依靠循环泵提供的动力完成管道内的循环流动。

1）光伏组件

PV 组件采用异质结电池，量产输出功率为 445～465W。异质结电池具有转换效率高（最高已达 24.73%）、制造工艺简单（制绒清洗、非晶硅沉积、TCO 制备、丝网印刷）、温度系数低（传统电池的一半）、无光致衰减和电位衰减、可双面发电等一系列特性优势，同时对组件的结构、材质进行优化，可更好应对北方地区昼夜温差大、弱光时间较长等气候特征。

2）光伏逆变一体机及蓄电池

为满足太阳能电量消纳，在光伏板末端安装了光伏逆变一体机和太阳能蓄电池，如图 10-10 所示，该 MPPT 控制器的最大额定输入直流电流 100A，最大额定输入直流电压 150V，控制器的运行温度为－25～60℃，逆变器输出交流电压为 220V。太阳能蓄电池为磷酸铁锂蓄电池。当 PV/T 系统运行时，PV/T 组件利用太阳能发电所产生的电能通过控制器后直接转换为 29.2V 的直流电储存在磷酸铁锂蓄电池中，当有末端需要用电时，通过逆变器转换为 220V 的交流电进行供能。较直接与末端相连耗电的一般组件，MPPT 控制器可以利用多相同步整流技术及先进的 MPPT 控制算法，保证在任何充电功率工况下都具有极高的转换效率，大幅提高组件的能量利用率，其追踪效率不低于 99.5%。

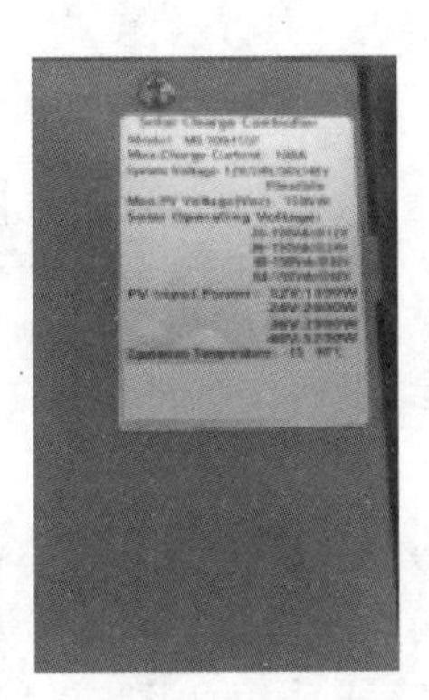
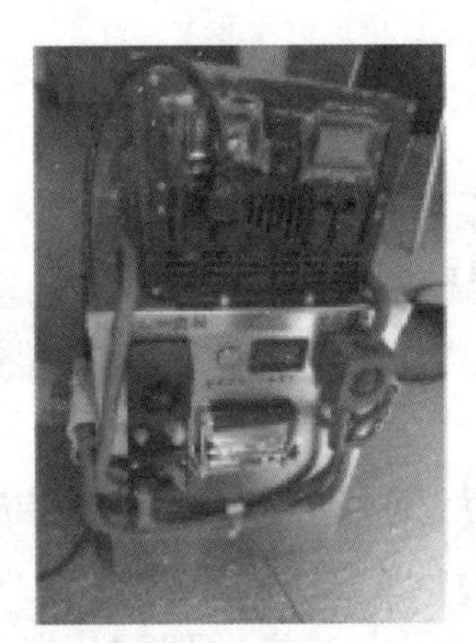

图 10-10　光伏逆变一体机和太阳能蓄电池

3）蓄热水箱

蓄热水箱内部采用保温工艺处理，箱体设有循环水开口和感温口等。循环水流经太阳能 PV/T 组件，温度升高后流入水箱中，换热水箱内底部冷水经循环水泵加压后流向 PV/T 组件。

4）辅助设备

在整个 PV/T 系统中，利用 PV/T 组件集热需要用到连接管道、阀门、循环水泵及保温层等辅助设备和材料，部分辅件实物图如图 10-11、图 10-12 所示。

图 10-11　循环水泵实物图

图 10-12　组件支架实物图

（2）监测仪器

1）测定布置

PV/T 组件性能测试系统图如图 10-9 所示，为了对比组件在瞬时变工况下的运行结果，需要监测组件的表面温度、组件的逐时发电量、水系统进出口温度及流量、蓄热水箱温度、环境太阳辐射强度、室外环境温度等相关参数。

2）温度测量

温度测量主要包括光伏组件温度、蓄热水箱内部温度及其进出水温度、环境温度。组件温度采用贴片式 J 型热电偶温度传感器，温度测点布置如图 10-13 所示，采用三点测温取平均值来确定组件的温度，J 型热电偶温度传感器采用如图 10-14 的数据采集仪进行收集。

图 10-13　太阳能光伏光热一体化组件温度测试布点图

图 10-14　数据采集仪

蓄热水箱内水温及进出口温度采用便携式温度采集仪测量（图 10-15），蓄热水箱内水温采用测温盲管配合温度探头测量，水箱进出口温度则使用小段金属管件配合温度探头测量。

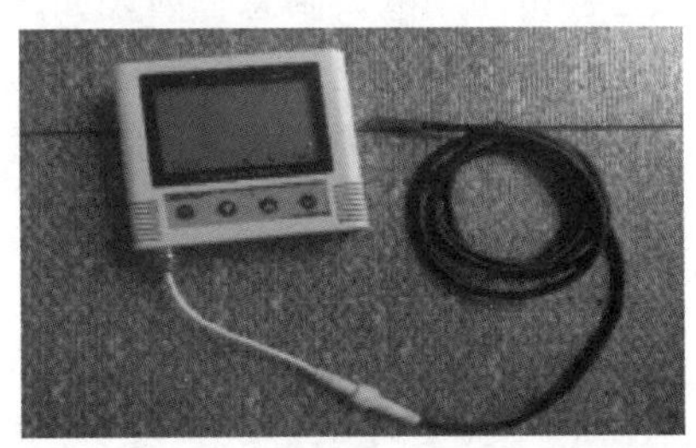

图 10-15　水箱水温测量实物图

3）流量测量

流量测量采用电磁流量计（图 10-16），其公称直径为 $DN20$，测量范围为 1～10m$^3$/h，精度为 0.5m$^3$/h，支持 RS485 通信，方便数据输出。

图 10-16　电磁流量计

4）电能测量

采用的直流电表参数如表 10-1 所示，实物图如图 10-17 所示。

**直流电表参数**　　**表 10-1**

| 参数 | 参数值 | 参数 | 参数值 |
| --- | --- | --- | --- |
| 直流电压范围 | 0～500V | 输入阻抗 | ≥6kΩ/V |
| 直流电流范围 | 0～2500A | 功耗 | ≤1mW |
| 分流器 | 支持输出为 75mV | 精度 | 0.5 级 |
| 输出信号 | RS485 通信 | 过载 | 2 倍持续 1s |

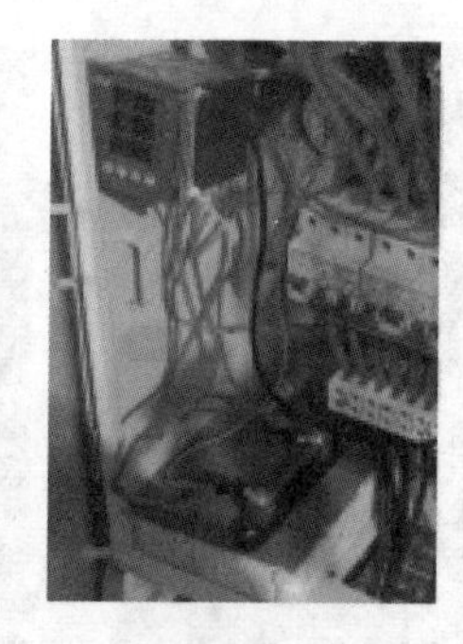

图 10-17　直流电表实物图

5）太阳辐射照度测量

项目工程中使用的太阳总辐射表如图 10-18 所示，当该表接收到太阳能时，处于感应面的热接点与处于机体内的冷节点产生温差电势，基于热电效应原理，可以测量所接收到的太阳总辐射。太阳总辐射表具体参数见表 10-2。

图 10-18　太阳总辐射表

**太阳总辐射表参数**　　**表 10-2**

| 参数 | 参数值 | 参数 | 参数值 |
| --- | --- | --- | --- |
| 供电范围 | 10～30V，DC | 功耗 | 0.2W |
| 测量范围 | 0～2000W/m$^2$ | 精度 | ±3% |
| 分辨率 | 1W/m$^2$ | 光谱范围 | 0.3～3 μm |
| 工作温度 | －40～60℃ | 工作相对湿度 | 0～95%，非结露 |
| 灵敏度 | 7～14 μV/(W·m$^2$) | 响应时间 | ≤30s |

6）数据采集

组件温度的数据采集使用数据采集仪进行收集，水箱温度及其进出口温度采用的是便携式温湿度仪，自带数据记录功能，而室外辐照度及电表等数据采用 RS485 通信，利用网络变送器统一收集到线上平台后采集（图 10-19）。

本项目所有测试设备汇总如表 10-3 所示。

热电偶温度计用于测量光伏组件背板温度，对比 PV/T 组件相较于 PV 组件的降温效果；PV/T 组件流体进出口各安装一个浸入式温度计，测量组件进出水温差，蓄热水箱中安装一

图 10-19　数据采集仪及网络变送器

测试设备汇总　　　　表 10-3

| 测试设备名称 | 型号规格 | 功用 |
|---|---|---|
| PV/T 组件 | 自制 | 利用太阳能发电产热 |
| PV 组件 | 异质结电池 | 利用太阳能发电 |
| 光伏逆变器 | 输入电压为 29.2V，输出电压为 220V，持续输出功率为 3000W | 直流转交流 |
| 光伏蓄电池 | 磷酸铁锂电池组 | 组件累计发电量 |
| MPPT 控制器 | 输入 DC（12～48V） | 控制组件运行 |
| 蓄热水箱 | 容积为 100L，运行压力不大于 0.8MPa | 储存太阳能光热产生的热水 |
| 水泵 | 功率 160W，扬程 8m | 给予热水系统动力 |
| PZ 直流电表 | 直流电压上限为 220V，直流电流上限为 20A | 实时测量直流电压、直流电流、功率、电量 |
| 浸入式水温度传感器 | 量程为－20～120℃，误差为±0.2℃ | 管道系统供回水温度及蓄热水箱水温监测并远传 |
| 热电偶 | 量程为－120～150℃，误差为±0.5℃ | 光伏电池温度测试 |
| 电磁流量计 | 量程为 1～10$m^3$/h | 管道内水流量测试 |
| 室外温湿度自记仪 | 量程为－20～120℃，误差为±0.2℃；0～100%，误差为±3% | 测试室外环境温度、相对湿度 |
| 太阳总辐射传感器 | 总辐射测量范围为 0～2000W/$m^2$，误差不大于 5% | 测试室外太阳辐射强度 |
| 网络变送器 | RS485 通信 | 记录太阳辐射强度、水泵流量、组件发电量等参数 |
| 数据采集器 | — | 实时记录所有热电偶测试数据 |

个浸入式温度计，测量蓄热水箱温度变化情况，结合电磁流量计测量的流体通道内逐时水流量，得到 PV/T 板的热输出量；电动两通阀及流量控制阀，用于调节集热系统流量；水泵给系统提供动力；功率记录仪用于测量各组件逐时发电效率；光伏逆变器将直流电转交流电，给室内用电设备供电；太阳能光伏蓄电池将储存富余发电量；室外温度自记仪：记录室外逐时温度；太阳辐射自记仪记录室外太阳辐射强度；数据采集仪收集测量的数据。

（3）监测方案

监测时间为 9 月 1 日～10 月 15 日。方堡村各户分别设置了 PV 组件及 PV/T 组件，在测试时间段内需要同时测试 PV/T 组件及 PV 组件的实际运行效果，比较 PV/T 组件较 PV 组件光电提升效率和光热效率情况；运行过程中需要测试组件逐时输出电功率、蓄热水箱温度变化情况、进出口水温变化情况、流量、室外太阳辐射强度、室外温度、PV 组件表面温度等。

### 10.4.2 监测结果与分析

PV/T 组件与 PV 组件的设置倾角为 40°。对整个测试期（9 月 1 日～10 月 15 日）的监测结果进行详细分析，并选取 9 月 20 日的监测结果进行详细分析。

（1）室外环境温度和太阳辐射强度参数实测

整个测试期（9 月 1 日～10 月 15 日）及 9 月 20 日的室外环境温度和太阳辐射强度随时间变化情况分别如图 10-20 和图 10-21 所示。

在一天之中，太阳辐射强度从 9：00 左右开始先增加，并在 14：00 左右达到其峰值，然后开始下降，在 18：00 之后基本降为 0。环境温度也是随着时间的推移先增加，在 13：30 左右达到峰值，然后缓慢下降。9 月 20 日当天最高太阳辐射强度为 661.1W/m²，当日最高气温 22.2℃；在整个测试期（9 月 1 日～10 月 15 日），平均太阳辐射强度波动较大，主要是与当天的温度及大气情况有关，室外温度随着时间的推移，从 9 月份到 10 月份逐渐降低。

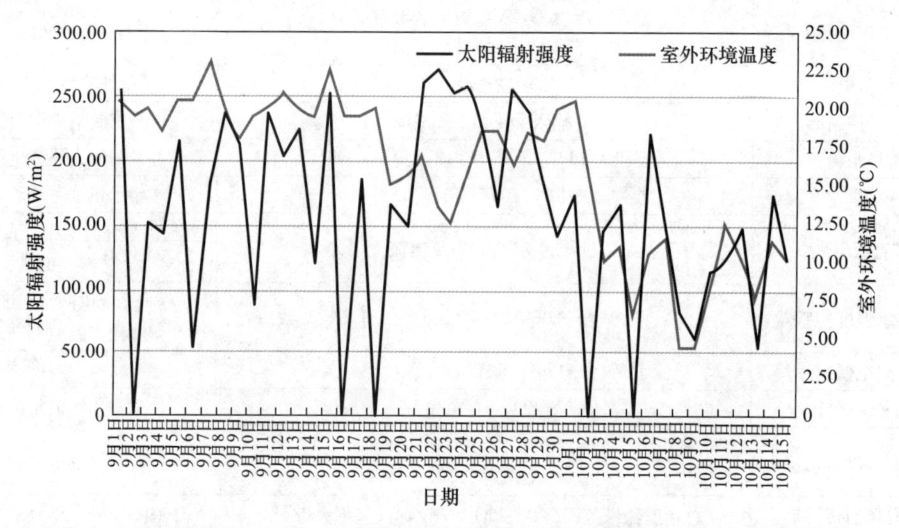


图 10-20　9 月 1 日～10 月 15 日室外环境温度和太阳辐射强度随时间变化情况

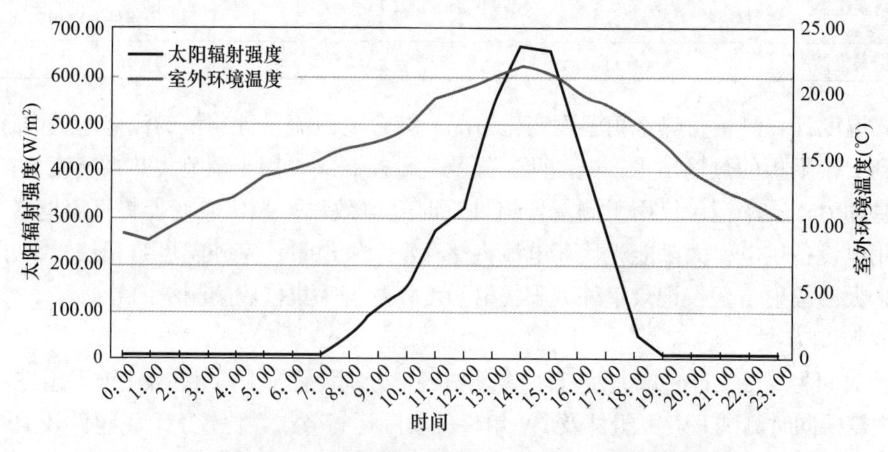


图 10-21　9 月 20 日室外环境温度和太阳辐射强度随时间变化情况

（2）组件温度对比

9 月 1 日～10 月 15 日 PV/T 组件温度随时间变化情况如图 10-22 所示，由于 9 月 2 日、9 月 16 日、9 月 18 日为阴雨天气，暂无测试数据，其他时间内的 PV/T 组件温度的变化情况与当天的太阳辐射强度有关系，整个测试期内组件的最高温度为 59.6℃，PV/T 组件的整体平均温度为 44.3℃。

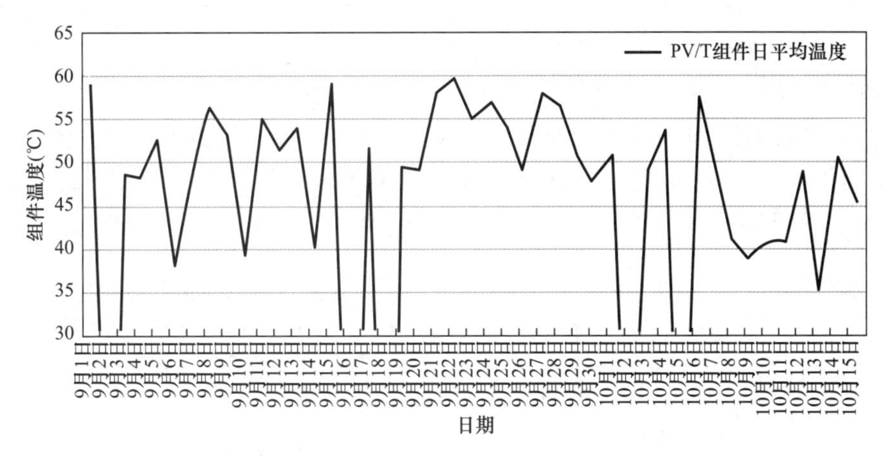


图 10-22　9 月 1 日～10 月 15 日 PV/T 组件温度随时间变化情况

9 月 20 日 PV/T 组件、PV 组件温度随时间变化情况如图 10-23 所示，组件温度变化趋势均为随时间推移整体呈现先升高后降低，在 12：30～13：30 期间达到最高值。PV 组件温度升高速率最快，在 12：30 左右达到最高温度 66.3℃，后缓慢开始降低，相较于热管式 PV/T 组件，其温度降低速率快，这是因为其没有冷却换热通道，它的温度受太阳辐射强度及环境温度影响最显著。PV/T 组件的温升是比较慢的，在 13：10 左右达到组件最高温度 58.8℃。热管式 PV/T 组件很难直接反向加热 PV 电池，故组件的降温效果也是良好的，但还是略差于 PV 组件。

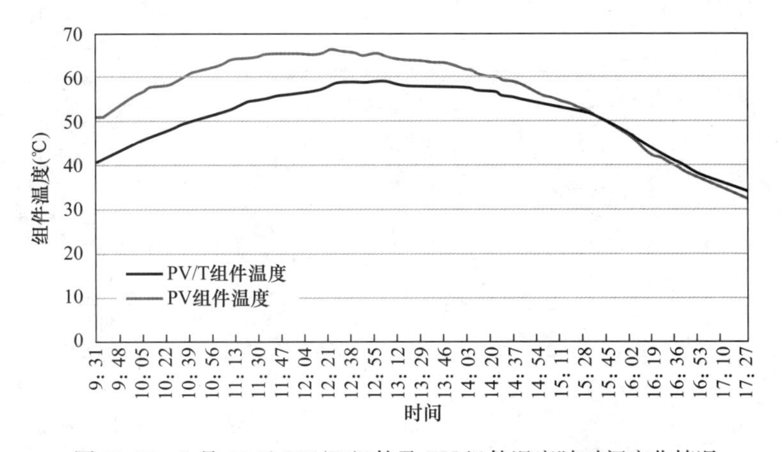


图 10-23　9 月 20 日 PV/T 组件及 PV 组件温度随时间变化情况

（3）组件发电功率及效率对比

图 10-24 及图 10-25 为 9 月 1 日～10 月 15 日 PV/T 组件的日均发电量和发电效率以及

9月20日PV/T组件和PV组件的发电效率随时间变化情况。PV/T组件的发电效率相比PV组件较高，PV/T组件最高发电效率为21.35%，平均发电效率为19.4%。PV组件的发电效率较低，组件最高发电效率为19.22%，平均发电效率为16.5%。两种组件的发电效率随时间变化趋势相近，测试开始至13：30期间，组件发电效率整体呈现下降趋势，这是因为组件温度升高导致整体发电效率降低，13：30～17：30期间，组件发电效率逐渐上升，这是因为组件温度已经开始下降，组件发电效率逐渐增加，但由于太阳辐射强度的大幅削弱，组件的实际发电功率也随之下降。

在整个测试期（9月1日～10月15日），由于9月2日、9月16日、9月18日为阴雨天气，暂无测试数据，其他时间内的发电效率相对比较平稳，另方堡村每家农户安装了2块PV/T组件，图10-24所示PV/T组件的日均发电量为每家农户PV/T组件的总发电量。平均发电量为3.13kWh。

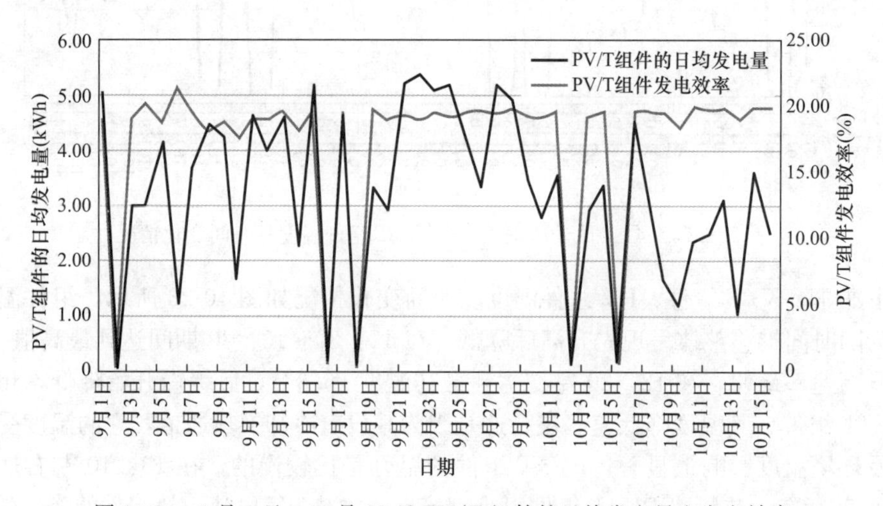


图10-24　9月1日～10月15日PV/T组件的日均发电量和发电效率

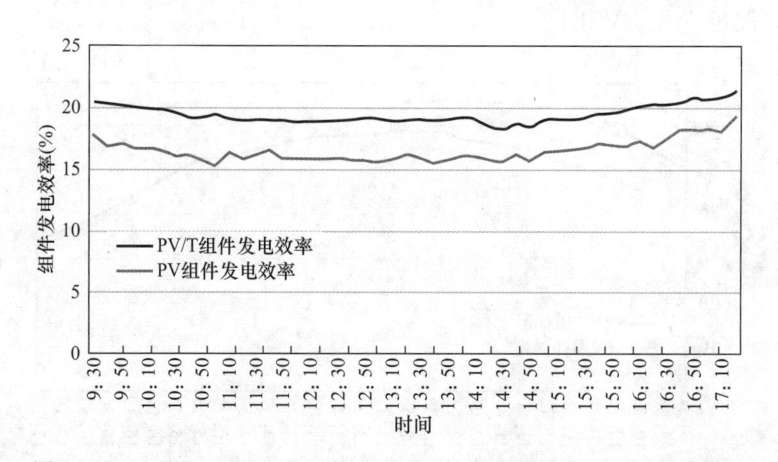


图10-25　9月20日PV/T组件及PV组件的发电效率随时间变化情况

（4）组件集热效率研究

图10-26及图10-27为9月1日～10月15日以及9月20日PV/T组件集热效率随日期（或时间）变化情况。在整个测试期（9月1日～10月15日），由于9月2日、9月16

日、9 月 18 日为阴雨天气，暂无测试数据，其他时间内的集热效率主要跟当天的太阳辐照强度以及环境温度有关，最高集热效率为 24.5%。9 月 20 日组件的集热效率随太阳辐射强度的增加而增加，但随着太阳辐射强度继续增加，PV/T 组件的表面温度升高，水箱蓄热能力有限，太阳辐射强度增加后效率增加相对较慢，之后随着太阳辐射强度降低，集热效率也降低。

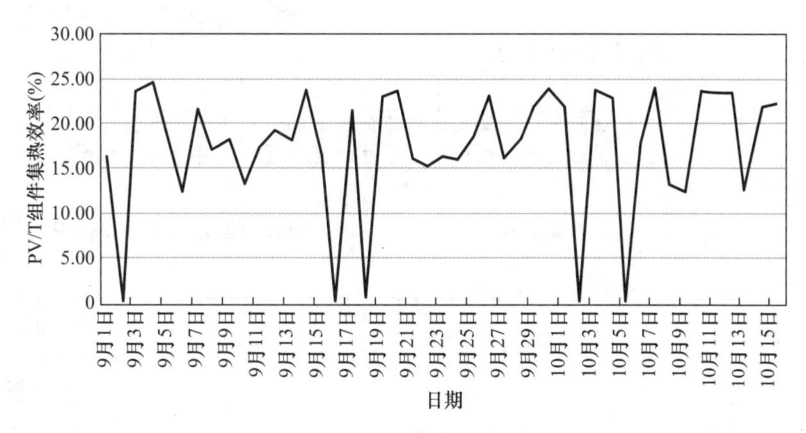


图 10-26　9 月 1 日～10 月 15 日 PV/T 组件集热效率随日期变化情况

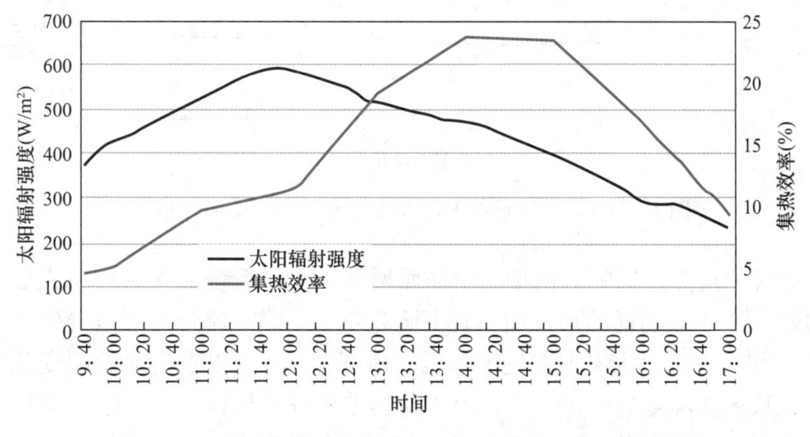


图 10-27　9 月 20 日 PV/T 组件集热效率随时间变化情况

PV/T 系统蓄热水箱温度及逐时进出水温差随时间变化情况如图 10-28 所示，PV/T 系统的蓄热水箱水温呈现出先升温后下降的趋势。

PV/T 系统蓄热水箱初始水温 24.1℃，在 14：50 左右蓄热水箱内水温达到峰值 52.4℃，随后开始出现降温，在测试结束时蓄热水箱最终温度为 46.5℃。

（5）水流量对组件性能影响

不同流量下 PV/T 系统光电光热效率变化趋势如图 10-29 所示，从图 10-29 中可以看出，随着流量的增加，PV/T 系统的光电效率趋于稳定，在 19.9%～20.6%范围内波动；当流量为 150～325L/h 时，PV/T 系统光热效率随着流量的增加而上升，且上升的速率较快，光热效率由 15.6%增加到 20.3%；当流量大于 325L/h 时，PV/T 系统光热效率变化较缓且略有下降的趋势。

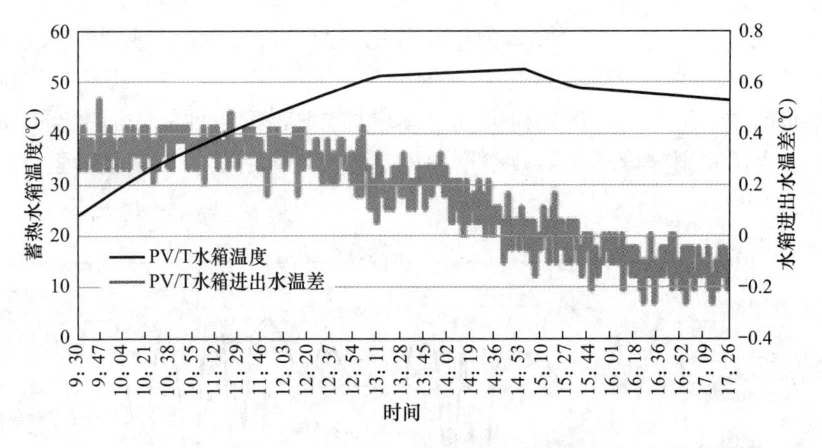


图 10-28　PV/T 系统蓄热水箱温度及逐时进出水温差随时间变化情况

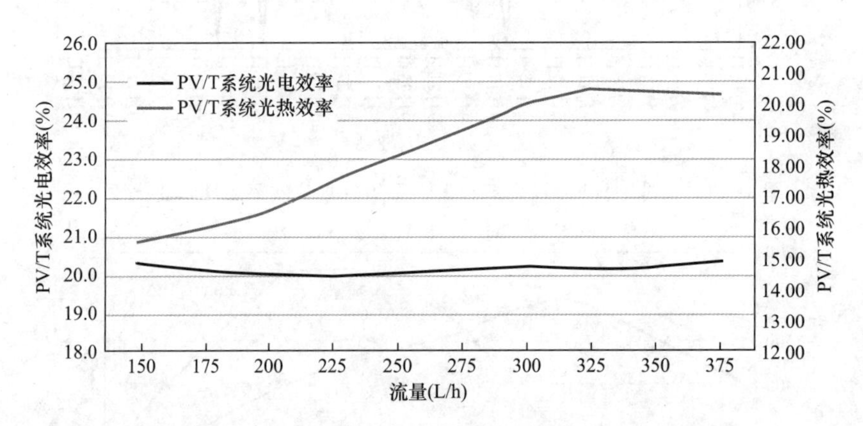


图 10-29　不同流量下 PV/T 系统光电光热效率变化趋势

PV/T 系统的换热效果随着流量的增加而增强，使得系统的光热效率先逐渐增加，达到一定程度后由于水泵功耗的增加而呈现下降趋势。同时，流量增加也导致工质未发生热交换就流出，使得进出口水温温差逐渐降低。由图 10-30 可以看出流量的变化并没有引起 PV/T 系统光伏板壁温度的变化，这是由于换热工质得热量远小于 PV/T 系统集热器的总得热量，使得板壁温度变化不大，系统光电效率变化平稳。

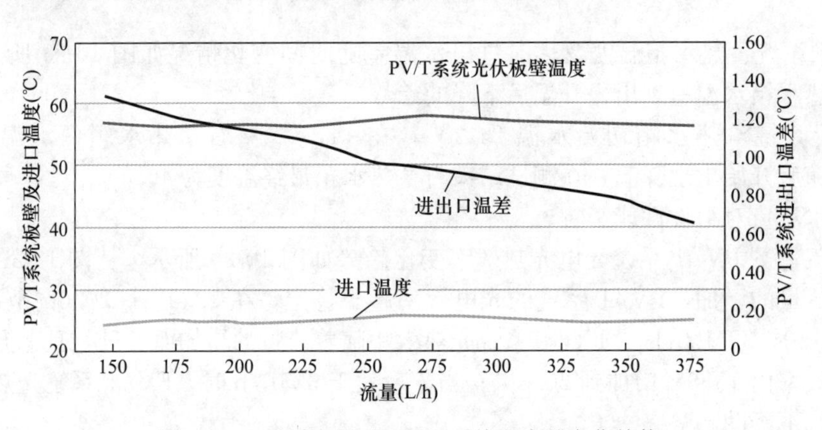


图 10-30　不同流量下 PV/T 系统温度的变化趋势

## 10.5 项目创新点、推广价值及效益分析

### 10.5.1 综合热电性能评价指标

PV/T 系统既能产电也能产热，相对单一的光电或光热转换效率指标都不能衡量 PV/T 系统的能源转换效率。目前，应用较广的是综合效率 $\eta_T$，该评价指标仅是定性说明 PV/T 系统性能，即电效率 $\eta_s$ 与热效率 $\eta_{th}$ 之和。

$$\eta_T = \eta_s + \eta_{th}$$

考虑到电能与热能品位的区别，提出了一次能源节约率的评价 PV/T 系统的方法，该方法反映了因利用太阳能而节约一次能源的效率，其具体表达式如下：

$$E_f = \eta_s / \eta_{pows} + \eta_{th}$$

式中 $E_f$——PV/T 系统的一次能源节约效率；

$\eta_{pows}$——常规电厂的发电效率。

由方堡村 9 月 20 日的监测参数可知：

PV/T 系统综合效率为 19.4%+17.02%=36.42%。

考虑到电能与热能品位的区别，基于一次能源节约率评价方法修正后得到 PV/T 系统的综合热电性能评价方法，PV/T 系统一次能源节约效率为 19.4%÷0.38+17.02%=68.07%。

### 10.5.2 PV/T 组件发电量指标

在整个测试期（9 月 1 日～10 月 15 日），由于 9 月 2 日、9 月 16 日、9 月 18 日为阴雨天气，暂无测试数据，其他时间内的 PV/T 组件的日均最高发电量为 2.58kWh，PV/T 组件的日均最低发电量为 0.52kWh，PV/T 组件的日均发电量为 1.57kWh，而 PV 组件的日均发电量为 1.32kWh。

方堡村每家农户设置了 2 块 PV/T 组件，4 块 PV 组件。单个农户一天的太阳能光伏发电量为 8.42kWh。理想状态下可得出农户一年的太阳能光伏发电量可达 3000kWh。

### 10.5.3 PV/T 组件集热量指标

在整个测试期（9 月 1 日～10 月 15 日），由于 9 月 2 日、9 月 16 日、9 月 18 日等属于阴雨天气，暂无测试数据外，其他时间段根据水箱初始温度、最终温度以及水箱容积监测结果，获得单块 PV/T 组件日均集热量为 2.26kWh，根据方堡村每户农户的 PV/T 组件个数，可知其每天可为农户提供 185L 的 45℃生活热水。

### 10.5.4 常规能源替代量及减排量

太阳能光伏系统的常规能源替代量 $Q_{td}$ 应按下式计算：

$$Q_{td} = D \times E_n$$

式中 $Q_{td}$——太阳能光伏系统的常规能源替代量，kgce；

$D$——每度电折合所耗标准煤量，kgce/kWh；

$E_n$——太阳能光伏系统年发电量，kWh。

根据农户一年的太阳能光伏发电量，可知农户的太阳能光伏系统每年的常规能源替代量为 960kgce。

参考《可再生能源建筑应用工程评价标准》GB/T 50801—2013，对太阳能光伏系统的减排量进行计算分析。减排量的计算采用标准煤排放系数法，通过常规能源替代量和空气污染物的排放系数，计算应用太阳能光伏系统的减排量。

根据太阳能光伏系统每年的常规能源替代量，分别计算出 $CO_2$ 减排量为 2371.2kg/a，$SO_2$ 的减排量 19.2kg/a，粉尘的减排量 9.6kg/a。

从以上数据可以看出，方堡村每家农户设置了 2 块 PV/T 组件，4 块 PV 组件，每年可以减少 2371.2kg 的 $CO_2$ 排放量。通过中国碳交易网查看最近半年的价格走势，每吨价格在 40～160 元之间，按 60 元成交价计算，光伏发电每年可获得 142.2 元左右的收益，25 年将获得 3555 元左右收益。

### 10.5.5 经济效益

(1) 投资估算

方堡村每户光伏光热一体化系统初投资如表 10-4 所示。

**方堡村每户光伏光热一体化系统初投资** 表 10-4

| 序号 | 组件名称 | 规格 | 数量 | 单价（元） | 总价（元） |
|---|---|---|---|---|---|
| 1 | 光伏板 | 450W | 4 块 | 1100 | 4400 |
| 2 | PV/T 组件 | 450W | 2 块 | 2200 | 4400 |
| 3 | 微型逆变器 | 1000W，24V | 2 个 | 1250 | 2500 |
| 4 | 蓄电池 | CNT12-100Ah（或胶体电池） | 1 组 | 950 | 950 |
| 5 | 光伏支架 | C 型钢 | 2 套 | 260 | 520 |
| 6 | 辅材费 | — | 1 户 | 1000 | 1000 |
| 7 | 安装费 | — | 1 户 | 2000 | 2000 |
| 8 | 合计 | — | | | 15770 |

(2) 方堡村电价情况

方堡村工商业和其他类型电价情况如表 10-5 所示。

**方堡村工商业和其他类型电价情况** 表 10-5

| 时段 | 电价（元/kWh） |
|---|---|
| 峰（8：00～12：00/18：30～22：30） | 0.7218 |
| 平（12：00～6：30/22：30～24：00） | 0.4883 |
| 谷（24：00～8：00） | 0.2548 |

宁夏方堡村居民电价为 0.4486 元/kWh。

(3) 发电分析

光伏发电利用可采用三种模式，包括全部上网，自发自用和 40%自用、60%上网，表 10-6～表 10-8 为根据监测结果得出的不同上网模式收益情况。

方堡村农户光伏系统项目收益测算表（全部上网）　　表10-6

| 时间 | 衰减 | 年发电量（kWh） | 上网电价（元/kWh） | 年收益（元） | 累计收益（元） |
| --- | --- | --- | --- | --- | --- |
| 第1年 | — | 3000.00 | 0.2595 | 778.50 | 778.50 |
| 第2年 | 2% | 2940.00 | 0.2595 | 762.93 | 1541.43 |
| 第3年 | 0.55% | 2923.83 | 0.2595 | 758.73 | 2300.16 |
| 第4年 | 0.55% | 2907.75 | 0.2595 | 754.56 | 3054.72 |
| 第5年 | 0.55% | 2891.76 | 0.2595 | 750.41 | 3805.13 |
| 第6年 | 0.55% | 2875.85 | 0.2595 | 746.28 | 4551.41 |
| 第7年 | 0.55% | 2860.03 | 0.2595 | 742.18 | 5293.59 |
| 第8年 | 0.55% | 2844.30 | 0.2595 | 738.10 | 6031.69 |
| 第9年 | 0.55% | 2828.66 | 0.2595 | 734.04 | 6765.73 |
| 第10年 | 0.55% | 2813.10 | 0.2595 | 730.00 | 7495.73 |
| 第11年 | 0.55% | 2797.63 | 0.2595 | 725.99 | 8221.72 |
| 第12年 | 0.55% | 2782.24 | 0.2595 | 721.99 | 8943.71 |
| 第13年 | 0.55% | 2766.94 | 0.2595 | 718.02 | 9661.73 |
| 第14年 | 0.55% | 2751.72 | 0.2595 | 714.07 | 10375.80 |
| 第15年 | 0.55% | 2736.59 | 0.2595 | 710.14 | 11085.94 |
| 第16年 | 0.55% | 2721.54 | 0.2595 | 706.24 | 11792.18 |
| 第17年 | 0.55% | 2706.57 | 0.2595 | 702.35 | 12494.53 |
| 第18年 | 0.55% | 2691.68 | 0.2595 | 698.49 | 13193.02 |
| 第19年 | 0.55% | 2676.88 | 0.2595 | 694.65 | 13887.67 |
| 第20年 | 0.55% | 2662.16 | 0.2595 | 690.83 | 14578.50 |
| 第21年 | 0.55% | 2647.51 | 0.2595 | 687.03 | 15265.53 |
| 第22年 | 0.55% | 2632.95 | 0.2595 | 683.25 | 15948.78 |
| 第23年 | 0.55% | 2618.47 | 0.2595 | 679.49 | 16628.27 |
| 第24年 | 0.55% | 2604.07 | 0.2595 | 675.76 | 17304.03 |
| 第25年 | 0.55% | 2589.75 | 0.2595 | 672.04 | 17976.07 |
| 合计 | — | 69272.00 | — | 17976.07 | — |

方堡村农户光伏系统项目收益测算表（自发自用）　　表10-7

| 时间 | 衰减 | 年发电量（kWh） | 上网电价（元/kWh） | 年收益（元） | 累计收益（元） |
| --- | --- | --- | --- | --- | --- |
| 第1年 | — | 3000.00 | 0.4486 | 1345.80 | 1345.80 |
| 第2年 | 2% | 2940.00 | 0.4486 | 1318.88 | 2664.68 |
| 第3年 | 0.55% | 2923.83 | 0.4486 | 1311.63 | 3976.31 |
| 第4年 | 0.55% | 2907.75 | 0.4486 | 1304.42 | 5280.73 |
| 第5年 | 0.55% | 2891.76 | 0.4486 | 1297.24 | 6577.97 |
| 第6年 | 0.55% | 2875.85 | 0.4486 | 1290.11 | 7868.08 |
| 第7年 | 0.55% | 2860.03 | 0.4486 | 1283.01 | 9151.09 |
| 第8年 | 0.55% | 2844.30 | 0.4486 | 1275.95 | 10427.04 |

续表

| 时间 | 衰减 | 年发电量（kWh） | 上网电价（元/kWh） | 年收益（元） | 累计收益（元） |
|---|---|---|---|---|---|
| 第9年 | 0.55% | 2828.66 | 0.4486 | 1268.94 | 11695.98 |
| 第10年 | 0.55% | 2813.10 | 0.4486 | 1261.96 | 12957.94 |
| 第11年 | 0.55% | 2797.63 | 0.4486 | 1255.02 | 14212.96 |
| 第12年 | 0.55% | 2782.24 | 0.4486 | 1248.11 | 15461.07 |
| 第13年 | 0.55% | 2766.94 | 0.4486 | 1241.25 | 16702.32 |
| 第14年 | 0.55% | 2751.72 | 0.4486 | 1234.42 | 17936.74 |
| 第15年 | 0.55% | 2736.59 | 0.4486 | 1227.63 | 19164.37 |
| 第16年 | 0.55% | 2721.54 | 0.4486 | 1220.88 | 20385.25 |
| 第17年 | 0.55% | 2706.57 | 0.4486 | 1214.17 | 21599.42 |
| 第18年 | 0.55% | 2691.68 | 0.4486 | 1207.49 | 22806.91 |
| 第19年 | 0.55% | 2676.88 | 0.4486 | 1200.85 | 24007.76 |
| 第20年 | 0.55% | 2662.16 | 0.4486 | 1194.24 | 25202.00 |
| 第21年 | 0.55% | 2647.51 | 0.4486 | 1187.67 | 26389.67 |
| 第22年 | 0.55% | 2632.95 | 0.4486 | 1181.14 | 27570.81 |
| 第23年 | 0.55% | 2618.47 | 0.4486 | 1174.65 | 28745.46 |
| 第24年 | 0.55% | 2604.07 | 0.4486 | 1168.19 | 29913.65 |
| 第25年 | 0.55% | 2589.75 | 0.4486 | 1161.76 | 31075.41 |
| 合计 | — | 69272.00 | — | 31075.41 | — |

**方堡村农户光伏系统项目收益测算表（40%自用，60%上网）** **表10-8**

| 时间 | 衰减 | 年发电量（kWh） | 40%自用电价（元/kWh） | 60%上网电价（元/kWh） | 年收益（元） | 累计收益（元） |
|---|---|---|---|---|---|---|
| 第1年 | — | 3000.00 | 0.4486 | 0.2595 | 1005.42 | 1005.42 |
| 第2年 | 2% | 2940.00 | 0.4486 | 0.2595 | 985.31 | 1990.73 |
| 第3年 | 0.55% | 2923.83 | 0.4486 | 0.2595 | 979.89 | 2970.62 |
| 第4年 | 0.55% | 2907.75 | 0.4486 | 0.2595 | 974.50 | 3945.12 |
| 第5年 | 0.55% | 2891.76 | 0.4486 | 0.2595 | 969.14 | 4914.26 |
| 第6年 | 0.55% | 2875.85 | 0.4486 | 0.2595 | 963.81 | 5878.07 |
| 第7年 | 0.55% | 2860.03 | 0.4486 | 0.2595 | 958.51 | 6836.58 |
| 第8年 | 0.55% | 2844.30 | 0.4486 | 0.2595 | 953.24 | 7789.82 |
| 第9年 | 0.55% | 2828.66 | 0.4486 | 0.2595 | 948.00 | 8737.82 |
| 第10年 | 0.55% | 2813.10 | 0.4486 | 0.2595 | 942.78 | 9680.60 |
| 第11年 | 0.55% | 2797.63 | 0.4486 | 0.2595 | 937.60 | 10618.20 |
| 第12年 | 0.55% | 2782.24 | 0.4486 | 0.2595 | 932.44 | 11550.64 |
| 第13年 | 0.55% | 2766.94 | 0.4486 | 0.2595 | 927.31 | 12477.95 |
| 第14年 | 0.55% | 2751.72 | 0.4486 | 0.2595 | 922.21 | 13400.16 |
| 第15年 | 0.55% | 2736.59 | 0.4486 | 0.2595 | 917.14 | 14317.30 |

续表

| 时间 | 衰减 | 年发电量（kWh） | 40%自用电价（元/kWh） | 60%上网电价（元/kWh） | 年收益（元） | 累计收益（元） |
|---|---|---|---|---|---|---|
| 第 16 年 | 0.55% | 2721.54 | 0.4486 | 0.2595 | 912.10 | 15229.40 |
| 第 17 年 | 0.55% | 2706.57 | 0.4486 | 0.2595 | 907.08 | 16136.48 |
| 第 18 年 | 0.55% | 2691.68 | 0.4486 | 0.2595 | 902.09 | 17038.57 |
| 第 19 年 | 0.55% | 2676.88 | 0.4486 | 0.2595 | 897.13 | 17935.70 |
| 第 20 年 | 0.55% | 2662.16 | 0.4486 | 0.2595 | 892.19 | 18827.89 |
| 第 21 年 | 0.55% | 2647.51 | 0.4486 | 0.2595 | 887.29 | 19715.18 |
| 第 22 年 | 0.55% | 2632.95 | 0.4486 | 0.2595 | 882.41 | 20597.59 |
| 第 23 年 | 0.55% | 2618.47 | 0.4486 | 0.2595 | 877.55 | 21475.14 |
| 第 24 年 | 0.55% | 2604.07 | 0.4486 | 0.2595 | 872.73 | 22347.87 |
| 第 25 年 | 0.55% | 2589.75 | 0.4486 | 0.2595 | 867.93 | 23215.80 |
| 合计 | — | 69272.00 | — | — | 23215.80 | — |

注：1. 表 10-6、表 10-7、表 10-8 为静态投资分析对比参照表，其政策变动、市场价格变动等不可控因素未考虑。
2. 光伏发电电量全部以脱硫煤电价卖给国家电网，假设脱硫煤电价不变，可按 0.2595 元/kWh（宁夏电力有限公司价格）计。
3. 用户购买市政电费按 0.4486 元/kWh 计。

由表 10-6～表 10-8 可见，全部上网模式及 40%自用、60%上网模式都可以在运行期内回收成本并取得净收益，自发自用模式刚好在运行期内回收成本并取得净收益。

### 10.5.6　社会效益

光伏系统一年四季可全天候运行，管理方便，安全可靠，不需设机房及专职人员，可节省每年的人工费用、燃料采购费用等，使用寿命可长达 25a 以上，不仅每年节省运行费用，还可享受政策补贴，且不产生任何污染，既响应了国家倡导的利用可再生能源的号召，低碳经济，节能减排，又可体现管理者绿色、节能、环保的意识和理念。

本项目为黄河流域生态保护和低碳经济高质量发展提供了示范，社会效益显著。本项目秉持生态保护原则，农村民生可得到进一步提升，乡村环境可得到进一步美化，通过本项目提高当地生态环境质量，实现当地的可持续发展。通过项目的建设和运营可促进当地经济发展，通过项目后期的发展，可实现经济效益社会效益生态效益和高质量转型发展的融合统一。

本项目具体社会效益体现在为分散式农村提供高质量生活水平的民生效益，碳达峰碳中和的低碳效益，颗粒物、二氧化碳、氮氧化物、硫氧化物降低的生态环境效益，杜绝煤烟中毒的安全效益。

# 第11章

# 青海省海东市平安区平安镇白家村羊肚菌基地

## 11.1 项目概况

项目位于青海省海东市平安区平安镇白家村。白家村地处青海省东部，海东市中心腹地，属于典型农区、山区和高海拔聚居区，大陆性高原气候，日间光照时间长，昼夜温差大。该村拥有羊肚菌科研基地，拥有温室70座，羊肚菌种植面积突破1000亩（图11-1）。项目以分布式压缩空气储能系统为枢纽，对青海省海东市平安区平安镇白家村农业园区进行热电联供，实现农业园区羊肚菌的增产创收。

图11-1　青海省海东市平安区平安镇白家村羊肚菌基地

## 11.2 现场调研与建设目标

### 11.2.1 现场调研

在国家扶贫政策的大力推动下，西北村镇绝大部分地方均有大电网覆盖，主要困难是供电可靠性不高以及用电成本较高。西北村镇年太阳辐射量较多，太阳能较为充足，对于偏远村镇，可结合当地的资源禀赋，开展独立发电供能，如分布式光伏、分布式小水电等，比较常见的是独立光伏电站。以青海省为例，据不完全统计，青海省内共有453座光伏独立电站和8万套户用光伏系统，总容量高达40多兆瓦。截至目前，正常运行光伏电站四百余座。独立光伏电站配合储能设备基本可供应村镇的基本用电，对于光伏资源禀赋良好且有并网条件的村镇还可以向电网输送电能。

在村镇用能情况调研中，发现当地大部分农业设施目前采用煤炭供热（多为简单燃煤炉）这种单一供热方式满足人和农作物的用热需求；只有约 1/4 采用电力供热和煤炭供热相结合的供热方式，其余主要采用电力供热的单一供热方式。

多数农作物生长的适宜温度为 20～25℃，低于 15℃时生长发育缓慢，低于 10℃时基本停止生长。而青海省的气候特征为冬季漫长、夏季凉爽，气温日较差大。青海省境内各地区年平均气温为－5.1～9.0℃，1 月（最冷月）平均气温为－17.4～－4.7℃，7 月（最热月）平均气温为 5.8～20.2℃，在最冷季时（10 月至次年 3 月）需持续供热。

此次调研的青海 40 余户村民家中，大部分村民将电能供暖作为辅助供暖方式，常见电能供暖设备包括电热炉、电热毯等，其中约 1/4 村民家中使用薪柴作为炊事消耗燃料，个别村民使用液化气作为备用炊事消耗燃料和使用天然气取暖、做饭。调研结果显示，户均煤炭消耗量约为 3000kg，煤炭价格根据煤炭质量差异和地区差异为 0.4～0.8 元/kg，电价为 0.4～0.6 元/kWh。因为有部分村未通天然气，因此天然气使用率较低。煤炭需求较大，供热需求也较多。热电联供占比和单一用电供热方式相对较少，对太阳能热量没有做到充分利用。

### 11.2.2　存在问题与建设目标

我国西北村镇，尤其是农牧区、高海拔聚居区大多属于电网基础薄弱区域，结合用能需求调研可知，西北村镇普遍面临用能负荷较为分散、能源需求季节性差异较大、能源获取手段较为单一、供能系统运行可靠性较低等难题。分布式压缩空气储能系统具有运行可靠、使用寿命长、热电联储联供等优势，在西北村镇具有重要的应用前景。然而，西北地区地域特性明显，不同地域的气候特性差异极大，为充分验证分布式压缩空气储能系统基于多场景、多地域的适用性，经过多次调研，拟在青海省海东市选址建设 1 处村镇实验工程，并在海东市组织了多次踏勘工作，踏勘地点包括：海东市平安区农业农村与科技局、白沈沟富硒果蔬种植示范区、平安镇白家村支部委员会。调研主要内容包括：

（1）温室大棚建筑情况；

（2）温室作物（西红柿、生菜、草莓、羊肚菌）生长条件以及不同作物每年的利润情况；

（3）温室内主要用电负荷使用情况，温度控制方式与控制时间。

由海东市踏勘记录可知，青海省海东市平安区平安镇白家村农业园区以羊肚菌种植为主，羊肚菌作为园区的重要经济作物，在白家村农业园区经济收入占比较高。由于青海地区冬季气温极低，较低的气温会导致羊肚菌生长缓慢，甚至冻死，严重降低羊肚菌的产量。安装好压缩空气储能设备后，多余的电能可以用于供水泵、卷帘机、住房照明、家用电器等。热能可以用来为农户住房供暖，并在夜间为温室大棚输送热量以缩短作物生长周期。

因此，选择在青海省海东市平安区平安镇白家村农业园建成分布式压缩空气储能系统，通过分布式压缩空气储能系统的热电联供，促进羊肚菌的生长，实现平安镇白家村农业园的增产创收。

## 11.3 技术及设备应用

### 11.3.1 压缩空气储能系统设计

大规模储能（储电、储热）技术是平滑新能源出力波动性，提高输电通道平均利用率，提供灵活调峰容量及实现新能源电力热电协同调控的主要措施之一。为支撑 2050 年可再生能源发展规划，美国、欧洲、中国等国家和地区的市场储能容量总需求达 450GW。目前已商业化的大规模物理储能技术主要包括抽水蓄能和压缩空气储能（CAES），前者约占全球 141GW（2017 年）储能容量的 99%，但因建设条件及潜在生态环境等因素，发展已渐趋平缓。近二十年来，CAES 因容量大、寿命长、响应速度快等优点得到了国内外多个大型企业及研究机构的关注，许多国家和地区纷纷部署了 CAES 技术发展路线。

先进绝热压缩空气储能（AA-CAES）是一种通过空气压缩热能的回收再利用摒弃燃料补燃的新型 CAES 技术形式，其工作原理如图 11-2 所示。压缩储能时，AA-CAES 利用弃风（光）、低谷电等电能或风能等机械能驱动压缩机，经绝热压缩（压缩系统）回收压缩热，解耦存储空气压力势能（储气库）和压缩热能（蓄热系统）；膨胀释能时，通过绝热膨胀（透平系统）利用压缩热能，实现空气压力势能和压缩热能的耦合释能。

与电池储能、抽水蓄能等储能技术不同，AA-CAES 除了能提供常规储能具有的能量搬移与容量备用方面的灵活性外，还能为新能源电力系统注入供能灵活性及接口灵活性，主要表现在：① 蓄热系统（换热器与储热罐）的存在使 AA-CAES 具备了潜在的热电联供与热电联储能力，其既可配置于电力系统中的电能单能流应用场景，也可应用于区域热电综合能源系统热电多能流场景，具有一定的供能灵活性；② AA-CAES 可以风能等机械能作为输入接口直接驱动，亦可输出机械能直接驱动动力机械等，具有良好的接口灵活性，有望实现风-储集成设计，进而从源头上改善风电功率的波动性。

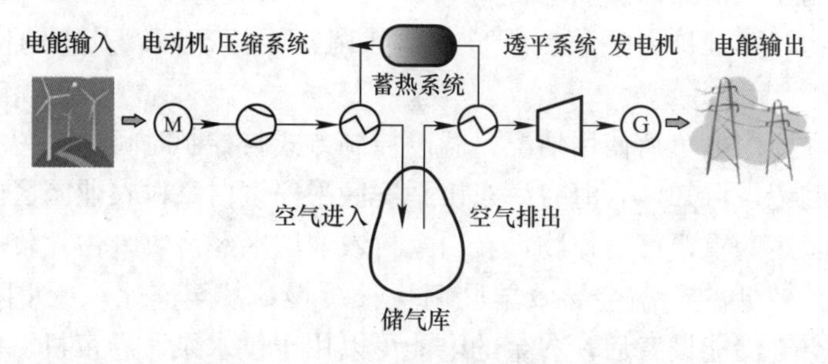


图 11-2 AA-CAES 工作原理示意图

压缩空气储能涉及电、气、热等多种能源的耦合，且电-气-热等物理过程时间尺度差异大，此外，系统内部组件往往需要运行于非设计工况以响应电热负荷的频繁变化。深入分析系统各基本组件的宽工况运行特性，建立能较准确反映分布式压缩空气储能实际热力学过程的全工况热力学仿真模型，是实现压缩空气储能效率评估和关键子系统参数优化的基础。

### 11.3.2　分布式 CAES 工程布置方案

青海省海东市平安区白家村是一个种植食用菌大棚的农业园区，这里具有冬季气温低、昼夜温差大等气候特征，冬季过低的温度不仅导致作物生长缓慢，甚至有使得作物面临着冻死的风险。白家村的温室大棚前有一块非常适合安装分布式压缩空气储能系统的空地。这块地长为 25m，宽为 8m，面积为 $200m^2$，方位为自东向西，结合青海省丰富的太阳能资源，能给光热集热系统提供充足的热能。因此，在白家村安装分布式压缩空气储能系统后，通过在冬季时期提升园区内温室大棚的温度，大大降低了因为气温低而导致农作物冻死的几率。

平安区白家村的初步方案架构主要以分布式压缩空气储能系统为枢纽，通过梯级利用光热模块的高温热能，实现稳定、高效的热电联供。整个分布式压缩空气储能系统主要由空气压缩子系统、回热子系统、储气子系统、透平发电子系统、光热集/储热子系统、相变蓄热子系统、大棚供暖子系统和测控子系统组成。

受场地宽度的限制，整个分布式压缩空气储能系统呈自西向东"一"字形排列。在压缩储气过程中，通过压缩机压缩后的高温高压空气要先经过压缩机冷却塔降温，然后将收集到的压缩热注入大棚内的供暖管道，冷却后的高压空气被储存在储气罐中，为了节约空地面积与减少供暖过程中压缩热的损失，将压缩机冷却塔和供暖管道集成至大棚，将压缩机单独集成。在透平发电过程中，进入透平发电机进气口的温度越高，其发电效率就越高。因此，为了减少回热过程中管道的热量散失，将回热器与透平发电机集成装在一个集装箱中。分布式压缩空气储能系统安装的首要前提是不影响温室大棚内农作物的光照，因此，集热场作为一个 2.5m×20m 的光热集热系统，只能将其安装在远离温室大棚的一侧。平安区白家村分布式压缩空气储能系统的布置示意图如图 11-3 所示。

（1）空气压缩子系统

空气压缩子系统选取四级活塞式空气压缩机，为 V 形双排四级串联的高速压缩机，气缸间的夹角为 75°，级间采用强迫风循环冷却方式，即冷却风直吹压缩机各级气缸，压缩过程近似等温压缩，可有效减少压缩过程的功耗。为避免压缩机气流波动引起的压比突变，各级压缩机出口设置有气流缓冲瓶，最后一级与高压钢制模块化跨压区储能及释能装置储气管连接，通过压力差控制进入储气管的阀门开度，确保非稳态压缩处于近似准静态过程。

空气压缩子系统在工作时，气流首先经过滤器，然后进入一级气缸进行压缩，压缩后的空气经一级冷却后进入二级气缸，依次类推进行四级压缩，每级气缸的排气口都串联有冷却器进行中间冷却。每级气缸输出管的连接管道上都装有与各级压力相应的保险阀门，以保证在各级排气压力超过设计压力时起保险作用。空气经过第四级冷却器后进入油水分离器，最后以额定压力存储在储气管内。需要特别说明的是，基地处于高海拔地区，较低的气压和空气密度会导致电机功率和压缩机出力均有所下降，设备选用与运行需考虑高海拔因素。

活塞式空气压缩机实物图如图 11-4 所示。为保证压缩机的安全可靠运行，系统还配备了油压保护、排压保护、主机过载保护、油泵电机过载保护、冷却风机过载保护，启动方式为自耦降压启动方式。

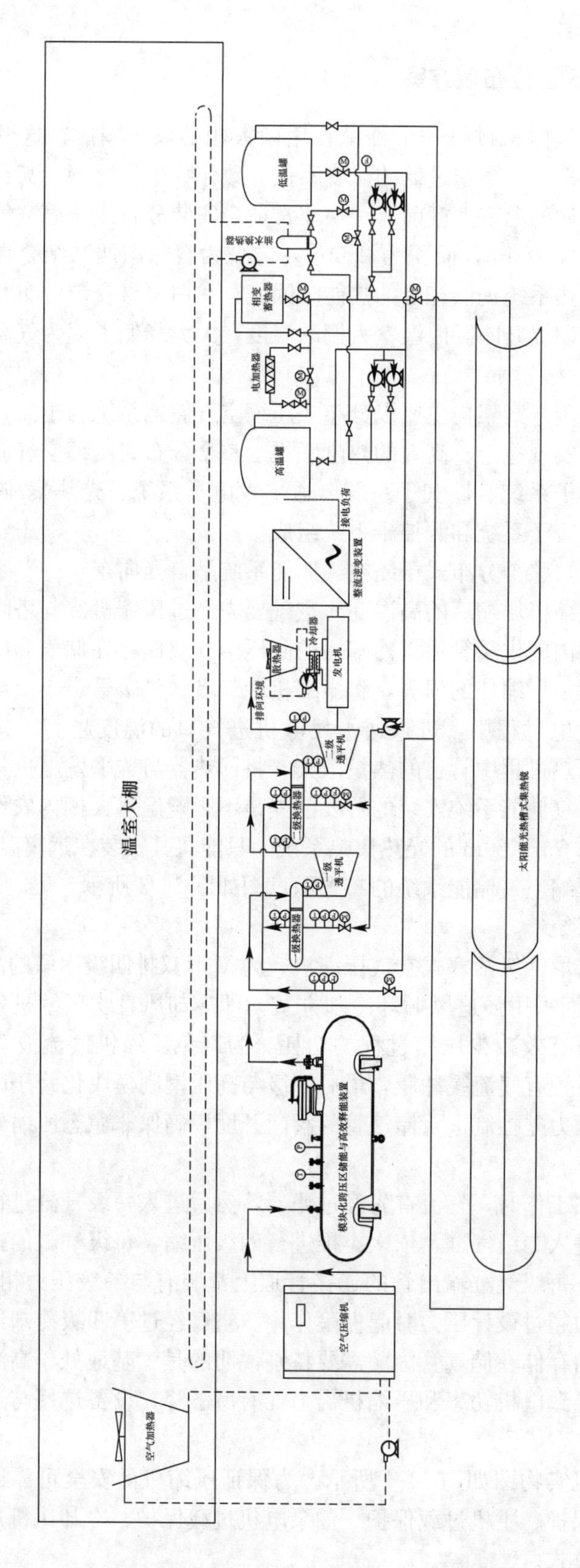


图 11-3 平安区白家村分布式压缩空气储能系统布置示意图

（2）储气子系统

储气设计压力运行范围为 7.2～98bar（720～9800kPa），储气容积 $6m^3$。在充气过程中，4 台储气管同时进气，压缩机与储气管之间连接控制阀门，当压力达到额定值时关闭阀门。储气管出口和透平膨胀机间连接调节阀门。放气过程中，随着管内压力下降逐渐调节阀门开度，保证阀门出口压力恒定为 7.2bar（720kPa）。为了准确测量管内空气在充气和放气过程中温度和压力的变化，系统设计在一台储气管内部布置一支 PT100 温度传感器，通过储气罐内预先布置的支撑完成温度传感器的安装，温度传感器暴露在储气罐内空间，测量精度 0.1℃。图 11-5 为模块化跨压区储气罐实物图。

图 11-4　活塞式空气压缩机实物图

图 11-5　模块化跨压区储气罐实物图

（3）光热集/储热子系统

光热集/储热子系统主要由塔式集热子系统、槽式集热子系统、热油罐、冷油罐、油气换热器、太阳直射辐照仪、导热油泵、阀门及控制仪表等组成。

槽式集热器用于将储热介质加热到设计温度并存储于高温导热油罐中。实验平台选用的槽式集热器实物图如图 11-6 所示。

图 11-6　槽式集热器实物图

在太阳辐射强度较大时，集热器开始工作，集热镜场通过聚焦集热将热油罐内的导热油加热，然后通过换热系统与空气进行换热，换热后的导热油进入冷油罐。冷油罐内的导热油经油泵输送至集热镜场再次加热，集热器含有单轴自动跟踪系统，可实现太阳光始终垂直入射集热镜场。通常在进行一次循环加热后热油罐中的导热油达不到设计温度，此时，集热器处在自循环模式，即导热油的循环路径为：热罐→槽式集热器→镜场，直至导热油达到设计温度。

光热集/储热子系统采用双罐布置的方式，系统选用导热油为储热介质，热油罐和冷油罐如图 11-7 所示。

图 11-7 热油罐和冷油罐

光热集/储热子系统中的换热器选用翅片管壳式换热器作为加热器，用于将所集光热能量加热进入透平膨胀发电机的高压空气，以提升其做功能力。整套油气换热系统高温部分（高温导热油管道与油气换热器外壳）、膨胀系统高温部分（高温气体管道）均按照绝热保温标准设计，高温热油罐保温要求为 12h 降温不大于 5℃。图 11-8 为油气换热器实物图。

图 11-8 油气换热器实物图

（4）透平发电子系统

透平发电子系统进气温度相对较高（120℃），同时透平膨胀机高速输出轴与发电机定子同轴连接。透平发电机实物图如图 11-9 所示。

图 11-9　透平发电机实物图

高压空气进气流量由调节阀控制，高压空气经喷嘴和工作轮膨胀做功。透平发电机发出的电能选用交直交变流方式向负载供电，负荷侧变流器选用带整流装置逆变器，高频整流逆变器配电柜和集装箱分别如图 11-10 和图 11-11 所示。

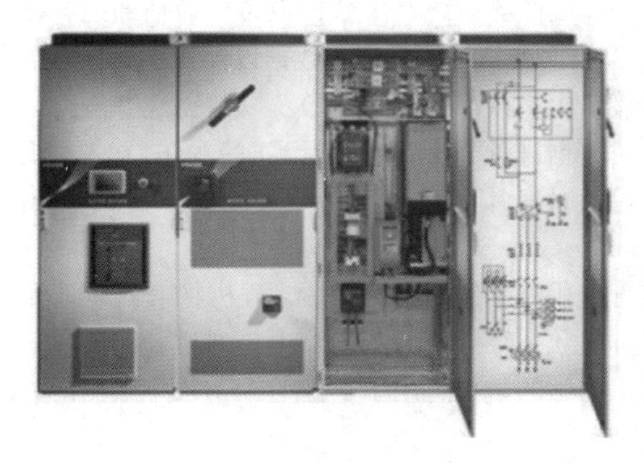

图 11-10　高频整流逆变器配电柜

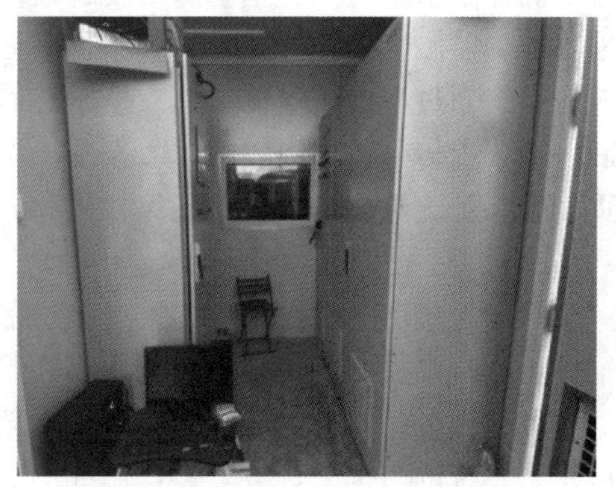

图 11-11　高频整流逆变器集装箱

（5）大棚供暖子系统

供暖子系统主要由供暖管道组成。冷却水在供暖管道和油水换热器之间形成闭式循环。低温冷却水首先进入油水换热器被高温导热油加热至高温状态后，再进入供暖管道向大棚散热，经过散热降温后的冷却水再次进入油水换热器循环。供暖管道的参数如表 11-1 所示。供暖管道沿着大棚四周布置，太阳供暖子系统实景图如图 11-12 所示。

**供暖管道参数**　　**表 11-1**

| 参数 | 数值 | 参数 | 数值 |
| --- | --- | --- | --- |
| 管径（mm） | 32 | 长度（m） | 185 |
| 翅片高度（mm） | 14 | 单位长度质量（kg/m） | 3.66 |
| 供水温度（℃） | 50 | 回水温度（℃） | 30 |

图 11-12　大棚供暖子系统实景图

(6) 测控子系统

为保障分布式压缩空气储能系统供能的安全性和可靠性，测控子系统基于云端实时监测，可及时准确地监测系统状态并做出故障诊断，实现分布式压缩空气储能系统的安全运行、可靠供能。

1) 框架设计

测控子系统是一套基于网络实时通信的在线监测系统，由数据设备、通信通道、数据采集器、监测数据中心站、Web 展示组成。数据设备将采集到的数据以及数据属性以数据包的方式通过通信通道传送到数据采集器接口机，接口机采集程序获取数据包并进行解析后将数据上传到数据中心站，数据中心站对数据进行分析处理后以实时展示的方式呈现在页面上，历史数据和异常均能保存入库，可随时查看分析。

2) 数据采集

通过采集网关将设备数据推送至通信管理机和工作站中，通信管理机将数据通过 CPE 推送至云端物联服务，并通过云端物联服务将数据存储至云服务器上，通过云服务器对数据进行处理分析并在大屏上展示；推送至工作站的数据将用于本地监控系统中数据的处理展示。系统的数据采集方案架构图如图 11-13 所示。

3) 主要功能模块

① 孪生工况功能模块

孪生工况为测控子系统的数字化模拟系统，系统内包含多种数字化展示方式，可从不同角度展示分布式压缩空气储能系统。数字化模拟系统以空气压缩储能模拟的 2.5D 模型为核心，左侧为空气压缩储能系统以 2.5D 模型为基础进行模拟，并通过动画展示空气压缩储能系统的不同运行模式；右侧为空气压缩储能系统中的设备列表，可实时显示对应设备的运行情况。

② SCADA 监控功能模块

SCADA 监控的展示内容为分布式压缩空气储能系统的动态拓扑图，拓扑图以现场空气压缩储能系统为基础绘制，可通过动态形式展示分布式压缩空气储能系统的实时运行情况。

③ 故障告警功能模块

安全供能系统可实时监测设备的异常信息，并对异常信息进行存储并自动分类。通过系统的存储功能，可实现历史告警信息的查询，根据告警内容进行分析与展示。

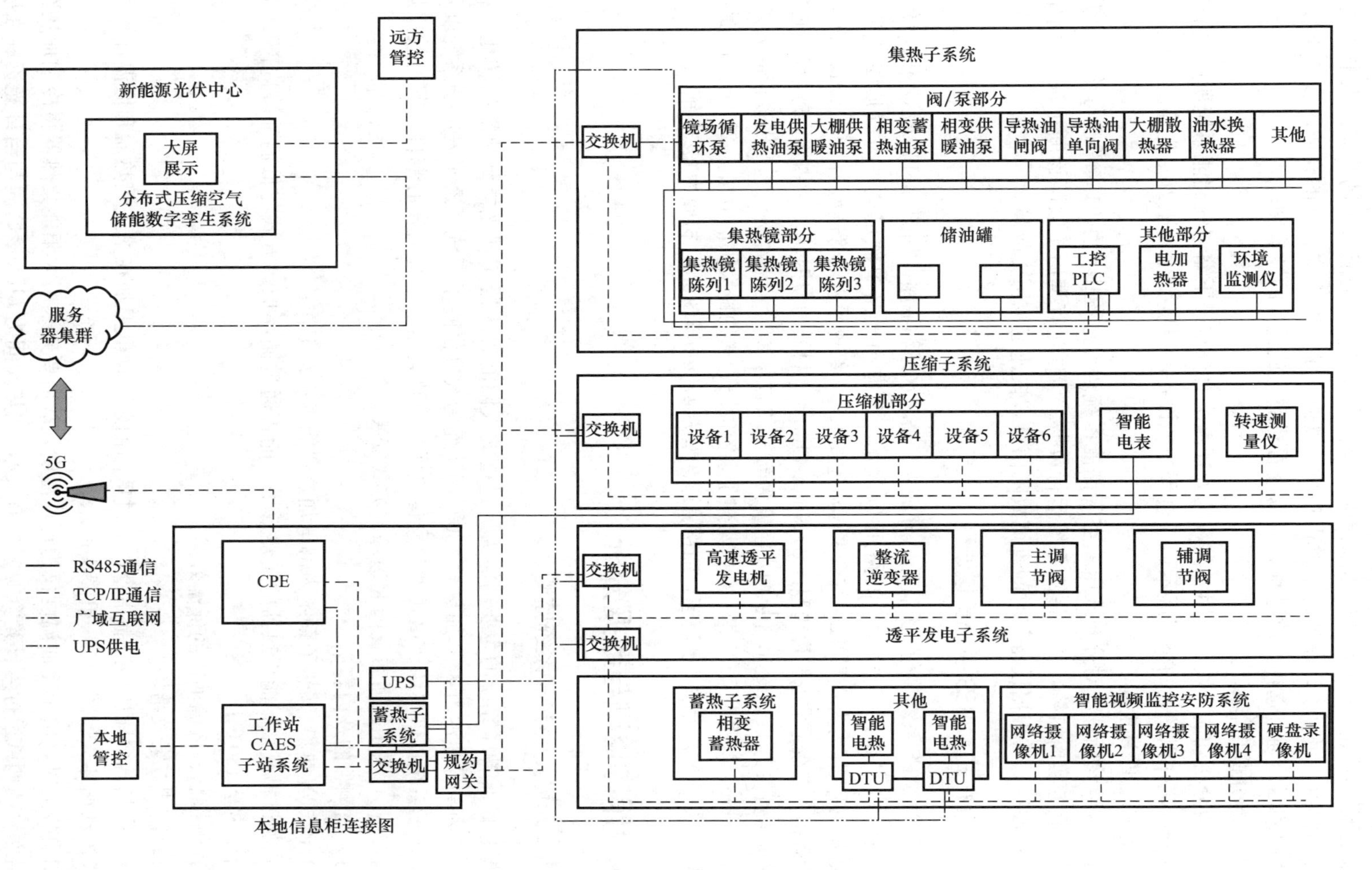


图 11-13　数据采集方案架构图

④ 能流监测功能模块

以能源潮流图形式展示空气压缩储能系统在充放过程中的能量流动状态。点击充放设置，弹出弹窗，可以手动添加充放过程时间，以便系统识别一次完整的充放时段。添加充放过程时间后，通过选择充放过程，可以查看对应充放过程的潮流图。

⑤ 智能分析功能模块

在智能分析功能模块，利用各类数据处理算法对分布式压缩空气储能系统所产生的数据进行分析，并以图表的格式展示运行过程中各设备的温度变化、压力变化等。

⑥ 故障诊断功能模块

通过故障诊断算法对分布式压缩空气储能系统运行过程中产生的故障进行诊断分析。通过算法服务实时监控，实时诊断系统运行数据。可通过查询历史故障诊断记录，对故障进行历史回溯，并根据设备和时间查询故障信息，快速定位历史故障。

### 11.3.3 分布式 CAES 系统管道选型

分布式 CAES 系统共有三类管路，分别为气路、水路和油路，如图 11-14 所示，图中的气路用 A 表示，水路用 W 表示，油路用 O 表示。考虑到气路中额定透平空气质量流量为 2800kg/h，最大压力为 0.7MPa，综合考虑流速要求，一级透平进气管选型为 $\phi$100mm×10mm，材质为碳钢，二级透平进气管选型为 $\phi$129mm×10mm，材质为碳钢。大棚供暖系统气路管道的额定循环水流量为 1460kg/h，供/回水温度为 50℃/30℃，综合考虑经济流速，供暖管道选型为 $\phi$32mm×5mm，材质为 Q235 钢。槽式集热子系统油路管道的最大供油流量为 2200kg/h，最大油温为 180℃，综合考虑经济流速，油路管道选型为 $\phi$38mm×3mm，材质为 Q235 钢。

## 11.4 跟踪监测与数据分析

### 11.4.1 光热集/储热子系统监测

光热集/储热子系统的主要功能为通过槽式太阳能集热器实现光能到热能的转化，将低温油罐内部导热油由 86℃加热至 180℃，从而为大棚供暖子系统、透平发电子系统以及相变蓄热子系统提供热源。槽式太阳能集热器是光热集热子系统的核心部件，其有效集热面积为 46m$^2$，采用东西布置南北追踪的方式安装。

（1）监测目的及内容

1）测试光热集/储热子系统内部电加热器能否正常工作；

2）测试槽式太阳能集热器的集热效果，能否通过循环加热方式将低温油罐内部 86℃导热油加热至 180℃；

3）测试高、低温油罐的保温效果。

（2）监测方案及结果

设置集热器循环加热控制指令，通过低温油泵驱动低温油在槽式集热器和低温油罐之间形成流动循环，如图 11-15 粗箭头所示。

初次投运时，由于冷油温度仅为环境温度，故需要先采用太阳能集热器将冷油加热至一定温度（与调试运行当日光资源参数有关），加热时间为 6h（该时间与当日光资源强度有关），然后导入高温油罐通过电加热器将其继续加热至 180℃。

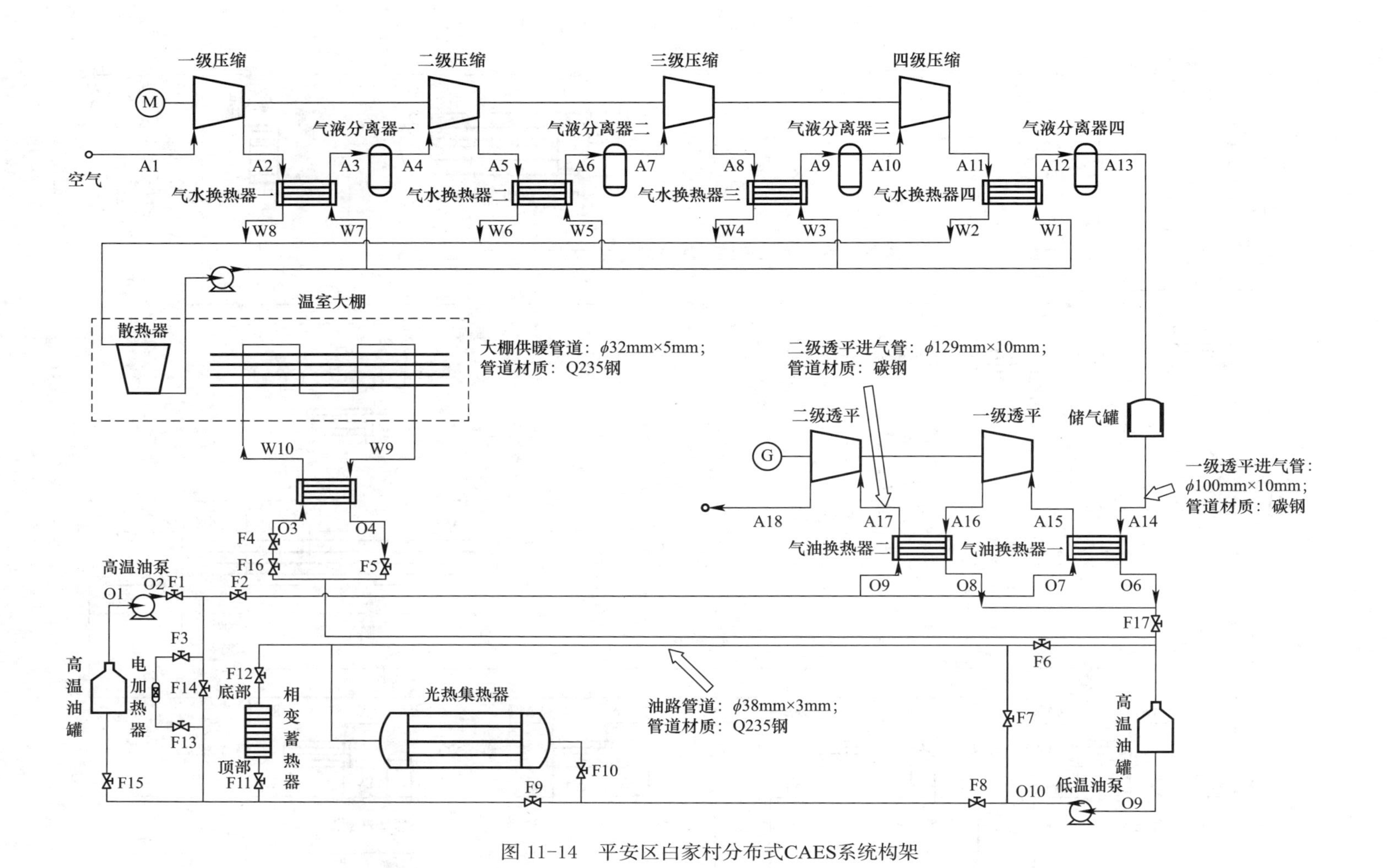


图 11-14　平安区白家村分布式CAES系统构架

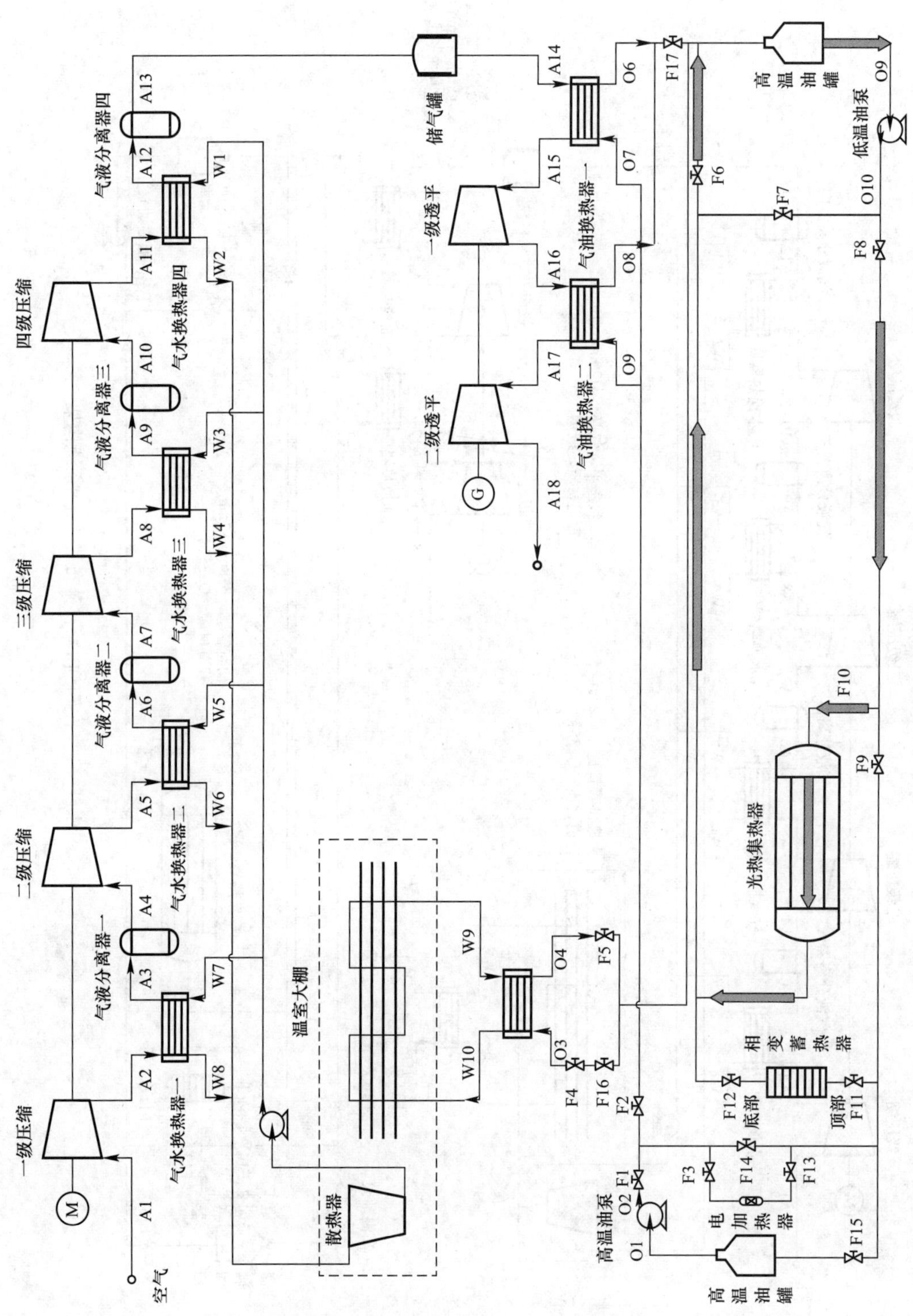


图 11-15　光热集/储热子系统光热集热运行流程

常规运行时，在额定设计工况下，可采用槽式集热器将低温导热油由 86℃加热至 180℃，加热时间为 6h（该时间与当日太阳能辐射强度有关）。

设置高、低温油罐输油控制指令，额定设计情况下，待低温油罐内导热油温度升至 180℃后，通过低温油泵将低温油从低温油罐输送至高温油罐，其运行流程如图 11-16 粗箭头所示。

经测试，初次运行导热油温升范围为 10～121℃，正常运行导热油温升范围为 86～180℃，其余参数与额定值相同，系统工作性能正常。

### 11.4.2　大棚供暖子系统监测

大棚供暖子系统的主要功能为通过释放高温导热油罐或相变蓄热器内部的高温热能加热冷却水，从而给大棚供暖。油水换热器是光热集热子系统的核心部件。

（1）监测目的及内容

1）测试油水换热器的工作性能；

2）评估大棚供暖效果，结合大棚用热需求，设计合适的大棚供暖流量。

（2）监测方案及结果

1）设置温室大棚供暖的缓冲水箱，在供暖之前通过冷却水泵建立大棚内部供暖管道的冷水循环；

2）当采用高温导热油罐进行大棚供暖运行时，设置高温油罐大棚供暖指令，通过高温油泵驱动温度为 175℃的高温导热油，经过油水换热器释热降温至 86℃后回到低温油罐，释放的热量可将冷却水由 30℃加热至 50℃，并用于大棚供暖，其运行流程如图 11-17 粗箭头所示。

3）当采用相变蓄热器进行大棚供暖运行时，设置相变蓄热器大棚供暖指令，通过低温油泵驱动温度为 86℃的低温导热油，经过相变蓄热器吸热增温至 175℃后，再经过油水换热器释热降温至 86℃后回到低温油罐，释放的热量可将冷却水由 30℃加热至 50℃并用于大棚供暖，其运行流程如图 11-18 粗箭头所示。

经实际运行测试后，进口油温、出口油温、冷却水流量、进口水温、出口水温等参数与额定工况时相符，工作运行状况良好。

### 11.4.3　储气子系统监测

储气子系统的主要功能为通过电能驱动压缩机将空气压缩至高温高压状态后存储至储气罐，在压缩过程中通过冷却塔利用释放的压缩热给大棚供暖。

（1）监测目的及内容

1）测试压缩机能否压缩、压缩过程压缩机功率的变化趋势、压缩过程压缩功耗、能否实现储气罐压力达到 9.8MPa（绝对压力）；

2）测试储气罐的密封效果；

3）评估冷却塔的供热量及供暖效果。

（2）监测方案及结果

储气子系统的调试主要是对压缩机进行调试。由于压缩机是压缩子系统内部较为成熟且独立的产品，故压缩机的调试运行建议请厂家现场指导，其运行流程如图 11-19 所示。

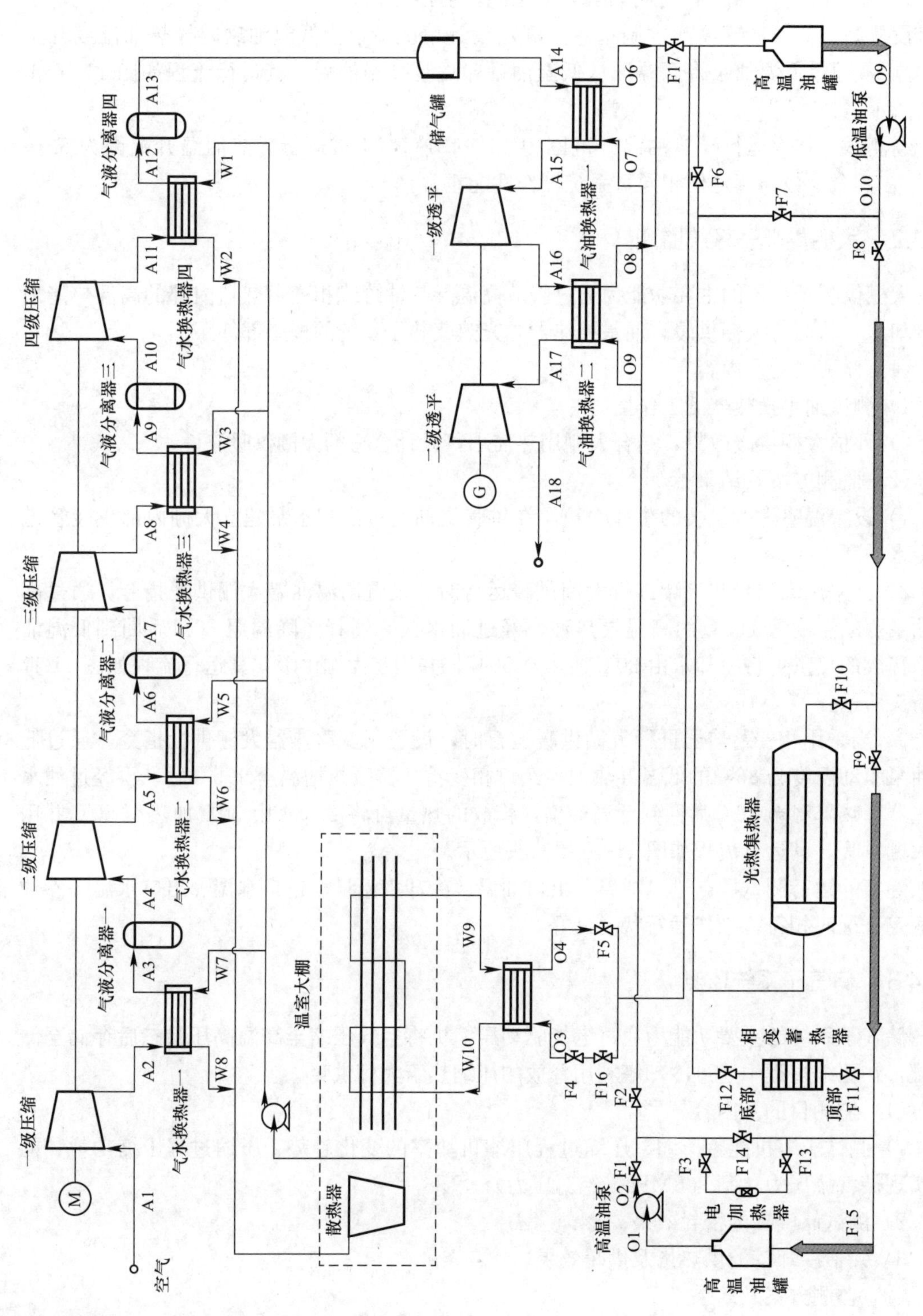


图 11-16 光热集/储热子系统输油运行流程

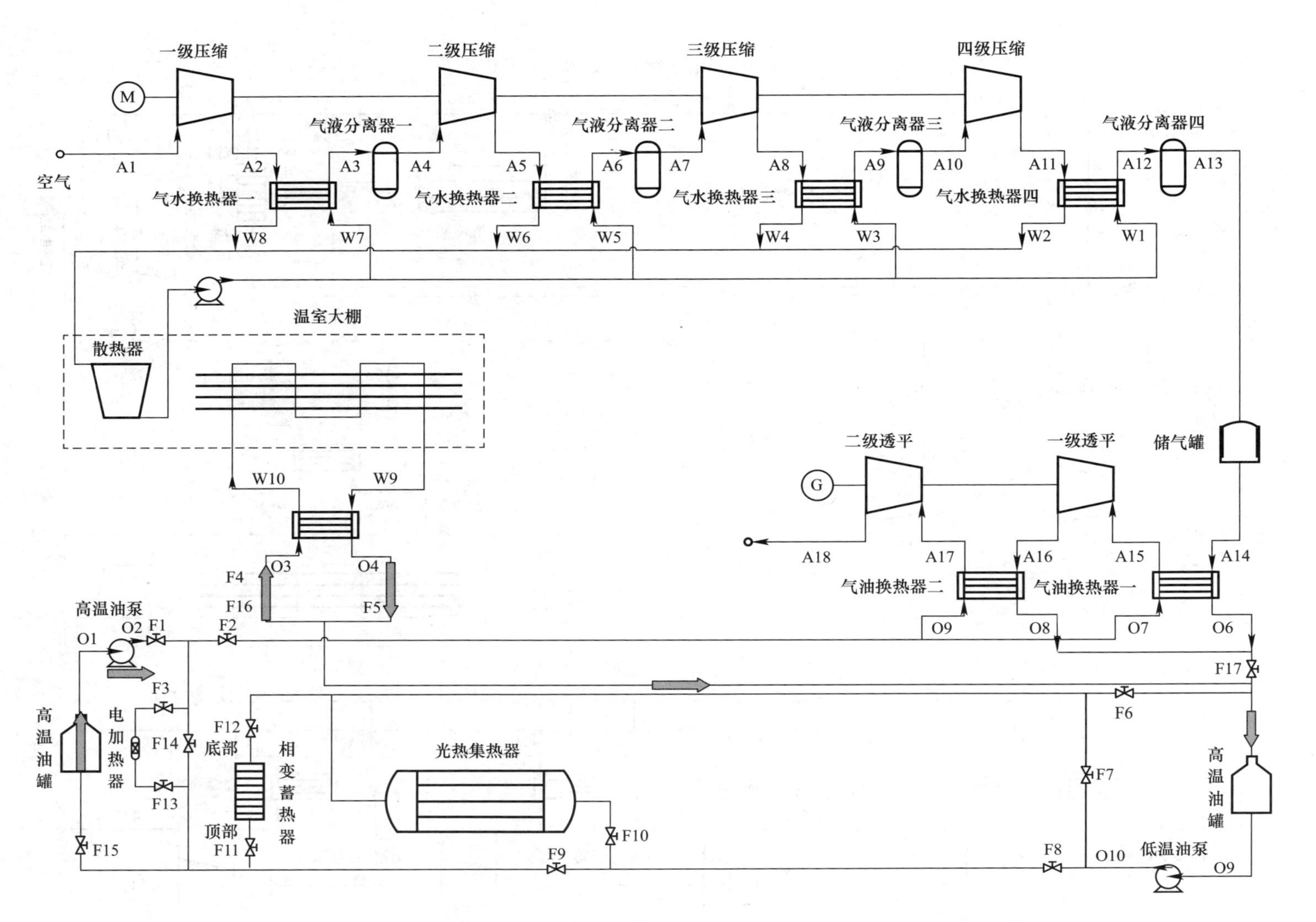


图 11-17　高温导热油罐大棚供暖运行流程

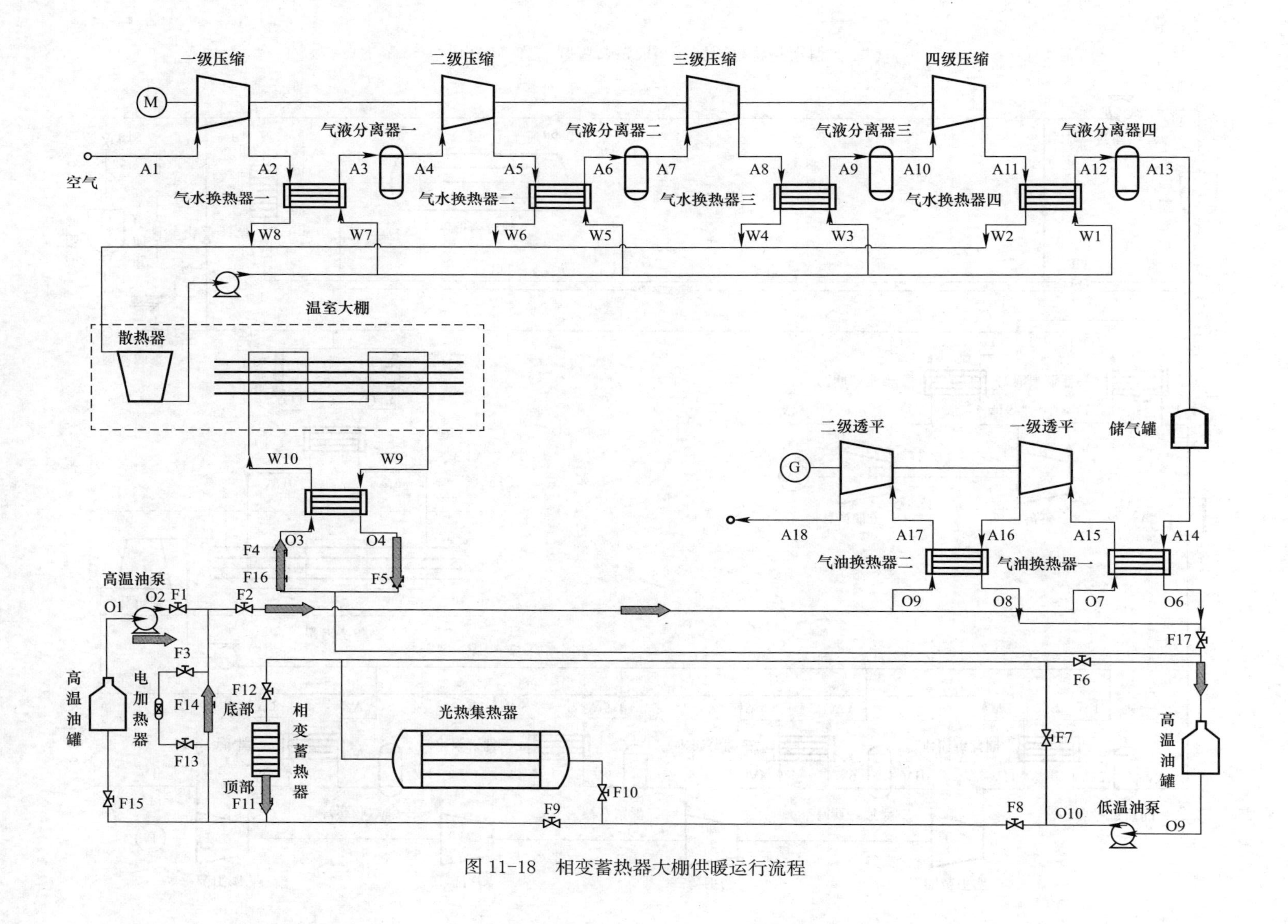


图 11-18 相变蓄热器大棚供暖运行流程

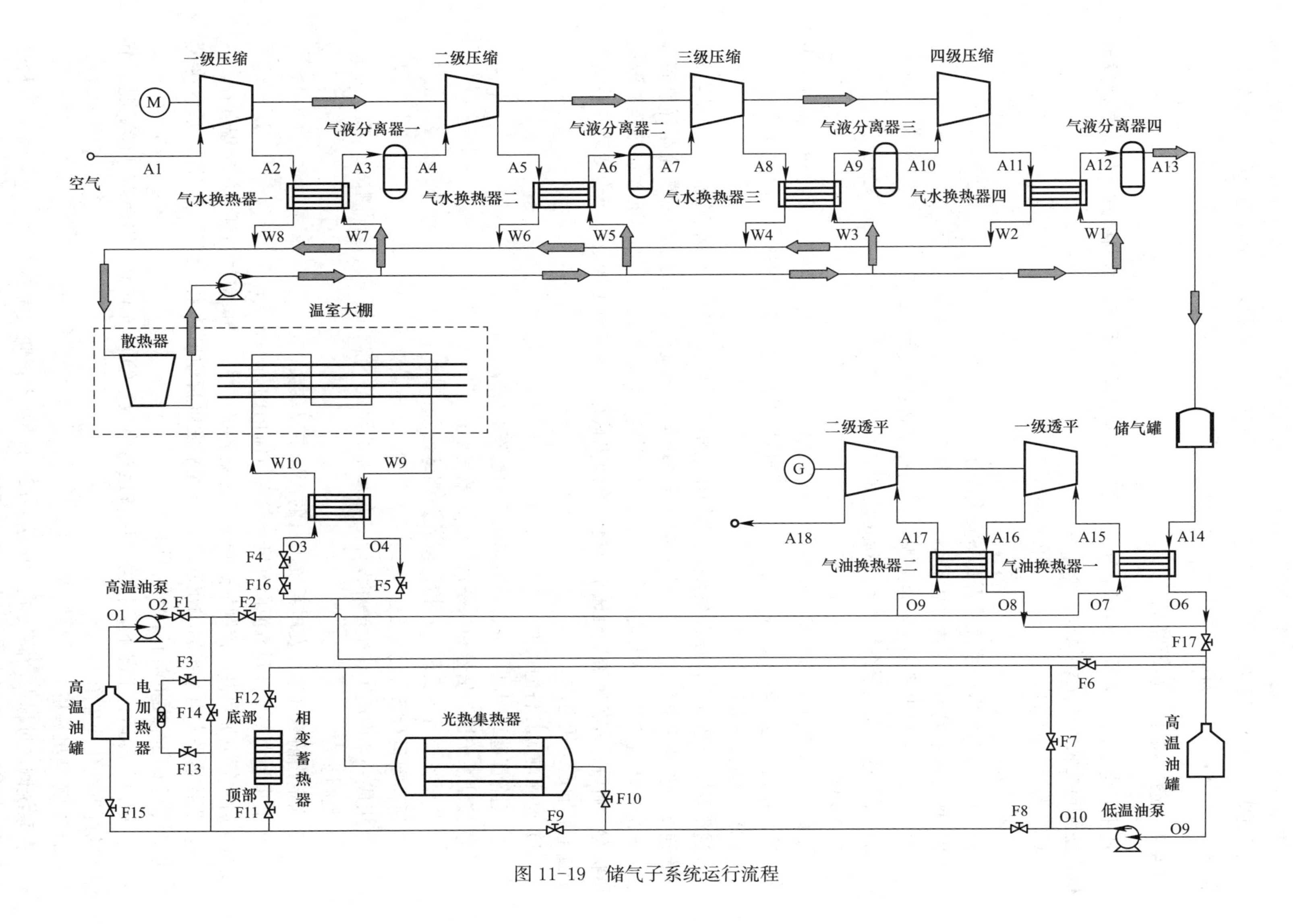

图 11-19　储气子系统运行流程

结合项目运行参数，计算了将储气库由 0.72MPa 增压至 9.8MPa 时的最大压缩功率、平均压缩功率和压缩功耗，供调试时参考。运行测试后，测得环境温度为 10℃，最大压缩功率为 58kW，压缩功耗为 115kWh，压缩时间为 3.5h，与额定工况相符，工作性能良好。

### 11.4.4 透平发电子系统监测

透平发电子系统是通过利用空气进行膨胀发电的动力系统，由两级透平机、高速发电机、整流逆变装置等关键组件组成。

(1) 监测目的及内容

监测目的：

1) 评估透平发电子系统是否具备安全稳定运行能力；

2) 评估透平发电子系统是否具备离、并网运行能力；

3) 评估透平发电子系统额定工况运行指标是否达到设计要求；

4) 评估透平发电子系统的宽工况运行能力及对应不同工况下的控制参数。

监测内容：

不同运行工况下，透平发电子系统的调节阀阀门开度、输出功率、输出频率、输出电压、输出电流、电机转速、各级透平机的进气压力及温度、储气罐压力及温度等参数。

(2) 监测方案及结果

透平发电子系统由高压储气罐、节流阀、两级管道式加热器、两级透平机、发电机、整流逆变装置和用电负荷组成。透平发电子系统的工作流程为：通过控制节流阀释放储气罐内的高压常温空气，从节流阀释放的高压常温空气经过管道式电加热器并加热至高温高压状态，随后进入各级透平机透平发电，高速电机输出的高频电经过整流逆变装置转换为工频电后输送给用电端。

1) 监测前应具备的条件

① 气路管道、配电、仪表及附属设置均已安装完毕；

② 控制系统控制信号和联系信号已调教完毕；

③ 各设备应备齐安装、自检、试验及调试记录；

④ 所需要运行条件已具备，如储气罐内空气处于设计压力状态；

⑤ 组成一个由施工、生产和设计三方参加的测试小组，组织及指挥测试工作。

2) 监测步骤

① 确定当前空气透平发电系统测试的目标工况参数；

② 由小到大逐步打开节流阀开度释放储气罐内的高压空气；

③ 启动管道加热器，控制加热功率并保证各级透平机进口空气温度为额定温度；

④ 监控透平发电系统的输出功率，当透平发电机输出功率达到目标工况值后，维持发电机转速不变并逐步调节节流阀开度；

⑤ 记录目标运行工况下，各关键设备运行参数，绘制当前运行周期内目标工况下节流阀的开度变化趋势图。

3) 监测结果分析

在系统测试过程中，储气罐压力为 0.72～9.8MPa，储气罐温度为 10℃，计算得透平发电子系统的热力效率为 0.8，符合系统设定。

### 11.4.5　相变蓄热子系统监测

（1）监测目的及内容

测试相变蓄热器的储、释能性能。

（2）监测方案及结果

设置相变蓄热器蓄热控制指令。相变蓄热器蓄热过程中，高温导热油油罐内液面高度下降 0.38m，以此作为蓄热过程是否结束的判断条件，在此过程中按要求记录并传输相关数据。

根据实际测试情况完善相变蓄热子系统蓄热运行性能测试：设置相变蓄热器供热控制指令。相变蓄热器供热过程中，时刻关注相变蓄热器出口油温温度，当出口油温低于 100℃时可认为供热过程结束。

根据实际测试情况完善相变蓄热子系统供热运行性能测试，测试结果符合预期，系统工作性能良好。

### 11.4.6　监测结果与分析

（1）运行过程分析

分布式压缩空气储能系统的运行过程主要分为压缩过程和透平过程。整个压缩储能过程分为 3 个阶段。第 1 阶段为第 1、2 级压缩机同时启动的过程，其中，第 1 级压缩机的出口空气压力维持不变，第 2 级压缩机的出口空气压力逐步增加后维持不变。第 2 阶段为第 1～3 级压缩机同时启动的过程，其中，第 1 级压缩机的出口空气压力维持不变，第 2 级压缩机的出口空气压力逐步增加后维持不变，第 3 级压缩机的出口空气压力增加后维持不变。第 3 阶段为第 1～4 级压缩机同时启动的过程，其中，第 1 级压缩机的出口空气压力维持不变，第 2 级压缩机的出口空气压力逐步增加后维持不变，第 3 级压缩机的出口空气压力逐步增加后维持不变，第 4 级压缩机的出口空气压力逐步增加后维持不变。第 1～3 级排气压力均小于所对应的额定排气压力，这是由于压缩系统是在室内恒温、低海拔地区进行设计和测试，因此在户外高海拔、变温运行的工况下，各级排气压力均低于设计值。

释能发电实验在启动发电机的过程中，随着阀门开度的增大，透平发电机的转速持续上升，输出的电压、电流和频率持续增加，最后随着储气室内压力的逐步降低，电压、电流和频率会略有下降。透平发电机的转速受到膨胀机进气流量、进气压力和输出功率的影响，在整个放气过程中膨胀机转速在 28500～32500r/min 之间波动，这种膨胀机转速的波动对于发电机励磁向外输出电能是不利的，这种波动的产生原因是实验平台规模较小，膨胀进气流量相对较低，适用于向心叶轮透平膨胀机形式，这种膨胀机对于进气流量和进气压力的变化较为敏感，波动较大。若未来系统规模加大，则膨胀机进气流量增大，系统可采用轴流透平膨胀或大流量向心膨胀形式。

（2）功率测试结果分析

空气压缩机的功率作为分布式压缩空气储能系统的储能功率，是评估分布式压缩空气储能系统性能的关键参数，为此对空气压缩机的功率进行了测试分析。空气压缩机运行功率主要通过测量储能过程中压缩机输入端的线电流和线电压后，采用下式计算得到：

$$P_c=\sqrt{3}U_cI_c\cos\varphi \tag{11-1}$$

式中　$P_c$——储能功率，kW；

$U_c$——储能过程中压缩机的线电压，V；

$I_c$——储能过程中压缩机的线电流，A；

$\cos\varphi$——电动机的功率因素，取 0.8。

分布式压缩空气储能系统线电压、线电流和储能功率测量结果如表 11-2 所示。由表 11-2 可知，分布式压缩空气储能系统的储能功率为 58.1kW。

**分布式压缩空气储能系统线电压、线电流和储能功率　　表 11-2**

| 监测项目 | 平均测试值 |
|---|---|
| 压缩机线电压（V） | 380 |
| 压缩机线电流（A） | 110.4 |
| 储能功率（kW） | 58.1 |

（3）光热集/储热子系统测试结果分析

光热集/储热子系统主要通过槽式集热器将光热转换成高温热能存储后用于透平发电或者大棚供暖。其中，集热温度是评估其性能的关键。为此，对光热集/储热子系统内部高、低温油罐的储热温度进行了测量。主要测量仪表为温度计，结果如表 11-3 所示。

**光热集/储热子系统储热温度测量结果　　表 11-3**

| 监测项目 | 平均测试值 |
|---|---|
| 高温油罐起始温度（℃） | 180.9 |
| 高温油罐最终度（℃） | 180.6 |
| 低温油罐起始温度（℃） | 60.2 |
| 低温油罐最终温度（℃） | 60.1 |
| 供热温度（℃） | 60.2～180.8 |

结合表 11-3 可知，光热集/储热子系统工作正常，系统高温储热罐内导热油的储热温度约为 181℃，低温储热罐内导热油的温度约为 60℃，可满足透平发电和大棚供暖的需求。

（4）透平发电机轴功率测试结果分析

透平发电子系统作为分布式压缩空气储能系统热功转换的关键部件，其工作流程为：来自模块化跨压区储能及释能装置的高压空气经过节流阀稳压后经过换热器被加热至高温状态再依次进入透平发电系统输出轴功。由此可见，透平发电子系统的做功能力是影响分布式压缩空气储能系统发电能力的关键。透平发电子系统输出的轴功率可通过各级透平发电机进、出口温度及压力和透平的空气质量流量等测量参数计算而得，可采用如下计算公式：

$$P_W=C_pQ_m[(T_{in\_1}T_{out\_1})+(T_{in\_2}T_{out\_2})] \tag{11-2}$$

式中　$C_p$——空气定压比热容，kJ/(kg·K)；

$Q_m$——空气质量流量，kg/s；

$T_{in\_1}$——一级透平发电机进口空气温度，℃；

$T_{out\_1}$——一级透平发电机出口空气温度，℃；

$T_{in\_2}$——二级透平发电机进口空气温度，℃；

$T_{out\_2}$——二级透平发电机出口空气温度，℃。

透平发电机各级进出口空气的压力和温度等参数可以通过相关测试仪器进行测量，测试数据如表 11-4 所示。由表 11-4 可知，基于空气动力的新型发电设备输出轴功率为 117.5kW。

**分布式压缩空气储能系统透平发电机轴功率测试数据　　表 11-4**

| 监测项目 | 平均测试值 |
| --- | --- |
| 透平发电机进口空气质量流量（kg/s） | 0.803 |
| 一级透平发电机进口空气温度（℃） | 121.3 |
| 一级透平发电机出口空气温度（℃） | 57 |
| 二级透平发电机进口空气温度（℃） | 119.7 |
| 二级透平发电机出口空气温度（℃） | 37.7 |
| 空气定压比热容 kJ/(kg・K) | 1.004 |
| 透平发电机轴功率（kW） | 117.5 |

（5）透平发电功率测试结果分析

为进一步评估分布式压缩空气储能系统的发电能力，对释能功率进行了测试并对测试结果进行分析。释能功率可通过测量透平发电机输出端的线电流和线电压后，采用下式计算得到。

$$P_e=\sqrt{3}U_eI_e\cos\varphi \tag{11-3}$$

式中　$P_e$——释能功率，kW；

$U_e$——释能过程中透平发电机的线电压，V；

$I_e$——释能过程中透平发电机的线电流，A；

$\cos\varphi$——发电机的功率因数，取 0.8。

在分布式压缩空气储能系统透平发电过程中，进行发电机输出端线电压和线电流测量所用的仪表主要为电压表和电流表。测量结果如表 11-5 所示。由表 11-5 可知，分布式压缩空气储能系统的储能运行功率约为 115kW。

**分布式压缩空气储能系统透平发电功率检测数据　　表 11-5**

| 监测项目 | 平均测试值 |
| --- | --- |
| 透平发电机线电压（V） | 380.2 |
| 透平发电机线电流（A） | 218 |
| 透平发电能功率（kW） | 115.1 |

（6）透平发电机热力效率测试结果分析

透平发电机热力效率作为透平发电机运行的重要指标，是评估透平发电机热工转换能力的关键。为准确评估分布式压缩空气储能系统透平发电设备的性能，使用结合实际测试的方式对空气动力透平发电机的热力效率进行了分析。透平发电机的热力效率可通过监测透平发电机运行过程中进出口空气的压力和温度等参数计算所得。热力效率 $\eta$ 的具体计算公式如下：

$$\eta=\frac{C_{p}q_{m}[(T_{in\_1}-T_{out\_1})+(T_{in\_2}-T_{out\_2})]}{C_{p}q_{m}[(T_{in\_1}-T_{out\_1\_ideal})+(T_{in\_2}-T_{out\_2\_ideal})]} \tag{11-4}$$

式中　$T_{in\_1}$——一级透平发电机进口空气温度，℃；

$T_{out\_1}$——一级透平发电机出口空气温度，℃；

$T_{out\_1\_ideal}$——一级透平发电机等熵膨胀出口空气温度，℃；

$T_{in\_2}$——二级透平发电机进口空气温度，℃；

$T_{out\_2}$——二级透平发电机出口空气温度，℃；

$T_{out\_2\_ideal}$——二级透平发电机等熵膨胀出口空气温度，℃；

$C_{p}$——空气定压比热容，kJ/(kg·K)；

$q_{m}$——空气质量流量，kg/s。

$$T_{out\_1\_ideal}=(T_{in\_1}+273.15)\times\left(\frac{P_{out\_1}}{P_{in\_1}}\right)^{0.2857}-273.15 \tag{11-5}$$

式中　$P_{in\_1}$——一级透平发电机进口空气压力，MPa；

$P_{out\_1}$——一级透平发电机出口空气压力，MPa。

$$T_{out\_2\_ideal}=(T_{in\_2}+273.15)\times\left(\frac{P_{out\_2}}{P_{in\_2}}\right)^{0.2857}-273.15 \tag{11-6}$$

式中　$P_{in\_2}$——二级透平发电机进口空气压力，MPa；

$P_{out\_2}$——二级透平发电机出口空气压力，MPa。

结合公式（11-4）～公式（11-6）可知，透平发电机的热力效率计算主要涉及各级透平发电机的进、出口温度以及压力的测量。共进行了3组透平发电工况的测试，测试结果如表11-6所示。由表11-6可知，所开发的分布式压缩空气储能系统透平发电机的热力效率为0.8左右。

**分布式压缩空气储能系统透平发电机热力效率测试结果　　表11-6**

| 监测项目 | 平均测试值 |
|---|---|
| 一级透平发电机进口空气压力（MPa） | 0.703 |
| 一级透平发电机进口空气温度（℃） | 121.3 |
| 一级透平发电机出口空气压力（MPa） | 0.306 |
| 一级透平发电机出口空气温度（℃） | 57 |
| 一级透平发电机出口空气温度（等熵）（℃） | 38 |
| 二级透平发电机进口空气压力（MPa） | 0.291 |
| 二级透平发电机进口空气温度（℃） | 119.7 |
| 二级透平发电机出口空气压力（MPa） | 0.103 |
| 二级透平发电机出口空气温度（℃） | 37.7 |
| 二级透平发电机出口空气温度（等熵）（℃） | 19.1 |
| 透平发电机热力效率 | 0.795 |

## 11.5　项目创新点、推广价值及效益分析

### 11.5.1　创新点

（1）创新性地将分布式压缩空气储能技术应用于西北农业园区，结合农业园区大棚作

物的热电用能需求以及西北地区丰富的自然资源优势，充分发挥了分布式压缩空气储能系统热电联储联供的优势，促进大棚作物的生长，实现园区增产创收。

（2）充分利用西北地区丰富的太阳能资源，采用光热集/储热子系统将光热转换成高温热能存储后用于透平发电或者大棚供暖，提升了储能系统效率，有利于系统低成本稳定运行。

（3）设计了面向西北农业园区用能需求的分布式压缩空气储能系统，在此基础上提出了分布式压缩空气储能系统的优化调度方法，实现了西北农业园区的稳定供能。

### 11.5.2　推广价值

高寒高海拔的西北地区具有昼夜温差大、风沙强、冬季供暖期长的气候特征，恶劣的气候环境对模块化跨压区储能与释能装置的安全性和稳定运行能力提出了极高的要求。以西北村镇分布式压缩空气储能系统作为现场测试平台，进行多次不同时段下的模块化跨压区储能与释能装置的运行测试，评估模块化跨压区储能与释能装置在西北地区气候环境下的运行稳定性，研究模块化跨压区储能与释能装置在系统储、释能运行过程中的快速充、放气热力学特性，重点分析快速充、放气运行条件下模块化跨压区储能与释能装置内部空气的温度变化特征以及压力变化特征。充分验证了所研发的模块化跨压区储能与释能装置在西北地区多地域的普遍适应性。

（1）跨压区储气装置的可推广性分析

资源与环境是人类赖以生存和发展的基础，是我国社会经济可持续发展的保证。推行建筑节能，促进可再生能源在建筑中广泛应用，是建设“资源节约型、环境友好型”社会的首要任务。分布式 CAES 系统是消纳分布式清洁能源，缓解分布式能源供需矛盾，提高供能可靠性的有效措施之一。较之商业化大型 CAES 系统，分布式 CAES 系统采用压力容器，摆脱了对地理条件的依赖，具有选址灵活，无需化石燃料补燃，使用寿命远高于常规蓄电池等技术优势。

基于模块化跨压区储气装置的分布式 CAES 系统由若干个储气罐单元组成，各储气单元上设置有可互相连接的连接结构。通过连接结构，可以实现储气装置的规模化组装，从而快速实现分布式压缩空气储能系统的容量扩充。

以模块化跨压区储气装置储气的分布式 CAES 系统结构简洁，布置灵活，产品质量稳定，能够改善新能源出力波动，工况适应性强，有利于实现“双碳”目标，对于推动新能源发展具有十分重要意义。模块化跨压区储气装置已在储能领域得到一定应用，并取得较好效果，是促进新能源大力发展的有效途径。

（2）新型空气动力透平发电装置的可推广性分析

新型空气动力透平发电装置可适用于多个领域，其在分布式压缩空气储能系统中更是具有明显优势。在西北村镇典型大棚热电联供案例中，新型空气动力透平发电装置不仅可以满足一般条件下的高效率运行，在西北村镇典型大棚温度变化范围为 0～20℃的情况下，新型透平发电装置仍可依据温度变化以及大棚热电负荷特性，优化自身参数以满足大棚内热电负荷需求，因此新型透平发电装置更适用于变工况运行条件下的分布式压缩空气系统热电联供。此外，针对新型空气动力发电透平装置设计的一体化自适应轴承，在优化后具有更好的动、静载荷能力，轴承疲劳寿命的增加也让新型透平发电装置更适用于更为复杂的运行环境。因此，新型空气动力透平发电装置不仅运行效率高，适用范围广，且可推广性强。

### 11.5.3 效益分析

（1）经济效益

羊肚菌种植条件较为苛刻，对环境的温湿度的要求极高。青海地区冬季气候寒冷，极端低温环境会导致羊肚菌生长缓慢甚至出现大规模死亡现象，从而严重影响到羊肚菌的产量。为提高冬季羊肚菌产量的稳产性，青海省海东市平安区白家村羊肚菌基地进行了羊肚菌温室大棚种植，也一直在寻找稳定可靠的大棚供暖方式。鉴于分布式压缩空气储能系统具有热电联供的优势，提出了通过分布式压缩空气储能系统进行羊肚菌温室大棚热电供能的思路，并完成了青海省海东市平安区白家村项目的建设。为进一步对比分析供暖效果，结合现状重点测算了采用分布式压缩空气储能供能前后羊肚菌的收益，如表 11-7 所示。由表 11-7 可知，青海省海东市平安区白家村农业园区采用分布式压缩空气储能系统供能后，每年可增收羊肚菌 130kg，按照羊肚菌单价 800 元/kg 计算，可实现年增收 10.4 万元。据估计，项目初步投资约为 100 万元，成本回收期为 9.6a。

**采用分布式压缩空气储能供能前后羊肚菌年收益对比　　表 11-7**

| 羊肚菌生长指标 | 供能前（未采用分布式压缩空气储能） | 供能后（采用分布式压缩空气储能） |
|---|---|---|
| 新鲜羊肚菌产量 | 150kg | 280kg |
| 羊肚菌单价 | 800 元/kg | |
| 羊肚菌总收益 | 12 万元 | 22.4 万元 |

（2）社会效益

西北村镇位置偏远，高寒高海拔，热电用能需求较大，却普遍存在外部电网支撑薄弱，天然气管线无法覆盖等问题，难以满足当地用能需求。此外，农牧区居民大多分散居住，冬季常采用燃煤和干牛粪供暖，这为西北村镇脆弱的生态环境造成了极大的隐患。分布式压缩空气储能系统具有零碳排、热电联储联供的优势，除了上述经济效益外，还具有潜在的减少碳排放的收益。具体结合青海省海东市平安区项目可知，按全年供暖运行时间 180d 计算，分布式压缩空气储能系统全年的供热量为 57600kWh，折算为标准煤 7.1t，可减少二氧化碳排放 19.1t。可见，通过分布式压缩空气储能系统的热电供能可有效降低西北村镇的碳排放，有助于保护西北地区的生态环境，具有重要的社会效益。

第12章

# 甘肃省高台县宣化镇贞号村

## 12.1 项目概况

本工程位于甘肃省张掖市高台县宣化镇贞号村（图 12-1），该村立足“生态文明、产业发展、项目建设、人居环境”，通过土地整村托管，实施产村融合，为原有自然村易地搬迁后新村。全村 60 户，总建筑面积约 5095m²。每户由政府统一协调建设，户型及面积基本一致，主体结构于 2019 年建成。贞号村能源需求主要包括炊事、生活热水及冬季取暖。贞号村建筑分布较为分散，其周边生物质资源丰富，主要包括农林废弃物（如秸秆、锯末、甘蔗渣、稻糠等），具备较好生物质资源应用条件。

该村积极发展产业和建设项目，已完成投资 465 万元的高标准农田建设项目，改造农田 3100 亩；创建省级清洁村庄，争取项目资金 24 万元，持续关注环境卫生整治、“三清一改”和农业生产废弃物处理等影响人居环境的突出问题；争取国债 100 万元和扶贫互助资金 34.4 万元，新建居民点硬化道路 4.4km，埋设污水及自来水管网 2.8km，新建景观绿化 6000m²。

图 12-1　甘肃省高台县宣化镇贞号村面貌

## 12.2 现场调研与建设目标

### 12.2.1 建筑与用能现状

贞号村建筑以砖混结构的坡顶平房、二层楼房为主，一般由门厅、前院、楼房和后院组成，窗墙比较大，大多建筑均无保温措施，实心黏土砖使用较多，门窗以木制门窗或铝合金门窗为主，热工性能低、建筑气密性差，冬季冷风渗透严重（图 12-2）。

贞号村用能分散，区域性差异较大，超过 60%的能耗用于冬季取暖，用能需求季节性变化大。随着生活水平的提高，取暖费用普遍为 30～50 元/($m^2$・a)，但由于建筑自身热工性能差，冬季室温普遍偏低，部分建筑冬季室温低于 16℃。

图 12-2　贞号村项目现场照片

### 12.2.2　存在问题与改造需求

存在问题：

（1）当前生物质成型颗粒燃料价格高、获取难度大，炉具对燃料要求高，居民取暖费用高；

（2）现有炉具功能单一且热效率低下；

（3）炉具封火时间短，操作不方便；

（4）供暖效果不好，室内温度偏低，居民总体感觉室内偏冷、热舒适性较差。

改造需求：

（1）充分利用当地资源，研究成型燃料品质提升技术，扩大燃料来源及燃料适用范围，降低燃料成本；

（2）改造炉膛结构，进行燃料形态优化，提高炉具燃烧效率；

（3）针对末端进行设计优化，提高供暖温度与舒适性；

（4）增加炉具供能功能，提高炉具利用率；

（5）提高炉具操作简便性。

### 12.2.3　建设目标

针对贞号村现存问题，拟开发户用炊事取暖生活热水耦合高效联供炉具，综合热效率不低于 85%，建设工程面积 5095m²，其中 30 户安装生物质燃料联合太阳能供热系统，其他户安装单一的生物质燃料供热系统，共 30 户。通过本工程的实施，给当地居民带来新型炊事、取暖方式，降低居民生活成本，改善居民生活环境，保障村镇居民室内供暖温度，改善供暖效果，提升居民生活质量。

## 12.3　技术及设备应用

### 12.3.1　建筑用能特征分析

为确定工程地区典型建筑负荷状况，首先确定了甘肃省高台县典型村镇建筑的形式及供热模式，通过在 SketchUp 中建模与 TRNSYS 中模拟的方式得出了建筑的负荷特性。

（1）住宅概况

针对甘肃省张掖市高台县的典型村镇建筑进行太阳能耦合生物质炉的供热系统设计与优化。根据当地典型建筑模式，住宅房间分布关系依照当地的典型农村建筑布置方式，完成的仿真模型如图 12-3 所示，总面积为 91.26m²。

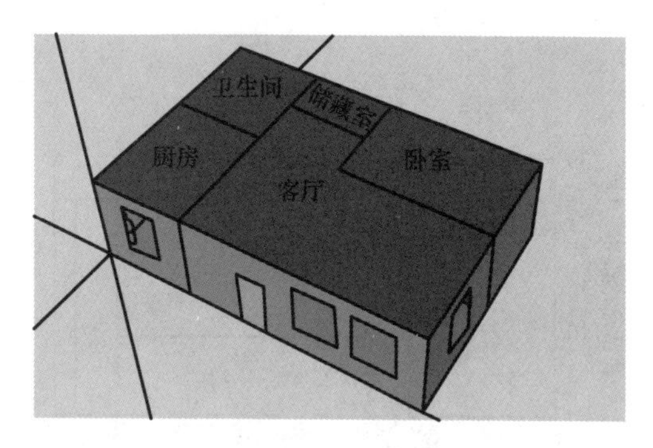


图 12-3　仿真模型

（2）基于 TRNSYS 的负荷模拟与分析

1）住宅供暖负荷

将 SketchUp 中的住宅模型导入 TRNSYS 中，基于当地的气候特性与建筑设定参数可计算得出建筑逐时热负荷。取模拟步长为 3min，模拟时间为当地的供暖期，即每年 10 月初至次年 3 月末，共计 180d。

① 典型日逐时负荷

根据负荷模拟结果，取整体负荷较高的一日作为典型日，将 12 月 22 日的逐时热负荷模拟结果绘图，如图 12-4 所示。

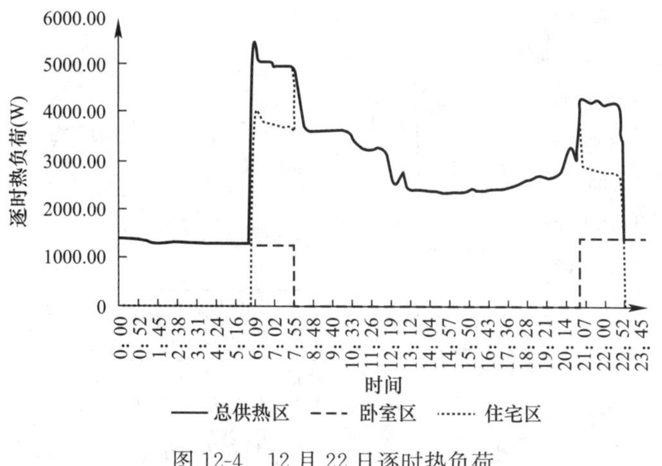


图 12-4　12 月 22 日逐时热负荷

② 各月累计热负荷

将每月热负荷数据进行积分，也可得到每月的热负荷特性，如图 12-5 所示。

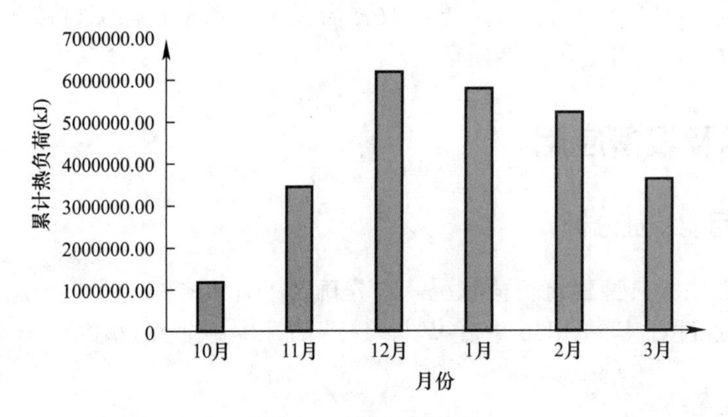


图 12-5　各月累计热负荷

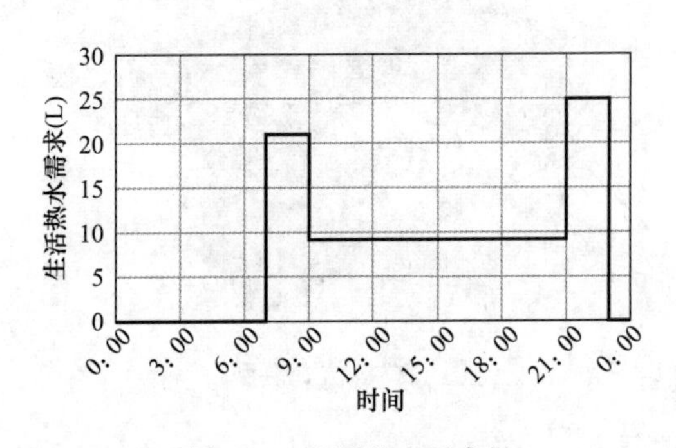


图 12-6　生活热水需求量

整个供暖季，建筑都有较高的供热需求。热负荷最高的时候为 12 月，此时每日热负荷都较高，仅部分日由于当日气候条件较好出现明显的负荷较低的情况。供暖季初及供暖季末的热负荷则较低，但仍有相当的供热需求。

2）生活热水负荷

对于一般的住宅，生活热水需求可额定为 40～80L/(人・d)，每户以 3 人为基准，额定总生活热水需求为 200L/d（图 12-6）。

3）总供热负荷

① 供暖期典型日逐时热负荷

以 12 月 22 日为例，将当日的逐时供暖热负荷与逐时生活热水负荷相加，绘制成当日热负荷特性图，如图 12-7 所示。

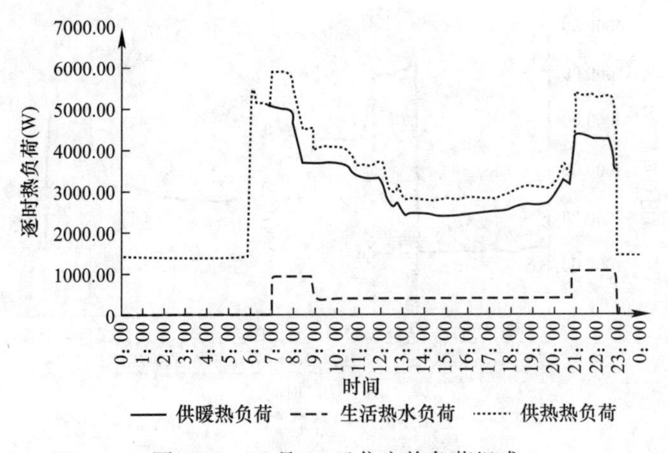


图 12-7　12 月 22 日住宅热负荷组成

由图 12-7 可知，由于供暖设备需要达到的供热功率应满足大多数情况下的供暖热负荷所需，当日住宅热负荷最高值约为 5900W；若仅考虑大多数情况下的供热需求，则可取供热负荷较大值为 4300W，此时仅有部分小时供热能力不足，具体选择应视具体情况而定。

② 供暖期总热负荷

将供暖期逐时热负荷积分，可得该供暖期的总能源需求量，如表 12-1 所示。生活热水全供暖期每日提供量相同，供暖期每日供暖热负荷波动较大，整体供暖热负荷占住宅总热负荷比例更大。

**住宅供暖期热负荷**　　**表 12-1**

| 能源需求分类 | 能源需求值（MJ） |
| --- | --- |
| 住宅供暖能源需求 | 27094.27 |
| 生活热水能源需求 | 4977.72 |
| 住宅总能源需求 | 32071.99 |

### 12.3.2　系统应用形式及供能方案

本工程设计了一套生物质燃料与太阳能联合供热系统，并以现有的各系统中模块的数据进行了系统的初步选择优化与研究。

（1）系统耦合方式选择

生物质燃料与太阳能联合供热系统主要由太阳能集热回路、生物质炉、蓄热水箱及供热末端组成。该系统的核心思路是：在太阳能可用时，尽量使用太阳能来满足室内供热需要，同时将吸收的多余太阳能积蓄在蓄热水箱中；在太阳能不可用时，使用生物质炉辅助供热，此时蓄热水箱中蓄存的热能也可作为供热需要。基于上述设计要求，根据太阳能集热器与生物质炉的联合方式不同，可设计两种不同形式的系统。方案一如图 12-8（a）所示，采用生物质炉＋太阳能复合联供的方式。方案二如图 12-8（b）所示，采用生物质炉供热的方式。

可根据各户实际情况选择合适的供热方式，本次模拟主要以生物质炉＋太阳能复合联供的方式为主。

（2）系统组件选择

1）太阳能集热器

① 太阳能集热器类型选用

太阳能集热器主要分为平板集热器与真空管集热器，这两种集热器各有优缺点，应根据太阳能集热器安装地点的气候特点、所需热水温度及热水用途等因素进行选择。本系统为户式系统，故选择全玻璃真空管集热器作为太阳能集热装置。

② 太阳能集热器安装

太阳能供暖系统集热器的最佳方位主要是基于当地纬度进行调整，在以冬季工况为主要利用工况的情况下，倾斜角度可取当地纬度加上 15°。本工程所选建筑地处甘肃省高台县，纬度为 39.38°，所以集热器的安装倾角确定为 55°，朝向正南。

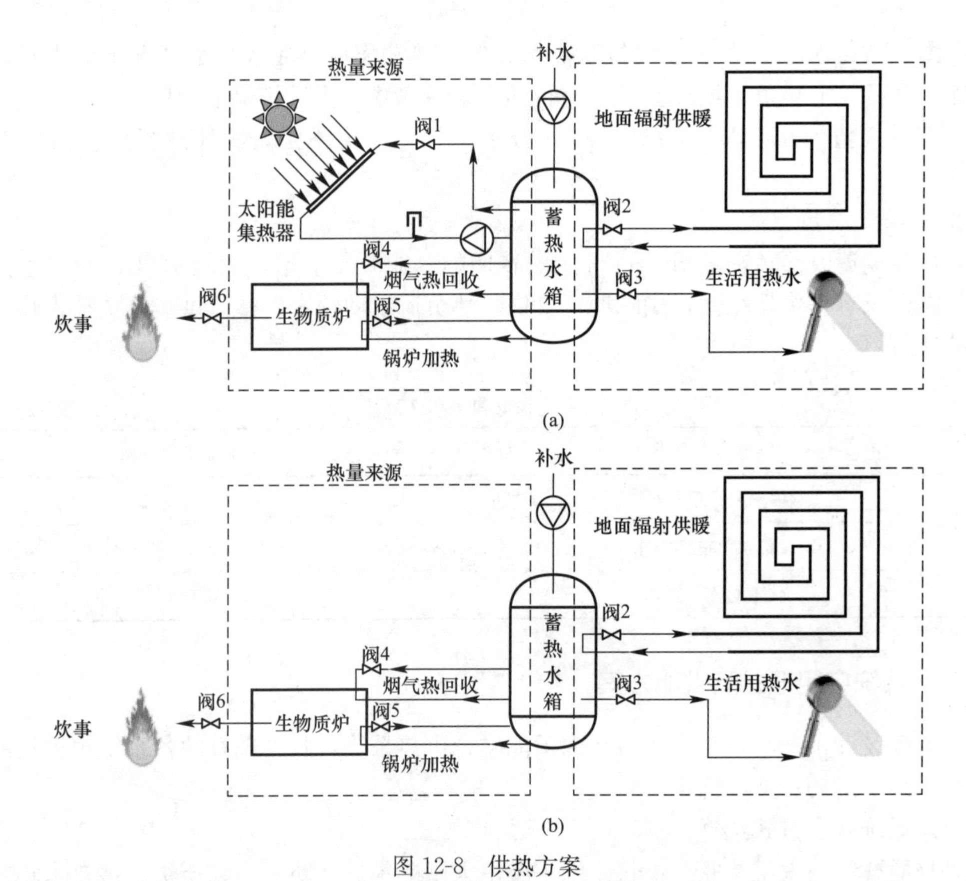


图 12-8 供热方案

(a) 方案一：生物质炉＋太阳能复合联供；(b) 方案二：生物质炉供热

2）蓄热水箱

① 蓄热水箱容积选择

蓄热水箱的作用：一方面是作为太阳能集热回路的重要组成部分，用于蓄存太阳能集热器吸收的热量，保持出水温度的稳定。因此，蓄热水箱容积需要与太阳能集热器面积相对应。太阳能集热器面积大时，蓄热水箱的容积也应选大。另一方面是作为低温热水供暖系统的组成部分，蓄热水箱需要容纳热水温度发生变化时的体积变化，即作为膨胀水箱使用，这部分需要的容积 $V_s$ 为：

$$V_s=\frac{V_p\times\rho_1}{\rho_2}-V_p \tag{12-1}$$

式中 $V_p$——地面辐射供暖盘管中总水量，按每平方米 100L 计算，即为 $100L/m^2\times85.86m^2=8586L$；

$\rho_1$——35℃下水的密度，$\rho_1=994.029kg/m^3$；

$\rho_2$——35℃下水的密度，$\rho_2=990.208kg/m^3$。

得出结果 $V_s=33.13L$。根据调研结果，市场上蓄热水箱的容积最小为 60L，故均可满足膨胀水箱需求。事实上，小型户式系统可以不做水箱，故水箱容积主要受集热器面积影响，可根据系统实际设置情况进行具体选择。

② 蓄热水箱隔热层选择

现有的水箱保温材料大多为聚氨酯发泡，聚氨酯发泡是一种具有保温与防水功能的高分子聚合物，其导热系数低，为 0.022～0.033W/(m·K)。根据市场具体情况，取水箱保温材料厚度为 0.055m。

3）生物质炉

通过对生物质成型燃料燃烧特性的进一步研究，包括燃烧模式、点火性能及其影响因素，以及户用炉具燃烧的封火特点、结渣特性，并依据工业炉设计标准，结合省柴灶、燃煤炉、半气化炉特点并根据传热计算，设计出了新型生物质成型燃料炉具。生物质炉采用生物质成型燃料（碎木柴、薪柴、秸秆、玉米芯各种果壳以及各种生物质压块等），通过风机送风，实现了炉温和进风量的可控，使燃料在炉膛内充分气化和燃烧。该产品具有炊事、取暖、烧水功能。

生物质炉作为辅助热源，在太阳能无法利用时，由生物质炉来为供热末端提供大部分热量，故生物质炉最大功率需达到大部分时间住宅逐时热负荷的要求，最大功率 $P_s$ 计算如下：

$$P_s = \frac{Q_z}{1000 \times \eta_s} \times 3600 \tag{12-2}$$

式中　$Q_z$——逐时负荷最大值，此处取 4300W；

$\eta_s$——生物质炉效率，此处取 0.8。

计算可得 $P_s$=19350kJ/h，取整为 20000kJ/h。

采用实验测试与仿真模拟相结合的方法，结合西北地区丰富的沙柳资源，针对生物质圆柱颗粒燃料随机松散堆积的堆积特性、阻力特性等方面展开了研究，进一步提升了生物质成型燃料的品质。根据本工程研究内容及相应国家标准，对生物质成型燃料进行规定，依据《生物质固体成型燃料技术条件》NY/T 1878—2010 等标准，进行市场调研，选择的生物质燃料发热量为 3900～4500kcal/kg，取平均值为 4200kcal/kg，价格取 1100 元/t。

4）供热末端

常见的住宅供暖有散热器末端与低温热水辐射末端两种。每一种末端都有其优点及适用场所，应当根据具体情况进行分析选择，不同供暖方式室内温度梯度如图 12-9 所示。

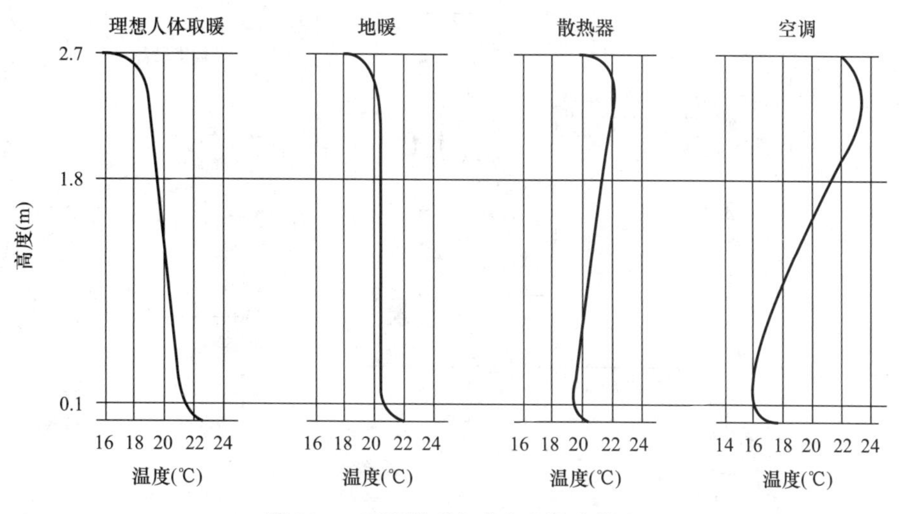


图 12-9　不同供暖方式室内温度梯度

综合舒适性、节能性和空气质量几个方面的比较可以得出地面辐射供暖的优异性，故选用低温热水辐射供暖系统更加适合。根据《民用建筑供暖通风与空气调节设计规范》GB 50736—2012，低温热水地面辐射供暖系统供水温度宜采用35～45℃，不应大于60℃；供回水温差不宜大于10℃，且不宜小于5℃。故本系统设定供水温度为45℃，回水温度为35℃。

取供暖逐时热负荷大值，可计算在设定供回水温度下盘管所需水量$M_p$，计算如下：

$$M_p=\frac{Q_z\times 3600}{1000\times C_s\times (t_g-t_h)}-V_s \tag{12-3}$$

式中　$C_s$——水的比热容，此处取4.19kJ/(kg·K)；

$t_g$——供水温度，45℃；

$t_h$——回水温度，35℃。

计算可得$M_p$=369.4kg/h，考虑到末端散热效率问题，为尽可能地使供回水温差保持在10℃以内，可向上取整为400kg/h。相应的，根据住宅供暖模式的切换，供暖区面积也在变化，由此末端所需水量也需要调整。根据供暖区面积比例，额定住宅区供暖时的水量比例为66.42$m^2$/85.86$m^2$=0.77，取整为0.8，卧室区水量比例为19.44$m^2$/85.86$m^2$=0.23，向上取0.25。末端根据卧室和起居室供暖使用时间调整供暖水量。为保证系统运行稳定，末端供暖水量应逐步调整至设定值。

### 12.3.3　系统应用设计与优化

以TRNSYS模拟的方式为基础，对系统设计参数选择进行了优化。

（1）基于TRNSYS的仿真建模

TRNSYS软件是一种模块化的动态模拟仿真程序，一个模块可以实现某种特定的功能，可将若干个子系统或部件组合成一个系统进行整体的模拟与仿真。

利用TRNSYS软件进行模拟前，需先选择系统需要的各模块，随后根据逻辑关系将各个模块连接起来，形成模拟系统，可以通过打印机和绘图机进行模拟监测或输出结果。根据已确定的系统连接图可将各模块连接起来，如图12-10所示。各模块预设参数如表12-2所示。

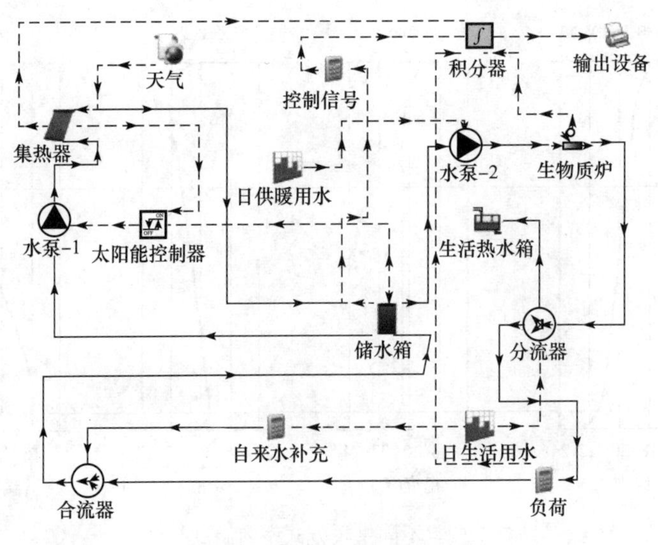


图12-10　系统示意图

各模块预设参数 表 12-2

| 参数 | 数值 | 参数 | 数值 |
|---|---|---|---|
| 集热器面积（$m^2$） | 8 | 初始水温（℃） | 20 |
| 集热器质量流量［$kg/(h \cdot m^2)$］ | 50 | 生活热水供水温度（℃） | 45 |
| 集热器倾角（°） | 55 | 供暖供回水温度（℃） | 45/35 |
| 控制器死点温度（℃） | 3（上限），1（下限） | 生活用水总量（L） | 200 |
| 蓄热水箱容积（L） | 150 | 供暖回路流量（kg/h） | 400 |
| 补水温度（℃） | 12 | 生物质炉功率（kJ/h） | 20000 |

（2）太阳能集热器面积与水箱容积优化

1）模拟参数选择

太阳能集热器价格按照面积确定，本系统选择 500 元/$m^2$。典型户式系统的蓄热水箱容积一般不会很高，根据市场调研情况，此处的模拟参数可选择 60～500L，具体水箱容积与水箱价格对应表如表 12-3 所示。根据经济研究的结论，蓄热水箱的最佳蓄水容积是每平方米集热器面积蓄存 50～100L 水，推荐值为 75L/$m^2$。按最大容积 500L 测算，集热器面积应为 500/75=6.67$m^2$，扩展范围为 5$m^2$、6$m^2$、7$m^2$、8$m^2$ 进行系统的模拟优化。

水箱容积与水箱价格对应表 表 12-3

| 水箱容积（L） | 价格（元） | 水箱容积（L） | 价格（元） |
|---|---|---|---|
| 60 | 1500 | 300 | 3900 |
| 100 | 1800 | 400 | 4700 |
| 150 | 2300 | 500 | 5400 |
| 200 | 3000 | — | — |

2）模拟结果

以 5$m^2$ 太阳能集热器面积为例，不同水箱容积的系统供暖期运行数据如表 12-4 所示。太阳能保证率是评价太阳能系统热性能的重要指标之一，其定义为太阳能集热器有效输出热量与系统耗热量的比值，反映太阳能提供的热量占比，太阳能保证率可按下式计算：

$$f=\frac{W_{solar}}{W_z} \tag{12-4a}$$

$$f=1-\frac{W_s}{W_z} \tag{12-4b}$$

式中 $f$——太阳能保证率；

$W_{solar}$——太阳能集热器有效集热量，kJ；

$W_s$——生物质炉提供热量，kJ；

$W_z$——系统总耗热量，为太阳能集热器有效集热量与生物质炉提供热量之和，kJ。

5$m^2$ 太阳能集热器面积下各水箱容积系统供暖期运行数据 表 12-4

| 水箱容积（L） | 太阳能集热器有效集热量（kJ） | 蓄热水箱总热量损失（kJ） | 生物质炉供热量（kJ） | 总供热量（kJ） | 太阳能保证率（%） |
|---|---|---|---|---|---|
| 60 | 20406224 | 63332 | 13033165 | 33439389 | 61.02 |
| 100 | 20651640 | 82470 | 12716880 | 33368520 | 61.89 |

续表

| 水箱容积（L） | 太阳能集热器有效集热量（kJ） | 蓄热水箱总热量损失（kJ） | 生物质炉供热量（kJ） | 总供热量（kJ） | 太阳能保证率（%） |
|---|---|---|---|---|---|
| 150 | 20869564 | 101712 | 12410483 | 33280047 | 62.71 |
| 200 | 21009390 | 118087 | 12200989 | 33210379 | 63.26 |
| 300 | 21174333 | 146116 | 11940465 | 33114798 | 63.94 |
| 400 | 21275392 | 170267 | 11777689 | 33053081 | 64.37 |
| 500 | 21344517 | 192077 | 11664779 | 33009296 | 64.66 |

图 12-11 是太阳能集热器有效集热量随集热器面积及蓄热水箱容量的变化情况图。分析图 12-11（a）的数据趋势，可以发现在恒定太阳能集热器面积时，若蓄热水箱容量有所增加，太阳能集热器有效集热量也会明显增加。可以预见随着蓄热水箱容积增大，太阳能集热器有效集热量会存在阈值。

太阳能集热器面积对集热器有效集热量的影响则是比较明确的，如图 12-11（b）所示，太阳能集热器的有效集热量与集热器面积大致呈线性关系。

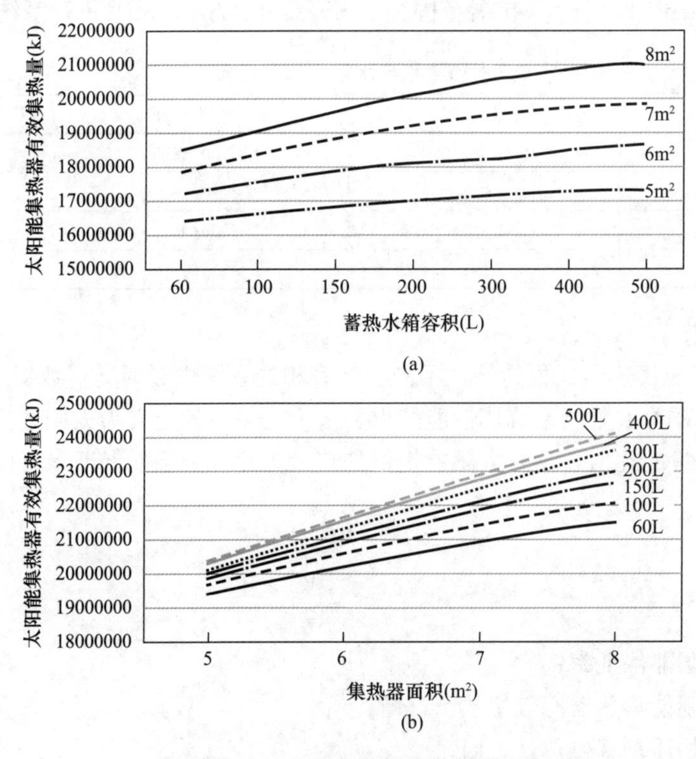


图 12-11　太阳能集热器有效热量变化

（a）随蓄热水箱容积变化；（b）随集热器面积变化

太阳能保证率变化趋势如图 12-12 所示，随太阳能集热器面积与蓄热水箱容积增大，太阳能保证率增加，对于一个确定的集热器面积，水箱容量增大时，系统太阳能保证率增大趋势逐渐放缓，但仍在保持增加。这个趋势与太阳能集热器有效集热量的趋势相同。

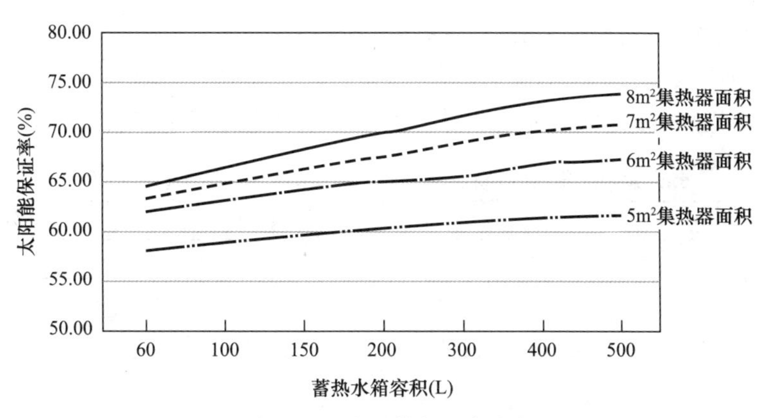


图 12-12　太阳能保证率变化

（3）折合成本优化选择

1）总折算成本计算方式

总成本包括系统初投资成本与年运行成本，年运行成本包括生物质能源费用与系统水泵运行的电费，年运行费用考虑到资金储蓄问题，取 4.5%，年运行费用按照该储蓄利率向第一年折算，系统总运行时长取 20a。具体计算公式如下：

$$Z=L_0+\sum_{i=1}^{20}C/(1+k)^i \tag{12-5}$$

式中　$Z$——总折算成本，元；

$L_0$——系统初投资，元；

$C$——年运行费用，元；

$i$——系统运行时长，a；

$k$——存款利率，4.5%。

2）总折算成本计算

初投资成本部分包括各系统组件的价格，即太阳能集热器、蓄热水箱、生物质炉、地面辐射供暖盘管和水泵，以及连接系统各组件的管道、阀件的价格，各部分的成本如表 12-5 所示。

**初投资成本汇总**　　**表 12-5**

| 初投资部分 | 初投资成本 |
|---|---|
| 太阳能集热器 | 500 元/m² |
| 蓄热水箱 | 依容积而定 |
| 水泵（2 台） | 330 元/台 |
| 生物质炉 | 3200 元/台 |
| 地暖盘管 | 120 元/m² |
| 其他管道阀件 | 800 元/套 |

由前文可知，生物质炉的效率为 0.8，生物质的价格取 1100 元/t，发热量为 3900～4500kcal/kg，取平均值为 4200kcal/kg。年生物质能源费用的计算方式如下：

$$C_1=\frac{W_s}{q_s}\times J_s \tag{12-6}$$

式中　$C_1$——年能源费用，元；

$W_s$——生物质炉提供热量，kJ；

$q_s$——生物质燃料热值，kJ/kg，取 17580.6kJ/kg；

$J_s$——生物质燃料价格，元/kg。

5m² 太阳能集热器面积与不同蓄热水箱容积下的年能源费用如表 12-6 所示。

**5m² 太阳能集热器面积与不同蓄热水箱容积下的年能源费用　　表 12-6**

| 水箱容积（L） | 初投资费用（元） | 年能源费用（元） | 总折算成本（元） |
|---|---|---|---|
| 60 | 16780 | 1851 | 40090 |
| 100 | 17080 | 1829 | 40107 |
| 150 | 17580 | 1807 | 40332 |
| 200 | 18280 | 1792 | 40845 |
| 300 | 19180 | 1773 | 41512 |
| 400 | 21080 | 1762 | 42166 |
| 500 | 22680 | 1754 | 42765 |

初投资成本随集热器面积与蓄热水箱容积的增大而增大，但同时年能源费用也在下降，暂不考虑系统的其余年费用，将上述两部分折算为总成本，结果如图 12-13 所示。

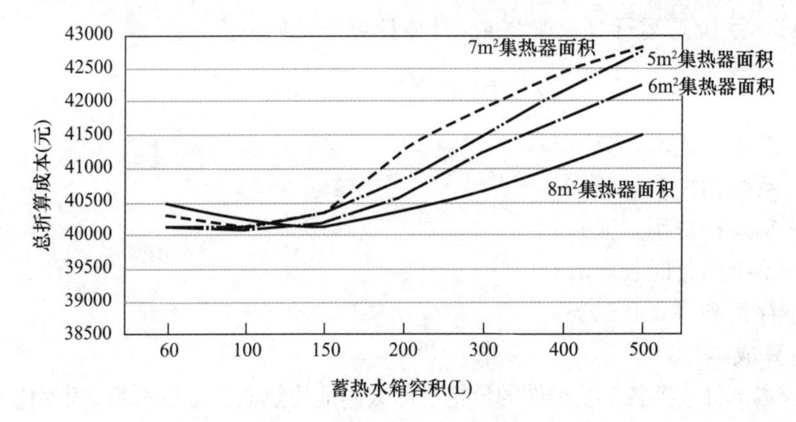


图 12-13　总折算成本变化图

总折算成本在太阳能集热器面积为 6m²，水箱容量为 100L 时达到最低值。可见集热器面积与水箱容量有匹配关系。在水箱容积较大时，低集热器面积的系统总折算费用明显高于高集热器面积的系统总折算费用，主要原因是此时的蓄热水箱已经完全可以容纳集热器的集热量，大部分水箱空间被浪费。将水箱容积为 100L 时的不同太阳能集热器面积的系统总折算成本绘图，以分析太阳能集热器面积对系统总成本的影响，如图 12-14 所示。

集热器面积增大时，系统初投资有所增加，但年能源费用总和则在下降，导致的结果是虽然总折算成本在上升，但上升值不大。由此得出结论：若能降低蓄热水箱的成本，考虑系统成本的最佳太阳能保证率将更容易上升。

（4）太阳能集热器角度优化

在 TRNSYS 软件中基于联合系统仿真模型，改变不同的太阳能集热器设置角度，完成模拟。太阳能集热器设置角度变化时系统太阳能保证率的变化趋势如图 12-15 所示。在集热器角度为 58°时，系统的太阳能保证率最高，但与其他角度的区别不大，所有模拟结果中太阳能保证率均处于 62.8%～63.1%之间，说明小角度差异下太阳能集热器效率差异不大。

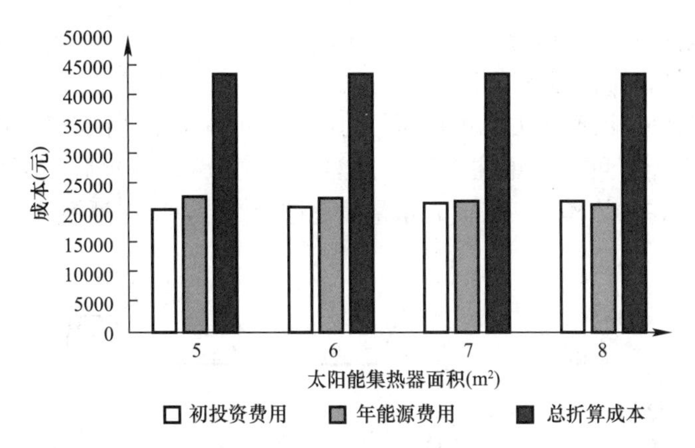


图 12-14　100L 蓄热水箱时不同太阳能集热器面积的系统成本比较

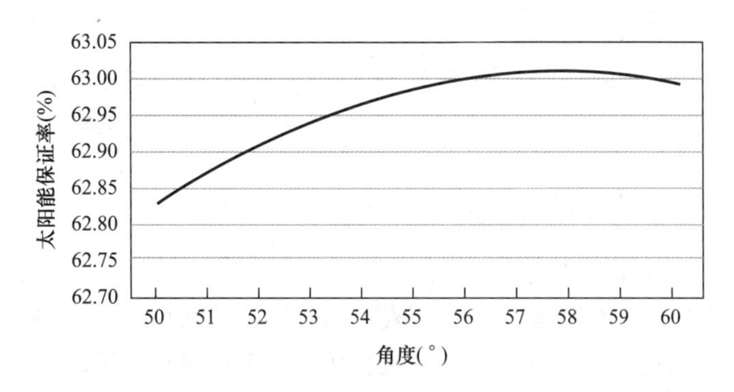


图 12-15　不同太阳能集热器角度下系统太阳能保证率

该模拟过程中系统初投资不变，但年能源费用有所变化，可根据生物质炉供热量得出，计算结果如图 12-16 所示。在集热器角度为 58°时，生物质炉提供热量达到最小值，根据公式（12-6）计算得出年能源费用为 1783.4 元，可见优化对年能源费用的影响并不大。

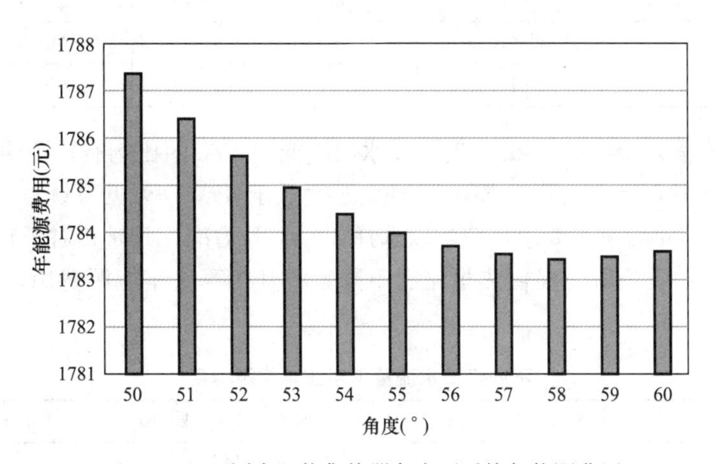


图 12-16　不同太阳能集热器角度下系统年能源费用

对系统运行策略进行了优化选择与研究，同时将优化结果与纯生物质供热系统进行了对比。

（5）地面辐射供暖盘管运行策略及优化

1）地面辐射供暖盘管运行策略

根据住宅区与卧室区面积占总供热面积的比例，可调整单区供暖时地面辐射供暖盘管的水量。根据前文计算可得，单住宅区供热热水比例为 0.8，单卧室区供热热水比例为 0.25（图 12-17）。在供热模式切换时，水量缓慢进行变化，以保证系统稳定。

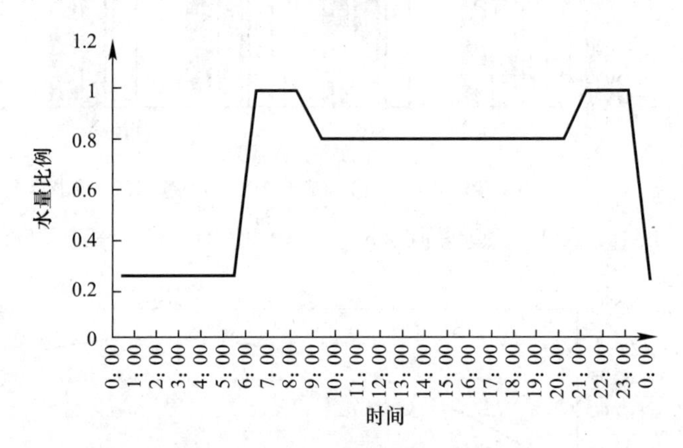


图 12-17　地面辐射供暖盘管每日水量比例切换

2）地面辐射供暖盘管运行策略优化

不同盘管水流量下系统的运行数据如表 12-7 所示，同时采用各模拟节点运行数据中回水温度低于 35℃比例来反映盘管水流量是否达到系统供回水温度的运行要求。

不同盘管水流量下系统运行数据　　表 12-7

| 盘管水流量（kg/h） | 回水温度低于35℃比例（%） | 太阳能集热器有效集热量（kJ） | 储罐总热量损失（kJ） | 生物质炉提供热量（kJ） | 总提供热量（kJ） | 太阳能保证率（%） |
|---|---|---|---|---|---|---|
| 400 | 3.14 | 20584030 | 86248 | 12083003 | 32667033 | 63.01 |
| 390 | 3.70 | 20592455 | 85905 | 12058918 | 32651373 | 63.07 |
| 380 | 9.77 | 20601059 | 85545 | 12033497 | 32634556 | 63.13 |
| 370 | 17.3 | 20610000 | 85166 | 12006683 | 32616683 | 63.19 |

在盘管水流量为 380～390kg/h 时，回水温度低于 35℃的比例有一个明显的增加，水流量为 380kg/h 时，已有大量时长系统回水温度低于 35℃，可见系统逐时负荷较大时，380kg/h 的水流量难以满足要求，应当以选择 390kg/h 为准，此时相对于预设的 400kg/h 盘管水流量，生物质炉所需提供热量略有下降，将其折算为年能源费用，结果如表 12-8 所示。

不同盘管水流量下系统年能源费用　　表 12-8

| 盘管水流量（kg/h） | 年能源费用（元） | 盘管水流量（kg/h） | 年能源费用（元） |
|---|---|---|---|
| 400 | 1783.4 | 380 | 1779.9 |
| 390 | 1781.7 | 370 | 1778.0 |

如表 12-8 所示，盘管水流量降低有利于年能源费用降低，但水流量过低时无法满足系统供回水温度要求，可能会影响地面辐射供暖盘管的散热效果，故选取盘管水流量为 390kg/h，

此时年能源费用略有降低，对于系统总成本的降低有一些帮助。

（6）太阳能集热器运行策略及优化

1）太阳能集热器回路运行策略

太阳能集热器回路设置死点温差，根据预设，当太阳能集热器出水温度与蓄热水箱回水温度之差超过 $T_h$ 时，集热器回路正式启动，而受云层遮蔽或太阳方位变化等影响，使得此温差小于 $T_l$ 时，集热器回路停止运行，当温差再次超过 $T_h$ 时，系统才会运行。据此运行策略，可防止云层短时间遮蔽导致太阳能集热器回路短暂时间反复启停。预设条件下 $T_h=3$℃，$T_l=1$℃，典型日运行情况如图 12-8 和图 12-19 所示。

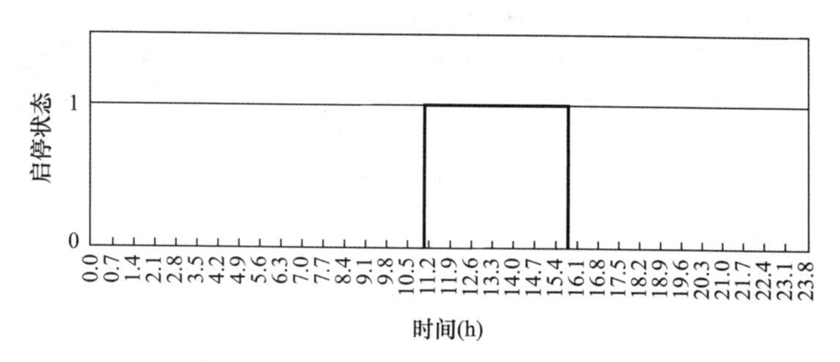


图 12-18　预设条件 10 月 6 日集热器回路运行情况

注：图中纵坐标 1 表示系统运行，0 表示系统关闭。

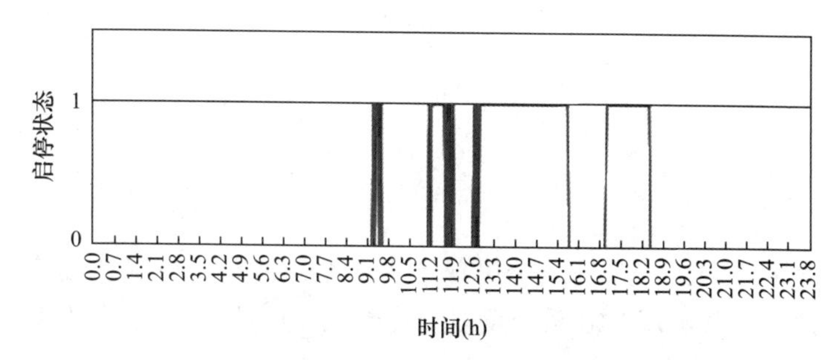


图 12-19　预设条件 3 月 12 日集热器回路运行情况

注：图中纵坐标 1 表示系统运行，0 表示系统关闭。

由图 12-18 可知，10 月 6 日为理想运行情况，此时太阳能集热器持续运行，未出现短暂启停的情况。而图 12-19 中，3 月 12 日系统运行出现明显的反复启停现象，不符合系统运行要求，需要对预设的运行策略进行运行优化。

2）太阳能集热器回路运行优化

已知太阳能集热器运行时，集热器回路的水泵启用，若蓄热水箱回水经太阳能集热器温升时的能量增量小于水泵消耗的能量，可以认为此时回路启用是不利的，故计算最低 $T_l$ 如下：

$$T_l=\frac{P_{pump}}{M_{solar}\times C_s} \tag{12-7}$$

式中　$P_{pump}$——太阳能集热器回路水泵功率，220W；

$M_{solar}$——太阳能集热器回路水量，300kg/h。

计算得出 $T_l$ 最低为 0.63℃。考虑到云层遮蔽影响，应适当降低该温度，设置两种情况（情况①：$T_h$=2.5℃，$T_l$=0.5℃；情况②：$T_h$=2℃，$T_l$=0℃）来模拟并与预设条件进行对比，以出现太阳能集热器反复启停现象的天数来反映系统运行策略的优劣性。两种情况下 3 月 12 日太阳能集热器回路运行情况如图 12-20 所示。

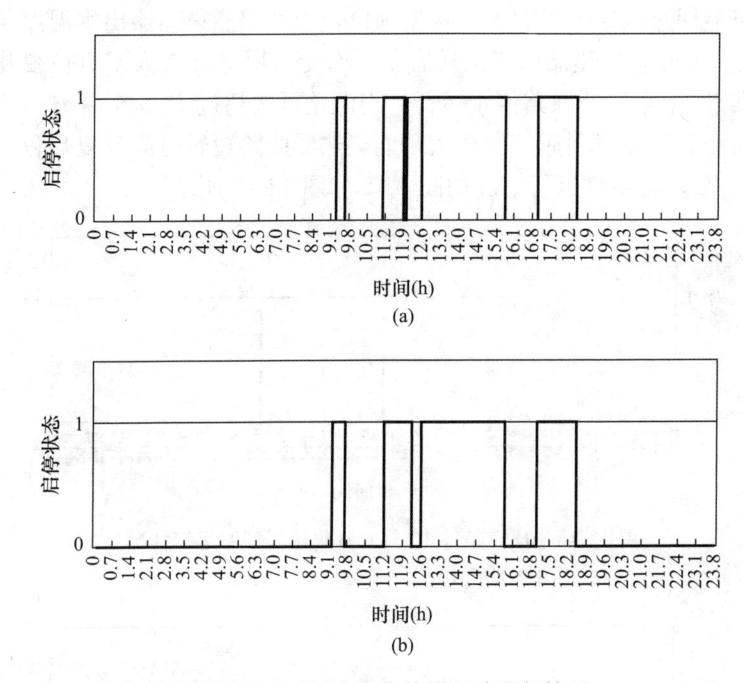


图 12-20　3 月 12 日集热器回路运行情况

（a）情况①；（b）情况②

注：图中纵坐标 1 表示系统运行，0 表示系统关闭。

由图 12-20 可知，3 月 12 日情况①出现了一次系统波动，情况②则未出现系统波动。在整个供暖期，情况①共出现 21d 系统反复启停现象，而情况②仅有 12 月 22 日当天出现了系统反复启停的现象，可以认为情况②比较合理。

年能源费用由生物质炉消耗热量折算，各水泵的耗能费用计算如下：

$$C_{pump}=W_{pump}\times J_d \tag{12-8}$$

式中 $C_{pump}$——每年水泵耗能费用，元；

$W_{pump}$——供暖期水泵耗能，kJ；

$J_d$——当地电价，0.51 元/(kWh)。

对比几种运行策略下的系统年运行成本，将 $T_l$ 下调可使年能源费用略有下降，但泵 1（集热器回路水泵）耗能费用会上升，整体年运行成本也会上升。但考虑到需使得系统温度达到设定标准，系统以情况②运行为佳（表 12-9）。

**不同太阳能集热器回路运行策略下系统年运行成本对比　　表 12-9**

| 运行策略 | 年能源费用（元） | 泵耗能费用（元） | 年运行成本（元） |
|---|---|---|---|
| 初始情况 | 1781.7 | 394.8 | 2308.8 |
| 情况① | 1779.7 | 394.8 | 2317 |
| 情况② | 1778.6 | 394.8 | 2315.3 |

## 12.4　跟踪监测与数据分析

### 12.4.1　监测目的

为了研究生物质炉+太阳能复合联供系统和单一的生物质炉供热系统实际运行效果，构建了一体化组件性能测试系统，对环境温湿度和能耗、能效等关键参数进行监测。监测系统长期运行监测的数据能够客观准确地展示实际运行中生物质炉+太阳能复合联供系统的变化情况，响应的监测数据可帮助进一步优化系统的运行策略，对工程技术的研究和实施起到推动的作用。

### 12.4.2　监测内容

（1）环境监测系统

选取甘肃省张掖市高台县宣化镇贞号村 2 个典型住户点开展温度、相对湿度、$CO_2$ 及 $PM_{2.5}$ 等参数的监测。

1）系统组成

环境监测系统由感知层、传输层、应用层三层架构构成。感知层由用于室内环境参数信息采集的传感器和仪器仪表构成，主要包括监测室内温度、相对湿度、$CO_2$ 及 $PM_{2.5}$ 等。传输层由数据采集仪和传输网络构成，包括 AI、RS485、RS232、RJ45 等多种数据接口，支持以太网、拨号、无线等多种数据传输方式，支持标准 HJ212 协议、Modbus 协议和多种自定义协议。应用层由数据服务器、数据服务接口、企业客户端组成，通过大数据整合和深度挖掘，对外提供直观数据。环境监测系统组成图如图 12-21 所示。

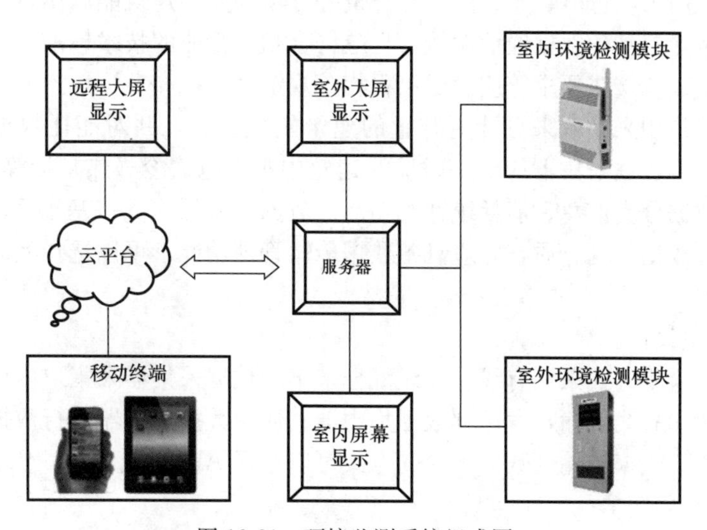


图 12-21　环境监测系统组成图

环境监测系统能够实现的功能主要包括以下几个部分：

① 室内环境指标：温度、相对湿度、$PM_{2.5}$ 及 $CO_2$ 等。

② 展示功能：大屏幕、传感器布置点位示意图等。

③ 信息推送：远程 App 推送给多用户。

2）主要设备简介

作为一款智能空气综合指数监测仪，环境监测传感器一体机可以监测空气中 $PM_{2.5}$ 浓度、温度、相对湿度、二氧化碳（$CO_2$）等参数，基本涵盖了反映空气质量的各个指标，外观如图 12-22 所示。

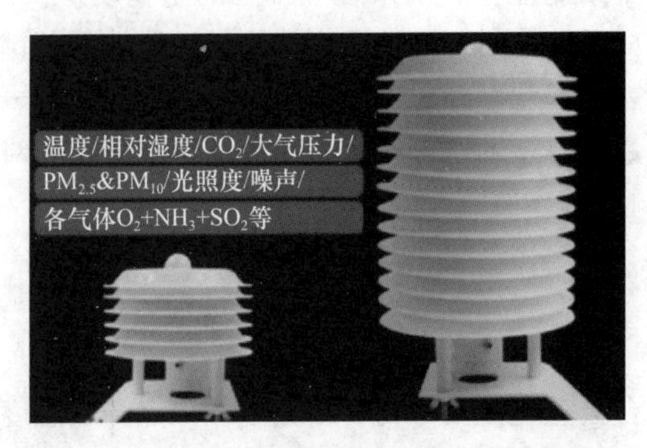


图 12-22　环境监测传感器一体机外观

（2）能耗监测系统

能耗监测系统主要包括计量装置和数据采集器、数据采集设计和数据传输设计。该系统的主要功能是实时采集建筑能耗参数和将数据上传给数据平台，能耗参数可由具备数据传输功能的各种能耗计量装置检测并传输给数据采集器，数据采集器对数据进行处理后实时或定时上传给数据平台。

1）计量装置和数据采集器

计量装置是用来度量电、水、热（冷）量等分项和分类建筑能源用量的仪表及配套设备。各种计量装置应具备数据通信功能，且应符合相关行业的技术标准和规范。计量装置的性能指标、安装和接线要求等应满足工程相关规定。

数据采集器是用来获取来自计量装置的建筑能耗数据，并对能耗数据进行暂存、处理、上传的设备。数据采集器应能实时监测建筑中水、电、冷（热）量等分类能耗数据，并具备对能耗数据分类汇总、能耗统计等功能。数据采集器应支持基于 TCP/IP 协议的有线和无线等多种数据传输介质，并应具备数据传输管理功能，可以选择实时、定时、分类等方式上传数据。

2）数据采集设计

选用的数据采集方式采用有线加无线混合采集。数据采集器采集户内计量仪表的数据信息，通过无线和有线传输，发送到数据集中器。使用数据集中器进行数据的收集并且加大数据传输距离。数据传输到数据平台的方式可以选择 ADSL 或者 3G/4G。

3）数据采集内容

对住户建筑用能情况及室内外环境开展分项监测，主要监测内容为：室内外环境检测、燃料消耗统计、地面辐射供暖供回水温度及流量、生活热水出水温度及流量等。

生物质炉＋太阳能复合联供系统能耗监测系统示意图如图 12-23 所示。

生物质炉供热系统能耗监测系统示意图如图 12-24 所示。

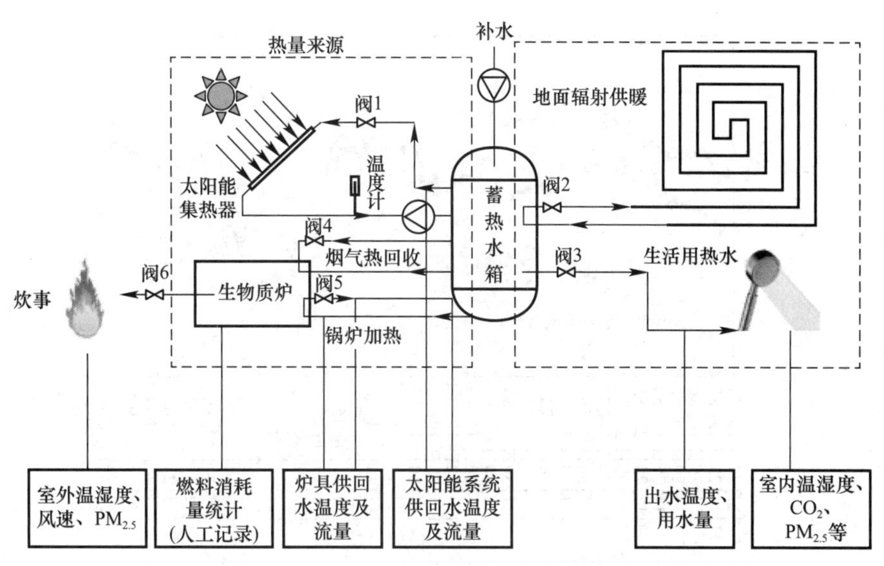


图 12-23　生物质炉＋太阳能复合联供系统能耗监测系统示意图

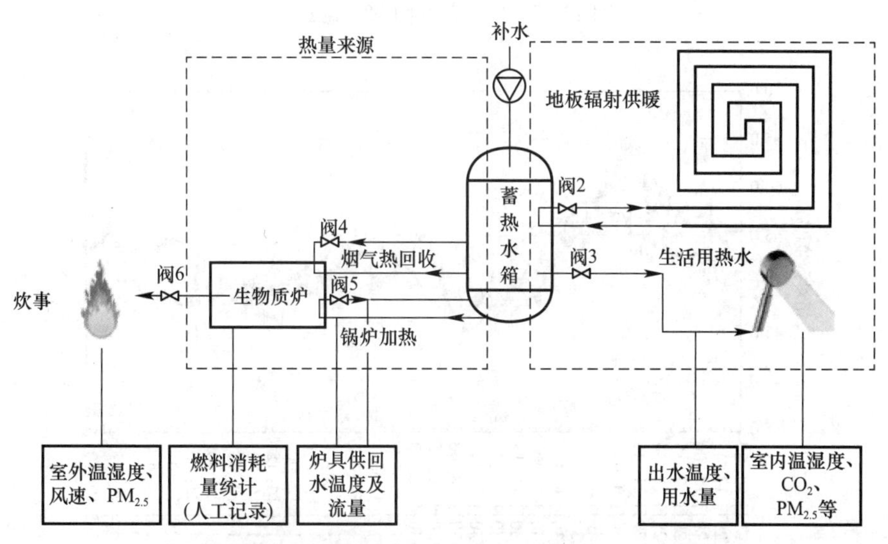


图 12-24　生物质炉供热系统能耗监测系统示意图

### 12.4.3　监测数据及其分析

测试依据为《采暖通风与空气调节工程检测技术规程》JGJ/T 260—2011。室内温度、相对湿度测试要求：安装在室内空气扰动小的地方；安装高度应为距离地面 1.5m 左右；不要安装在门边、窗边、空调出风口附近或阳光直射的地方。

（1）温度监测数据

对温度监测的 72h 数据结果如图 12-25 所示，典型房间如客厅与两个卧室均有持续性供暖，客厅平均温度相比于卧室偏高一点，整体供暖温度为 20～22℃。

（2）相对湿度监测数据

对相对湿度监测的 72h 数据结果如图 12-26 所示，相对湿度与室内温度有关，整体相对湿度在 50%左右，稍有波动。

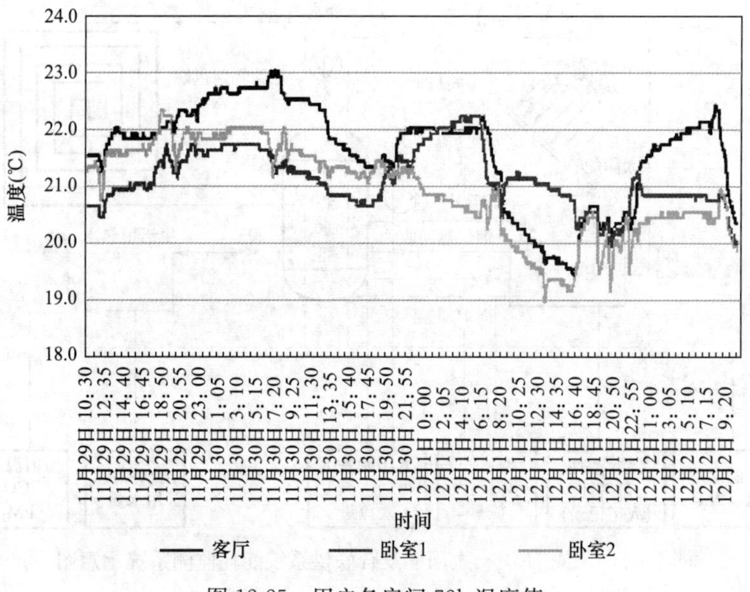


图 12-25　用户各房间 72h 温度值

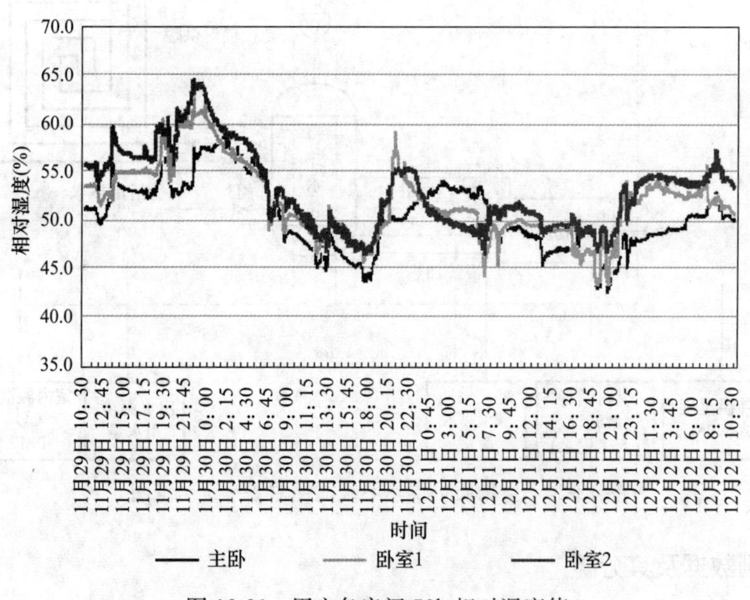


图 12-26　用户各房间 72h 相对湿度值

各户供暖热环境与具体供暖设置有关，均较好地达到了各户的热环境要求，证明供暖系统的优化处理达到了要求，各用户均对生物质炉供暖效果较为满意。

于 2022 年 12 月委托第三方单位对工程效果进行了现场测试，主要包括室内外环境监测、燃料消耗统计、地暖供回水温度及流量、生活热水出水温度及流量等，主要数据如下：

（1）生物质炉供热量监测

对典型用户生物质炉进行供热量监测，持续时长约 70min，如表 12-10 所示。

**生物质炉供热量监测结果** **表12-10**

| 序号 | 监测项 | 数值 |
|---|---|---|
| 1 | 实际加热时间（s） | 4210 |
| 2 | 总水量（L） | 480 |
| 3 | 初始水温度（℃） | 18.2 |
| 4 | 结束水温度（℃） | 85 |
| 5 | 测试炉具供热能力（kW） | 31.89 |
| 6 | 生物质燃料消耗量（kg） | 10.2 |
| 7 | 生物质燃料产品低位热值（MJ/kg） | 16.6 |
| 8 | 燃料累计热值（kW） | 40.22 |
| 9 | 系统综合热效率（%） | 85.4 |

（2）供暖末端供回水流量及温度

供暖末端供回水流量、温度监测结果如表12-11和图12-27所示。

**供暖末端供回水流量、温度监测结果** **表12-11**

| 监测时间 | 供回水流量（$m^3/h$） | 供水温度（℃） | 回水温度（℃） |
|---|---|---|---|
| 10min | 3.92 | 44.14 | 42.40 |
| 20min | 4.02 | 44.83 | 42.25 |
| 30min | 4.11 | 44.23 | 42.24 |
| 40min | 4.18 | 44.99 | 42.39 |
| 50min | 4.16 | 44.04 | 42.67 |
| 60min | 4.21 | 44.94 | 42.66 |
| 70min | 4.15 | 44.88 | 42.38 |
| 80min | 4.12 | 44.50 | 42.11 |
| 90min | 4.05 | 44.40 | 42.77 |
| 100min | 3.92 | 44.43 | 42.49 |
| 110min | 3.90 | 44.82 | 42.57 |
| 120min | 3.86 | 44.44 | 42.38 |
| 运行平均值 | 4.05 | 44.55 | 42.44 |

注：管径为*DN*25，额定流量为4$m^3/h$。

在监测时间内，供水温度保持在44.5℃左右，回水温度保持在42.5℃左右，整体波动不大，较稳定。供回水流量在4.0$m^3/h$左右，波动较小。

（3）生活热水出水流量及温度

生活热水流量、温度监测结果如表12-12所示。

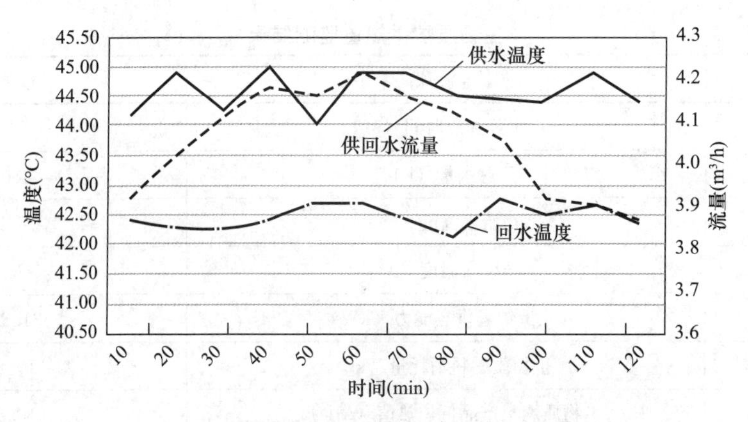


图 12-27　供暖末端供回水流量、温度监测结果

**生活热水流量、温度监测结果**　　**表 12-12**

| 序号 | 监测项 | 数值 |
|---|---|---|
| 1 | 实际放水时间（s） | 2400 |
| 2 | 热水供应总量（L） | 53 |
| 3 | 自来水温度（℃） | 18.2 |
| 4 | 水箱热水温度（℃） | 85 |
| 5 | 生活热水供水温度（℃） | 45 |
| 6 | 生活热水供热能力（kW） | 2.48 |

（4）太阳能系统供热量监测

太阳能系统图如图 12-28 所示，太阳能系统供热量监测结果如表 12-13 所示。

图 12-28　太阳能系统图

**太阳能系统供热量监测结果**　　**表 12-13**

| 序号 | 监测项 | 数值 |
|---|---|---|
| 1 | 实际加热时间（h） | 3.5 |
| 2 | 总水量（L） | 480 |
| 3 | 初始水温度（℃） | 18.2 |
| 4 | 结束水温度（℃） | 60 |
| 5 | 测试太阳能系统供热能力（kW） | 6.67 |

（5）生物质炉＋太阳能复合联供系统综合热效率计算

经计算得，系统热效率为85.45％，太阳能供暖保证率为67.14％，太阳能整体效果较好（表12-14）。

**生物质炉＋太阳能复合联供系统综合热效率计算　　表12-14**

| 序号 | 参数 | 数值 |
|---|---|---|
| 1 | 供暖末端供热能力（kW） | 9.93 |
| 2 | 生活热水供热能力（kW） | 2.48 |
| 3 | 炉具供热能力（kW） | 31.89 |
| 4 | 太阳能系统供热能力（kW） | 6.67 |
| 5 | 太阳能供暖保证率（％） | 67.14 |
| 6 | 系统综合热效率（％） | 85.45 |

## 12.5　项目创新点、推广价值及效益分析

### 12.5.1　创新点

本工程主要创新点及研究内容如下：

（1）针对现有成型燃料燃烧炉具效率低、适应性差等问题，研究适应寒旱地区典型生物质原料的炉膛结构优化等锅炉燃烧热效率提升关键技术，开发户用炊事、取暖、生活热水耦合高效联供炉具。

（2）针对贞号村用能需求，开发了适宜的生物质能＋太阳能的供暖及生活热水系统，并优化了集热器、水箱等关键部件的设计参数及系统运行方案，为生物质能＋太阳能在西北村镇的推广应用提供了必要的基础。

### 12.5.2　推广价值

利用生物质燃料为村镇用户提供炊事、生活热水以及供暖所需，是当前村镇地区新能源发展的一个重要且可靠的途径，研究并开发适合的生物质燃料供暖系统，对降低居民生活成本、改善居民生活环境有着重大的意义。

项目实施后，在改善居民生活环境、降低取暖成本的同时，也可以带动地方生物质相关产业发展。充分利用当地太阳能资源，开创了一种适用生物质成型燃料高效利用技术体系及工程应用模式，推动了“双碳”目标下北方村镇地区清洁供暖技术的发展。

### 12.5.3　效益分析

（1）优化后系统运行情况研究

经过优化，系统集热器面积取6$m^2$，蓄热水箱容积取100L，集热器角度设置为58°，地面辐射供暖盘管最大水流量设置为390kg/h，并确定太阳能集热器回路死点温度上限为2℃，下限为0℃。

针对各月优化后的系统运行情况进行讨论，利用TRNSYS软件对系统进行模拟，得

到优化后系统供暖期各月的系统运行数据和太阳能保证率，见表 12-15 和图 12-29。

各月系统运行数据和太阳能保证率　　表 12-15

| 月份 | 太阳能集热器有效集热量（kJ） | 储罐总热量损失（kJ） | 生物质炉提供热量（kJ） | 总提供热量（kJ） | 太阳能保证率（%） |
|---|---|---|---|---|---|
| 10 月 | 1659875 | 17753 | 544904 | 2303245 | 72.07 |
| 11 月 | 3347517 | 14458 | 1679019 | 4521869 | 74.03 |
| 12 月 | 3626762 | 10727 | 3121494 | 7737802 | 46.87 |
| 1 月 | 4447095 | 13196 | 2693116 | 7132735 | 62.35 |
| 2 月 | 4153551 | 10612 | 2200925 | 6346695 | 65.44 |
| 3 月 | 3322790 | 14891 | 1291066 | 4609025 | 72.09 |

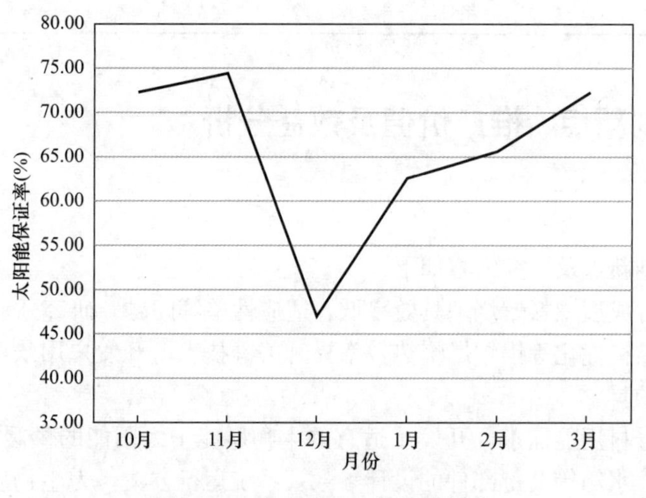


图 12-29　各月系统太阳能保证率

供暖期太阳能及生物质能总提供热量包括当月的供暖热负荷、生活热水负荷、水箱热量散失及其他部分热量散失，但主体为当月的供暖热负荷，整体趋势与当月供暖热负荷相同。每月的太阳能集热器有效集热量与当月的太阳能状况相关，由表 12-15 可知，12 月当月太阳能集热状况较差，可见当月天气状况较差，此时生物质炉供热量最高，负荷压力较大；1 月时太阳能集热器有效集热量最高，可见当月天气多晴朗，属于比较理想的系统运行情况。

由表 12-15 及图 12-29 可知，太阳能保证率在 10 月、11 月及 3 月达到较高值，超过 70%，主要原因是这几月系统总热负荷较低。在负荷较高时，系统太阳能保证率则基本稳定在 60%左右，系统全供暖期太阳能保证率达到 62.96%。考虑到选择的气候数据中 12 月天气情况较差，在天气较好的冬季，系统太阳能保证率可以进一步提升。

（2）优化结果对比

1）纯生物质供热系统设计及模拟

纯生物质供热系统无需太阳能集热器，系统供热所需热量全部由生物质炉提供，将生物质炉燃烧功率选大，选用两台生物质炉可近似完成需求。

在 TRNSYS 软件中设计完成纯生物质供热系统，并进行模拟（图 12-30），结果见表 12-16。

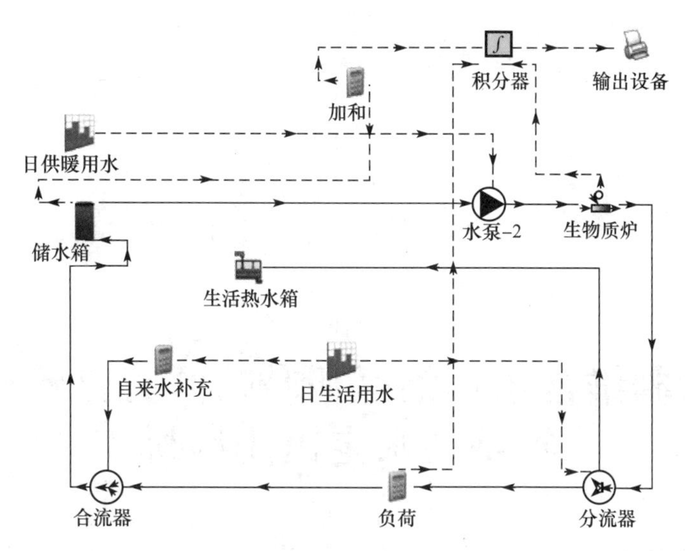


图 12-30 纯生物质供热系统模型

**纯生物质供热系统供暖期模拟数据** **表 12-16**

| 蓄热水箱总热量损失（kJ） | 生物质炉提供热量（kJ） | 总提供热量（kJ） |
|---|---|---|
| 67558 | 32159191 | 32159191 |

2）系统对比

将优化完成的生物炉＋太阳能复合联供系统（以下简称复合系统）与纯生物质供热系统进行对比，分析两种系统在 20 年运行期的总折算成本。纯太阳能供热系统难以实现，即使选用蓄热水箱来蓄存热量，但由于太阳能利用时间偏短，很难保证夜晚整个系统的连续供热，故不纳入比较。

对生物质供热系统的成本进行讨论，其初投资部分不考虑太阳能集热器与太阳能集热器回路中的水泵，但生物质炉所需成本略有增加；年运行费用部分，生物质供热系统每年消耗的生物质燃料量增加，每年能源费用增加，末端回路中水泵的年耗能费用不变。纯生物质系统与复合系统总折算成本比较见表 12-17。

**纯生物质系统与复合系统总折算成本比较** **表 12-17**

| 系统类别 | 初投资费用（改造部分）（元） | 年能源费用（元） | 泵耗能费用（元） |
|---|---|---|---|
| 纯生物质系统 | 3650 | 2786.6 | 394.8 |
| 复合系统 | 9440 | 1778.6 | 486.7 |

由表 12-17 可知，复合系统年能源费用较低，每年可节省约 1000 元。不考虑两系统共同成本部分，复合系统初投资成本稍高，但是运行中即使不考虑太阳能集热器使生活热水成本降低，到第 6 年复合系统成本已优于纯生物质系统。而考虑到系统运行时间通常会高于 20 年，节省成本会更加明显。但是相对于复合系统，纯生物质供热系统可以保持持续稳定的热量输出，而阴雨天气时复合系统的热量输出难以达到较高标准，用户可根据实际情况选择更适合的供热系统。

另外考虑到排放问题，生物质燃料会排放 $CO_2$ 等物质，减少生物质燃料的燃烧更符合国家“双碳”目标的要求，故选择复合系统的环保性会更好。

# 第13章

# 新疆维吾尔自治区伊犁哈萨克自治州霍城县水定镇团结村

## 13.1 项目概况

霍城县水定镇团结村位于新疆维吾尔自治区霍城县以北 20km 处，是水定镇最偏远的一个维吾尔民族村。该地区属于寒冷地区，冬季供暖需求高。团结村总人口 703 人，维吾尔族人口约占全村总人口的 90%以上。水定镇团结村粮食作物以玉米、小麦、马铃薯为主；畜牧业以饲养牛、羊、家禽为主。每户由政府统一协调建设，户型及面积基本一致，团结村工程现场如图 13-1 所示。

图 13-1　团结村工程现场

## 13.2 现场调研与建设目标

### 13.2.1 现场调研

由于团结建筑分布较为分散，且基础设施建设较差，集中式供暖并不适合广泛应用。通过实地调研了解到团结村主要供暖模式目前分为三种：一是使用煤炭供暖；二是采用房间空调器供暖；三是少量农户尝试使用生物质炉具进行供暖。该村供暖时间特点是根据平时居家聚集活动时间进行供暖，即周末全天或者白天，工作日下午 4 或 5 点到晚上 8 点供暖。

该地区生物质资源丰富，主要包括农林废弃物（如秸秆、锯末、甘蔗渣、稻糠等），将这部分农林废物作为原材料，经过粉碎、混合、挤压、烘干等工艺，制成各种成型（如块状、颗粒状等）的、可直接燃烧的新型清洁燃料并加以利用，是发展新能源的重要方式。该村能源需求主要包括炊事、生活热水及冬季供暖，研发合适的生物质供暖系统，将生物质燃料利用起来满足居民能源需求，是该村发展的一个重要方式。利用生物质燃料的优点如下：

（1）生物质颗粒是一种可再生的能源，生物质颗粒的能量来自太阳。当树木生长时其储存能量，当燃烧生物质颗粒时，将这种能量释放出来。

（2）可减缓地球温室效应。化石燃料燃烧时，会释放大量地球内部积蓄的 $CO_2$ 到大气中，这是一个单向流动的过程。而生物质燃料中的 $CO_2$ 较少且与大气中的 $CO_2$ 形成循环。

（3）生物质燃料使用起来较为可靠，户式供暖系统意味着不受电力波动及其他特殊状况影响，可在冬季保证持续而稳定的热量供给。

### 13.2.2　存在问题与改造工作

村镇利用生物质燃料还存在以下问题：

（1）生物质成型颗粒燃料价格高、获取难度大，居民取暖经济负担重；

（2）改造前户用炉具功能单一，对燃料要求高且热效率低下，炉具封火时间短，操作偏复杂；

（3）供暖效果不好，室内温度偏低，居民总体感觉偏冷，热舒适性差。

本项目的改造工作如下：

（1）充分利用当地资源，扩大燃料来源，研究成型燃料品质提升技术，降低燃料成本；

（2）改造炉膛结构，进行燃料形态优化，提高炉具燃烧效率并改善炉具的操作性；

（3）针对末端进行设计优化，提高供暖温度与舒适性，提高炉具利用率。

### 13.2.3　建设目标

拟开发户用炊事、供暖、生活热水耦合高效联供炉具，并在当地开展试点，给当地居民带来新型炊事、供暖方式，降低居民生活成本，改善居民生活环境，保障村镇居民室内供暖温度，改善供暖效果，提升居民生活质量。最终在推广西北村镇此类高效联供炉具供暖项目的系统配置方案。

## 13.3　技术及设备应用

### 13.3.1　建筑用能特征分析

（1）村镇生活热水及炊事用能分析

1）生活热水用能

根据《中国统计年鉴 2020》（2019 年数据），生活热水取生活用水的 30%，可以得到新疆人均生活热水量与能耗值，如表 13-1 所示。设定生活热水的供水温度为 55℃，自来水温度则为 12℃，水的密度为 1kg/L，即 1000kg/m³。

其中热水能耗值可通过公式（13-1）进行计算：

$$Q=cm(t_2-t_1) \tag{13-1}$$

式中 $Q$——耗热量，J；

$c$——水的比热容，J/(kg·K)；

$m$——水的质量，kg；

$t_2$——供水温度，℃；

$t_1$——水的初温，℃。

因此加热 1m³ 的水的耗热量为：

$$Q=4.2\times1000\times(55-12)=0.1806\ (\text{MJ})$$

**2019 年新疆人均生活热水量与能耗值** **表 13-1**

| 生活用水总量（亿 m³） | 新疆平均每户人口规模（人/户） | 人口数量（万人） | 人均日生活热水量（m³/人） | 能耗值［MJ/(户·a)］ |
|---|---|---|---|---|
| 15.54 | 2.93 | 2585 | 18.04 | 9.54 |

考虑生物质炉具冬季供应生活热水情况，首先需要进一步了解作为村镇主要生活热水的沐浴用水情况，通过在卫生间安装温湿度监测仪器可以获取村镇冬季沐浴频率与时间，结果如图 13-2 所示。由图 13-2 可知，村镇居民不是每天都需要沐浴用水，一般间隔一天，监测的 25d 内 12d 有人沐浴。此外，通过走访调查可知，村镇居民主要沐浴时间集中在 17：00～19：00，偶尔会在早晨进行沐浴，时长为 30min 左右，因此村镇生活用水量也会相对较低。村镇居民沐浴情况主要受活动情况影响，比如劳作频繁可能会导致沐浴频率上升。

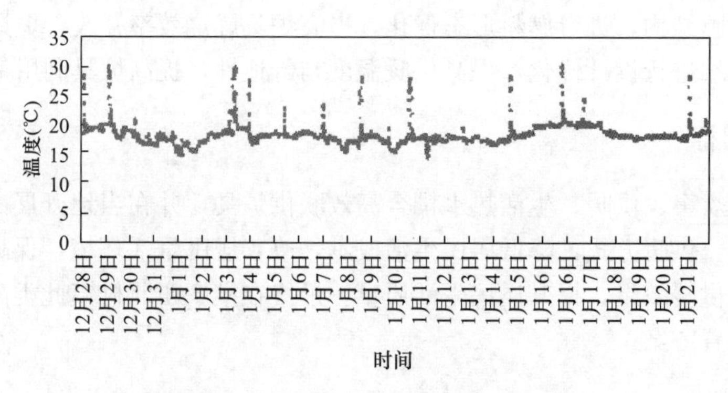


图 13-2 团结村某户卫生间温度变化图

2）炊事用能

通过调研了解村镇地区的炊事需求。以电磁炉为例，电磁炉功率取 1800W，按每日使用时长为 1.5h 计算，村镇地区每户每日炊事能耗为 2.7kWh，全年持续不变。

供暖季（11 月 15 日至次年 4 月 15 日）村镇地区用能需求如表 13-2 所示。

供暖季村镇地区用能需求　　表 13-2

| 用能类别 | 每日用能需求（kWh） | 供暖季耗能（kWh） |
|---|---|---|
| 生活热水 | 2.65 | 397.5 |
| 炊事 | 2.7 | 405 |

（2）典型建筑供暖需求模拟

由于在村镇地区独栋建筑更为普遍，使用 DeST 软件建立农宅模型，对于不同的农宅，选择 120m$^2$（农宅 1）与 200m$^2$（农宅 2）两种大小的农宅进行热负荷模拟，对其设计计算用供暖期（11 月 15 日至次年 4 月 15 日）能耗进行模拟计算，模型所在地选取为新疆维吾尔自治区霍城县。农宅 1 建筑模型见图 13-3。

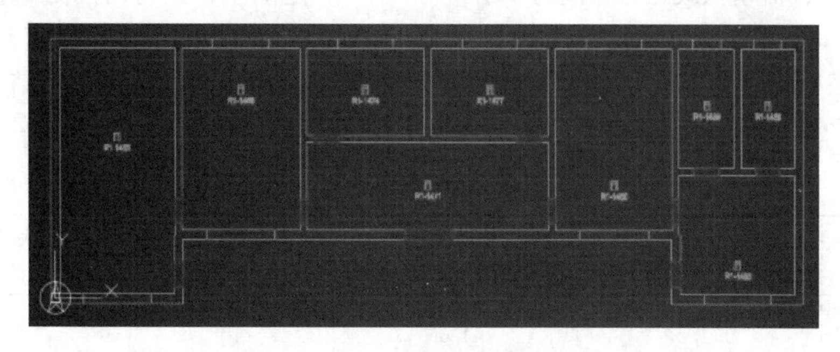

图 13-3　农宅 1 建筑模型示意图

根据《严寒和寒冷地区居住建筑节能设计标准》JGJ 26—2018，霍城县地属于寒冷 A 区（2A 区），根据标准规定确定其围护结构热工参数限值，其传热系数要求如表 13-3 所示。

新疆寒冷 A 区（2A 区）围护结构传热系数要求　　表 13-3

| 围护结构部位 | 传热系数 [W/(m$^2$·K)] |
|---|---|
| 外墙 | 0.35 |
| 外门 | 2.5 |
| 外窗 | 1.8 |
| 屋顶 | 0.25 |
| 地面 | 1.6 |

选择的围护结构参数见表 13-4。

农宅 1 与农宅 2 围护结构参数　　表 13-4

| 名称 | 材质 | 农宅 1 围护结构面积（m$^2$） | 农宅 2 围护结构面积（m$^2$） |
|---|---|---|---|
| 外墙 | 水泥砂浆 20mm＋挤塑料苯板 15mm＋水泥砂浆 20mm＋混凝土多孔砖（240 多孔砖） | 152.32 | 321.35 |
| 外门 | 单层实体木制外门 | 7.7 | 15.23 |
| 外窗 | 普通 6mm 单层玻璃窗＋普通窗帘 | 38.36 | 81.56 |
| 屋顶 | 炉渣混凝土＋膨胀聚苯板 | 120 | 200 |
| 地面 | 40mm 混凝土楼地 | 120 | 200 |

对主要供暖房间（卧室与起居室）进行供暖，农宅1的供暖面积为49m²，农宅2的供暖面积为96m²。供暖运行的具体用能情况按照室内设计温度的不同以及分时分室的不同工况进行模拟计算，并对结果进行分析比较。设定室内温度范围分别为14～18℃，16～20℃、18～22℃、20～24℃、22～26℃，其中最低容忍温度为14℃。同时考虑到人员活动的空间性，为充分利用能源，减少能源浪费，可选用分时分区的供暖方式。根据是否分时分户供暖以及分时分户供暖的时间区划，设定以下三种工况，在这三种工况以及不同的室内控制温度下进行模拟。

1）工况1：供暖区域全部保持24h全天开启。

2）工况2：卧室供暖运行时间为22：00～8：00；起居室供运行时间为7：00～22：00。

3）工况3：卧室供暖运行时间为22：00～8：00；起居室供运行时间为7：00～8：00、11：00～13：00、17：00～22：00。

对设定各种温度与工况下的两种建筑进行热负荷模拟，具体能耗模拟结果（以14～18℃和22～26℃为例）如表13-5、表13-6所示。

**室温为14～18℃时供暖能耗情况** **表13-5**

| 工况 | 农宅1供暖季累计热负荷指标（kWh/m²） | 农宅1供暖季平均热负荷指标（W/m²） | 农宅2供暖季累计热负荷指标（kWh/m²） | 农宅2供暖季平均热负荷指标（W/m²） |
|---|---|---|---|---|
| 室温14～18℃，运行工况1 | 111.27 | 41.06 | 108.72 | 40.12 |
| 室温14～18℃，运行工况2 | 87.40 | 32.98 | 84.06 | 31.72 |
| 室温14～18℃，运行工况3 | 79.46 | 30.56 | 77.17 | 29.68 |

**室温为22～26℃时供暖能耗情况** **表13-6**

| 工况 | 农宅1供暖季累计热负荷指标（kWh/m²） | 农宅1供暖季平均热负荷指标（W/m²） | 农宅2供暖季累计热负荷指标（kWh/m²） | 农宅2供暖季平均热负荷指标（W/m²） |
|---|---|---|---|---|
| 室温22～26℃，运行工况1 | 270.43 | 99.79 | 262.32 | 96.80 |
| 室温22～26℃，运行工况2 | 165.05 | 62.28 | 160.10 | 60.41 |
| 室温22～26℃，运行工况3 | 134.91 | 51.89 | 130.86 | 50.33 |

利用DeST软件模拟，可以得到农宅1、农宅2不同工况下的供暖季平均热负荷指标和累计热负荷指标分别如图13-4和图13-5所示。基于分室分时供暖模式，随着供暖时间减少，供暖季最大热负荷增加，但供暖季平均热负荷降低，供暖所需沼气量相应减少。因此供应需考虑众多用户在供暖高峰时刻开启供暖的峰值效应，生物质炉具的选型应根据最大热负荷进行设计。相对来说，农宅1与农宅2采用相同的围护结构，但在建筑面积与建筑结构上有较大区别，最终计算得出两建筑平均热负荷指标接近，农宅2的平均热负荷指标要偏低一些，主要因素是单位室内面积下农宅2的外围护结构面积更小，热量损失小，且其建筑内部区划更加合理。

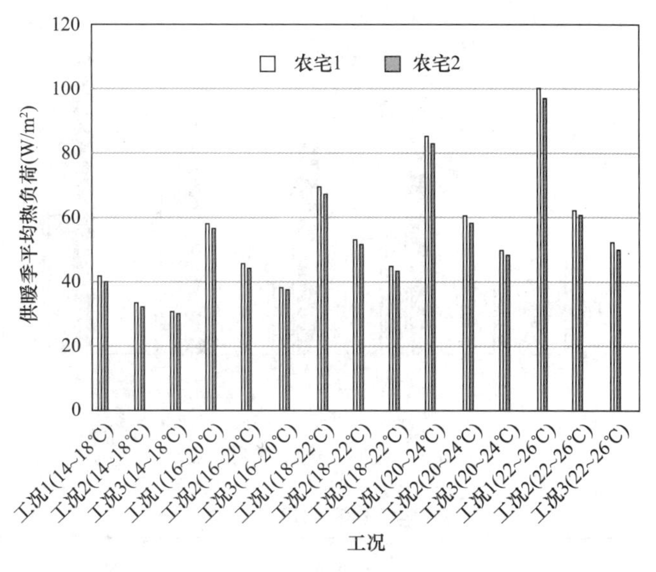


图 13-4 不同工况下平均热负荷指标

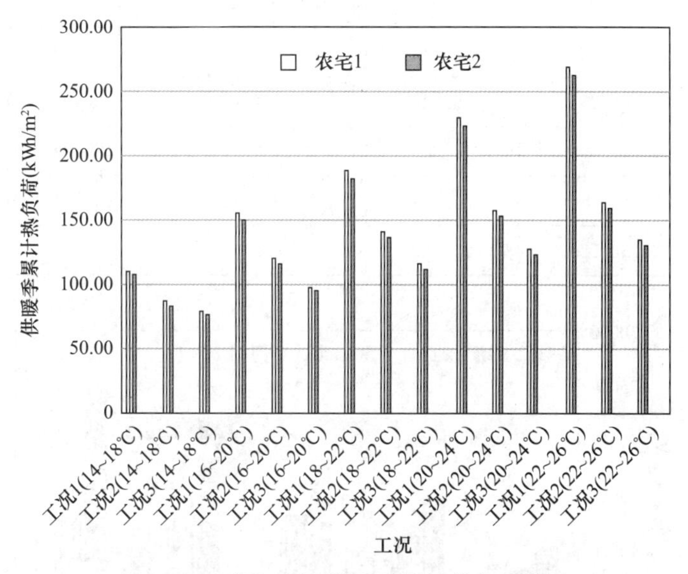


图 13-5 不同工况下供暖季累计热负荷指标

统计供暖季两个农宅的供暖用能需求，即将累计热负荷指标与其供暖面积结合起来，农宅 1 供暖季用能需求如表 13-7 和图 13-6 所示，农宅 2 供暖季用能需求如表 13-8 和图 13-7 所示。

**农宅 1 供暖季用能需求** **表 13-7**

| 工况 1 | | 工况 2 | | 工况 3 | |
|---|---|---|---|---|---|
| 室温（℃） | 供暖能耗（kWh） | 室温（℃） | 供暖能耗（kWh） | 室温（℃） | 供暖能耗（kWh） |
| 14～18 | 5452.23 | 14～18 | 4282.60 | 14～18 | 3893.54 |
| 16～20 | 7662.13 | 16～20 | 5923.61 | 16～20 | 4834.83 |
| 18～22 | 9262.47 | 18～22 | 6921.25 | 18～22 | 5709.97 |
| 20～24 | 11347.42 | 20～24 | 7810.60 | 20～24 | 6302.87 |
| 22～26 | 13251.07 | 22～26 | 8087.45 | 22～26 | 6610.59 |

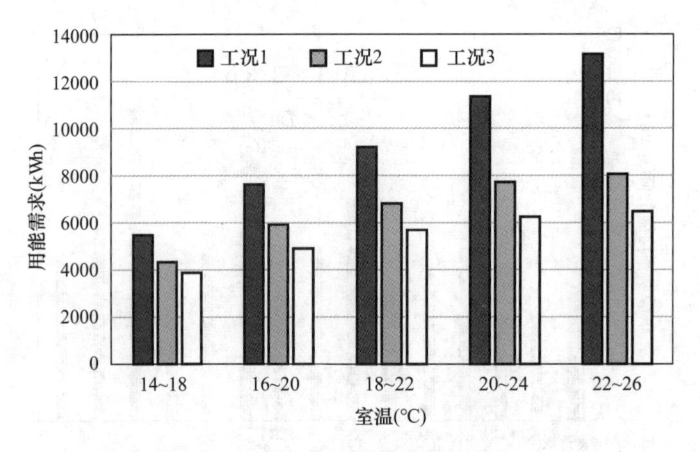


图 13-6　农宅 1 供暖季用能需求

**农宅 2 供暖季用能需求**　　**表 13-8**

| 工况 1 | | 工况 2 | | 工况 3 | |
|---|---|---|---|---|---|
| 室温（℃） | 供暖能耗（kWh） | 室温（℃） | 供暖能耗（kWh） | 室温（℃） | 供暖能耗（kWh） |
| 14～18 | 10437.12 | 14～18 | 8069.76 | 14～18 | 7408.32 |
| 16～20 | 14561.28 | 16～20 | 11257.92 | 16～20 | 9188.16 |
| 18～22 | 17602.56 | 18～22 | 13152.96 | 18～22 | 10851.84 |
| 20～24 | 21565.44 | 20～24 | 14843.52 | 20～24 | 11978.88 |
| 22～26 | 25182.72 | 22～26 | 15369.60 | 22～26 | 12562.56 |

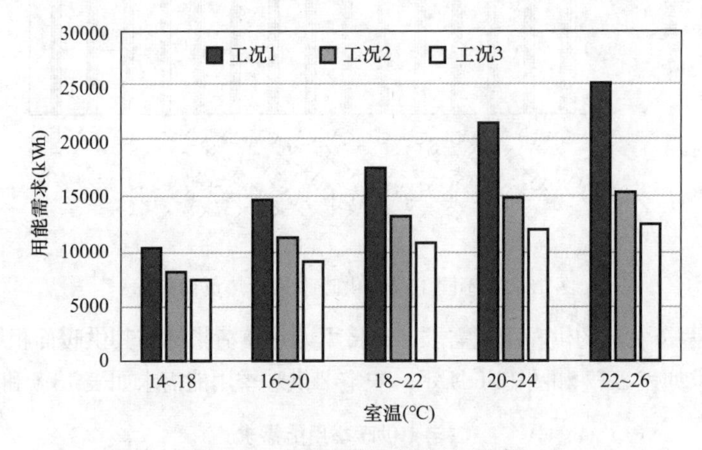


图 13-7　农宅 2 供暖季用能需求

（3）供暖季累计能耗

统计供暖季村镇地区典型建筑生活热水、炊事及供暖能耗。对于农宅 1 与农宅 2 进行分别计算，农宅 1 供暖季累计能耗结果见表 13-9 和图 13-8，农宅 2 供暖季累计能耗结果见表 13-10 和图 13-9。

**农宅 1 供暖季累计能耗　　表 13-9**

| 工况 1 | | 工况 2 | | 工况 3 | |
|---|---|---|---|---|---|
| 室温（℃） | 供暖季累计能耗（kWh） | 室温（℃） | 供暖季累计能耗（kWh） | 室温（℃） | 供暖季累计能耗（kWh） |
| 14～18 | 6254.73 | 14～18 | 5085.10 | 14～18 | 4696.04 |
| 16～20 | 8464.63 | 16～20 | 6726.11 | 16～20 | 5637.33 |
| 18～22 | 10064.97 | 18～22 | 7723.75 | 18～22 | 6512.47 |
| 20～24 | 12149.92 | 20～24 | 8613.10 | 20～24 | 7105.37 |
| 22～26 | 14053.57 | 22～26 | 8889.95 | 22～26 | 7413.09 |

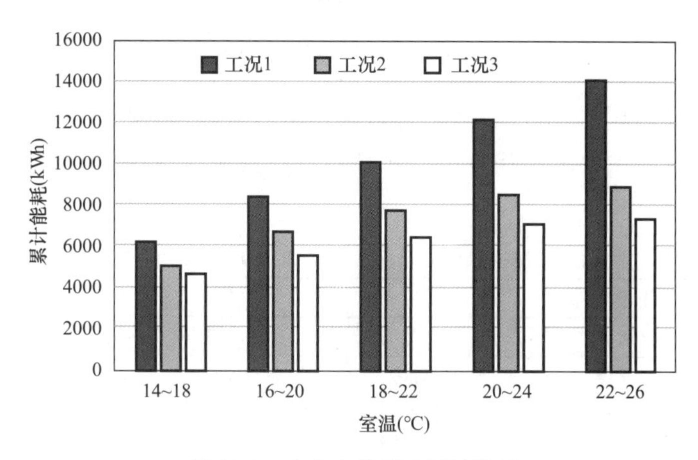


图 13-8　农宅 1 供暖季累计能耗

对比各工况及各空调设定温度下的农宅供暖季能耗，同一供暖工况下，室内设定温度越高，供暖季能耗越高。改变工况对供暖季能耗的影响很大，尤其是在室内设定温度较高时，采用 24h 持续供暖方式的能耗会显著高于分时分户工况。以室内设定温度 18～22℃为例，采用分时分户供暖方式的工况 2 可为居民在供暖季节省 23.26％的能耗，若采用工况 3，则可节省 35.30％的能耗。

农宅 2 的情况与农宅 1 类似，采用分时分户的供暖方式可以节省较多的能源消耗，尤其是在高空调设定温度时。

**农宅 2 供暖季累计能耗　　表 13-10**

| 工况 1 | | 工况 2 | | 工况 3 | |
|---|---|---|---|---|---|
| 室温（℃） | 供暖季累计能耗（kWh） | 室温（℃） | 供暖季累计能耗（kWh） | 室温（℃） | 供暖季累计能耗（kWh） |
| 14～18 | 11239.62 | 14～18 | 8872.26 | 14～18 | 8210.82 |
| 16～20 | 15363.78 | 16～20 | 12060.42 | 16～20 | 9990.66 |
| 18～22 | 18405.06 | 18～22 | 13955.46 | 18～22 | 11654.34 |
| 20～24 | 22367.94 | 20～24 | 15646.02 | 20～24 | 12781.38 |
| 22～26 | 25985.22 | 22～26 | 16172.10 | 22～26 | 13365.06 |

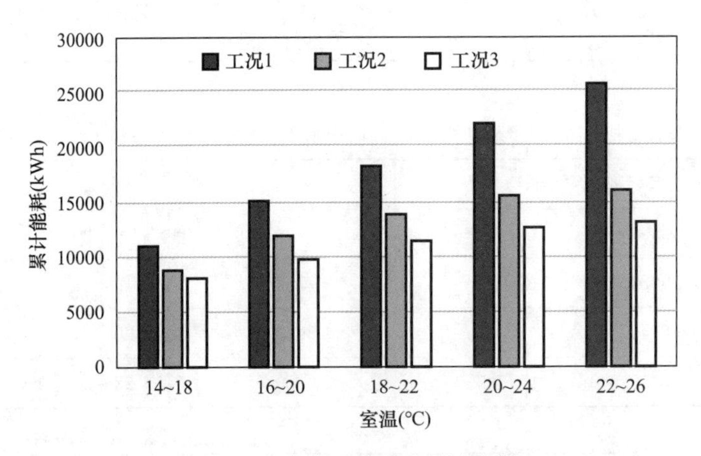


图 13-9　农宅 2 供暖季累计能耗

以室内设定温度为 18～22℃，供暖工况为工况 2 为例，分析供暖季用户用能需求中供暖、炊事及生活热水各项占比并分析其用能成本，计算结果分别如表 13-11、图 13-10、表 13-12、图 13-11 所示。

**农宅 1 室温为 18～22℃、供暖工况为工况 2 时的供暖季能耗组成　　表 13-11**

| 用能类别 | 供暖季能耗（kWh） |
|---|---|
| 生活热水 | 397.5 |
| 炊事 | 405 |
| 供暖 | 6921.75 |
| 总计 | 7723.75 |

**农宅 2 室温为 18～22℃、供暖工况为工况 2 时的供暖季能耗组成　　表 13-12**

| 用能类别 | 供暖季能耗（kWh） |
|---|---|
| 生活热水 | 397.5 |
| 炊事 | 405 |
| 供暖 | 13152.96 |
| 总计 | 13955.46 |

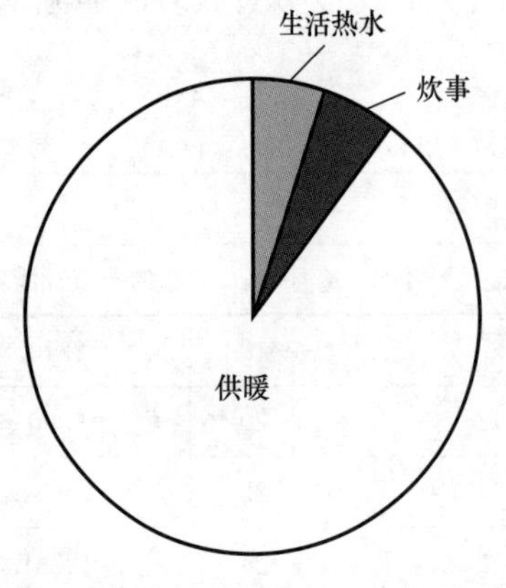


图 13-10　农宅 1 室温为 18～22℃、供暖工况为工况 2 时的供暖季能耗组成

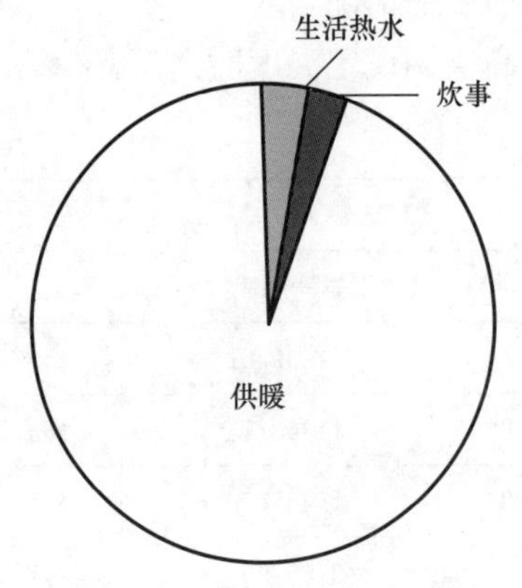


图 13-11　农宅 2 室温为 18～22℃、供暖工况为工况 2 时的供暖季能耗组成

可以看到，农宅 1 与农宅 2 中，供暖需求均占了最大部分，在农宅 1 中占到 90%，在农宅 2 中占到 94%。主要是由于本设计中的生活热水及炊事需求均按照每户需求进行计算，即假设两种农宅中居住的居民数量等同，具体实际情况可能会有偏差，但均可以得出供暖需求为村镇建筑供暖季用能需求的最大组成部分，且占比极大的结论。

### 13.3.2　系统应用形式及供能方案

（1）多能联供生物质炉系统

多能联供生物质炉系统如图 13-12 所示，由生物质炉提供用户生活用热水、炊事及供暖用水用热量。在不同的控制策略下，系统可以完成不同供能方式之间的切换。

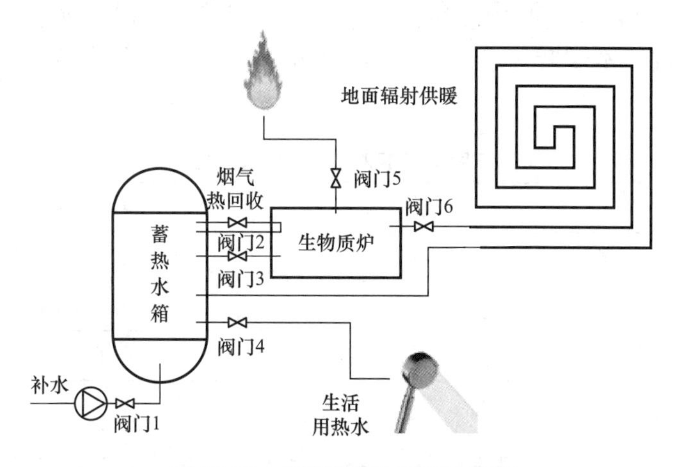


图 13-12　多能联供生物质炉系统

供暖回路中蓄热水箱出水经生物质炉加热达到系统进水温度设定值，然后进入末端，热水在末端向室内散热，经末端管路后热水温度下降至回水温度值，回水直接导入蓄热水箱。

炊事回路中，在用户进行炊事活动时，由生物质炉直接为炊事提供热量，炊事活动停止时，关闭相应阀门。

生活用热水直接使用蓄热水箱中积蓄的热水来满足用户需求，当蓄热水箱内水量不足时，开启补水泵补充水。

1）控制策略说明

① 当蓄热水箱内的水量低于设定限值时，补水泵开始工作；

② 蓄热水箱内储水经生物质炉加热后进入地暖盘管进行供热；

③ 其他回路直接调取蓄热水箱内的热水。

2）不同工况运行说明

① 炊事工况：阀门 5 开启，用于炊事供气；

② 非炊事工况：阀门 5 关闭；

③ 供暖工况：阀门 3、6 开启，用于地面辐射供暖；

④ 非供暖工况：阀门 3、6 关闭。

（2）末端供热方案

在通常情况下考虑，地面辐射供暖是较传统散热器供暖更为理想的一种供暖方式。从热舒适性的角度考虑，地面辐射供暖的热量自房间地面向上传递，温度由下向上逐渐递减，符合人体脚暖头凉的舒适要求；从节能性的角度考虑，地面辐射供暖系统热量有相当一部分直接以辐射的方式传到人体，室内计算温度可取较低值；从供回水温度的角度考虑，散热器为保证传热效率，供水温度通常需达到60℃以上才能满足要求，而地面辐射供暖系统采取小温差、大流量的方式，供水温度仅需达到40℃左右即可；从环保性的角度考虑，地面辐射供暖房间空气流动速度小于0.2m/s，室内空气对流较弱，从而避免了传统散热器供暖房间空气对流较大造成的扬尘现象，提升了室内空气质量。从几个方面的比较可以得出地面辐射供暖的优异性，故选用低温热水辐射供暖系统。

但低温热水辐射末端也有其缺点，主要是采用辐射供暖的房间升温慢，对于间歇性分时分户供暖方式，温度不容易在短时间内升高，故在供暖模式切换较频繁时，选择散热器末端的适应性更好。本工程根据选择的供暖方式不同，为其匹配更适合的末端，如表13-13所示。

**不同工况下末端供热方式选择** **表13-13**

| 工况 | 末端供热方式 |
| --- | --- |
| 工况1 | 地面辐射供暖 |
| 工况2 | 地面辐射供暖 |
| 工况3 | 散热器 |

（3）蓄热水箱选型

蓄热水箱作为供暖系统的组成部分，需要容纳热水温度变化时的体积变化，即作为膨胀水箱使用，以地面辐射供暖盘管作为末端为例，这部分需要的容积为：

$$V_s=\frac{V_p\times\rho_1}{\rho_2}-V_p \tag{13-2}$$

式中 $V_p$——地面辐射供暖盘管中总水量，按每平方米100L计算，对于农宅1为$100L/m^2\times49m^2=4900L$，对于农宅2为$100L/m^2\times96m^2=9600L$；

$\rho_1$——35℃下水的密度，$\rho_1=994.029kg/m^3$；

$\rho_2$——45℃下水的密度，$\rho_2=990.208kg/m^3$。

根据计算可得：农宅1中$V_s=18.91L$，农宅2中$V_s=38.79L$。根据调研结果，市场上蓄热水箱的容积，最低容积为60L，故均可满足膨胀水箱需求。事实上，小型户式系统可以不用水箱，地面辐射供暖盘管及散热器管路可以容纳这部分膨胀水，可根据系统实际设置情况进行选择。

现有的水箱保温材料大多为聚氨酯发泡，聚氨酯发泡是一种具有保温与防水功能的高分子聚合物，其导热系数低，为0.022～0.033W/(m·K)。根据市场具体情况，取水箱保温材料厚度为0.055m。

典型户式系统的蓄热水箱容积一般不会很大，根据市场调研情况，可选择的户式水箱容积为60～500L，同时水箱容积对应价格不成线形，具体水箱容量与水箱价格见表12-3。在多能联供生物质炉系统中，由公式（13-2）计算可得，60L的蓄热水箱已经可以完全满足容纳膨胀水的需求，故可取水箱容积为最小，60L即可。

### 13.3.3　系统应用设计与优化

通过对生物质成型燃料燃烧特性的进一步研究，包括燃烧模式、点火性能及其影响因素，以及户用炉具燃烧的封火特点、结渣特性，并依据工业炉设计标准，结合省柴灶、燃煤炉、半气化炉特点并根据传热计算设计出了新型的生物质成型燃料炉具（图 13-13）。

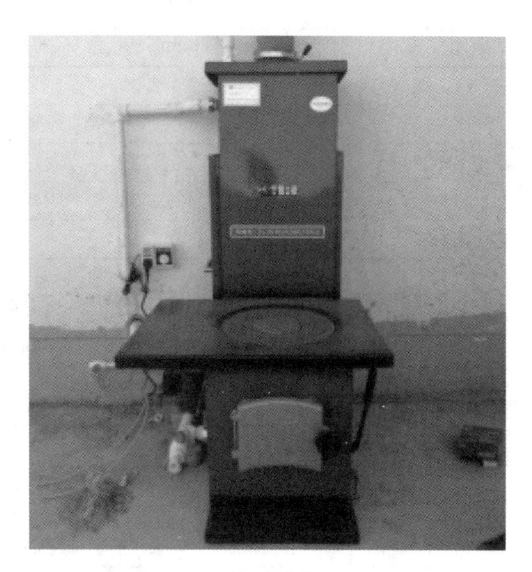

图 13-13　生物质炉实物图

生物质炉采用生物质成型燃料（碎木柴、薪柴、秸秆、玉米芯、各种果壳以及各种生物质压块等），通过风机送风，实现了炉温和进风量的可控，使燃料在炉膛内充分气化和燃烧。该产品具有炊事、供暖、烧水等功能。由于生物质炉为供热末端提供大部分热量，故生物质炉最大功率需达到住宅逐时热负荷大部分时间的要求，设定功率 $P_s$ 计算如公式（13-3）所示。

$$P_s = \frac{Q_z}{1000 \times \eta_s} \times 3600 \tag{13-3}$$

式中　$Q_z$——热负荷指标；

$\eta_s$——生物质炉效率，此处取 0.8。

根据不同工况及不同室内空调设定温度下两类建筑的热负荷指标（包括生活热水及炊事用热），对生物质燃烧炉具进行选型。选型过程主要考虑不同情况下的建筑平均热负荷指标以保证系统长期运行，并对建筑供暖季最大热负荷进行评估，保证特定工况下系统能够稳定运行。

1）工况 1 下两类农宅生物质炉具选型

供暖工况为工况 1 时两类建筑热负荷指标见表 13-14。

**供暖工况为工况 1 时两类建筑热负荷指标　　表 13-14**

| 室温（℃） | 农宅 1 供暖季最大热负荷指标（W/m²） | 农宅 1 供暖季平均热负荷指标（W/m²） | 农宅 2 供暖季最大热负荷指标（W/m²） | 农宅 2 供暖季平均热负荷指标（W/m²） |
|---|---|---|---|---|
| 14～18 | 125.16 | 41.06 | 118.73 | 40.12 |
| 16～20 | 153.74 | 57.70 | 149.68 | 55.97 |
| 18～22 | 176.11 | 69.75 | 171.36 | 67.66 |
| 20～24 | 221.66 | 85.46 | 216.64 | 82.89 |
| 22～26 | 281.31 | 99.79 | 274.32 | 96.80 |

工况 1 为 24h 持续供暖工况，农宅最大热负荷指标与平均热负荷指标之间差值最小，可主要依据农宅平均热负荷指标进行选型。依据室内设定温度不同，根据式（12-2），确定工况 1 下两类建筑生物质炉功率如表 13-15 所示。

供暖工况为工况1时两类建筑生物质炉功率　　表13-15

| 室温（℃） | 农宅1生物质炉功率（kW） | 农宅2生物质炉功率（kW） |
|---|---|---|
| 14～18 | 2.6 | 4.9 |
| 16～20 | 3.6 | 6.8 |
| 18～22 | 4.3 | 8.2 |
| 20～24 | 5.3 | 10.0 |
| 22～26 | 6.2 | 11.7 |

2）工况2下两类农宅生物质炉具选型

供暖工况为工况2时两类建筑热负荷指标见表13-16。

供暖工况为工况2时两类建筑热负荷指标　　表13-16

| 室温（℃） | 农宅1供暖季最大热负荷指标（$W/m^2$） | 农宅1供暖季平均热负荷指标（$W/m^2$） | 农宅2供暖季最大热负荷指标（$W/m^2$） | 农宅2供暖季平均热负荷指标（$W/m^2$） |
|---|---|---|---|---|
| 14～18 | 255.59 | 32.98 | 240.38 | 31.72 |
| 16～20 | 295.54 | 45.62 | 287.27 | 44.25 |
| 18～22 | 310.72 | 53.30 | 301.01 | 51.70 |
| 20～24 | 338.12 | 60.15 | 330.62 | 58.35 |
| 22～26 | 398.29 | 62.28 | 388.10 | 60.41 |

工况2为分时分户供暖工况，卧室供暖运行时间为22：00～次日8：00；起居室供暖运行时间为7：00～22：00。在分区供暖时，需要尽快使房间升温达到室内温度要求，故依据农宅平均热负荷指标进行选型时，需考虑最大热负荷进行调整，本工况选择基础热负荷指标的1.3倍进行选型。依据各室内空调设定温度不同，根据公式（13-3），确定工况2下两类建筑生物质炉功率如表13-17所示。

供暖工况为工况2时两类建筑生物质炉功率　　表13-17

| 室温（℃） | 农宅1生物质炉功率（kW） | 农宅2生物质炉功率（kW） |
|---|---|---|
| 14～18 | 2.7 | 5.1 |
| 16～20 | 3.7 | 7.0 |
| 18～22 | 4.3 | 8.2 |
| 20～24 | 4.9 | 9.2 |
| 22～26 | 5.1 | 9.5 |

3）工况3下两类农宅生物质炉具选型

供暖工况为工况3时两类建筑热负荷指标见表13-18。

供暖工况为工况3时两类建筑热负荷指标　　表13-18

| 室温（℃） | 农宅1供暖季最大热负荷指标（$W/m^2$） | 农宅1供暖季平均热负荷指标（$W/m^2$） | 农宅2供暖季最大热负荷指标（$W/m^2$） | 农宅2供暖季平均热负荷指标（$W/m^2$） |
|---|---|---|---|---|
| 14～18 | 286.86 | 30.56 | 277.17 | 29.68 |
| 16～20 | 302.97 | 37.95 | 294.71 | 36.81 |
| 18～22 | 326.08 | 44.82 | 318.04 | 43.48 |
| 20～24 | 363.50 | 49.47 | 350.78 | 47.99 |
| 22～26 | 411.58 | 51.89 | 404.86 | 50.33 |

工况 3 为分时分户供暖工况，卧室供暖运行时间为 22：00～次日 8：00，起居室供暖运行时间为 7：00～8：00、11：00～13：00、17：00～22：00。在分区供暖时，需要尽快使房间升温达到室内温度要求，故依据农宅平均热负荷指标进行选型时，需考虑最大热负荷进行调整，本工况选择为基础热负荷指标的 1.5 倍进行选型。依据各室内设定温度不同，根据公式（13-3），确定工况 3 下两类建筑生物质炉功率如表 13-19 所示。

**供暖工况为工况 3 时两类建筑生物质炉功率　　表 13-19**

| 室温（℃） | 农宅 1 生物质炉功率（kW） | 农宅 2 生物质炉功率（kW） |
|---|---|---|
| 14～18 | 2.9 | 5.4 |
| 16～20 | 3.6 | 6.7 |
| 18～22 | 4.2 | 7.9 |
| 20～24 | 4.6 | 8.7 |
| 22～26 | 4.9 | 9.2 |

农宅 1 和农宅 2 生物质炉选型分别如图 13-14 和图 13-15 所示。

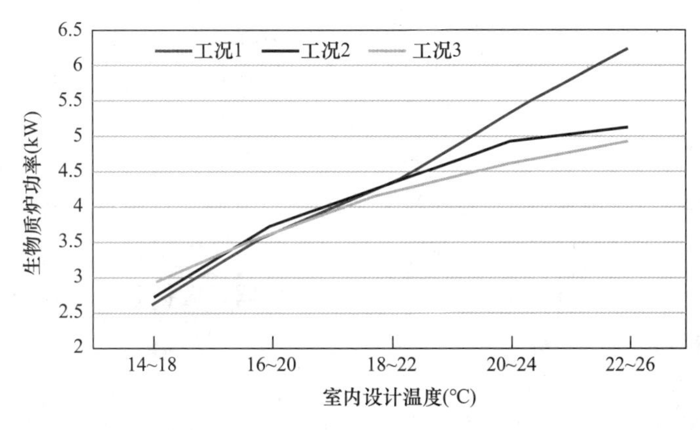


图 13-14　农宅 1 生物质炉选型

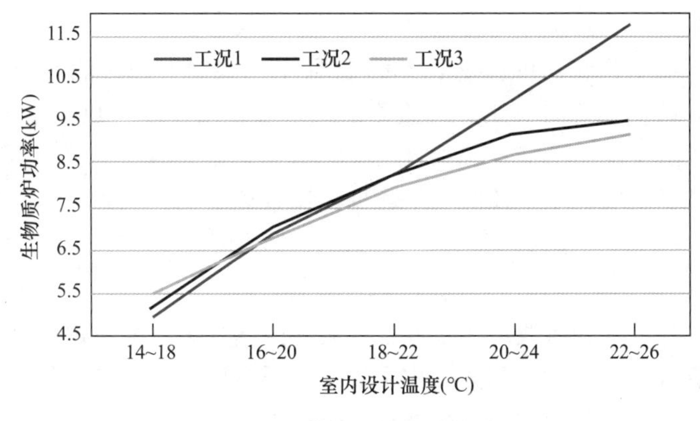


图 13-15　农宅 2 生物质炉选型

农宅 1 与农宅 2 的情况类似，在室内设计温度较低时，采用工况 1，即持续供暖情况下对生物质炉的功率要求最低；在室内设计温度较高时，由于整体负荷更高，采用分时分户的工况对于生物质的选取更加有利。

以常用的室内设计温度 18～22℃为例，在不同工况下最适合的生物质炉功率基本不变，取其平均值，农宅 1 为 4.3kW，农宅 2 为 8.1kW。

对户用生物质成型燃料燃烧炉进行选型，据市场调查，常用的生物质炊事供暖炉功率为 6～15kW，满足各工况各室内供暖温度下的生物质炉具功率需求。对于农宅 1，选用功率为 7kW 的生物质成型燃料燃烧炉，可满足供暖季各种情况下的供能需求，其成本为 2000 元；对于农宅 2，选用功率为 12kW 的生物质成型燃料燃烧炉，其成本为 3000 元。

## 13.4 跟踪监测与数据分析

### 13.4.1 监测目的

为了研究生物质炉和生物质成型燃料的实际使用效果，构建了一体化组件性能测试系统，针对环境温湿度、能耗和能效等关键参数进行监测。对住户建筑用能情况及室内外环境开展分项监测，从而判断相关参数是否满足相关要求。系统长期监测的运行数据能够客观准确地展示实际运行中生物质炉供暖系统的变化情况，响应的监测数据反馈可帮助进一步优化系统的运行策略，对工程技术的研究和实施起到积极推动作用。

### 13.4.2 监测内容

能耗监测系统主要包括计量装置和数据采集器、数据采集设计及数据传输设计。该系统的主要功能是实时采集建筑能耗参数并将数据上传给数据平台，能耗参数可由具备数据传输功能的各种能耗计量装置检测并传输给数据采集器，数据采集器对数据进行处理后实时或定时上传给数据平台。

（1）计量装置和数据采集器

计量装置是用来度量电、水、热（冷）量等分项和分类建筑能源用量的仪表及配套设备。各种计量装置应具备数据通信功能，且应符合相关行业的技术标准和规范。计量装置的性能指标、安装和接线要求等内容应满足工程相关规定。

数据采集器是用来获取来自计量装置的建筑能耗数据，并对能耗数据进行暂存、处理、上传的设备。数据采集器应能实时监测建筑中水、电、冷（热）量等分类能耗数据，并具备对能耗数据分类汇总、能耗统计等功能。数据采集器应支持基于 TCP/IP 协议的有线和无线等多种数据传输介质，并应具备数据传输管理功能，可以选择实时、定时、分类等方式上传数据。

（2）数据采集设计

选用的数据采集方式为有线加无线混合采集。数据采集器采集户内计量仪表的数据信息，通过无线和有线传输，发送到数据集中器。使用数据集中器进行数据的收集并且加大数据传输距离。数据传输到数据平台可以选择 ADSL 或者 3G/4G。

（3）数据采集内容

对住户建筑用能情况及室内外环境开展分项监测，主要监测内容为：室内外环境检测、燃料消耗统计、地面辐射供暖供回水温度及流量、生活热水出水温度及流量等。

多能联供生物质炉系统能耗监测的内容如图 13-16 所示。

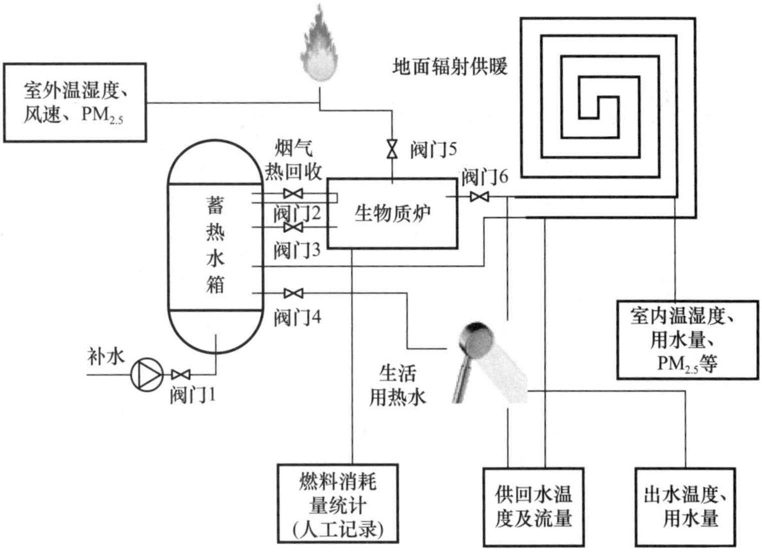

地面辐射供暖
室外温湿度、风速、PM2.5
烟气热回收
阀门5
阀门6
蓄热水箱
阀门2
生物质炉
阀门3
阀门4
室内温湿度、用水量、PM2.5等
补水
阀门1
生活用热水
燃料消耗量统计(人工记录)
供回水温度及流量
出水温度、用水量

图 13-16　多能联供生物质炉系统能耗监测内容

### 13.4.3　监测结果分析

（1）环境监测数据及分析

测试依据为《采暖通风与空气调节工程检测技术规程》JGJ/T 260—2011。室内温度、相对湿度测试要求：安装在室内空气扰动小的地方；安装高度应为距离地面 1.5m 左右；不要安装在门边、窗边、空调出风口附近或阳光直射的地方。

1）温度监测数据

对温度监测的数据结果如图 13-17 所示，典型房间如客厅与两个卧室均有持续性供暖，客厅平均温度相比于卧室偏高一点，整体供暖温度为 19～21℃。

客厅
卧室1
卧室2
温度(℃)
时间

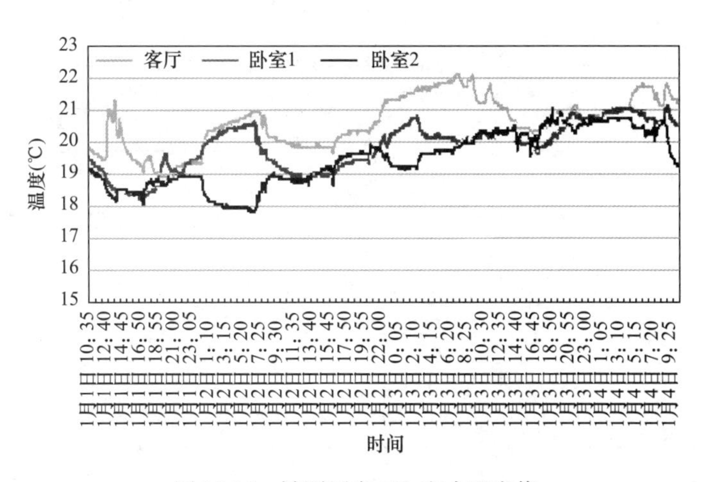

图 13-17　被测用户 72h 室内温度值

2）相对湿度监测数据

对相对湿度监测的数据结果如图 13-18 所示，相对湿度与室内温度有关，整体相对湿度为 45%左右，稍有波动。

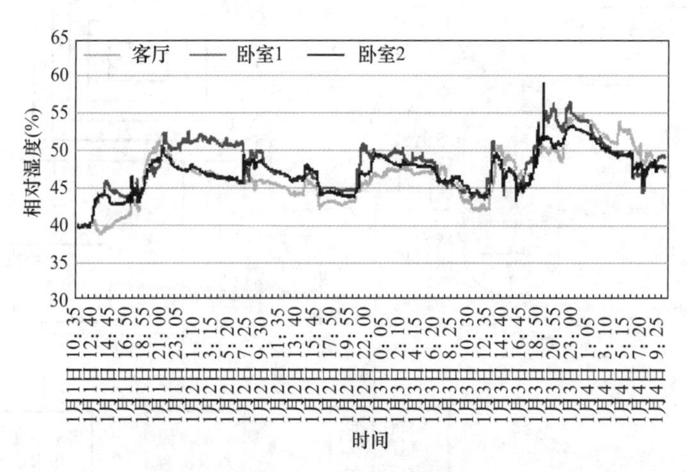


图 13-18　被测用户 72h 室内相对湿度值

各户供暖热环境与具体供暖设施设置有关，均较好地达到了热环境要求，证明供暖系统的优化处理达到了要求，各用户均对生物质炉供暖效果较为满意。

（2）能耗监测数据及分析

能耗监测需要采集的数据包括：室内外环境参数、燃料消耗统计、地暖供回水温度及流量、生活热水出水温度及流量等。由于已有室内环境监测数据，下文对其他项分别进行讨论。

1）生物质炉供热量监测

对典型用户生物质炉进行供热量监测，持续时长约 105min，监测数据如表 13-20 所示。

**生物质炉供热量监测结果**　　　　**表 13-20**

| 序号 | 监测项 | 数值 |
|---|---|---|
| 1 | 实际加热时间（s） | 6303 |
| 2 | 总水量（L） | 680 |
| 3 | 初始水温度（℃） | 15.6 |
| 4 | 结束水温度（℃） | 85 |
| 5 | 测试炉具供热能力（kW） | 31.35 |
| 6 | 生物质燃料消耗量（kg） | 15 |
| 7 | 生物质燃料产品低位热值（MJ/kg） | 16.6 |
| 8 | 燃料累计热值（kW） | 39.50 |
| 9 | 系统综合热效率（%） | 86.6 |

2）供暖末端供回水流量及温度

供暖末端供回水流量及温度监测结果如表 13-21 和图 13-19 所示。

供暖末端供回水流量及温度监测结果　　表 13-21

| 监测时间（min） | 供回水流量（$m^3/h$） | 供水温度（℃） | 回水温度（℃） |
|---|---|---|---|
| 10 | 5.77 | 44.65 | 41.15 |
| 20 | 5.59 | 45.13 | 40.94 |
| 30 | 5.63 | 45.36 | 41.35 |
| 40 | 5.81 | 45.39 | 41.12 |
| 50 | 5.78 | 44.77 | 41.05 |
| 60 | 5.76 | 44.92 | 40.92 |
| 70 | 5.58 | 44.52 | 41.15 |
| 80 | 5.75 | 44.70 | 418.40 |
| 90 | 5.65 | 44.63 | 40.85 |
| 100 | 5.62 | 44.66 | 41.49 |
| 110 | 5.74 | 45.31 | 41.01 |
| 120 | 5.59 | 44.51 | 41.00 |
| 运行平均值 | 5.69 | 44.88 | 41.12 |

注：管径为 *DN*25，额定流量为 $4m^3/h$。

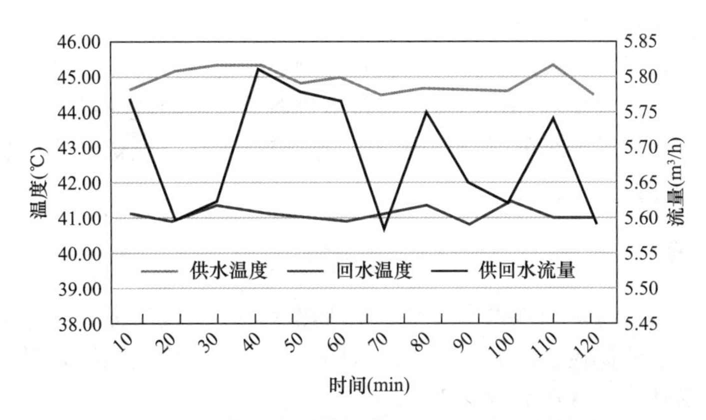


图 13-19　供暖末端供回水流量及温度监测结果

在监测时间内，供水温度保持在 45℃左右，回水温度保持在 41℃左右，整体波动不大，较稳定。供回水流量在 $5.7m^3/h$ 左右，波动较小。

3）生活热水出水流量及温度

生活热水出水流量及温度监测结果如表 13-22 所示。

生活热水流量及温度监测结果　　表 13-22

| 监测项 | 数值 |
|---|---|
| 实际放水时间（s） | 2400 |
| 热水供应总量（L） | 56 |
| 自来水温度（℃） | 15.6 |
| 水箱热水温度（℃） | 80 |
| 生活热水供水温度（℃） | 45 |
| 生活热水供热能力（kW） | 2.87 |

4）系统综合热效率计算

系统综合效率计算结果如表 13-23 所示。

系统综合热效率计算结果　　表 13-23

| 序号 | 监测项 | 数值 |
|---|---|---|
| 1 | 供暖末端供热能力（kW） | 24.88 |
| 2 | 生活热水供热能力（kW） | 2.87 |
| 3 | 生物质炉供热能力（kW） | 31.35 |
| 4 | 系统综合热效率（%） | 86.62 |

经计算得，系统热效率为 86.62%，生物质炉供热能力较好。

## 13.5　项目创新点、推广价值及效益分析

### 13.5.1　创新点

本工程主要创新点及研究内容为：

（1）针对西北寒旱地区沙柳、柠条等典型生物质资源的水分含量、热值和灰分等特征，研究多元混合生物质成型燃料特性的主要影响因素及其影响规律，开发基于废热预处理的品质提升关键技术，研发高热值产品及相关制备工艺。

（2）针对团结村气象参数和用能需求，将生物质成型燃料优化技术和高效生物质炉具进行集成应用，并优化了系统的设计参数和运行策略。为生物质炉和成型燃料在西北地区的应用提供了基础支撑。

### 13.5.2　推广价值

利用生物质燃料为村镇用户提供炊事、生活热水以及供暖所需，是当前村镇新能源发展的一个重要且可靠的途径，研究并开发适合的生物质燃料供暖系统，对降低居民生活成本，改善居民生活环境有着重大的意义。

本工程开发了户用炊事取暖生活热水耦合高效联供炉具，并在当地进行试点，给当地居民带来了新型炊事、供暖方式，降低了居民生活成本，改善了居民生活环境，保障了居民室内供暖温度，改善了供暖效果，提升了居民满意率。最终形成并推广了西北村镇此类高效联供炉具供暖项目的系统配置方案。

项目实施后，在改善居民生活环境、降低供暖成本的同时，也可以带动地方生物质相关产业发展，开创了一种适用生物质成型燃料高效利用技术体系及工程应用模式，可以推动“双碳”背景下北方村镇清洁取暖的发展。

### 13.5.3　效益分析

（1）供暖季生物质成型燃料消耗及成本计算

根据相关标准与市场调研结果，生物质成型燃料的发热量为 3900～4500kcal/kg，取平均值为 4200kcal/kg，价格取 1100 元/t。

1）农宅 1 各工况供暖成本计算

农宅 1 各工况生物质成型燃料供暖成本如表 13-24～表 13-26 和图 13-20 所示。

农宅 1 工况 1 生物质成型燃料供暖成本　　表 13-24

| 室温（℃） | 供暖季累计能耗（kWh） | 供暖季生物质成型燃料耗量（kg） | 供暖总成本（元/a） |
|---|---|---|---|
| 14～18 | 6254.73 | 1280.79 | 1408.87 |
| 16～20 | 8464.63 | 1733.31 | 1906.65 |
| 18～22 | 10064.97 | 2061.02 | 2267.12 |
| 20～24 | 12149.92 | 2487.96 | 2736.75 |
| 22～26 | 14053.57 | 2877.77 | 3165.55 |

农宅 1 工况 2 生物质成型燃料供暖成本　　表 13-25

| 室温（℃） | 供暖季累计能耗（kWh） | 供暖季生物质成型燃料耗量（kg） | 供暖总成本（元/a） |
|---|---|---|---|
| 14～18 | 5085.1 | 1041.28 | 1145.41 |
| 16～20 | 6726.11 | 1377.32 | 1515.05 |
| 18～22 | 7723.75 | 1581.60 | 1739.76 |
| 20～24 | 8613.1 | 1763.72 | 1940.09 |
| 22～26 | 8889.95 | 1820.41 | 2002.45 |

农宅 1 工况 3 生物质成型燃料供暖成本　　表 13-26

| 室温（℃） | 供暖季累计能耗（kWh） | 供暖季生物质成型燃料耗量（kg） | 供暖总成本（元/a） |
|---|---|---|---|
| 14～18 | 1145.41 | 961.61 | 1057.78 |
| 16～20 | 1515.05 | 1154.36 | 1269.80 |
| 18～22 | 1739.76 | 1333.57 | 1466.92 |
| 20～24 | 1940.09 | 1454.98 | 1600.47 |
| 22～26 | 2002.45 | 1517.99 | 1669.79 |

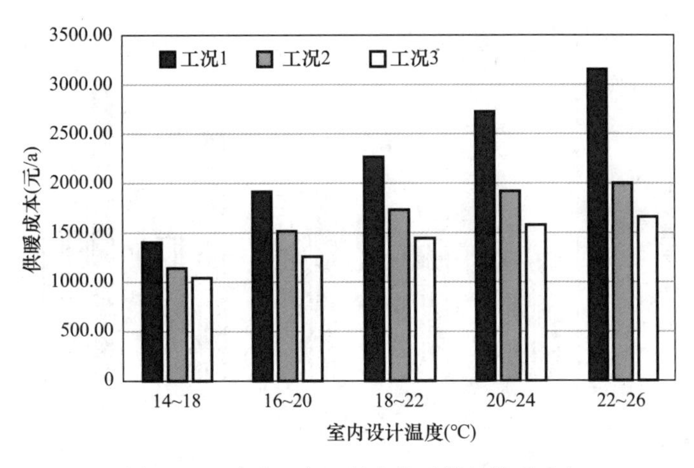


图 13-20　农宅 1 各工况生物质燃料供暖成本

农宅 1 的供暖面积为 49m$^2$，面积较小，对于各供暖工况及室内设计温度，供暖季供暖成本均较低，以分时工况 2 与室内设计温度为 18～22℃为例，供暖成本为 1739.76 元。

2）农宅 2 各工况供暖成本计算

农宅 2 各工况生物质成型燃料供暖成本如表 13-27～表 13-29 和图 13-21 所示。

农宅 2 工况 1 生物质成型燃料供暖成本　　表 13-27

| 室温（℃） | 供暖季累计能耗（kWh） | 供暖季生物质成型燃料耗量（kg） | 供暖总成本（元/a） |
|---|---|---|---|
| 14～18 | 11239.62 | 2301.55 | 2531.71 |
| 16～20 | 15363.78 | 3146.06 | 3460.67 |
| 18～22 | 18405.06 | 3768.83 | 4145.71 |
| 20～24 | 22367.94 | 4580.32 | 5038.35 |
| 22～26 | 25985.22 | 5321.03 | 5853.13 |

农宅 2 工况 2 生物质成型燃料供暖成本　　表 13-28

| 室温（℃） | 供暖季累计能耗（kWh） | 供暖季生物质成型燃料耗量（kg） | 供暖总成本（元/a） |
|---|---|---|---|
| 14～18 | 8872.26 | 1816.79 | 1998.46 |
| 16～20 | 12060.42 | 2469.63 | 2716.59 |
| 18～22 | 13955.46 | 2857.68 | 3143.45 |
| 20～24 | 15646.02 | 3203.86 | 3524.24 |
| 22～26 | 16172.1 | 3311.58 | 3642.74 |

农宅 2 工况 3 生物质成型燃料供暖成本　　表 13-29

| 室温（℃） | 供暖季累计能耗（kWh） | 供暖季生物质成型燃料耗量（kg） | 供暖总成本（元/a） |
|---|---|---|---|
| 14～18 | 8210.82 | 1681.34 | 1849.48 |
| 16～20 | 9990.66 | 2045.80 | 2250.38 |
| 18～22 | 11654.34 | 2386.48 | 2625.12 |
| 20～24 | 12781.38 | 2617.26 | 2878.99 |
| 22～26 | 13365.06 | 2736.78 | 3010.46 |

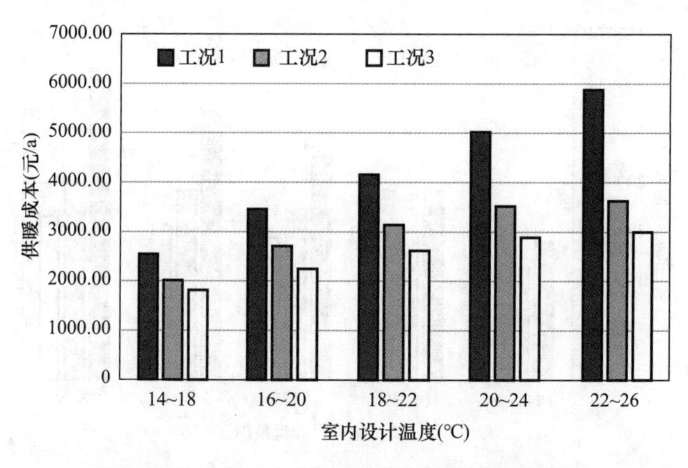


图 13-21　农宅 2 各工况生物质成型燃料供暖成本

农宅 2 的供暖面积为 96m²，面积较大，对于各供暖工况及各室内设计温度，供暖成本偏高，以工况 2 与室内设计温度为 18～22℃为例，供暖成本为 3143.45 元。

（2）多能联供生物质炉系统成本

初投资成本部分包括各系统组件的价格，即蓄热水箱、生物质炉、地面辐射供暖盘管

（散热器）、水泵，以及连接系统各组件的管道和阀件的价格，农宅 1、农宅 2 系统初投资成本汇总见表 13-30、表 13-31。

**农宅 1 系统初投资成本汇总**　　　　**表 13-30**

| 项目 | 初投资成本 |
|---|---|
| 蓄热水箱 | 1300 元 |
| 水泵（3 台） | 350 元/台 |
| 生物质炉（小功率） | 2000 元/台 |
| 散热器 | 130 元/$m^2$ |
| 地面辐射供暖盘管 | 120 元/$m^2$ |
| 其他管道阀件 | 800 元/套 |
| 总初投资成本（散热器） | 11520 元 |
| 总初投资成本（地暖盘管） | 11030 元 |

**农宅 2 系统初投资成本汇总**　　　　**表 13-31**

| 项目 | 初投资成本 |
|---|---|
| 蓄热水箱 | 1300 元 |
| 水泵（3 台） | 500 元/台 |
| 生物质炉（大功率） | 3000 元/台 |
| 散热器 | 130 元/$m^2$ |
| 地面辐射供暖盘管 | 120 元/$m^2$ |
| 其他管道阀件 | 1300 元/套 |
| 总初投资成本（散热器） | 19130 元 |
| 总初投资成本（地暖盘管） | 18170 元 |

农宅 1 与农宅 2 的供暖系统初投资成本组成如图 13-22 和图 13-23 所示。

散热器及地面辐射供暖盘管的成本占比最大，在农宅 1 中占到 50%以上，农宅 2 中占到 60%以上，且其总体成本类似，但散热器价格要略微偏高。在工况 3 下，为保证室内温度迅速上升，应选择散热器作为末端供暖方式，此时的初投资成本会偏高。

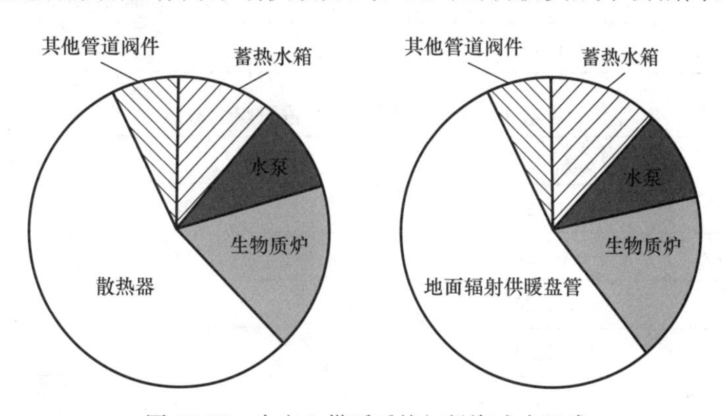


图 13-22　农宅 1 供暖系统初投资成本组成

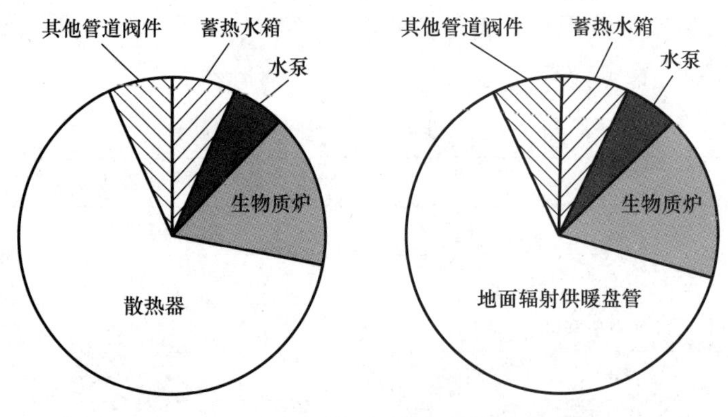


图 13-23　农宅 2 供暖系统初投资成本组成

(3) 居民供暖成本分析

1) 农宅 1 各工况供暖系统初投资与总成本分析

农宅 1 各工况供暖系统初投资与总成本见表 13-32～表 13-34。

**农宅 1 工况 1 供暖系统初投资与总成本**　　**表 13-32**

| 室温（℃） | 供暖系统初投资（元） | 供暖总成本（元/a） |
|---|---|---|
| 14～18 | 11030 | 1408.87 |
| 16～20 | 11030 | 1906.65 |
| 18～22 | 11030 | 2267.12 |
| 20～24 | 11030 | 2736.75 |
| 22～26 | 11030 | 3165.55 |

**农宅 1 工况 2 供暖系统初投资与总成本**　　**表 13-33**

| 室温（℃） | 供暖系统初投资（元） | 供暖总成本（元/a） |
|---|---|---|
| 14～18 | 11030 | 1145.41 |
| 16～20 | 11030 | 1515.05 |
| 18～22 | 11030 | 1739.76 |
| 20～24 | 11030 | 1940.09 |
| 22～26 | 11030 | 2002.45 |

**农宅 1 工况 3 供暖系统初投资与总成本**　　**表 13-34**

| 室温（℃） | 供暖系统初投资（元） | 供暖总成本（元/a） |
|---|---|---|
| 14～18 | 11520 | 1057.78 |
| 16～20 | 11520 | 1269.80 |
| 18～22 | 11520 | 1466.92 |
| 20～24 | 11520 | 1600.47 |
| 22～26 | 11520 | 1669.79 |

农宅 1 供暖成本节省率如图 13-24 所示。农宅 1 的供暖面积为 49m²，面积较小，对于各供暖工况及各室内设计温度，供暖系统初投资与供暖总成本均较低，以工况 2 与室内设计温度 18～22℃为例，供暖系统初投资为 11030 元，供暖总成本为 1739.76 元。新疆地区供暖费用为 22 元/m²，并按建筑面积计算，农宅 1 面积为 120m²，其供暖季供暖成本为 2640 元/a，在工况 2 与室内设计温度为 18～22℃时，户供暖费用节省 34.1%。在大多数情况下，农宅 1 的供暖成本节省率都较高，但在工况 1 下，且空调设定温度达到 20～24℃及 22～26℃时，采用生物质炉系统时，供暖成本反而上升，可见 24h 持续供暖工况虽然能持续保持室内温度，但从成本的角度上不建议选择，应当选择分时分户的供暖方式。

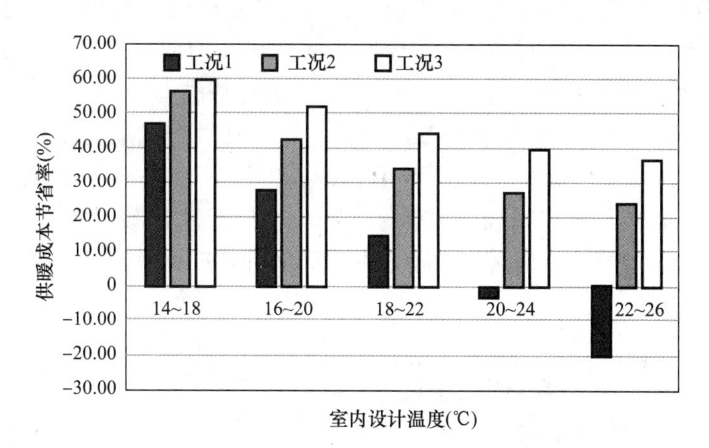


图 13-24　农宅 1 供暖成本节省率

2）农宅 2 各工况供暖系统初投资与总成本分析

农宅 2 各工况供暖系统初投资与总成本见表 13-35～表 13-37。

**农宅 2 工况 1 供暖系统初投资与总成本　　表 13-35**

| 室温（℃） | 供暖系统初投资（元） | 供暖总成本（元/a） |
|---|---|---|
| 14～18 | 18170 | 2531.71 |
| 16～20 | 18170 | 3460.67 |
| 18～22 | 18170 | 4145.71 |
| 20～24 | 18170 | 5038.35 |
| 22～26 | 18170 | 5853.13 |

**农宅 2 工况 2 供暖系统初投资与总成本　　表 13-36**

| 室温（℃） | 供暖系统初投资（元） | 供暖总成本（元/a） |
|---|---|---|
| 14～18 | 18170 | 1998.46 |
| 16～20 | 18170 | 2716.59 |
| 18～22 | 18170 | 3143.45 |
| 20～24 | 18170 | 3524.24 |
| 22～26 | 18170 | 3642.74 |

农宅 2 工况 3 供暖系统初投资与总成本　　表 13-37

| 室温（℃） | 供暖系统初投资（元） | 供暖总成本（元/a） |
|---|---|---|
| 14～18 | 19130 | 1849.48 |
| 16～20℃ | 19130 | 2250.38 |
| 18～22 | 19130 | 2625.12 |
| 20～24 | 19130 | 2878.99 |
| 22～26 | 19130 | 3010.46 |

农宅 2 供暖成本节省率如图 13-25 所示。农宅 2 的供暖面积为 96m²，面积较大，对于各工况及各室内设计温度，供暖系统初投资与供暖总成本均偏高，以工况 2 与室内设计温度为 18～22℃为例，供暖系统初投资为 18170 元，供暖总成本为 3143.45 元。以新疆地区供暖费用 22 元/m²，农宅 2 面积为 200m² 进行计算，其供暖成本为 4400 元/a，在工况 2 与室内设计温度为 18～22℃时，户供暖费用节省 28.56%。与农宅 1 类似，在大多数情况下，农宅 2 的供暖成本节省率都较高，但在工况 1 下，且室内设计温度达到 20～24℃及 22～26℃时，采用生物质炉系统时，供暖成本反而上升，亦可看出 24h 持续供暖工况并不适合，应选择分时分户的供暖方式。

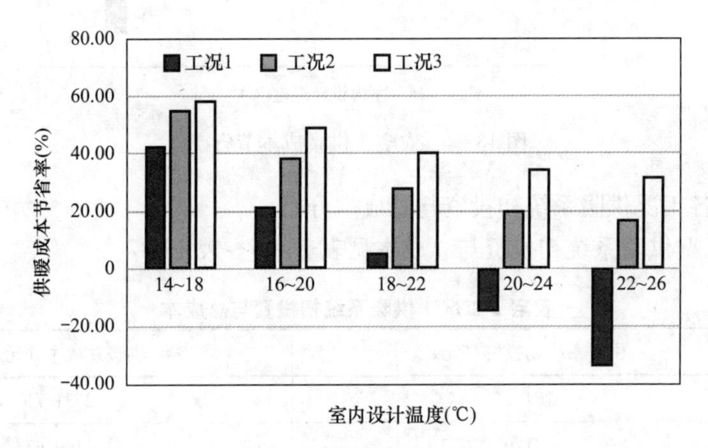


图 13-25　农宅 2 供暖成本节省率

考虑到系统初投资主要组成部分为末端，即该系统初投资部分与其他可替代系统的初投资部分重合度较大，在供暖成本上又有较大的降低，故可认为本系统在新疆地区的施行良好。用户可根据其实际情况选择最适合的室内设计温度与供暖工况。

# 第14章

# 宁夏回族自治区吴忠市盐池县花马池镇北塘新村

## 14.1 项目概况

盐池县位于宁夏东部，东邻陕西定边县，南依甘肃环县，北与内蒙古鄂托克前旗接壤，自古就有“灵夏肘腋，环庆襟喉”之称，是典型的农区、牧区，同时也是全国首批47个创新型县（市）之一。全县南北长110km，东西宽66km，辖区总面积8522.2km$^2$，辖4镇4乡1街道办，总人口17.2万人，其中农业人口14.3万人。盐池县日照长、温差大，属典型的大陆性季风气候，干旱少雨，日照充足，年平均气温7.8℃，冬夏两季平均温差为28℃。盐池县是宁夏旱作节水农业和滩羊、甘草、小杂粮的主产区，已探明煤炭储量81亿t、石油4500万t、天然气8000亿m$^3$、风能资源总储量约300万kW、年太阳总辐射量5740MJ/m$^2$。

北塘新村是盐池县花马池镇下辖的行政村（图14-1），是2011年建设的自治区级生态移民村，搬迁县内群众575户、1354人。该村以智慧滩羊养殖模式为引领，直接带动18户“羊把式”养殖滩羊2100余只，同时规模化发展种植业，种植葡萄、桃子、樱桃等水果，持续扩大特色种植规模，不断提高农产品附加值。养殖业和规模化种植业的发展不仅为沼气站提供了充足的原料来源，同时也能够消纳沼气站产生的沼液、沼渣。

## 14.2 现场调研及建设目标

### 14.2.1 现场调研

（1）沼气站概况

北塘新村现有移民575户，目前生活用能主要为煤和电，散煤燃烧会造成空气污染，且村民燃煤取暖成本较高，因此对于清洁能源有一定的需求。盐池县特奇新能源技术推广专业合作社沼气站于2015年7月开始建设，2016年7月1日正式点火运行。沼气站总占地面积6660m$^2$，主要由主体工程、辅助工程、环保工程和公用工程等构成，其中主体工程包括原料处理系统、发酵系统、增温保温系统、沼气净化储存系统、沼气肥料加工系统、电控操作系统及沼气入户管网输配系统等，具体工艺流程如图14-2所示，主要设施及规模如表14-1所示。

图 14-1　北塘新村航拍图

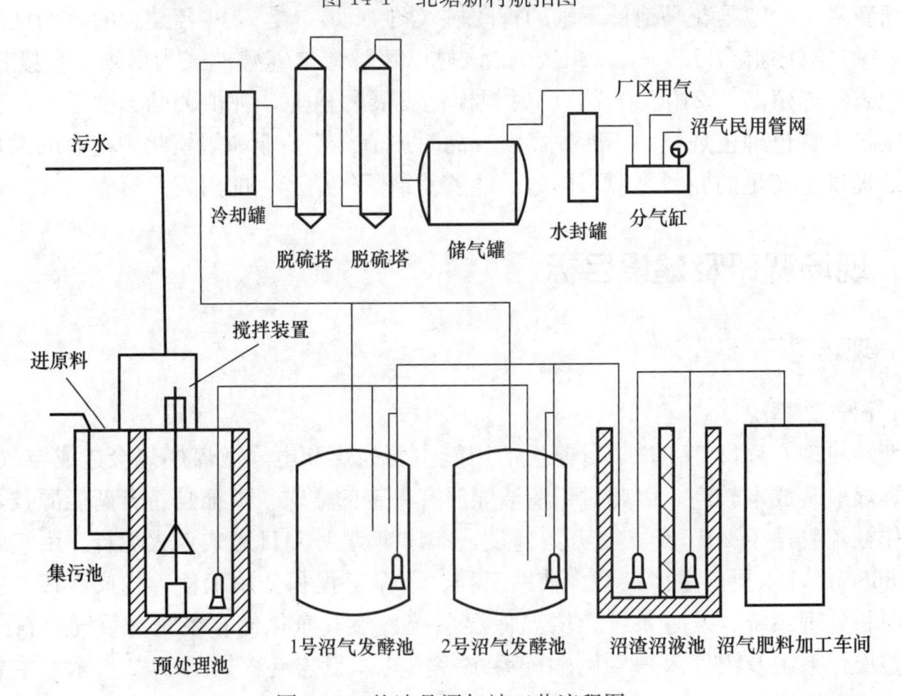


图 14-2　盐池县沼气站工艺流程图

**盐池县沼气站主要设施及规模**　　**表 14-1**

| 主要设施 | 规模 | 用途 |
|---|---|---|
| 集污池 | 容积 120m³，安装格栅粉碎机 2 台 | 原料的汇集、破碎 |
| 预处理池 | 容积 60m³，安装机械搅拌机 1 台 | 原料的混合、均化 |
| 发酵池 | 2 座×150m³，内部各安装 1 台回流搅拌泵 | 原料发酵产沼气 |
| 脱硫塔 | 2 座×1.3m³ | 沼气脱硫，脱硫剂为氧化铁 |
| 储气柜 | 容积 100m³，干式卷帘气柜，自带压缩装置 | 沼气的储存 |
| 水封罐 | 2 台×0.6m³，分别安装于发酵池和储气柜之后 | 脱水、阻火 |
| 沼液池 | 容积 120m³ | 沼液的收集 |
| 沼渣池 | 容积 60m³ | 沼渣的收集 |

沼气站厌氧消化的原料包括畜禽粪污、屠宰厂血污水、化粪池清掏物等，通过专用运输车辆运输至沼气站后倒入集污池暂存。集污池中的原料经格栅流入预处理池内，在预处理池内调节料液的温度和 TS（总固体）浓度，混匀后泵入沼气池内进行发酵（图 14-3）。

沼气发酵池为地下圆筒式钢筋混凝土结构发酵池，共 2 座，每座沼气池容积为 150m³。沼气池每 7～10d 进行一次出料和补料，每次进料约 60t。沼气发酵采用近中温发酵（发酵温度 20～30℃），沼气池内 TS 质量分数为 8%～10%，pH 为 6.5～7.5。沼气池池体采用 5cm 苯板保温，同时池内设有加热盘管，冬季可通过沼气锅炉对沼气池进行加热，以维持系统所需的正常温度。

沼气池生产的沼气通过导气管经水封罐、脱硫塔，脱水、脱硫后输送到储气柜备用。经储气柜储存的沼气通过二级供气压力系统输送至各沼气用户。沼气站年产沼气量约 3.0 万 m³，供周边 45 户村民生活用能及冬季发酵池增温保温。其中，每户村民每天耗气约 1.0m³，每天供气 45m³，每年冬季发酵池增温保温消耗的沼气量约为 1.35 万 m³，约占总沼气产量的 45%。

沼气站每年产生的沼液约为 5000t，沼渣约为 500t。未经固液分离的原始沼液可用于盐池周边农户的瓜果蔬菜种植或城区绿化带施肥，肥效良好，售价约为 150 元/t。根据用户的需求，沼液可进行进一步加工，过 150～200 目滤网以满足滴灌要求，其杀菌效果较好。

为了保证冬季沼气池可正常发酵生产，沼气发酵系统采取了增温保温措施。一方面，集污池、预处理池、沼气发酵池、沼渣沼液池均设计在太阳能阳光房内，太阳能阳光房墙体采用 370mm 厚砖混结构，墙体外壁做 5mm 厚苯板保温，顶部南侧采用太阳能阳光板，北侧安装 3m 宽、10cm 厚彩钢保温盖板，阳光房的总面积 500m²。另一方面，预处理池、沼气发酵池均设有加热盘管，利用沼气锅炉与热水循环系统对预处理池和沼气发酵池进行加热，维持系统所需的正常温度。在极端天气下，以煤炭取代沼气作为锅炉的燃料。通过上述措施，可使沼气池冬季的池温维持在 20℃左右，保证沼气池正常运行。

（2）沼气站运行情况

对沼气站阳光棚内温度、发酵池温度、发酵液 pH 进行了长期监测，结果如图 14-4 和图 14-5 所示。

如图 14-4 所示，阳光棚的温度受外界环境温度和天气状况的影响较大，由于冬季当地平均气温低于 0℃，并且太阳辐射强度较弱，阳光棚温度因此降低。2021 年 11 月到次年 2 月，阳光棚温度在 6～23℃之间，平均温度为 11.9℃，这主要是因为阳光棚内安装有散热器，在环境温度较低时可用沼气锅炉为阳光棚增温。

发酵原料收集

预处理池

储气罐

沼液用于城区绿化施肥

图 14-3　沼气站现场图

盐池县沼气站的沼气池仅在冬春季采取增温保温措施，其他季节均为常温发酵，因此沼气池温度受外界气温影响较大。沼气池温度在 2021 年 6 月至 10 月较高，在 20～35℃之间变化，平均温度为 26.8℃，其他月份沼气池温度较低，在 11～26℃之间波动，平均温度为 19.4℃，较低的沼气池温度将严重影响沼气的产量，因此有必要采取措施以进一步提高沼气池温度。

如图 14-5 所示，沼气池消化液的 pH 在 6.2～7.8 之间波动，平均 pH 约为 6.95，该 pH 范围在产甲烷菌的适宜 pH 范围内，虽有一定波动，但对产甲烷菌的活性影响不大。

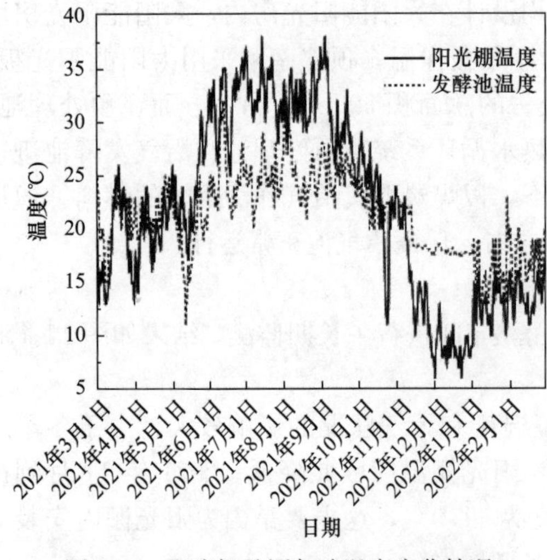


图 14-4　阳光棚及沼气池温度变化情况

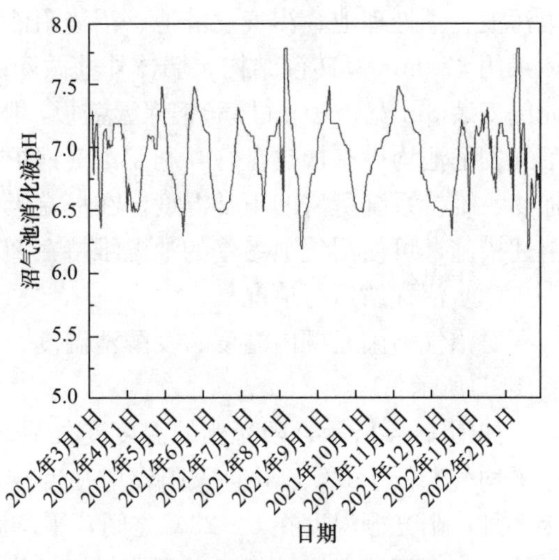


图 14-5　沼气池消化液 pH 变化情况

### 14.2.2　存在问题与改造需求

（1）存在的问题

1）沼气站增温保温效果不佳，影响产气稳定性

盐池县气温的年变化较大，5～9 月气温相对较高，其他月份温度低，且昼夜温差在15℃左右。低温以及温度的持续波动将严重影响产甲烷微生物的活性，从而影响沼气发酵装置的产气效率及稳定性，甚至导致其无法正常产气。盐池县沼气站现有沼气锅炉，每个供暖季需消耗沼气年产量的45%用于发酵池的增温保温，尽管耗气量很大，但仅能使发酵池温度维持在20℃左右，池温仍较低，严重影响了沼气的产气效率。

2）原料成分复杂，水解酸化效率低

厌氧消化过程是一个复杂的微生物化学过程，依靠三大主要类群的细菌，即水解产酸细菌、产氢产乙酸细菌和产甲烷细菌的联合作用完成。水解酸化是将复杂的非溶解性的聚合物转化为简单的溶解性单体或二聚体的过程。水解过程通常较缓慢，因此被认为是含高分子有机物厌氧消化的限速阶段。盐池县沼气站的发酵原料包括畜禽粪污、屠宰厂血污水、化粪池清掏物等，原料种类多样，含有较多的大分子物质，如纤维素、半纤维素、蛋白质、淀粉等。水解酸化速度慢将影响整个厌氧消化过程的生产速率。

3）北塘新村村民亟需清洁供暖方式

北塘新村是自治区级生态移民村，村民目前生活用能主要为煤和电。冬季多采用燃煤炉取暖，空气污染严重，若使用不当可能造成一氧化碳中毒等安全事故，因此有必要采用新的清洁取暖方式。

（2）改造需求

1）通过提升沼气池温度、提高水解酸化效率等手段进一步提高原料的产气效率和稳定性（尤其是冬春季节），从而提升沼气站的经济效益，使沼气站产生的沼气能够服务更多农户。

2）在现有农户沼气用于炊事的基础上，进一步增加农户沼气的利用方式，将沼气用于生活热水或供暖，改善沼气用户的生活条件。

### 14.2.3　建设目标

（1）提升发酵池容积产气率

用太阳能集热器增温系统取代原有的沼气锅炉为发酵池增温保温，以解决因发酵池温度过低导致的产气率低和产气不稳定的问题；通过控制预处理池的搅拌条件或增设曝气设施以调节其溶解氧含量，在不影响后续产甲烷过程的前提下提高原料的水解酸化速率。综合以上措施，使沼气池容积产气率达到 $0.3m^3/(m^3 \cdot d)$ 以上。

（2）农户端冬季实现清洁取暖

在沼气用于炊事的基础上，进一步拓宽其利用方式，研制新型的沼气全预混燃烧器并将其应用于沼气站办公区及农户家中供热供暖，改进后的沼气全预混燃烧器热效率达到90%以上。

## 14.3 技术及设备应用

### 14.3.1 应用的技术及设备

（1）太阳能辅助发酵环境增温恒温技术

盐池县年均太阳辐射量达到 5926MJ/($m^2$·a)，年均日照时数 3345.9h，达到我国太阳能资源二类地区标准，表明盐池县为我国太阳能资源较丰富地区。图 14-6 为盐池县 2021 年每月平均太阳辐射强度，可以发现盐池县太阳辐射强度在 5～7 月达到最高，平均为 283W/$m^2$，其他月份的太阳辐射强度相对较低，但年均太阳辐射强度达到 197W/$m^2$，年太阳辐射总量达到 6211MJ/$m^2$。较为丰富的太阳能资源为利用太阳能集热器调控沼气池温度提供了可能。

温度对沼气产气效率具有重要影响，利用太阳能将沼气发酵装置的温度升到室温（25℃±2℃），中温（35℃±1℃）和高温（55℃±1℃）条件下的产气效果如图 14-7 所示。在温度分别为室温、中温和高温条件下，日产气量平均在 560mL、820mL 和 900mL 左右，其中室温、中温和高温日产气量始终在 550～640mL、805～926mL 和 860～1010mL 范围内波动，日平均容积产气率分别为 0.28$m^3$/($m^3$·d)、0.41$m^3$/($m^3$·d) 和 0.45$m^3$/($m^3$·d)。

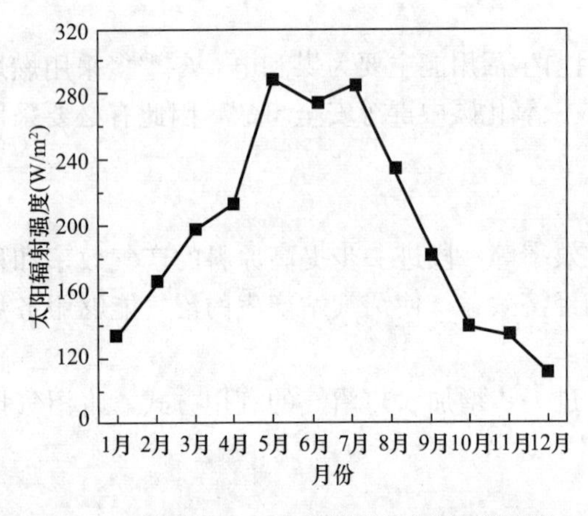


图 14-6　盐池县 2021 年每月平均太阳辐射强度

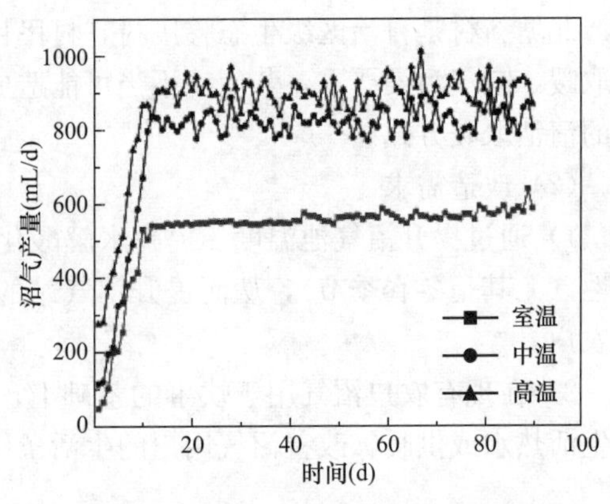


图 14-7　温度对沼气产量的影响

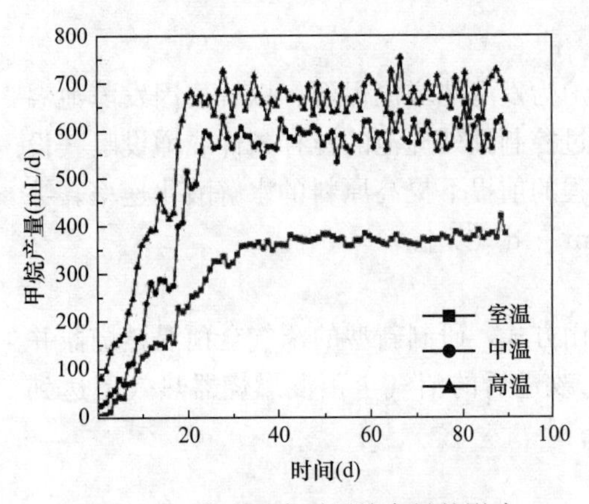


图 14-8　发酵温度对甲烷产量的影响

不同发酵温度下甲烷产量如图 14-8 所示，在甲烷产量稳定后，室温、中温和高温下的甲烷产量最高可达到 466.56mL/d、613.37mL/d 和 663.58mL/d。

（2）基于微好氧处理的高效沼气制备技术

微好氧厌氧消化是一种介于厌氧消化和好氧消化之间的一种消化方式，通过向反应器中通入少量空气或氧气达到微氧条件，是促进厌氧消化过程的一种有效方法。微好氧消化有效地结合了厌氧消化的优点，弥补了传统厌氧消化的不足，加快促进水解酸化，提高甲烷产气量，具有广阔的应用前景，是厌氧消化的重要研究方向。

西北地区厌氧消化工程在实际应用中很难达到完全厌氧的条件，反应器密封程度较低，进补料过程中不可避免地会有空气进入消化罐中，因此优化农牧废弃物的微好氧厌氧消化，以加速有机废弃物水解、增加沼气产量，对西北地区具有重大意义。

半连续微好氧厌氧消化过程中的沼气产量和甲烷产量见图 14-9 和图 14-10。在消化初期，各组产气量波动较大，随着实验的进行，产气量逐渐趋于平稳，沼气产量由低到高依次为：中温＜高温＜中温微好氧＜高温微好氧，其中中温较高温组产气量相差较为明显，可见温度可以加速反应的进程，提高产气量。中温微好氧与高温微好氧产气效果相差较小，这可能是因为在高温下消化罐内部分水解兼性菌活性受到抑制。同时，微好氧较厌氧组产沼气量提升明显，中高温微好氧组较中高温厌氧组产沼气量分别提高 39.04％和 30.43％，对应的容积产气率分别达到 0.495$m^3/(m^3 \cdot d)$ 和 0.509$m^3/(m^3 \cdot d)$。

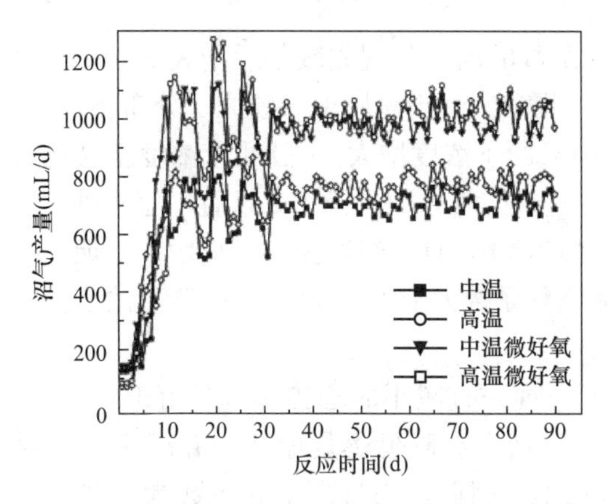


图 14-9　半连续微好氧厌氧消化过程的沼气产量

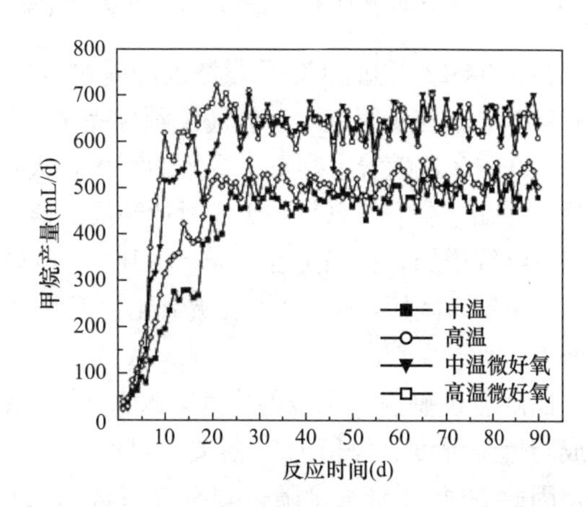


图 14-10　半连续微好氧厌氧消化过程的甲烷产量

盐池县沼气站的原料预处理池为开放式池体，在进行原料混合搅拌的过程中不可避免地会有空气进入，因此根据前期研究得出的微好氧消化的最佳条件，在沼气工程中通过调节预处理池搅拌参数有意地使其达到最佳的微好氧环境，可进一步增加沼气产量。

（3）沼气全预混燃烧器新设备

全预混燃烧技术是在部分预混技术和扩散燃烧技术上发展而来的，与传统的燃烧技术相比，全预混燃烧技术是在着火前燃气与过量空气充分混合均匀，在瞬间完成燃烧，其火焰长度很短甚至看不见，因此又称无焰燃烧。

本工程中应用的全预混燃烧技术是使用变频风机将所需燃气与空气（过量空气系数大于1）预先进行混合，然后在燃烧室内进行燃烧，这种方式避免了传统燃烧器中燃烧压力、燃烧室结构等因素对过量空气系数的影响，使过量空气系数更容易被控制，因此确定变频风机内部燃气与空气的混合比例是研究这种沼气炉的首要目标。

1）沼气热水炉燃烧情况模拟

在 40％ $CO_2$＋60％ $CH_4$ 组分下，对沼气热水炉内燃烧温度和排放情况进行模拟，燃烧完全后温度达到了 1730℃，一氧化碳生成量为 3.08×$10^6$（摩尔分数）。

2）过剩空气系数的影响

在沼气炉额定功率下，当沼气配比为 80％甲烷＋20％氮气时，不同过剩空气系数下，所排放的污染物的质量浓度随过剩空气系数的变化规律如图 14-11 所示。

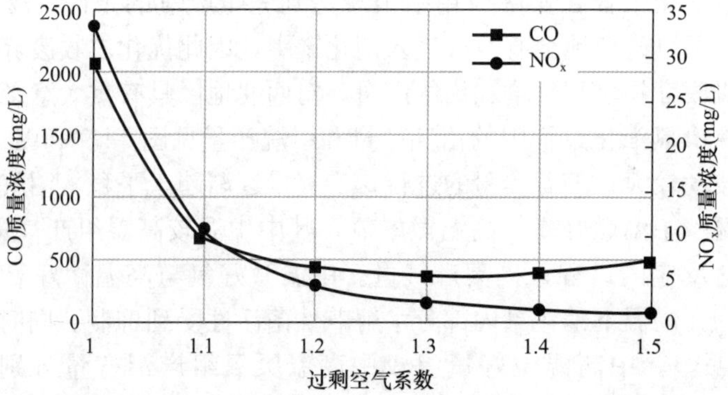

图 14-11　排放的污染物的质量浓度随过剩空气系数的变化规律（100%负荷，甲烷占沼气的 80%）

由图 14-12 可知，CO 质量浓度随着过剩空气系数的增大呈现先减小后增大的趋势。当过剩空气系数在 1 附近时，氧气仅刚好完全燃烧，此时会由于氧原子与碳原子分布不均匀，导致 CO 较多，随着过剩空气系数的增大，火焰中氧原子浓度增大，CO 质量浓度就会迅速下降，并在过剩空气系数在 1.3 时达到最低值。在过剩空气系数大于 1.3 以后，随着供给的空气量继续增加，火焰温度下降，不利于 CO 转化成 $CO_2$，且燃烧产生烟气量增多，烟气在高温区停留时间短，CO 来不及被氧化，因此过剩空气系数大于 1.3 以后，CO 质量浓度会缓慢增大。

而随着过剩空气系数的增大，$NO_x$ 质量浓度呈现一直减小的趋势。这是由于 $NO_x$ 的生成与燃烧温度、停留时间相关，过剩空气系数的增大会降低燃烧温度，并减少停留时间，因此 $NO_x$ 质量浓度随过剩空气系数增大而减小。因此，当过剩空气系数为 1.3 左右时，能保证污染物的排放较少。

3）甲烷浓度变化的影响

农村用沼气中的甲烷含量并不是固定的，因此需要考察沼气炉在不同组分下的燃烧情况，因此，根据不同甲烷与氮气的配比来模拟沼气中可燃组分的含量，模拟结果如图 14-12 所示。在不改变沼气热水器功率的情况下，污染物排放会有略微改变，因此可以确定沼气中不燃气体对污染物的生成的影响极小。

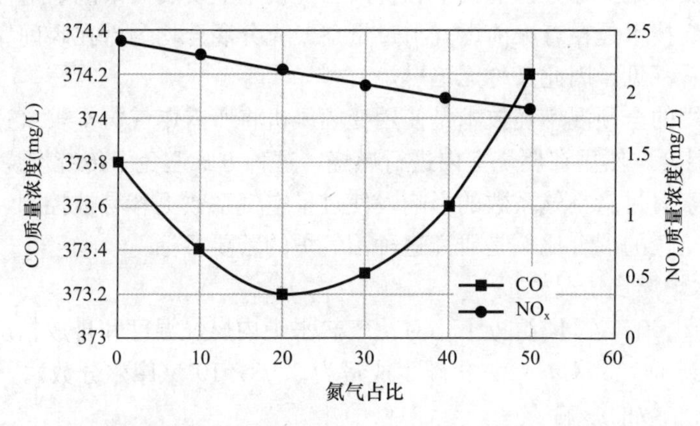


图 14-12　污染物排放随沼气组分的变化规律（100%负荷，过剩空气系数为 1.3）

4）功率变化对燃烧工况影响

由于农村沼气池的输出压力波动大，因此沼气热水炉需要适应沼气波动，在沼气压力较小时可以燃烧，也就是说沼气炉在负荷较小时，其燃烧情况需要进行模拟，模拟结果如图 14-13 所示。随着负荷率的降低，燃烧温度下降，而当负荷率到 50％时，沼气热水炉会停止工作，由此可以看出，在不改变其他条件下，全预混燃烧方式的燃烧负荷不宜过低。

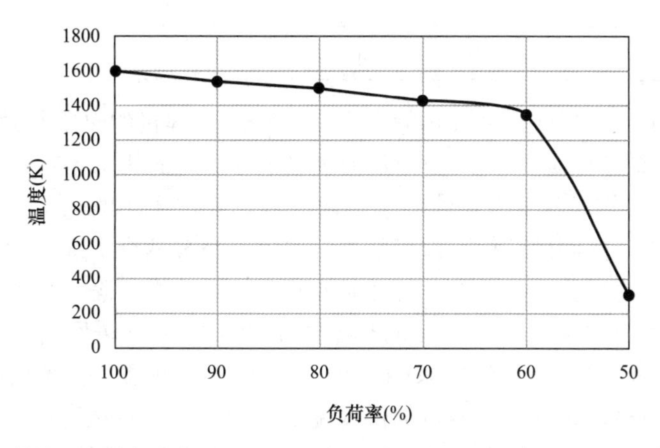


图 14-13　燃烧温度随负荷率的变化规律（甲烷占沼气的 80％，过剩空气系数为 1.3）

5）沼气热水炉样机测试

新开发的沼气全预混燃烧器可通过风机调节适应沼气压力波动，适应低压供气条件的定量范围不低于 400Pa 的情况，其测试结果见表 14-2～表 14-4。

**两用炉热输入计算表**　　**表 14-2**

| 测试时间（s） | 进气压力（kPa） | 燃气流量（$m^3$） | 热输入（kW） |
|---|---|---|---|
| 60 | 3.5 | 0.048 | 15.790 |
| 60 | 3.8 | 0.040 | 13.199 |
| 300 | 3.8 | 0.158 | 10.430 |
| 120 | 3.8 | 0.074 | 12.209 |
| 120 | 3.8 | 0.073 | 12.044 |
| 120 | 3.8 | 0.088 | 14.519 |

**两用炉热水热效率计算表**　　**表 14-3**

| 燃气流量（$Nm^3$） | 自来水进口温度（℃） | 热水出水温度（℃） | 热水质量 $M_1$（kg） | 热水质量 $M_2$（kg） | 热水质量修正后（kg） | 热水热效率（%） |
|---|---|---|---|---|---|---|
| 0.023 | 15 | 28 | 7.00 | 6.998 | 7.002 | 88.74 |
| 0.048 | 12 | 37 | 7.78 | 7.775 | 7.785 | 90.91 |
| 0.088 | 15 | 43 | 12.50 | 12.495 | 12.505 | 89.21 |
| 0.074 | 15 | 41 | 11.20 | 11.119 | 11.281 | 88.87 |
| 0.088 | 15 | 44 | 12.00 | 11.999 | 12.001 | 88.68 |

两用炉供暖热效率计算表　　表 14-4

| 测试时间（s） | 燃气流量（$Nm^3$） | 循环水流量（$m^3/h$） | 供水温度（℃） | 回水温度（℃） | 供暖热效率（%） |
| --- | --- | --- | --- | --- | --- |
| 60 | 0.048 | 3.26 | 57.9 | 26.5 | 79.85 |
| 300 | 0.158 | 3.36 | 70.0 | 50.0 | 77.25 |
| 60 | 0.034 | 3.20 | 66.0 | 43.0 | 80.86 |
| 120 | 0.073 | 3.27 | 67.0 | 43.0 | 80.26 |

根据测试结果，得到样机最大热输入为 15.79kW，样机的热水热效率为 88.21%～90.91%，供暖热效率约为 80%。冷凝式沼气暖浴两用炉的热水热效率达到 90%，高于供暖热效率（80%），即冬季模式的供暖热效率低于夏季模式的热水热效率。由于样机采用板换式换热＋三向阀的结构，即燃烧器加热的回路分两个支线，通过三向阀进行切换，其中一个接供暖回路，另一个与洗浴热水进行换热。在供暖热效率测试过程中，由于未使用洗浴热水，试验气燃烧产生的热量全部用于加热供暖回路的循环热水。经分析，由于供暖回路的供、回水温度采用两个 K 型热电偶测温，且测点布置离热水出水口和回水进水口距离均较远，即测得的供水温度低于两用炉实际出水温度，测得的回水温度要高于两用炉的实际进水温度，使得供回水温差变小，从而导致实验测试供暖热效率偏低。

### 14.3.2　工程设计

盐池县特奇新能源技术推广专业合作社沼气站的平面布局如图 14-14 所示。图中阳光暖棚下为集污池、预处理池、地埋式沼气池和沼液沼渣池。根据需求，拟做以下改造：

（1）增设太阳能集热器和空气源热泵为发酵池增温保温。在沼气站最北边的办公生活区屋顶安装太阳能集热器，在锅炉房中安装保温水箱，在锅炉房东侧室外安装空气源热泵，利用太阳能和空气能为发酵池增温保温。

（2）控制原料预处理池的搅拌条件或增设曝气设备以调节预处理池中发酵料液的溶解氧含量，使其达到最佳值，从而促进原料的水解酸化，进一步提高产气效率。

（3）在锅炉房、员工住宿区、1 户村民家分别安装试制的沼气全预混燃烧器，从而为沼气站办公室、员工洗浴室和农户家供暖、供生活热水。

### 14.3.3　工程建设

太阳能＋空气能耦合供热系统主要由太阳能真空管、空气源热泵、保温水箱、循环泵、控制柜和管道等组成，将热水通过管道输送到沼气池，提高沼气池的温度。太阳能＋空气能耦合供热系统的安装如图 14-15 所示。

除了太阳能＋空气能耦合供热系统以外，还安装了研发的新型沼气全预混燃烧器（图 14-16），并将其应用于沼气站办公区、员工住宿区及农户家中供热供暖。

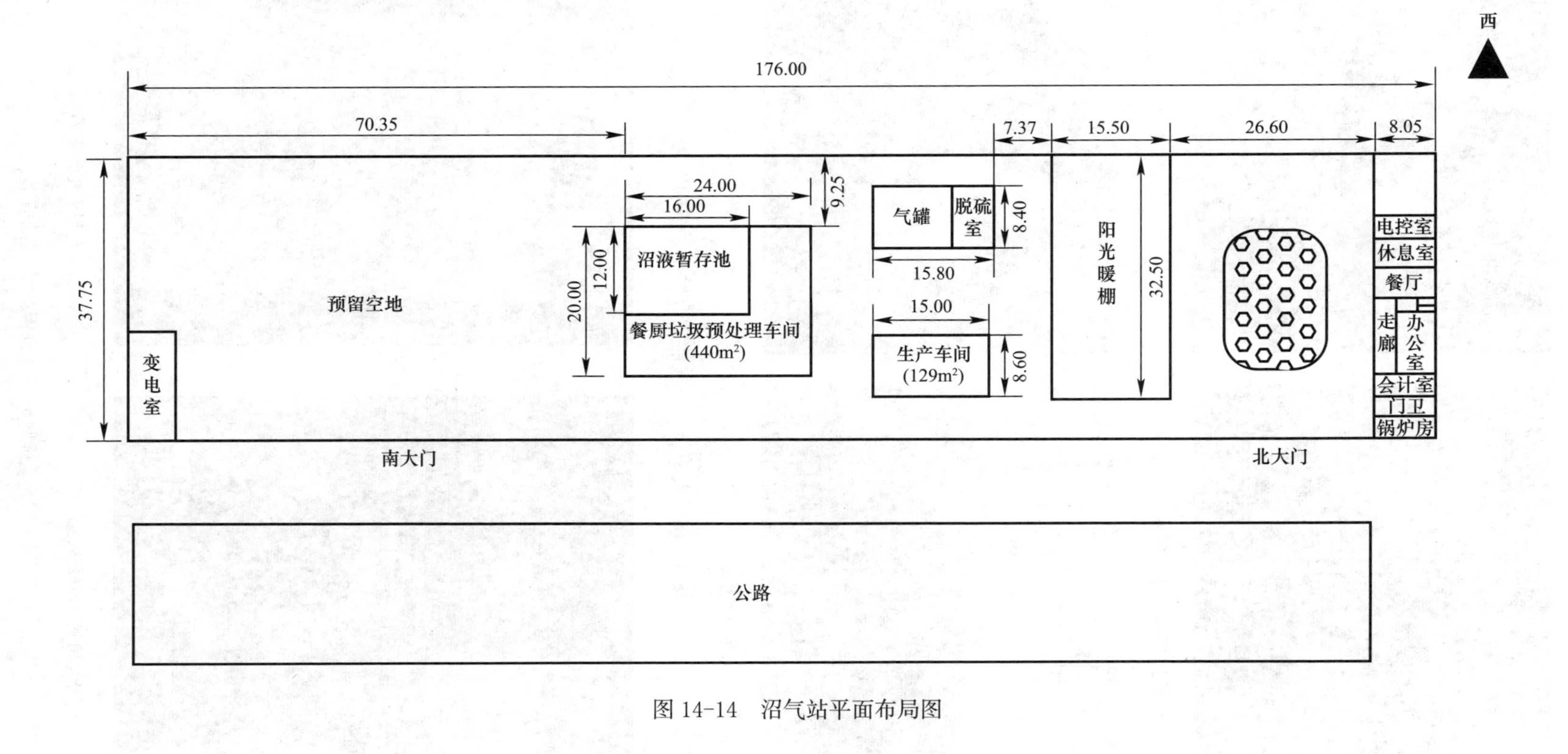


图 14-14　沼气站平面布局图

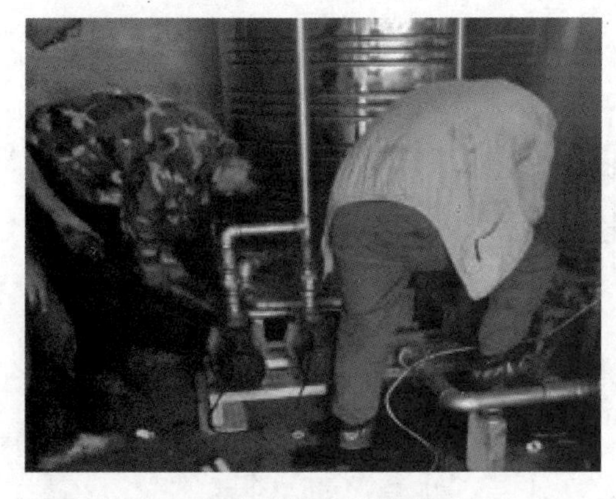

循环水泵和保温水箱安装

管道安装

太阳能集热器

空气源热泵

图 14-15　太阳能+空气能耦合供热系统的安装

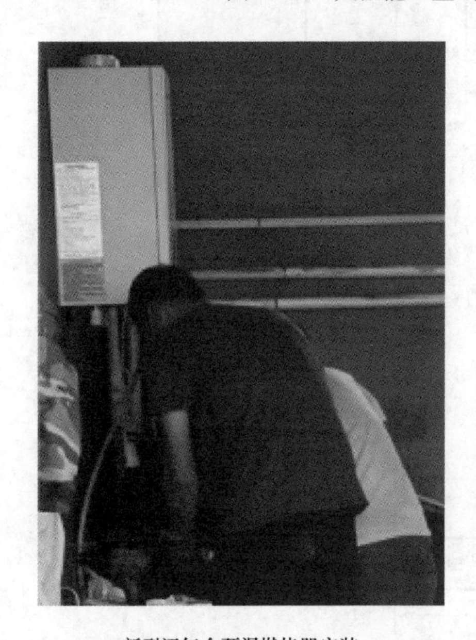

新型沼气全预混燃烧器安装

新型沼气全预混燃烧器

图 14-16　新型沼气全预混燃烧器的安装

## 14.4　跟踪监测与数据分析

### 14.4.1　监测目的

通过对盐池县当地太阳辐射强度、气温、改造完成后沼气池的池温、消化液 pH、沼气产量、甲烷含量等指标的监测，随时掌握各项指标的变化，以合理调整各种设备的运行，是实现整个系统安全、稳定运行的前提，同时可以明确实际工程中温度对消化液理化性质和产气效果的影响，为调控太阳能集热器温度、强化厌氧消化系统的进一步研究提供可靠的依据。

### 14.4.2　监测内容

沼气工程的监测指标及仪器见表 14-5。

**监测指标及仪器**　　　　**表 14-5**

| 监测指标 | 仪器 |
| --- | --- |
| 太阳辐射强度 | 太阳总辐射变送器（RS485 型） |
| 发酵池温度 | 高精度电子数显温度计 |
| pH | pH 控制器 |
| 沼气流量 | 气体涡轮流量计 |
| 甲烷浓度 | 便携式甲烷分析仪 |

### 14.4.3　监测结果分析

沼气工程的太阳能＋空气能辅热增温设备在 2022 年 7 月安装完毕，经过调试之后，在 2022 年 10 月开始正式运行。对盐池县 2022 年 10 月和 11 月的太阳辐射强度、气温、沼气池产气效果、消化液理化性质等进行了监测。

（1）太阳辐射强度

经过监测，盐池县 2022 年 10 月和 11 月太阳辐射强度如图 14-17 所示。盐池县在 10 月和 11 月的日平均太阳辐射强度呈现波动下降的趋势，最高可达 221.4W/m$^2$，最低仅为 20.7W/m$^2$，平均太阳辐射强度为 137.1W/m$^2$。太阳辐射强度受到季节和天气的影响较大，阴雨天气和雪天太阳辐射强度会大大降低，且冬季的太阳能辐射也较低。因此，当太阳辐射强度较低，太阳能集热器吸收的热量不足以使沼气池达到较高的温度时，耦合系统可开启空气源热泵供热以维持沼气池正常产气。

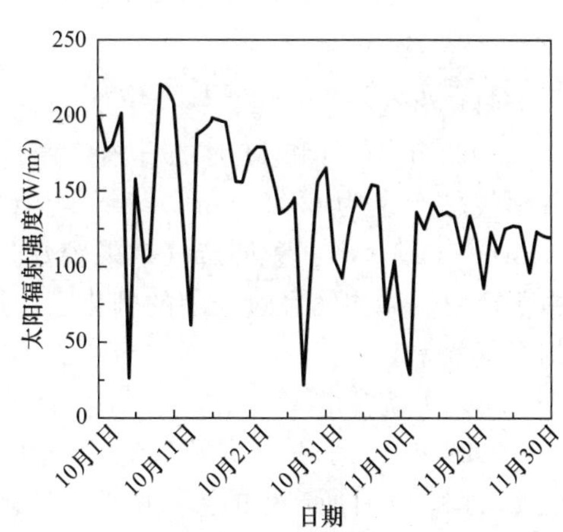


图 14-17　盐池县 2022 年 10 月和 11 月太阳辐射强度

（2）发酵池温度及平均气温

2022 年盐池县 10 月和 11 月当地平均气温以及沼气池的温度变化情况见图 14-18。从图中可以看出，当地 10 月和 11 月平均气温均很低并呈波动下降趋势，若无增温保温系统提供热量，将无法维持厌氧消化系统的正常运行，从而导致厌氧消化系统产气不稳定甚至不产气。在安装太阳能＋空气能耦合供热系统调控温度后，发酵池在 10 月和 11 月的温度在 21～25.5℃之间波动，平均温度达到了 24.5℃，可以保证厌氧消化系统的正常运行和正常产气。

（3）沼气池消化液 pH

2022 年 10 月和 11 月沼气池消化液 pH 的变化情况如图 14-19 所示。从图中可以发现，消化液 pH 在 10 月和 11 月的波动范围始终处在 7.02～7.95 之间，平均 pH 约为 7.47。pH 的波动可能与沼气池的进料、出料有关。总体来看，10 月和 11 月的发酵池消化液 pH 相对较为稳定，可以维持正常的厌氧消化，保证系统的稳定运行。

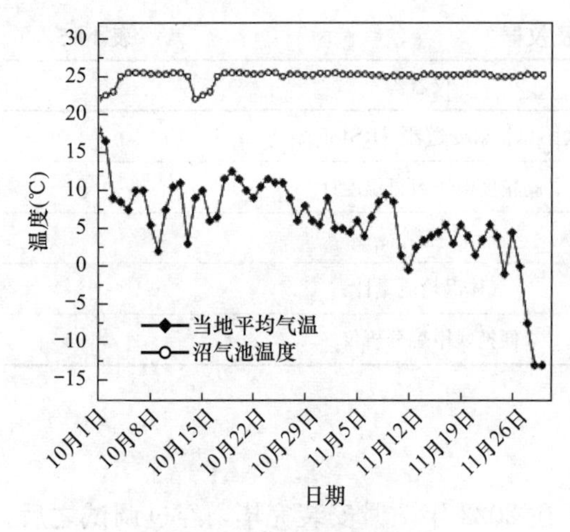


图 14-18　2022 年盐池县 10 月和 11 月当地平均气温及沼气池温度变化情况

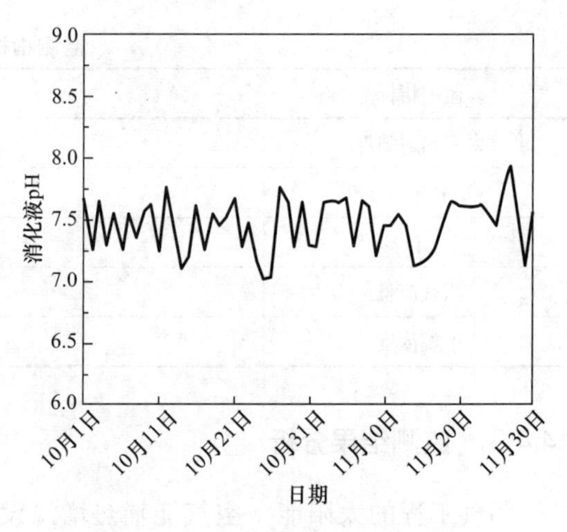


图 14-19　2022 年 10 月和 11 月沼气池消化液 pH 变化情况

（4）沼气产量

2022 年 10 月和 11 月的日沼气产量变化趋势见图 14-20。从图中可知，10 月和 11 月沼气总产量为 6289.8$m^3$，日平均沼气产量约为 103.1$m^3$，对应的池容产气率约为 0.34$m^3$/($m^3$·d)，说明产气效果较好。尽管沼气池的温度存在一定的波动，但可能是由于产甲烷微生物经过长期的驯化已经适宜了此温度范围，因此沼气池仍然保持了较好的产气效果。

（5）甲烷含量

2022 年 10 月和 11 月沼气池所产沼气的甲烷含量见图 14-21。从图中可以发现，总体上 10 月和 11 月所产生的沼气甲烷含量相对稳定，在 59.4%～68.1%之间波动，平均甲烷含量为 64.3%。沼气中甲烷含量越高，其热值越高。通常情况下沼气中甲烷含量在 50%～70%之间，本工程所产沼气的甲烷含量处于较高水平，表明其运行状况良好。

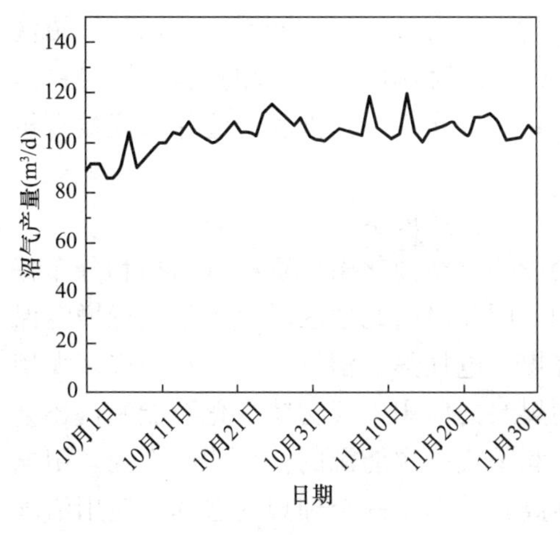

图 14-20　2022 年 10 月和 11 月的日沼气产量变化趋势

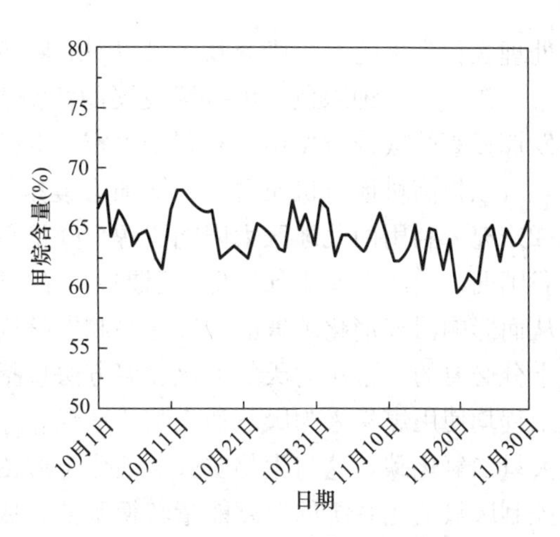

图 14-21　2022 年 10 月和 11 月沼气池所产沼气的甲烷含量

综合以上监测结果可以看出，自 2022 年 10 月 1 日太阳能＋空气能耦合供热系统开始运行以后，沼气池的平均池温达到 24.5℃，消化液 pH 保持在 7.5 左右。此时的沼气产量和甲烷含量也呈现出相对稳定的状态，沼气产量维持在 $103m^3/d$ 左右，甲烷含量稳定在 65％左右，池容产气率保持在 $0.34m^3/(m^3 \cdot d)$ 左右。这是由于耦合供热系统的运行为厌氧消化提供了稳定的常温运行环境，使消化液中的产甲烷菌相对更加活跃，酶活性相对增强，可以更加有效地去除有机物和固形物，同时导致挥发性脂肪酸的累积相对减少，从而增强了产沼气效果，所产沼气的甲烷含量也相对增加。

## 14.5　项目创新点、推广价值及效益分析

### 14.5.1　创新点

（1）本项目应用了太阳能＋空气能辅助增温技术，充分利用西北地区丰富的太阳能资源，保障西北村镇沼气工程的发酵温度，使冬季发酵温度达到 25℃左右，有利于西北村镇沼气工程的低成本稳定运行。

（2）在西北村镇小型沼气工程中，创新性地采用引入一定空气量的技术手段，进一步强化有机物水解和酸化，提高了物料的生物降解性，冬季池容积产气率达到 $0.34m^3/(m^3 \cdot d)$。

（3）将新研发的全预混沼气燃烧器应用于沼气站办公区和村民家中供暖，实现了低压沼气供应及沼气压力波动下燃烧的稳定性，使沼气热水炉的换热效率达到了 96％。

### 14.5.2　推广价值

（1）推动西北村镇人居环境整治提升，助力“双碳”目标实现

西北村镇农牧废弃物资源量丰富，为了避免秸秆焚烧、畜牧粪污随意排放等产生的环境污染，亟需对其进行资源化处理。《农村人居环境整治提升五年行动方案（2021－2025 年）》中提出：协同推进农村有机生活垃圾、厕所粪污、农业生产有机废弃物资源化处理利用，以乡镇或行政村为单位建设一批区域农村有机废弃物综合处置利用设施。利用沼气

工程处理农村产生的有机废弃物，可以对农牧废弃物进行有效降解，同时产生沼气、沼液和沼渣。沼气是一种绿色、可持续发展的清洁能源，沼气利用具有典型的负碳排放特性，能够发挥显著的碳减排作用，有利于国家“双碳”目标的实现。沼液和沼渣作为高效有机肥料，可以提高耕地有机质含量，增加土壤养分。

（2）充分利用西北地区太阳能资源，降低单位沼气生产成本

我国西北地区冬春季气温低、温差大。温度会影响沼气消化微生物群落结构和分布特征，从而影响沼气消化装置的产气速率和发酵周期，因此对西北地区沼气工程进行增温保温是十分必要的。常用的厌氧消化控温方法包括烧煤、电加热、沼气燃烧。我国许多大型沼气工程均使用煤炭来为厌氧消化装置增温，然而煤炭的使用不仅会减少化石能源，还会产生大量二氧化碳，这与生物质厌氧消化生产沼气和替代一次能源的初衷背道而驰。用电加热控制厌氧消化系统的温度能量转换率低、成本高，并不是一个理想的选择。使用沼气锅炉来控制厌氧消化的温度时，必须考虑沼气生产能否满足用户的需求，沼气消耗较多时，对于工业化沼气生产不利。西北地区大多为干旱、半干旱气候，日照时间长，辐射强度高，太阳能资源十分丰富，且太阳能作为最清洁的可再生能源之一，将其用于沼气工程的增温可大大降低增温成本，还可减少由于化石燃料燃烧造成的温室气体排放和缓解相应环境污染问题。

以盐池县沼气站实际运行参数为依据（表 14-6），计算工程改造前、后沼气工程运行成本，主要设备的能耗如表 14-7 所示。

**沼气站实际运行参数** **表 14-6**

| 参数 | 改造前 | 改造后 |
|---|---|---|
| 体积（$m^3$） | 300 | 300 |
| 原料浓度（%） | 9 | 9 |
| 原料浓度（g TS/L） | 92.33±3.98 | 92.33±3.98 |
| 原料浓度（g VS/L） | 65.56±2.82 | 65.56±2.82 |
| 停留时间（d） | 50 | 50 |
| 进料量（$m^3$/d） | 6 | 6 |
| 进料泵（$m^3$/d） | 6 | 6 |
| 搅拌速率（r/min） | 200 | 200 |
| 通气量［$m^3$/($m^3$·d)］ | — | 0.0125 |
| 运行时间（d） | 365 | 365 |
| 沼气产量［$m^3$/($m^3$·d)］ | 0.27（全年平均） | 0.351±0.006（10 月～次年 4 月）<br>0.496±0.021（5～9 月） |
| 甲烷产量［$m^3$/($m^3$·d)］ | 0.175（全年平均） | 0.185±0.004（10 月～次年 4 月）<br>0.322±0.017（5～9 月） |
| 沼液产量（$m^3$/d） | 5.8 | 5.8 |
| 太阳能热水器的水循环量（$m^3$/d） | — | 7.5 |

**主要设备的能耗　　表 14-7**

| 序号 | 设备 | 能耗（kW） | 备注 |
|---|---|---|---|
| 1 | 进料泵 | 4 | 每天运行 1h |
| 2 | 沼液循环搅拌泵 | 4 | 每天运行 1h |
| 3 | 沼液泵 | 4 | 每天运行 1h |
| 4 | 热水循环泵 | 4 | 改造前仅 10 月～次年 4 月运行，改造后全年运行 |
| 5 | 预处理池搅拌机 | 20 | 每天工作 1h |
| 6 | 空气能循环泵 | 0.25 | 仅 10 月～次年 4 月运行，平均每天运行 12h |
| 7 | 太阳能循环泵 | 0.25×2 | 全年运行 |
| 8 | 空气源热泵 | 8.6 | 仅 10 月～次年 4 月运行，平均每天运行 12h |

改造前能耗成本除设备能耗成本外，还包括冬季沼气锅炉所消耗的沼气所耗成本。沼气、沼液、沼渣、猪粪和秸秆价格按沼气工程实际情况计。运行成本中不考虑太阳能+空气能耦合系统日常维护费用，不考虑沼气提纯、沼液和沼渣的分离等费用，沼气罐的建设成本、进料泵、搅拌泵、出料泵、通气泵等成本也不考虑。沼气工程改造前、后成本如表 14-8 所示，改造后单位沼气生产成本为 4.04 元/m$^3$，与改造前相比下降了 32.9%。尽管改造后增加了耦合系统的投入，但是由于保证了沼气池的消化温度，沼气池产气量得到大幅提高，从而使得单位沼气的生产成本大大降低。

**沼气工程改造前、后成本　　表 14-8**

| 成本类型 | 改造前 | 改造后 |
|---|---|---|
| 物料成本（元/d） | 339.3 | 339.3 |
| 耦合系统购置成本（元/d） | — | 38.4 |
| 能耗成本（元/d） | 148.0 | 121.0 |
| 总成本（元/d） | 487.3 | 498.7 |
| 单位沼气生产成本（元/m$^3$） | 6.02 | 4.04 |

（3）提升家用沼气热水炉的低压适应性及沼气压力波动下燃烧稳定性

目前市场上尚没有成熟的家用沼气热水炉产品。河北、山东等地的个别厂家可按用户需要参照人工燃气热水炉进行相应加工，产品性能参数等没有规范要求，热效率满足家用热水器标准 84%要求，产品价格在 6000～12000 元不等。本项目开发的新型沼气全预混燃烧器，可通过风机调节适应沼气压力波动，能够适应低压供气条件的定量范围不低于 400Pa 的情况，产品量产后预估售价 6000～8000 元，可以弥补市面上稳定高效家用沼气热水炉产品的不足。

### 14.5.3　效益分析

（1）经济效益

如表 14-8 所示，尽管项目改造增加了太阳能+空气能耦合系统的投入，但是由于提高了沼气池的消化温度，使沼气池产气量大幅提升，改造后单位沼气生产成本为 4.04 元/m$^3$，与改造前相比下降了 32.9%。沼气池改造前、后经济效益如表 14-9 所示，改造后与改造前相比每天增加收益 52.4 元，每年增加收益 1.91 万元。

沼气池改造前、后经济效益　　表 14-9

| 项目 | 改造前 | 改造后 |
|---|---|---|
| 沼气产量（$m^3/d$） | 81.0 | 123.5 |
| 单位沼气成本（元/$m^3$） | 6.02 | 4.04 |
| 单位沼气价格（元/$m^3$） | 1.5 | 1.5 |
| 沼液产量（t/d） | 5.8 | 5.8 |
| 单位沼液价格（元/t） | 150 | 150 |
| 经济效益（元/d） | 503.9 | 556.3 |

（2）社会效益

通过太阳能辅助增温耦合微好氧厌氧消化实现农牧废弃物的高效能源化和资源化，可以有效改善农业生产环境，推进养殖与种植业的紧密衔接，形成种养循环一体化。同时，种养结合循环发展模式，能够促进农民增收、农业增效，增加农村就业岗位，推动当地经济、文化、教育、卫生事业发展；可以提升农民生活水平，推动美丽乡村建设和社会经济和谐发展。并促进西北村镇农牧业的绿色发展。

（3）生态效益

农牧废弃物是西北村镇重要的污染源，不合理的处理与利用，将会对西北村镇环境造成严重影响。通过太阳能辅助增温耦合微好氧厌氧消化实现这些农牧废弃物的高效能源化和资源化，可以削减 COD 和氨氮排放量，避免这些废弃物随意堆放带来面源污染问题，切实把住源头，避免形成土壤污染，降低这些废弃物对当地生态环境的污染，减轻环境压力，保护优质的水资源和良好的生态环境，提升村镇人居环境质量；产生的沼气可替代部分化石能源，从而缓解化石能源使用带来的环境问题，并实现碳减排；产生的沼液为无公害农产品的肥料，可以替代化肥，从而减少化肥生产和使用带来的碳排放和面源污染问题，提高耕地有机质含量，增加土壤养分含量，增强土壤微生物活力，改善土壤结构，提升耕地质量，促进其永续利用。